普通高等教育"十二五"规划教材

房屋建筑学

主 编 龚 静 谭富微
副主编 王文旗 王作文 曹跃君
　　　　詹 林 黄 明

中国水利水电出版社
www.waterpub.com.cn

内 容 提 要

本书系统介绍了民用和工业建筑设计与构造的基本原理、设计方法和实际工程的应用，注重培养实际应用能力。本书编写符合最新规范，内容系统全面，图文并茂，具有较强的实用性和借鉴性。全书共分11章。内容包括：绪论、基础和地下室、墙体、楼板与地面、楼梯、屋顶构造、门和窗、变形缝、民用建筑设计概述、建筑空间设计、建筑设计中的美观问题、工业建筑等。

为使学生能够综合运用所学的专业理论知识，解决实际工程问题，本书部分章后附有复习思考题。

本书主要作为应用型土木工程专业本科或土木类其他相关专业的教学用书，也可供从事建筑设计、房地产开发、建筑施工的技术人员及管理人员参考。

图书在版编目（CIP）数据

房屋建筑学/龚静，谭富微主编．—北京：中国水利水电出版社，2012.6（2014.7重印）
普通高等教育"十二五"规划教材
ISBN 978-7-5084-9790-7

Ⅰ.①房… Ⅱ.①龚…②潭… Ⅲ.①房屋建筑学-高等学校-教材 Ⅳ.①TU22

中国版本图书馆CIP数据核字（2012）第147356号

书　名	普通高等教育"十二五"规划教材 **房屋建筑学**
作　者	主　编　龚　静　谭富微 副主编　王文旗　王作文　曹跃君　詹　林　黄　明
出版发行	中国水利水电出版社 （北京市海淀区玉渊潭南路1号D座　100038） 网址：www.waterpub.com.cn E-mail：sales@waterpub.com.cn 电话：（010）68367658（发行部）
经　售	北京科水图书销售中心（零售） 电话：（010）88383994、63202643、68545874 全国各地新华书店和相关出版物销售网点
排　版	中国水利水电出版社微机排版中心
印　刷	北京嘉恒彩色印刷有限责任公司
规　格	184mm×260mm　16开本　18印张　427千字
版　次	2012年6月第1版　2014年7月第3次印刷
印　数	6001—9000册
定　价	**36.00元**

凡购买我社图书，如有缺页、倒页、脱页的，本社发行部负责调换

版权所有·侵权必究

本书编写人员

主　　编　龚　静　谭富微
副 主 编　王文旗　王作文　曹跃君　詹　林　黄　明
参与编写　陈惠莲　李　震　赖建海　柳立生

前　言

　　信息技术的快速发展促使建筑业向现代化、智能化方向，安全、环保等诸多领域发展。房屋建筑学是建筑设计和施工的基础，建筑构造是建筑设计的重要组成部分，也是建筑施工中必须给予重视的重要环节，构造好坏不仅影响建筑的质量，同时也影响到建筑的使用价值和艺术价值。另外，随着我国建筑业的迅速发展，新材料、新技术、新工艺及新机具不断得到应用，与建筑施工密切相关的标准、规范也不断修订和发布。由住房和城乡建设部颁发的各项质量指标对工程技术人员和工人的技术素质及管理水平有了更高的要求。

　　本书着重讲解了民用建筑与工业建筑设计的基本原理和基本方法，并通过大量有代表性的民用建筑设计进一步阐述了建筑设计从总体布置到细部设计，从平面设计到空间设计的全过程。在内容上，按照新规范的要求增加了民用建筑的防火及设计，总体上，尽力求新、求精，便于读者更好地掌握建筑学这门学科的主要内容和设计的基本方法。在标准和规范方面，全书统一和规范了许多建筑名词和术语，采用了最新的国家及部颁标准。

　　本书在内容上进行了有机组织，强调相关内容之间的衔接和呼应，把培养学生的专业观念、岗位能力和应用能力作为重要任务，内容新颖、条理清晰、文字通俗易懂，并配有大量的图例以及图集、附录。本书中带"＊"号的为选学和自学的内容。为了方便读者自学，本书在部分章后附有复习思考题。

　　本书由龚静、谭富微任主编，王文旗、王作文、曹跃君、詹林、黄明任副主编。其中，武汉工业学院龚静编写绪论、第5章和附录1～4；武汉工业学院李震编写第1章；武汉科技大学曹跃君编写第2章；西南石油大学王作文编写第3章；武汉工业学院谭富微编写第4章；重庆科技学院詹林编写第6、7章；武昌理工学院陈惠莲、柳立生编写第8章；武昌理工学院黄明、赖建海编写第9章；北华航天工业学院王文旗编写第10、11章。

本书在编写过程中得到同行的大力帮助，在此谨表感谢！

房屋建筑学科浩瀚无尽、博大精深。由于编者水平所限，书中难免存在错误和不足，恳请广大读者批评指正。

作者

2012.04

目 录

前言

绪论 ·· 1
   0.1 本书的基本内容、学习方法及任务 ·· 1
   0.2 建筑的分类 ··· 2
   0.3 民用建筑的等级 ··· 4
   0.4 建筑标准化和模数协调 ·· 5
   0.5 定位轴线 ··· 9
   0.6 民用建筑的构造组成和设计原则 ··· 11
  *0.7 建筑节能 ·· 14
  *0.8 建筑防火与安全疏散 ··· 19
   复习思考题 ·· 22

第 1 章　基础和地下室 ··· 23
   1.1 基本概念 ·· 23
   1.2 基础的类型和构造 ··· 29
   1.3 地下室构造 ··· 34
   1.4 地基与基础构造中的特殊问题 ··· 43
   复习思考题 ·· 48

第 2 章　墙体 ··· 49
   2.1 墙体的作用、分类及设计要求 ··· 49
   2.2 砖墙的构造 ··· 52
   2.3 墙面的装修 ··· 62
  *2.4 砌块建筑 ·· 67
  *2.5 幕墙 ··· 70
   复习思考题 ·· 74

第 3 章　楼板与地面 ·· 76
   3.1 概述 ··· 76
   3.2 钢筋混凝土楼板 ·· 77

3.3 地面的组成及要求 …… 83
3.4 地面的构造 …… 84
3.5 顶棚的构造 …… 89
3.6 阳台、雨篷的构造 …… 93
复习思考题 …… 99

第4章 楼梯 …… 100
4.1 楼梯的组成和类型 …… 100
4.2 楼梯的设计要求、尺度与设计 …… 102
4.3 钢筋混凝土楼梯 …… 113
4.4 楼梯的细部构造 …… 120
4.5 室外台阶和坡道 …… 126
*4.6 电梯与自动扶梯 …… 128
复习思考题 …… 133

第5章 屋顶构造 …… 134
5.1 概述 …… 134
5.2 平屋顶 …… 137
*5.3 坡屋顶 …… 156
复习思考题 …… 163

第6章 门和窗 …… 164
6.1 门窗的开启方式与尺寸控制 …… 164
6.2 木门窗构造 …… 170
6.3 金属门窗及塑料门窗 …… 183
6.4 特殊门窗构造 …… 193
复习思考题 …… 197

第7章 变形缝 …… 198
7.1 伸缩缝 …… 198
7.2 沉降缝 …… 204
7.3 防震缝 …… 206
7.4 建筑物变形缝两侧的结构处理 …… 209
复习思考题 …… 211

第8章 民用建筑设计概述 …… 212
8.1 建筑设计的内容及建筑的构成要素 …… 212
8.2 建筑设计的依据 …… 214
8.3 建筑设计的程序 …… 219

第9章 建筑空间设计 …… 222
9.1 建筑平面设计 …… 222

  9.2 建筑剖面设计 ·· 233
第 10 章 建筑设计中的美观问题 ··· 235
  10.1 影响建筑美的因素 ··· 235
  10.2 建筑构图的基本法则 ·· 237
  10.3 建筑美的设计方法 ··· 244
  复习思考题 ·· 252
第 11 章 工业建筑 ·· 253
  11.1 概述 ··· 253
  11.2 单层厂房的组成 ··· 258
  11.3 定位轴线的划分 ··· 261
附录 1 墙身构造设计任务书 ·· 269
附录 2 楼梯构造设计任务书 ·· 270
附录 3 屋顶构造设计任务书 ·· 271
附录 4 多层住宅建筑设计任务书 ··· 274
参考文献 ··· 277

绪　　论

人类的生存和发展，都与建筑有着密不可分的关系。以人们最基本的生活条件"衣、食、住、行"来说，其中的"住"就需要房屋。"房屋"从广义上来讲就是"建筑"，而我们常说的"盖"房子，也叫"建筑"房子。这表明"建筑"两个字具有多层含义：生活在拥挤的都市之中，我们被钢筋混凝土的"丛林"包围着，我们把这丛林称为建筑；远古的人生活在真正的丛林之中，他们利用丛林的躯干搭建成避风避雨的场所，我们称之为建筑；古老的方尖碑，直冲云霄，它的精神震撼着四周空旷的广场，我们称之为建筑；一桥飞架南北，天堑变通途，我们称之为建筑……古往今来我们称之为建筑的实体和场所形态万千、变化无穷，它们对我们的生活和思想产生过并继续产生着巨大的影响。

0.1　本书的基本内容、学习方法及任务

《房屋建筑学》是土木建筑类的一门综合性和实用性很强的课程，它与本专业的其他课程有着不同程度的联系与分工。它是建筑设计的一个组成部分，是建筑平、立、剖面设计的继续和深入。学习房屋建筑学能够巩固和训练学生绘制建筑施工图的技能，课程本身具有很强的实践性和综合性，在内容上涉及建筑设计、建筑材料、建筑结构、建筑物理、建筑设备、建筑施工等有关知识，只有全面地、综合地运用好这些知识，才能在设计中提出合理的构造方案和措施。本书将其分为两大部分：第1~10章为民用建筑部分、第11章为工业建筑部分。各大部分又包括建筑构造和建筑设计原理。建筑构造部分，研究一般房屋的组成及各组成部分的构造原理和构造方法；构造原理研究各组成部分的要求，以及满足这些要求的理论；构造方法则研究在构造原理指导下，用建筑材料和制品构成构件和配件，以及构配件之间连接的方法。建筑设计原理部分，研究一般房屋的设计原则和设计方法，包括总平面布置、平面设计、剖面设计、立面处理等方面的问题。

学习本书应注意掌握以下几点：

(1) 有意识地培养空间想象能力。多想、多看、多绘，通过训练熟练掌握建筑物各组成部分以及各部分之间的构造方式和组合原理，从具体构造和设计方案入手，牢固掌握房屋各组成部分的常用构造方法和大量性房屋的设计方案。

(2) 紧密联系工程实践。经常参观已经建成和正在建设的房屋，在平时学习生活中多观察周围的建筑物，积累一定的感性认识。同时经常阅读有关规范、图集等资料以及一些与本专业课程有关的参考书籍，了解房屋建筑发展的动态和趋势。拓宽自己的知识面，培养自己主动学习的习惯。

(3) 培养耐心细致的工作作风和严肃认真的工作态度。要注意了解各构造作法和设计方案的产生和发展，加深对常用典型构造作法和标准图集以及设计方案的理解。

通过这门课程的学习使学生掌握房屋构造的基本理论；初步掌握建筑的一般构造作法和构造详图的绘制方法，能识读一般的工业与民用建筑施工图，并能按照设计意图绘制建筑施工图；了解一般房屋建筑设计原理，具有建筑设计的基本知识，正确理解设计意图。

0.2 建筑的分类

0.2.1 按建筑的使用性质分类

1. 工业建筑

工业建筑指为工业生产服务的生产车间及为生产服务的辅助车间、动力用房、仓储等。

2. 农业建筑

农业建筑是供农业、牧业生产和加工用的建筑，如温室、畜禽饲养场、水产品养殖场、农畜产品加工厂、农产品仓库、农机修理厂（站）等。

3. 民用建筑

民用建筑是供人们居住及进行社会活动等非生产性的建筑。民用建筑又分为居住建筑和公共建筑两类。

（1）居住建筑。居住建筑主要是指提供家庭和集体生活起居用的建筑场所，如住宅、宿舍、公寓等。

（2）公共建筑。公共建筑按性质不同可分为以下几类：

1) 行政办公建筑，如各类办公楼、写字楼等。

2) 文教科研建筑，如教学楼、科学实验楼、图书馆、文化宫等。

3) 医疗福利建筑，如医院、疗养院、养老院等。

4) 托幼建筑，如托儿所、幼儿园等。

5) 商业建筑，如商场、商店、专卖店、超市等。

6) 体育建筑，如体育馆、游泳馆、网球场、高尔夫球场等。

7) 交通建筑，如公路客运站、铁路客运站、港口客运站、航空港、地铁站等。

8) 邮电通信建筑，如邮政楼、广播电视楼、国际卫星通信站等。

9) 旅馆建筑，如宾馆、旅馆、招待所等。

10) 展览建筑，如展览馆、博物馆、博览馆等。

11) 文化观演建筑，如电影院、剧院、音乐厅、杂技厅等。

12) 园林建筑，如公园、小游园、动（植）物园等。

13) 纪念建筑，如纪念堂、纪念馆、纪念碑、纪念塔等。

有的大型公共建筑内部功能比较复杂，可能同时具备上述两个或两个以上的功能，这时一般称为综合性建筑（或综合体）。

0.2.2 按照民用建筑层数分类

1. 住宅建筑按层数分类

低层住宅：1~3层。

多层住宅：4~6层。
中高层住宅：7~9层。
高层住宅：10层及以上。

GB 50096—1999《住宅设计规范》规定，七层及以上住宅或住户入口层楼面距室外设计地面的高度超过16m以上的住宅必须设置电梯。由于设置电梯将会增加建筑的造价和使用维护费用，因此应控制修建中高层住宅。

2. 其他民用建筑按建筑高度分类

建筑高度是指：重点文物保护单位和重要风景区附近的建筑物，其高度指建筑物最高点，包括电梯间、水箱、烟囱；在上述以外的地区，建筑高度指平顶房屋按女儿墙高度计算；坡屋顶房屋按屋檐和屋脊的平均高度计算；屋顶上的附属物，如电梯间、水箱、烟囱等其总面积不超过屋顶面积的20%，高度小于4m的不计入高度；消防要求的建筑高度为建筑物室外地面到其屋顶平面或檐口的高度。

（1）普通建筑。普通建筑是指建筑高度不超过24m的民用建筑和建筑高度超过24m的单层民用建筑。

（2）高层建筑。高层建筑是指10层和10层以上的住宅，建筑高度超过24m的公共建筑（不包括单层主体高度超过24m的公共建筑）。

（3）超高层建筑。超高层建筑是指建筑高度超过100m的民用建筑，不论住宅或公共建筑。

0.2.3 按承重结构的材料分类

1. 木结构建筑

以木材作房屋承重骨架的建筑。

2. 砖（或石）结构建筑

以砖或石材为承重墙柱和楼板的建筑。这种结构便于就地取材，能节约钢材、水泥和降低造价，但抗害性能差，自重大。

3. 钢筋混凝土结构建筑

以钢筋混凝土作承重结构的建筑。如框架结构、剪力墙结构、框剪结构、筒体结构等，具有坚固耐久、防火和可塑性强等优点，故应用较为广泛。

4. 钢结构建筑

以型钢等钢材作为房屋承重骨架的建筑。钢结构力学性能好，便于制作和安装，工期短，结构自重轻，适宜超高层和大跨度建筑中采用。随着我国高层、大跨度建筑的发展，采用钢结构的趋势正在增长。

5. 混合结构建筑

采用两种或两种以上材料作承重结构的建筑。如由砖墙、木楼板构成的砖木结构建筑；由砖墙、钢筋混凝土楼板构成的砖混结构建筑；由钢屋架和混凝土（或柱）构成的钢混结构建筑。其中砖混结构在大量性民用建筑中广泛应用。

0.2.4 按建筑规模和数量分类

1. 大量性建筑

大量性建筑是指建筑规模不大，但数量多，如住宅、中小学教学楼、医院、中小型影剧院、工厂等。

2. 大型性建筑

大型性建筑是指多层和高层公共建筑、大厅型公共建筑。其功能要求高、结构和构造复杂、设备考究、个性突出。如大城市火车站、大型体育馆、大型影剧院、航空港（站）、博览馆、大型工厂等。

0.3 民用建筑的等级

民用建筑等级是根据建筑物耐久年限、防火性能、规模大小和重要性来划分等级的。

1. 建筑物的耐久等级

建筑物的耐久性等级主要根据建筑物的重要性和规模大小划分，并以此作为基建投资和建筑设计的重要依据。耐久等级的指标是使用年限，使用年限的长短是依据建筑物的性质决定的。影响建筑寿命长短的主要因素是结构构件的选材和结构体系。耐久等级一般分为四级。

一级：耐久年限为100年以上，适用于重要的建筑和高层建筑，如纪念馆、博物馆、国家会堂等。

二级：耐久年限为50~100年，适用于一般性建筑，如城市火车站、宾馆、大型体育馆、大剧院等。

三级：耐久年限为25~50年，适用于次要建筑，如文教、交通、居住建筑及厂房等。

四级：耐久年限为15年以下，适用于临时性建筑。

2. 建筑物的耐火等级

建筑物的耐火等级是衡量建筑物耐火程度的标准，我国GB 50016—2006《建筑设计防火规范》与GB 50045—1995《高层民用建筑设计防火规范》将普通建筑的耐火等级划分为四级（表0.1）。

表0.1　　　　　　　　　建筑物耐火等级表

构件名称	燃烧性能和耐火极限(h)　　耐火等级	一级	二级	三级	四级
墙柱	防火墙	非燃烧体4.00	非燃烧体4.00	非燃烧体4.00	非燃烧体4.00
	承重墙、楼梯间、电梯井墙	非燃烧体3.00	非燃烧体2.50	非燃烧体2.50	难燃烧体0.50
	非承重外墙、疏散走道两侧的隔墙	非燃烧体1.00	非燃烧体1.00	非燃烧体0.50	难燃烧体0.25
	房间隔墙	非燃烧体0.75	非燃烧体0.50	难燃烧体2.50	难燃烧体0.25
	支承多层的柱	非燃烧体3.00	非燃烧体2.50	非燃烧体2.00	难燃烧体1.50
	支承单层的柱	非燃烧体2.50	非燃烧体2.00	非燃烧体2.00	燃烧体

续表

构件名称 \ 燃烧性能和耐火极限(h) \ 耐火等级	一级	二级	三级	四级
梁	非燃烧体 2.00	非燃烧体 1.50	非燃烧体 1.00	难燃烧体 0.50
楼板	非燃烧体 1.50	非燃烧体 1.00	非燃烧体 0.50	难燃烧体 0.25
屋顶承重构件	非燃烧体 1.50	非燃烧体 0.50	燃烧体	燃烧体
疏散楼梯	非燃烧体 1.50	非燃烧体 1.00	非燃烧体 1.00	燃烧体
吊顶（包括吊顶搁栅）	非燃烧体 0.25	难燃烧体 0.25	难燃烧体 0.15	燃烧体

注 1. 以木柱承重且以非燃烧材料作为墙体的建筑物，其耐火等级应按四级确定。
　　2. 二级耐火等级的建筑物吊顶，如采用非燃烧体时，其耐火极限不限。

（1）建筑构件的燃烧性能。建筑构件按照燃烧性能分成非燃烧体（或称不燃烧体）、难燃烧体和燃烧体。

1）非燃烧体（不燃烧体）。非燃烧体指用非燃烧材料做成的建筑构件，如天然石材、人工石材、金属材料等。

2）难燃烧体。难燃烧体指用不易燃烧的材料做成的建筑构件，或者用燃烧材料做成，但用非燃烧材料作为保护层的构件，如沥青混凝土构件、木板条抹灰等。

3）燃烧体。燃烧体指用容易燃烧的材料做成的建筑构件，如木材、纸板、胶合板等。

（2）建筑构件的耐火极限。耐火极限是指对任一建筑构件在规定的耐火试验条件下，从受到火的作用时起，到失去支持能力或完整性破坏或失去隔火作用时止的这段时间，用小时表示。只要以下3个条件中任一个条件出现，就可以确定是否达到其耐火极限。

1）失去支持能力。失去支持能力是指构件自身解体或垮塌。

2）完整性破坏。完整性破坏是指楼板、隔墙等具有分隔作用的构件出现穿透裂缝或较大的孔隙。

3）失去隔火作用。失去隔火作用是指具有分隔作用的构件背火面测温点测得平均温度达到140℃（不包括背火面的起始温度）；或背火面测温点中任意一点的温度达到180℃；或不考虑起始温度的情况下，背火面任一测点的温度达到220℃。

建筑耐火等级高的建筑其构件的燃烧性能就差，耐火极限的时间就长。有些同类建筑根据其规模和设施的不同档次进行分级。如剧场分为特、甲、乙、丙四个等级；涉外旅馆分为一星级至五星级共5个等级，社会旅馆分为一级至六级共6个等级。建筑的分级是根据其重要性和对社会生活影响程度来划分的，应当根据建筑的实际情况，合理地确定建筑的耐久年限和防火等级。

0.4　建筑标准化和模数协调

建筑业实现建筑工业化，提高建筑的科技含量，逐步改变劳动力密集、手工作业落后的局面，最终实现建筑工业化，是我国建筑业迫切要求解决的问题。建筑工业化的内容为：设计标准化、构配件业生产工厂化、施工机械化。设计标准化是实现其余两个方面目标的前提，只有实现了设计标准化，才能够简化建筑构配件的规格类型，为工厂生产商品化的建筑构配件创造基础条件，为建筑产业化、机械化施工打下基础。

0.4.1 建筑设计规范、规程、通则

由国务院有关部委颁发的建筑设计规范、规程和通则等是建筑设计必须遵守的准则和依据，它反映了国家现行建筑政策和经济技术水平。

建筑规范很多，一般分为：通用性的，如《建筑模数统一协调标准》、《房屋建筑制图统一标准》等。专项性的，如《高层民用建筑设计规范》、《住宅建筑设计规范》等。

建筑相关行业的工作人员从事相关工作时必须要熟悉有关的设计规范规定，并严格执行。否则会引发安全事故。如汶川地震中较多中小学教学楼倒塌，主要的原因是没有严格的执行国家有关的设计、施工、监理等规范和规定。

0.4.2 建筑模数：基本模数、导出模数

建筑模数是指选定的尺寸单位，作为尺度协调中的增值单位，也是建筑设计、建筑施工、建筑材料与制品、建筑设备、建筑组合件等各部门进行尺度协调的基础，其目的是使构配件安装吻合，并有互换性。《建筑模数统一协调标准》用以约束和协调建筑的尺度关系，以达到简化类型、降低造价、保证质量、提高工效的目的。

1. 基本模数

基本模数是模数协调中选用的基本单位，其数值为100mm，符号为M，即1M＝100mm，整个建筑物或其中一部分以及建筑组合件的模数化尺寸均应是基本模数的倍数。

2. 导出模数

在基本模数的基础上发展相互之间存在内在联系的导出模数，包括扩大模数和分模数。

（1）扩大模数。扩大模数指基本模数的整倍数。扩大模数的基数应符合下列规定：

1）水平扩大模数为3M、6M、12M、15M、30M、60M等6个，其相应的尺寸分别为300mm，600mm，1200mm，1500mm，3000mm，6000mm。

2）竖向扩大模数的基数为3M、6M两个，其相应的尺寸为300mm、600mm。

（2）分模数

分模数指整数除基本模数的数值。分模数的基数为M/10、M/5、M/2等3个，其相应的尺寸为10mm、20mm、50mm。

3. 模数数列

模数数列是指由基本模数、扩大模数、分模数为基础扩展成的一系列尺寸（模数数列的幅度及适用范围如下）。

（1）水平基本模数的数列幅度为（1～20）M。主要适用于门窗洞口和构配件断面尺寸。

（2）竖向基本模数的数列幅度为（1～36）M。主要适用于建筑物的层高、门窗洞口、构配件等尺寸。

（3）水平扩大模数数列的幅度：3M为（3～75）M；6M为（6～96）M；12M为（12～

120) M；15M 为（15～120）M；30M 为（30～360）M；60M 为（60～360）M，必要时幅度不限。主要适用于建筑物的开间或柱距、进深或跨度、构配件尺寸和门窗洞口尺寸。

（4）竖向扩大模数数列的幅度不受限制。主要适用于建筑物的高度、层高、门窗洞口尺寸。

（5）分模数数列的幅度。M/10 为（1/10～2）M，M/5 为（1/5～4）M；M/2 为（1/2～10）M。主要适用于缝隙、构造节点、构配件断面尺寸。表 0.2 所示的为我国现行的模数数列。

表 0.2　　　　　　　　　　常 用 模 数 数 列　　　　　　　　　　单位：mm

模数名称	基本模数	扩大模数						分模数		
模数基数	1M	3M	6M	12M	15M	30M	60M	1/10M	1/5M	1/2M
基数数值	100	300	600	1200	1500	3000	6000	10	20	50
模数数列	100	300						10		
	200	600	600					20	20	
	300	900						30		
	400	1200	1200	1200				40	40	
	500	1500			1500			50		50
	600	1800	1800					60	60	
	700	2100						70		
	800	2400	2400	2400				80	80	
	900	2700						90		
	1000	3000	3000		3000	3000		100	100	100
	1100	3300						110		
	1200	3600	3600	3600				120	120	
	1300	3900						130		
	1400	4200	4200					140	140	
	1500	4500			4500			150		150
	1600	4800	4800	4800				160	160	
	1700	5100						170		
	1800	5400	5400					180	180	
	1900	5700						190		
	2000	6000	6000	6000	6000	6000	6000	200	200	200
	2100	6300						220		
	2200	6600		6600				240		
	2300	6900								250
	2400	7200	7200	7200				260		
	2500	7500			7500			280		
	2600		7800					300	300	

续表

模数名称	基本模数	扩大模数					分模数		
模数基数	1M	3M	6M	12M	15M	30M	60M	1/10M	1/5M	1/2M
基数数值	100	300	600	1200	1500	3000	6000	10	20	50
模数数列		2700		8400	8400				320	
		2800		9000		9000	9000		340	
		2900		9600	9600					350
		3000			10500				360	
		3100			10800				380	
		3200		12000	12000	12000	12000		400	400
		3300			15000					450
		3400			18000	18000				500
		3500			21000					550
		3600			24000	24000				600
应用范围	主要用于建筑物层高、门窗洞口和构配件截面	①主要用于建筑物的开间或柱距、进深或跨度、层高、构配件截面尺寸和门窗洞口等处 ②扩大模数 30M 数列按 3000mm 进级，其幅度可增至 360M；60M 数列按 6000mm 进级，其幅度可增至 360M						①主要用于缝隙、构造节点和构配件截面等处 ②分模数 1/2M 数列按 50mm 进级，其幅度可增至 10M		

4. 几种尺寸

为了保证建筑物配件的安装与有关尺寸间的相互协调，在建筑模数协调中把尺寸分为标志尺寸、构造尺寸和实际尺寸。

（1）标志尺寸。标志尺寸应符合模数数列的规定，用以标注建筑物定位轴面、定位面或定位轴线、定位线与线之间的垂直距离（如开间或柱距、进深或跨度、层高等），以及建筑构配件、建筑组合件、建筑制品以及有关设备界限之间的尺寸。

（2）构造尺寸。建筑构配件、建筑组合件、建筑制品等的设计尺寸。一般情况下，标志尺寸减去构件之间的缝隙即为构造尺寸。

（3）实际尺寸。建筑构配件、建筑组合件、建筑制品等生产制作后的实际尺寸。实际尺寸与构造尺寸之间的差数应符合该建筑制品有关公差的规定。

标志尺寸、构造尺寸及与两者之间缝隙尺寸的关系如图 0.1 所示。

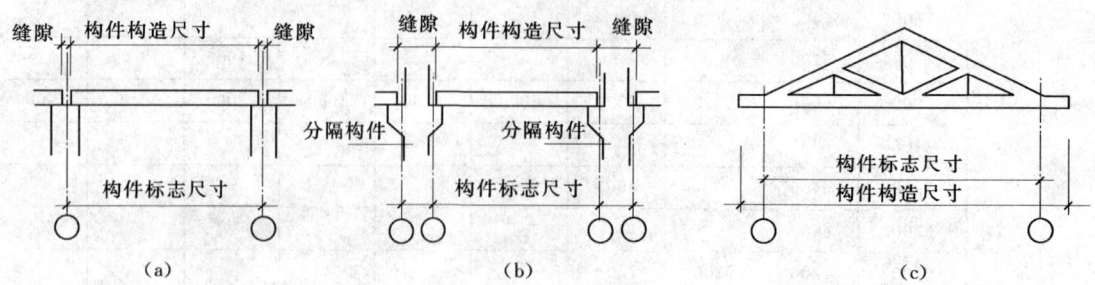

图 0.1 三种尺寸的关系
(a) 标志尺寸大于构造尺寸；(b) 有分隔构件连接时举例；(c) 构造尺寸大于标志尺寸

0.5 定位轴线

定位线（有时称定位轴线）又叫轴线，是确定房屋主要结构或构件的位置及其标志尺寸的基准线，用于平面图时称平面定位线；用于立面方向时称竖向定位线。定位线的距离，如跨度（进深）、柱距（开间）、层高等应符合《建筑模数协调统一标准》的规定。

定位线是施工定位、放线的重要依据。凡承重墙、柱子、大梁或屋架等主要承重构件均应由定位线确定其位置，而对于非承重的隔墙、次要承重构件、配件的位置，可与它们附近定位线联系（设附加定位线）。

1. 墙、柱与平面定位线的关系

两条横向定位线间的标志尺寸称为开间尺寸，两条纵向定位线之间标志尺寸称为进深尺寸。

在框架结构中，中柱和边柱与平面定位线的关系是：中柱的上柱或顶层中柱的中线，一般与纵、横向平面定位线相重合。边柱的设置有两种情况：如图 0.2（a）所示中边柱（顶层边柱）的纵、横向中线与纵、横向平面定位线相重合，如图 0.2（b）所示是边柱的外缘与纵向平面定位线重合。

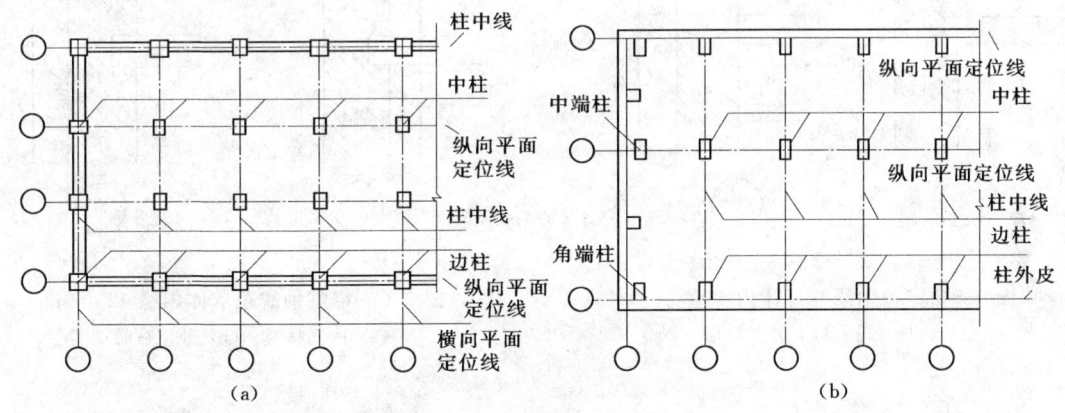

图 0.2 柱与平面定位线的关系

承重内墙顶层墙身的中心线与平面定位线相重合，当各层承重内墙厚度等于 370mm 时，一般按平面定位轴线对称分布。承重外墙顶层墙身的内缘与平面定位线间的距离，一般为顶层承重内墙厚度的 1/2，半砖或半砖的倍数（图 0.3）。

非承重墙与平面定位线的关系，除可按承重外墙布置外，也可使墙身内缘与平面定位线相重合（图 0.4）。

带壁柱外墙的墙体内缘与平面定位线相重合（图 0.5）或距墙体内缘 120mm 处与平面定位轴线相重合（图 0.6）。

楼梯及走道的两侧承重墙与平面定位线的关系，通常是楼梯及走道两侧向内取平，墙身内缘与平面定位线的距离定为 120mm（图 0.7）。

9

绪 论

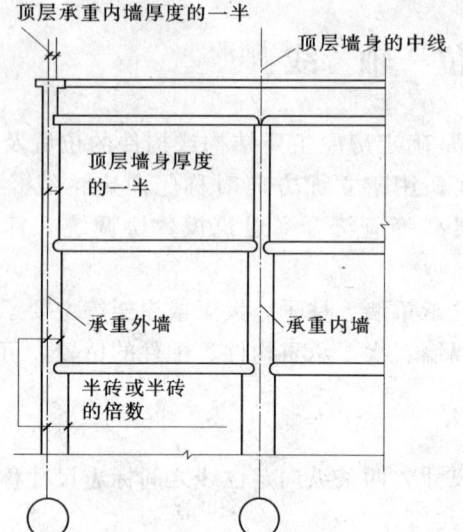

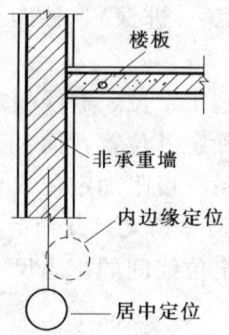

图 0.3 承重内、外墙与平面定位线的关系

图 0.4 非承重墙两种定位方式

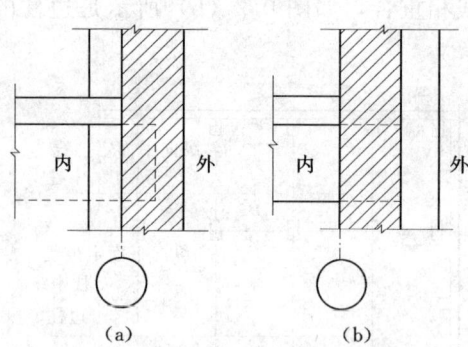

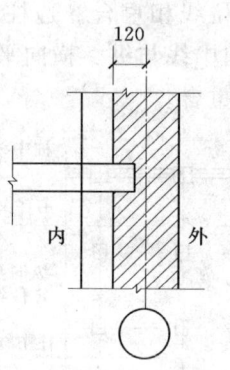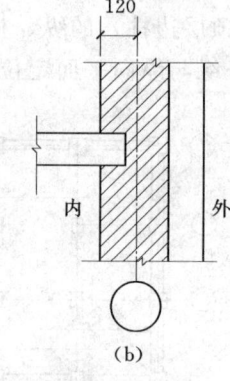

图 0.5 定位轴线与墙体内缘重合
(a) 内壁柱时；(b) 外壁柱时

图 0.6 定位轴线距墙体内缘 120mm
(a) 内壁柱时；(b) 外壁柱时

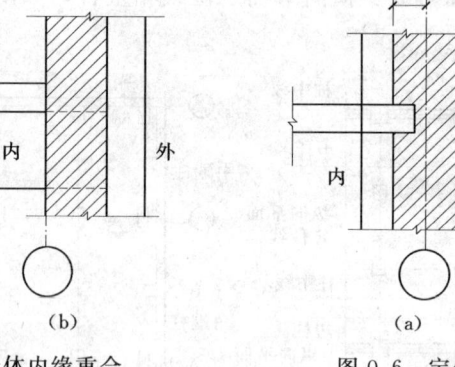

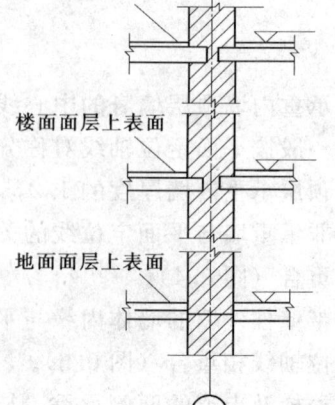

图 0.7 楼梯间墙、走道墙与平面定位线的关系

图 0.8 砖墙楼地面的竖向定位

2. 楼面、地面、平屋面和竖向定位线的关系

在多层或高层建筑中，常使建筑物各层的楼层、首层地面表面及平屋面的结构层表面与竖向定位线相重合（见图 0.8）。

0.6 民用建筑的构造组成和设计原则

0.6.1 民用建筑的构造组成

民用建筑通常是由基础、墙体或柱、楼板层、楼梯、屋顶、地坪和门窗等主要部分组成，还有一些附属的构件和配件，如阳台、雨篷、台阶、散水和通风道等（见图 0.9）。

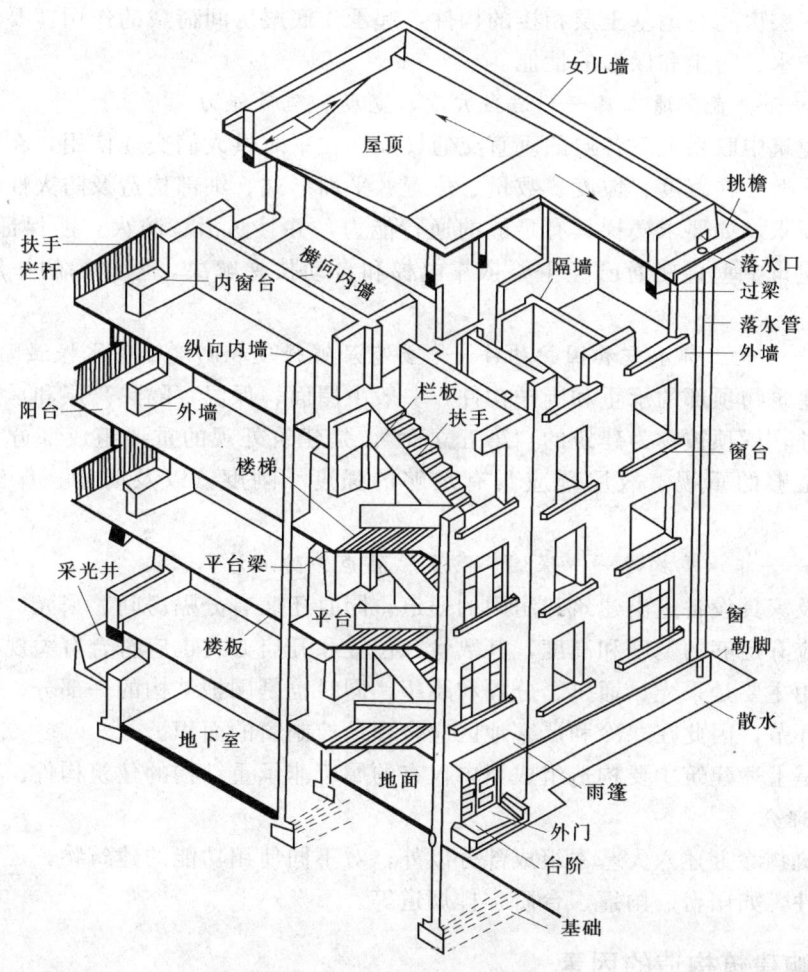

图 0.9 民用建筑的构造组成

1. 基础——最下部承重构件——要有足够强度与稳定性

基础是建筑物最底部的承重构件，承担建筑的全部荷载，并将这些荷载有效地传给地基。基础属于建筑的隐蔽部分，应具有足够的强度、刚度、稳定性和耐久性。

2. 墙和柱——竖向承重构件——要有足够强度与稳定性

墙（或柱）是建筑物的承重构件和围护构件。作为承重构件的外墙，其作用是抵御自然界各种因素对室内的侵袭。内墙主要起分隔空间及保证舒适环境的作用。框架或排架结构的建筑物中，柱起承重作用，墙仅起围护作用。因此，要求墙体具有足够的强度、稳定性、保温、隔热、防水、防火、耐久及经济等性能。

3. 楼板和地坪——水平承重构件——隔声要求

楼板是水平方向的承重构件，按房间层高将整幢建筑物沿水平方向分为若干层。楼板层承受家具、设备和人体荷载以及本身的自重，并将这些荷载传给墙或柱；同时对墙体起着水平支撑的作用。因此要求楼板层应具有足够的抗弯强度、刚度和隔声、防潮、防水的性能。

地坪是底层房间与地基土层相接的构件，起承受底层房间荷载的作用。要求地坪具有耐磨防潮、防水、防尘和保温的性能。

4. 楼梯——垂直交通工具——适当坡度、宽度和疏散能力

楼梯是建筑中联系上下各层的垂直交通设施。在平时供人们交通使用，在特殊情况下供人们紧急疏散。在宽度、坡度、数量、位置、平面形式、细部构造及防火性能等诸方面均有严格的要求。如要求楼梯具有足够的通行能力，并且防滑、防火，能保证安全使用。虽然在许多建筑中垂直交通已经主要依靠电梯和自动扶梯解决，但楼梯的作用仍然不可替代。

5. 屋顶——最上部承重和围护构件——要有足够强度和刚度，防水保温隔热

屋顶是建筑物顶部的承重和围护构件，一般由屋面、保温（隔热）层和承重结构三部分组成。另外，屋顶被称为建筑的"第五立面"，是建筑外观的重要组成部分，其外观形象也应得到足够的重视。故屋顶应具有足够的强度、刚度，以及防水、保温、隔热等性能。

6. 门窗——非承重构件——保温、防火、隔声、防风沙

门是人及家具设备进出建筑和房间的通道，同时还兼有分隔房间、采光、通风和围护的作用。门应有足够的宽度和高度，其数量、位置和开启方式也应符合有关规范的要求。

窗的作用主要是采光、通风、分隔和眺望，同时也是围护结构的一部分。窗又是围护结构的薄弱环节，因此在寒冷和严寒地区应合理地控制窗的面积。

门和窗是上述建筑主要构造组成当中仅有的属于非承重结构的建筑构件。

7. 附属部分

一座建筑物除上述六大基本组成部分以外，对不同使用功能的建筑物，还有许多特有的构件和配件，如阳台、雨篷、台阶、排烟道等。

0.6.2 影响建筑构造的因素

1. 外界环境的影响

（1）外力作用的影响。作用在建筑物上的各种外力统称为荷载。荷载可分为恒荷载（如结构自重）和活荷载（如人群、家具、风雪及地震荷载）两类。荷载的大小是建筑结构设计的主要依据。也是结构选型及构造设计的重要基础，起着决定构件尺度、用料多少

的重要作用。

(2) 气候条件的影响。我国各地区地理位置及环境不同,气候条件有许多差异。太阳的辐射热,自然界的风、雨、雪、霜、地下水等构成了影响建筑物的多种因素。故在进行构造设计时,应该针对建筑物所受影响的性质与程度,对各有关构、配件及部位采取必要的防范措施,如防潮、防水、保温、隔热、设伸缩缝、设隔蒸汽层等,以防患于未然。

(3) 各种人为因素的影响。人们在生产和生活活动中,往往遇到火灾、爆炸、机械振动、化学腐蚀、噪声等人为因素的影响,故在进行建筑构造设计时,必须针对这些影响因素,采取相应的防火、防爆、防振、防腐、隔声等构造措施,以防止建筑物遭受不应有的损失。

2. 建筑技术条件的影响

建筑材料、结构、设备和施工技术等物质技术条件是构成建筑的基本要素之一。以建筑材料对建筑构造的影响为例,主要表现在以下几个方面:

(1) 材料的特性影响构造方式。

(2) 材料的地域性形成一些带有地方色彩的构造方法。如鹅卵石贴面是南京地区外墙面的传统特色;云南少数民族地区常以天然竹子为建筑材料。又如在北方某些干旱地区适用的生土建筑在江南水乡则不可能存在等。

(3) 新型建材特征及应用范围与传统材料的构造方法有很大的改变。

另外,人类环保、节能、安全等意识的普遍增强,在建筑材料的选择上,近年的发展趋势是用人工合成材料取代某些天然材料用于房屋的建造,如用水泥砌块取代传统的黏土砖。如生产和施工过程的无公害、使用和燃烧时的无毒以及阻燃或不燃等防火性能等,都在必须考虑之列。

计算机辅助设计的应用和实验手段的完善,加强设计的预见性,使其更为合理。建筑材料技术的日新月异,建筑结构技术的不断发展与变化,建筑施工技术的不断进步,建筑构造技术也嬗变翻新、丰富多彩。例如,悬索、薄壳、网架等空间结构建筑,点式玻璃幕墙,彩色铝合金等新材料的吊顶,采光天窗中庭等现代建筑设施的大量涌现,可以看出,建筑构造没有一成不变的固定模式。在构造设计中要综合解决好采光、通风、保温、隔热、洁净、防噪声等问题,以构造原理为基础,在利用原有的、标准的、典型的建筑构造的同时,不断发展或创造新的构造方案。

3. 建筑标准的影响

随着建筑技术的不断发展和人们生活水平的日益提高,人们对建筑的使用要求也越来越高。建筑标准的变化带来建筑的质量标准、建筑造价等也出现较大差别。对建筑构造的要求也将随着经济条件的改变而发生着大的变化。

建筑设计包括构造设计的人性化,其目的是让使用者使用时更方便、更舒适和更安全。特别是在许多构造细部的处理上应周到、合理和细致。如合适的尺度,选用材料的质感和色彩符合所在场所特定要求,连接要合理并符合人体功效学的原则等。建筑设计规范中的许多内容,就涉及满足使用者要求的构造细部做法。

在确保工程质量的前提下,建筑设计应根据建筑物的等级、国家制定的经济指标及建造者本身的经济能力来进行。建筑构造设计是建筑设计中不可分割的一部分。所以,经济因素始终是影响建筑设计的重要因素。

因此，建筑构造设计应根据建筑物所处的环境，充分考虑各种因素对建筑物的影响，尽量利用其有利因素，采取相应的构造方案和措施，提高建筑物的抵御能力和使用的耐久性能。

0.6.3 建筑构造的设计原则

在满足建筑物各项功能要求的前提下，必须综合运用有关技术知识，并遵循以下设计原则：

（1）结构坚固、耐久。除按荷载大小及结构要求确定构件的基本断面尺寸外，对阳台、楼梯栏杆、顶棚、门窗与墙体的连结等构造设计，都必须保证建筑物构、配件在使用时的安全。

（2）技术先进。在进行建筑构造设计时，应大力改进传统的建筑方式，从材料、结构、施工等方面引入先进技术，并注意因地制宜。

（3）合理降低造价。各种构造设计，均要注重整体建筑物的经济、社会和环境的三个效益，即综合效益。在经济上注意节约建筑造价，降低材料的能源消耗，又还必须保证工程质量，不能单纯追求效益而偷工减料，降低质量标准，应做到合理降低造价。

（4）美观大方。建筑物的形象除了取决于建筑设计中的体型组合和立面处理外，一些建筑细部的构造设计对整体美观也有很大影响。

*0.7 建 筑 节 能

0.7.1 建筑节能的意义

我国建筑能耗的总量逐年上升，在能源总消费量中所占的比例已从20世纪70年代末的10％，上升到近年的27.45％，而国际上发达国家的建筑能耗一般占全国总能耗的33％左右。以此推断，国家建设部科技司研究表明，随着城市化进程的加快和人民生活质量的改善，我国建筑耗能比例最终还将上升至35％左右。如此庞大的比重，建筑耗能已经成为我国经济发展的软肋。

早在20世纪70年代，建筑节能概念就被正式提出。建筑节能的中心是减少建筑耗能，提高建筑中的能源利用效率。但至今我国城乡既有的约400亿 m^2（其中城市约140亿 m^2）建筑中，只有在城市的3.2亿 m^2 房屋可算是节能建筑，其余无论从建筑围护结构，还是采暖空调系统来看，都属于高耗能建筑。更令人忧虑的是，直到现在，每年竣工的新建建筑中节能建筑还不到1亿 m^2（主要建在北京、天津等大城市）。也就是说，按最乐观估计，高耗能建筑在全国既有建筑中占95％以上，在每年竣工的新建筑中占90％以上。和气候条件相近的发达国家相比，我国每平方米建筑采暖能耗约为他们的3倍，而热舒适程度则远不如人。

节约能源是关系到国家兴衰、民族生存的大事。我国能源形势严峻，建筑用能浪费相当严重，节能潜力十分巨大。把中国建筑用能效率提高到世界先进水平的光荣任务，历史地落在我们大家的肩上。

0.7.2 节能措施

1. 充分利用太阳能

(1) 缓冲空间。在建筑南立面设置大玻璃面的"阳光室"又称"缓冲空间"（见图0.10）。它类似于中国许多地方由玻璃窗封闭阳台的做法，其作用如同温室，在冬季可有效提高室温，降低采暖能耗。适用于寒带气候，在西欧、北欧和北美国家应用较多。

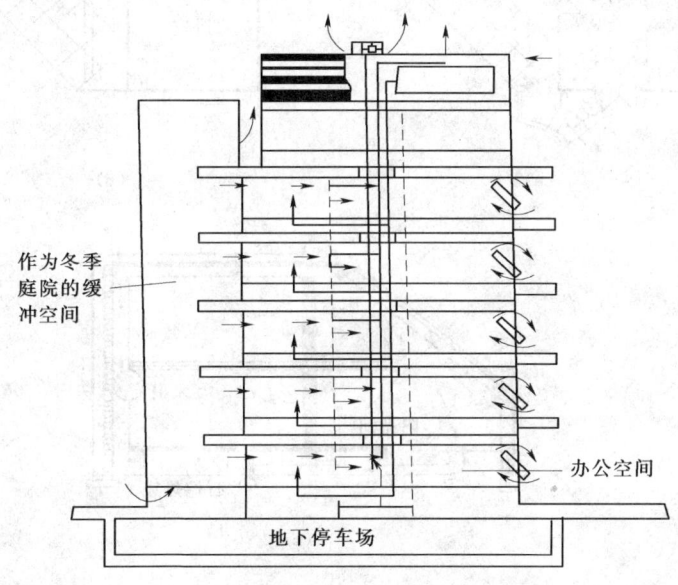

图 0.10　缓冲空间

(2) 附加日光间。附加日光间属一种多功能的房间，除了可作为一种集热设施外，还可用来作为休息、娱乐、养花、养鱼等使用，是寒冬季节让人们置身于大自然中的一种室内环境，也是为其毗连的房间供热的一种有效设施。

如图0.11所示为美国新墨西哥州的一幢两层楼住宅。由剖面图可见，该住宅南向阳光间（暖房）与二楼顶棚、北墙内侧设有空气循环通道，与底层地板上块石储热床相连，沿途使顶棚与北墙内侧被加热成低温辐射面向室内供暖，并将剩余热量输进砾石储热床储存起来以备夜间供暖。分隔温室与房间的南墙做成集热墙，白天储热，夜间供暖。夏季阳光间外侧设遮阳百叶，日闭夜开。必要时夜间还可定时开动风扇将温室冷空气循环进入通道，帮助室内阳光室降温。

(3) 蓄热屋面。蓄热屋面与蓄热墙类似，其原理都是储存热量并且将其传送给室内。效率较高的蓄热屋面由水袋及顶盖组成。冬天时水袋受到太阳光照射而升温，热量通过下面的金属天花板传递至室内，使房间变暖；夏天时，室内热量通过金属天花板传递给水袋，在夜间，水袋中的热量以辐射、对流等方式散发至天空。水袋上有活动盖板以增强蓄热性能，夏季，白天盖上盖板，减少阳光对水袋的辐射使其可以吸纳较多的室内热量，夜晚打开盖板。使水袋中的热量迅速散发到空中；冬天，白天打开盖板使水袋尽量吸收太阳

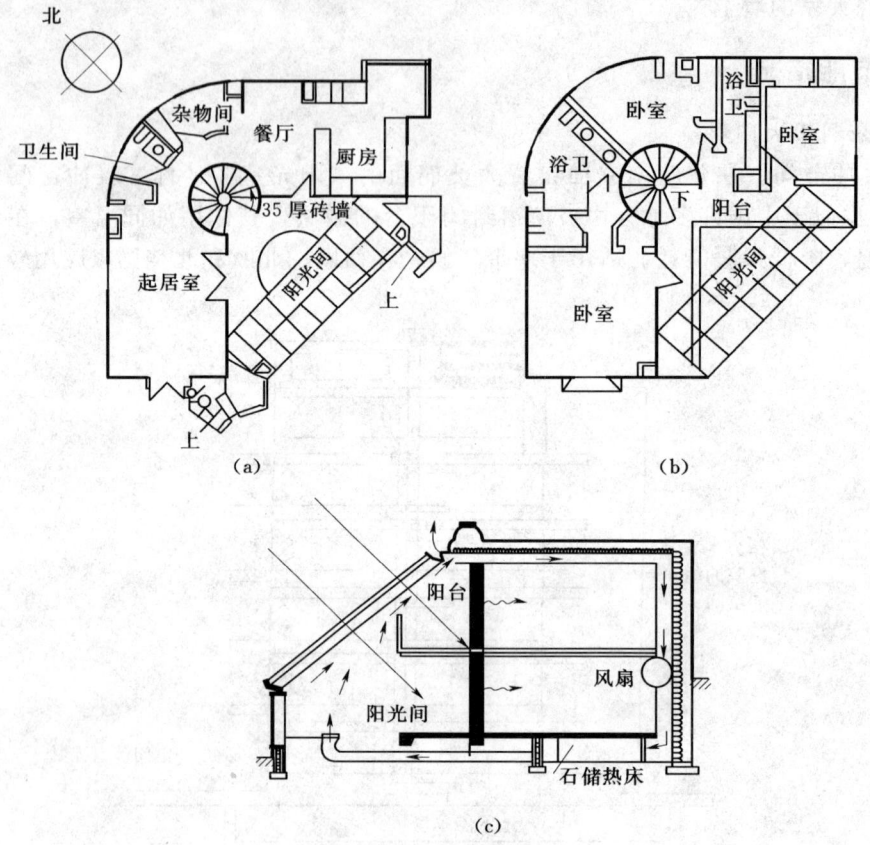

图 0.11 附加阳光间太阳能建筑实例
(a) 首层；(b) 二层；(c) 剖面

的热辐射，夜晚盖上盖板使水袋中的热量向室内散发如图 0.12 所示。

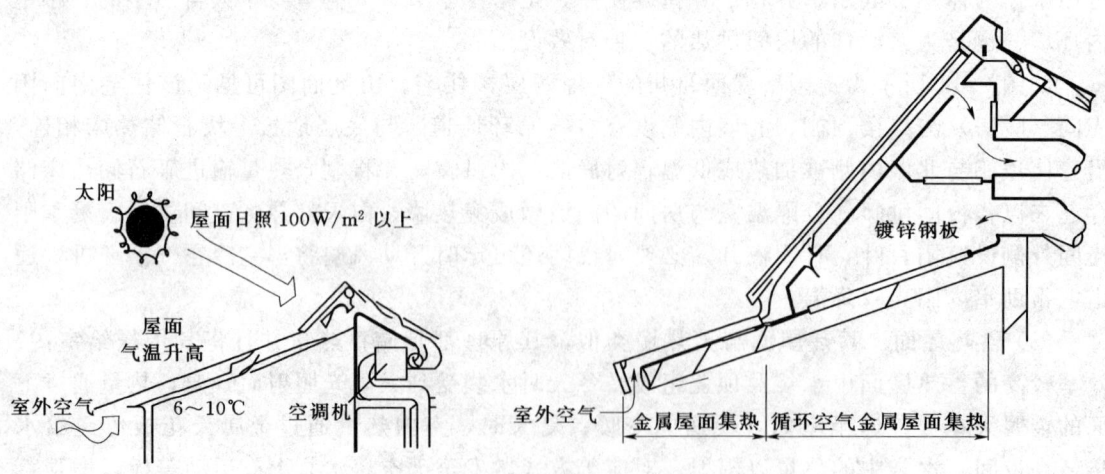

图 0.12 蓄热屋面

(4) 橡胶阳光集热板。采用可在 50～120℃ 的环境中工作的空心橡胶棒作为吸热体,将这种以黑色橡胶棒组成的集热板放置在屋面或地面上,可将棒内冷水加热至 50℃,恰恰满足洗浴方面的水温要求。这种集热板如铺设在屋面上,还可起到降温和降低热反射的作用,大面积使用可有效减少城市中的"热岛"效应。这是一种相应简易而传统的太阳能利用方式,如图 0.13 所示。

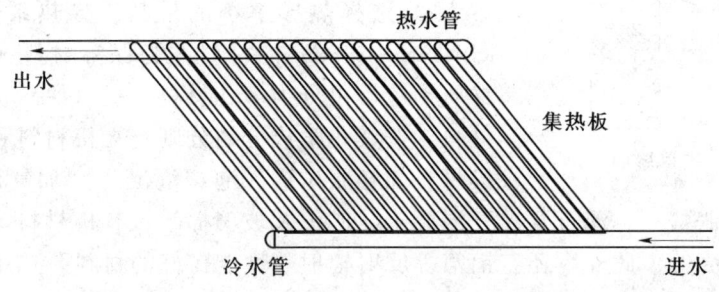

图 0.13 橡胶阳光集热板

(5) 阳光反射装置。阳光反射装置有两个方面的作用,一是提供日照,二是提供热量。英国建筑师 N. 福斯特在香港汇丰银行的设计中采用了可以自动跟踪阳光的反射镜为室内提供补充光照,这一做法成为当代在建筑中对阳光进行主动"设计"与引导的成功范例之一。1992 年,由日本清水建设等单位设计的东京上智大学纪尾井场馆上的阳光反射装置则是为了在加强日照的基础上收集热量以提高内庭土壤温度,保证花园在冬季仍可绚丽如春。距地面 38m 的屋顶上有两台直径为 2.5m 的大型反射镜,其中心直射照度超过 60000lx,地面直接光照面积为 10m²,中心区照度为 13500～18250lx。反射镜在转动过程中其反射光可覆盖整个内庭,如图 0.14 所示。

(6) 太阳能集热器。太阳能集热器大多数是放在屋面上的,但也有与墙体或窗户合二为一的,如窗式集热器。它是一种将窗户与集热器结合起来的设备。

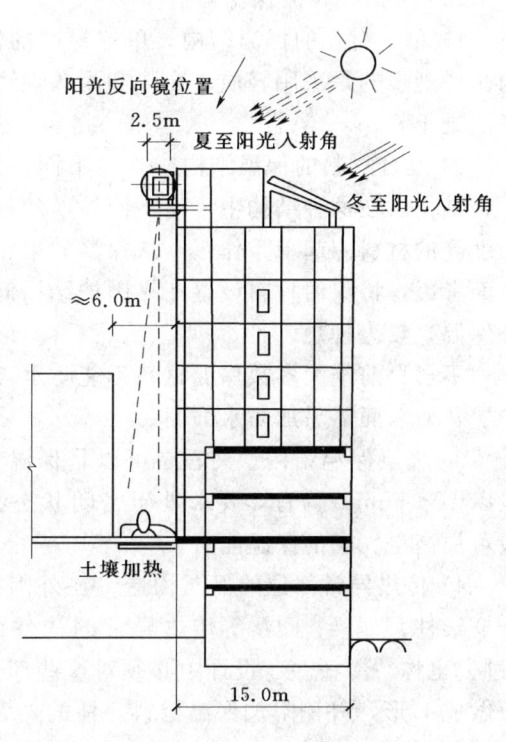

图 0.14 装在屋顶上的阳光反射装置示意

(7) 植草屋面。传统植草屋面的做法是在防水层上覆土再植以茅草,随着无土栽植技术的成熟,目前多采用纤维基层栽植草皮。植草屋面具有降低屋面反射热,增强保温隔热性能,提高居住区绿化效果等优点。在西欧和北欧乡间传统住宅上应用较为广泛,目前越来越多地应用于城市低层及多层住宅建筑上。

日本的"环境共生住宅"采用了植草屋面。其基本构造为:野草生长基下为可"呼

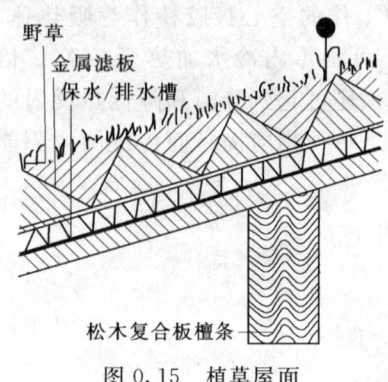

图 0.15 植草屋面

吸"的轻质滤层,其下为齿状保水槽、多重防水层和木板,如图 0.15 所示。

2. 合理的节能构造

(1) 提高围护结构热阻的措施。

1) 增加围护结构的厚度。

2) 选择热导率小的材料。导热系数值小于 0.25 kJ/(m·h·℃) 的材料称为保温材料。保温材料按其材质构造,可分为多孔材料、板(块)状材料和松散状材料。按其化学成分划分则有无机材料和有机材料。无机材料如膨胀矿渣、泡沫混凝土、加气混凝土、陶粒、膨胀珍珠岩、膨胀蛭石、浮石及浮石混凝土、矿棉及玻璃棉等;有机材料,如软木、木丝板、甘蔗板和稻壳等。此外,还有铝箔等反射辐射热性能良好的材料。选用热导率小的保温材料组成围护结构是行之有效的措施。

(2) 围护结构的保温构造。

1) 单一材料的保温结构。单一材料的保温结构是由一种热导率小的材料所构成的结构。最理想的是采用轻质、高强和耐久性高的保温材料,如陶粒混凝土、浮石混凝土、加气混凝土等。

2) 复合材料的保温结构。利用不同性能的材料进行组合,构成既能承重又可保温的复合结构。在这种结构中,让不同性质的材料发挥各自的功能:轻质材料专起保温作用,强度高的材料专起承重作用。从保温效果、减少保温材料内部产生水蒸气凝结的可能性等方面考虑,将保温材料设置在靠围护结构低温一侧(对采暖建筑来说是指室外一侧,也称外保温)较为理想。

不过目前绝大多数保温材料不能防水,耐久性差,保温材料靠室外一侧,就必须加保护层,对墙面需另加防水饰面。

3) 夹层保温结构。夹心层可以是保温材料,也可以是空气间层。空气间层的厚度一般以 40~50mm 为宜,要求处于密闭状态。另外,在构件的内表面粘贴或铺钉铝箔组合板可提高空气层的保温能力。

4) 传热异常部位的保温构造。在外围护结构中,门窗孔洞、结构转角处、钢筋混凝土框架柱、过梁、圈梁等传热异常的构件或部位是保温的薄弱环节,通常称为"热桥"(过去也称"冷桥")。设计中必须对这些部位采取相应的保温措施。如钢筋混凝土过梁截面做成 L 形,外侧附加保温材料。柱的外表面与外墙面平齐或突出外面时的保温处理。

(3) 防止围护结构的蒸汽渗透。当围护结构两侧出现水蒸气压力差时,水蒸气从压力高的一侧通过围护结构向压力低的一侧渗透扩散的现象称为蒸汽渗透。水蒸气在透渗过程中,当温度达到露点温度时,立即凝结成水,称凝结水,又称结露。结构内部产生凝结水,称内部凝结,会使室内墙面脱皮、生霉,甚至导致衣物发霉,严重时会影响人体健康。

建筑构造设计中,常在围护结构的保温层靠高温一侧,即蒸汽渗透一侧设置一道隔蒸汽层。这是目前保温构造设计中应用最普遍的一种措施。隔蒸汽材料一般采用沥青、卷材、隔蒸汽涂料以及铝箔等防潮、防水材料。

*0.8 建筑防火与安全疏散

0.8.1 建筑防火的概念，火灾的发展和蔓延

1. 建筑火灾的概念

建筑火灾是指烧损建筑物及其收容物品的燃烧现象。火灾的发展往往具有一定的规律，分为火灾初起阶段、猛烈燃烧阶段、熄灭阶段3个阶段。火灾发生必须具备一定的数量或浓度的可燃物、助燃物与一定能量的火源，三者同时存在并且共同作用。为了有效防止火灾在建筑设计时应考虑根据建筑等级尽量少用或不用可燃材料；设置必要的火灾感应和报警系统，在高层建筑中还应设置专门的消防控制室，以便火灾发生时及早发现、及时控制和消灭在起火点；在易于起火并有大量易燃物品部位的上空设置排烟窗，从而控制燃烧面积，限制火灾的蔓延。为了防止建筑物猛烈燃烧在建筑设计中应进行合理的防火分区和防烟分区，并在各区之间设置必要的防火分隔构件或防火措施（如防火墙、防火门、防火水幕以及耐火顶板等）。另外，建筑结构也应具有较长的耐火时间，使它在强烈的火势中保持足够的强度和稳定性，特别是建筑物的主要承重构件不应受到致命的损害。

2. 火势的蔓延途径

（1）由外墙窗口向上层蔓延。在现代建筑中，火通过外墙窗口喷出烟和火焰，沿窗间墙及上层窗口窜到上层室内，这样逐层向上蔓延，会使整个建筑物起火。若采用带形窗更易吸附喷出向上的火焰，蔓延更快。为了防止火势蔓延，要求上、下层窗口之间的距离，尽可能大些。要利用窗过梁、窗楣板或外部非燃烧体的雨篷、阳台等设施，使烟火偏离上层窗口，阻止火势向上蔓延。

（2）火势的横向蔓延。火势在横向主要是通过内墙门及隔墙进行蔓延。如户门为可燃的木质门，被火烧穿；铝合金防火卷帘因无水幕保护或水幕未洒水，导致卷帘被熔化；管道穿孔处未用非燃材料密封等处理不当导致火势蔓延；铁皮防火门在正常使用时是开着的，一旦发生火灾，不能及时关闭；当采用木板隔墙时，火容易穿过木板缝隙窜到墙的另一面，木板极易燃烧等。

（3）火势通过竖井等蔓延。在现代建筑物中，有大量的电梯、楼梯、垃圾井、设备管道井等竖井，这些竖井往往贯穿整个建筑，若未作周密完善的防火设计，一旦发生火灾，火势便会通过竖井蔓延到建筑物的任意一层。

（4）火势由通风管道蔓延。火势由通风管道蔓延包括通风管道内起火，并向连通的空间；也可通过通风管道吸进起火房间的烟气蔓延到其他房间。

0.8.2 防火、防烟分区

防火分区是指用具有一定耐火能力的墙、楼板等分隔构件，作为一个区域的边界构成，能够在一定时间内将火灾控制在某一范围内的基本空间。民用建筑设计必须遵循国家

《建筑设计防火规范》的规定,在设计时根据使用性质,选定建筑物的耐火等级,设置防火分隔物,分清防火分区,保证合理的防火间距,设有安全通道及疏散通口,保证人员及财产的安全,防止或减少火灾的危害。随着国家建设事业的发展,现代建筑其规模趋向大型化、多功能化发展,一旦某处起火成灾,造成的危害是难以想象的。因此,要在建筑物内设置防火分区。

1. 防火分区

防火分区按其作用分水平防火分区和垂直防火分区。水平防火分区是用以防止火灾在水平方向扩大蔓延;垂直防火分区主要是防止多层或高层建筑层与层之间的竖向火灾蔓延。主要由具有一定耐火能力的钢筋混凝土楼板做分隔条件。设置防火分区的原则为:

(1) 建筑物的防火分区的大小取决于建筑物的耐火等级和建筑物的层数。不同使用功能的建筑物,防火分区也不相同。防火分区采用防火墙、防火门、防火卷帘或水幕分隔。

(2) 建筑物面积与建筑物的防火分区。建筑物面积过大,室内容纳人数和可燃物的数量也相应增大,火灾时燃烧面积大,燃烧时间长,辐射热强烈,对建筑结构的破坏严重,火势难控制,对消防扑救人员、物资疏散都很不利。为了减少火灾造成的损失,对建筑防火分区的面积,按照建筑物耐火等级的不同,给予相应限制,即耐火等级高的防火分区面积要适当大些,耐火等级低的防火分区面积就要小些。表 0.3 给出了单层、多层民用建筑的防火分区与耐火等级、层数、长度和面积关系。

表 0.3 单层、民用建筑的防火分区与耐火等级、层数、长度和面积关系

耐火等级	最多允许层数	防火分区间		备 注
		最大允许长度(m)	每层最大允许建筑面积(m²)	
一级二级	不大于9层(高度不大于24m)	150	2500	(1) 体育馆、剧院等的长度和面积可以放宽 (2) 托儿所、幼儿园的儿童用房不应设在四层及四层以上
三级	5层	100	1200	(1) 托儿所、幼儿园的儿童用房不应设在三层及三层以上 (2) 电影院、剧院、礼堂和食堂不应超过两层 (3) 医院、疗养院不应超过三层
四级	2层	60	600	学校、食堂、菜市场、托儿所、幼儿园、医院等不应超过一层

注 建筑物的长度,是指建筑物各分段中线长度的总和。如遇有不规则的平面而有各种不同量法,应采用较大值。

(3) 建筑物内如有上下层相通的走马廊、自动扶梯等开口部位时,应按上、下连通层作为一个防火分区,其建筑面积的允许值取决于建筑的耐火等级及使用功能。

(4) 建筑物的地下室、半地下室应采用防火墙分隔成面积不超过 500m² 的防火分区。

(5) 中庭空间是贯穿多层的封闭空间,极易造成烟火的四处蔓延,因此各国均对中庭的防火作了细致规定。

2. 防烟分区

高层民用建筑中应布置装有排烟设备的通道。净高不超过 6m 的房间,应设挡烟垂

壁、隔墙或从顶棚下突出不小于50cm的梁划分防烟分区，如图0.16所示，每个防烟分区的建筑面积不超过500m²（商场营业厅和展览厅除外），且防烟分区不应跨越防火分区。

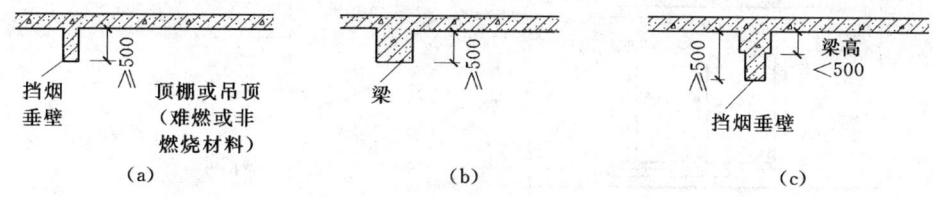

图0.16 防烟分区方案示意图
(a)固定式挡烟垂壁；(b)梁划分防烟分区；(c)挡烟垂壁和梁结合

0.8.3 安全疏散

建筑设计必须组织若干安全的疏散路线，并提供足够的疏散楼梯、安全出口和消防电梯。

1. 安全疏散路线

安全疏散路线一般分为以下几种：
(1) 室内→室外。
(2) 室内→走道→室外。
(3) 室内→走道→楼梯（楼梯间）→室外。

安全疏散路线应尽量连续、快捷、便利、畅通无阻地通向安全出口。注意两点：一是疏散通道宽度不应变窄；二是不应有突出的障碍物或突变的台阶。

2. 安全出口

安全出口应设足数量，应分散设置，易于寻找并应设明显的标志。影剧院、礼堂、体育馆的观众厅等公共建筑以及多层通廊式居住建筑、高层民用建筑、地下室及半地下室等的每个防火分区的安全出口不应少于两个。但当建筑物层数较低（三层及三层以下），面积不超过60m²，且人数不超过50人时，可以只设一个出口。

3. 疏散门

建筑物中的疏散门是安全疏散路线中的重要关口，也是防火设计的重中之重。《建筑设计防火规范》中对疏散门的形式、宽度、开启方式与方向等都做了严格限定。

民用建筑及厂房疏散门应向疏散方向开启，不应采用侧拉门、吊门和转门。人数不超过60人的房间且每樘门的平均疏散人数不超过30人时（甲、乙类生产房间除外），其门的开启方向不限。

人员密集的公共场所观众厅的入场门、太平门，不应设置门槛，其宽度不应小于1.4m（见图0.17），紧靠门口1.4m内不应设置踏步（见图0.18）太平门应为推闩式外开门。人员密集的公共场所的室外疏散小巷，其宽度不应小于3.0m。

其他如"疏散楼梯"、"安全疏散距离"以及"消防电梯"详见第4章"楼梯"相关内容。

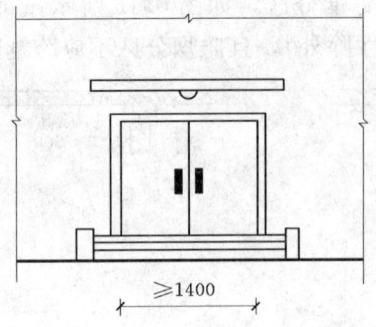
图 0.17 公共疏散门的防火要求

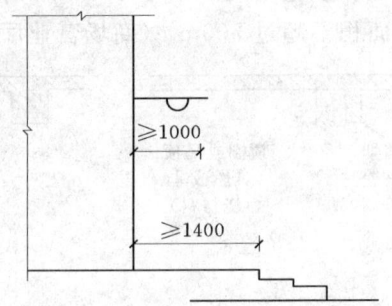
图 0.18 挑檐及台阶的防火要求

复 习 思 考 题

1. 建筑的基本构成要素有哪些？最主要的构成要素是什么？
2. 建筑按使用功能可分为几类？宿舍属于哪类建筑？
3. 按建筑结构形式如何分类？按承重结构的材料如何分类？
4. 为什么要控制中高层住宅的建造？
5. 民用建筑主要是由哪些部分组成的？
6. 影响建筑构造的因素有哪些？房屋设计应遵循的四点原则是什么？
7. 建筑物的耐久等级和耐火等级是按什么指标划分的？如何划分？
8. 建筑材料按燃烧性能分为几种？耐火极限的含义是什么？
9. 实行建筑模数协调统一标准的意义何在？什么是基本模数、扩大模数和分模数？
10. 建筑中有哪几种尺寸？相互关系是什么？
11. 承重内墙的定位轴线是如何划分的？
12. 建筑节能的措施和构造有哪些方面？
13. 地震震级与地震烈度有什么区别？建筑防震应遵循哪些原则？
14. 防火分区和安全疏散有何要求？
15. 高层建筑防火有何要求？

第1章 基础和地下室

1.1 基本概念

基础是建筑地面以下的承重构件,它承受建筑物上部结构传下来的全部荷载,并把这些荷载连同本身的重量一起传到地基上。地基则是承受由基础传下的荷载的土层。地基承受建筑物荷载而产生的应力和应变随着土层深度的增加而减小,在达到一定深度后就可忽略不计。直接承受建筑荷载的土层为持力层。持力层以下的土层为下卧层(图1.1)。

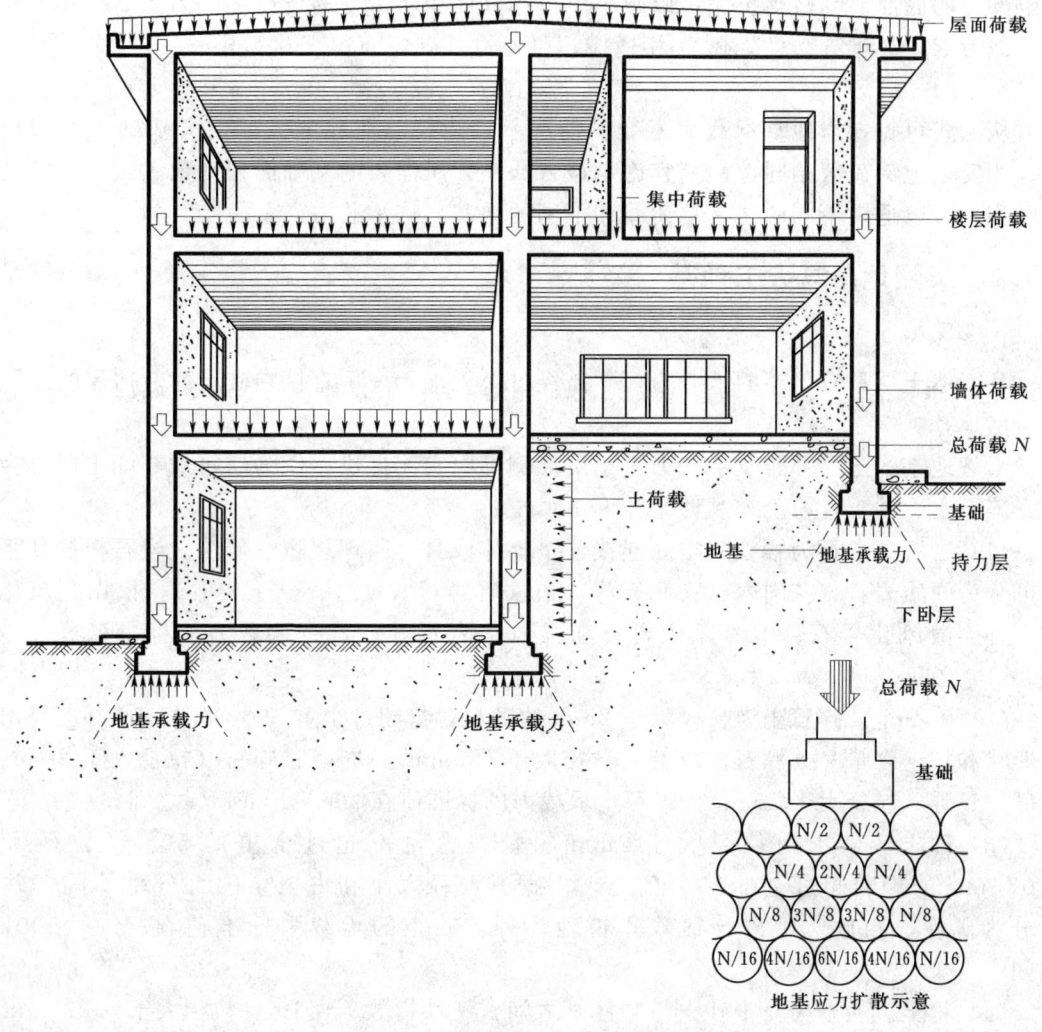

图1.1 地基、基础与荷载的关系

1.1.1 地基、基础与荷载的关系

基础是房屋的重要组成部分,而地基与基础又密切相关,若地基与基础一旦出现问题,就难以补救。从工程造价上看,一般4、5层民用建筑,其基础工程的造价约占总造价的10%~20%。

从图1.1中可看到建筑物上部的总荷载(包括屋面、楼板、墙等的自重和各种活荷载),通过基础传到地基上。由此可见基础是起承上传下地传递荷载的作用,而地基是起着承受由基础传来的荷载的作用。

地基在稳定的条件下,每平方米所能承受的最大垂直压力称地基容许承载力(或地耐力)。一般地基的容许承载力往往低于建筑物基础所用的砖、石、混凝土等材料的抗压强度。当基础对地基的压力超过地基容许承载力时,地基将出现较大的沉降变形,甚至产生地基土层滑动挤出而破坏。为了保证建筑物的稳定与安全,就有必要将建筑物基础与土层接触部分的底面尺寸适当扩大,以减小单位地基面积所承受的压应力。因此,欲使地基容许承载力R,与建筑物总荷载N相适应,可通过基础底面积F来调整:

$$F \geqslant N/R$$

从上式可见,当地基承载力不变的情况下,建筑总荷载愈大,要求基础底面积也愈大。相反,上部荷载相同,地基容许承载力愈小,所需要的基础面积则愈大。不同的基础底面积,可以适应不同的建筑总荷载和不同的地基容许承载力。

1.1.2 天然地基与人工地基

1. 天然地基

凡天然土层具有足够的承载力,不需经过人工加固,可直接在其上建造房屋的土层称为天然地基。

天然地基的土层分布及承载力大小由勘测部门实测提供。作为建筑地基的土层分为岩石、碎石土、砂土、粉土、黏性土和人工填土。

(1)岩石。岩石为颗粒间牢固连接,呈整体或具有肌理裂隙的岩体。岩石根据其坚固性可分为硬质岩石(花岗岩、玄武岩等)和软质岩石(页岩、黏土岩等)。根据其风化程度可分为微风化岩石、中等风化岩石和强风化岩石等。岩石承载力的标准值在200~4000kPa之间。

(2)碎石土。碎石土为粒径大于2mm的颗粒含量超过全重50%的土。碎石土根据颗粒形状和粒组含量又分漂石、块石(粒径大于200mm);卵石、碎石(粒径大于20mm);圆砾、角砾(粒径大于2mm)。碎石土承载力的标准值在200~1000kPa之间。

(3)砂土。砂土为粒径大于2mm的颗粒含量不超过全重的50%,粒径大于0.075mm的颗粒超过全重50%的土。根据其粒径大小和占全重的百分率不同,砂土又分为砾砂、粗砂、中砂、细砂和粉砂5种。砂土的承载力标准值在140~500kPa之间。

(4)粉土。粉土为介于砂土与黏性土之间,塑性指数$I_p \leqslant 10$且粒径大于0.075mm的颗粒含量不超过全重50%的土。粉土的承载力标准值为105~410kPa。

(5) 黏性土。黏性土为塑性指数 $I_p>10$ 的土,按其塑性指数值的大小又分为黏土和粉质黏土两大类。黏性土的承载力标准值为 105～475kPa。

(6) 人工填土。人工填土根据其组成和成因可分为素填土、杂填土、冲填土。素填土为碎石土、砂土、粉土、黏性土等组成的填土;杂填土为含有建筑垃圾、工业废料、生活垃圾等杂物的填土;冲填土为水利冲填泥砂形成的填土。人工填土的承载力标准为 65～160kPa。

2. 人工地基

当土层的承载力较差或虽然土层较好,但上部荷载甚大时,为使地基具有足够的承载能力,可以对土层进行人工加固,这种经人工处理的土层,称为人工地基。常用的人工加固地基的方法有压实法、换土法和桩基。

(1) 压实法。用各种机械对土层进行夯打、碾压、振动来压实松散土的方法为压实法。在开挖基坑后,为改善土层表面松软状况、保证地基质量,往往采用木夯、石碾、蛙式打夯机进行夯打、压实。若需提高地基的承载能力,则应用重锤夯实机、压路机进行夯实、碾压,或用振动压实机压实(图1.2)。

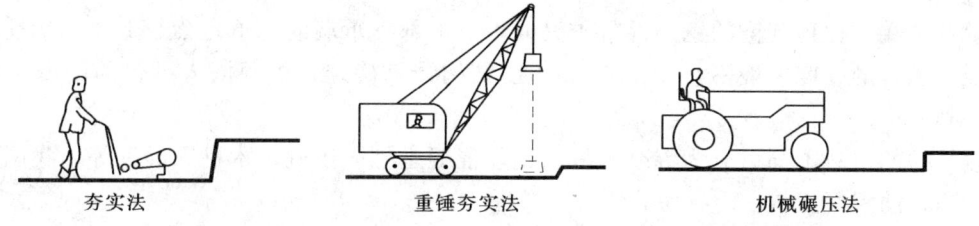

图 1.2 压实法加固地基

(2) 换土法。当基础下土层比较软弱,或地基有部分较弱的土层,如淤泥、淤泥质土、填土等,不能满足上部荷载对地基的要求时,可将较弱土层全部或部分挖去,换成其他较坚硬的材料,这种方法叫换土法。换土法所用材料一般是选用压缩性低的无侵蚀性材料,如砂、碎石、矿渣、石屑等松散材料。这些松散材料是被基槽侧面土壁约束,借助互相咬合而获得强度和稳定性,从应力状态上看属于垫层,通常称为砂垫层或砂石垫层。如垫层中石料较多,起到传递荷载的作用,则常称为砂石基础(见图1.3)。

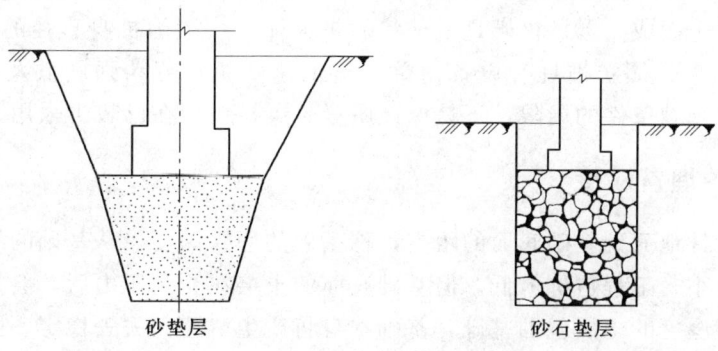

图 1.3 换土法加固地基

(3) 桩基。当建筑物荷载很大，地基土层很弱，地基承载力不能满足要求时，可以采用桩基，使基础上的荷载经过桩传给地基土层，这也是一种加固地基的方式。

桩基由承台和桩柱两部分组成（图1.4）。

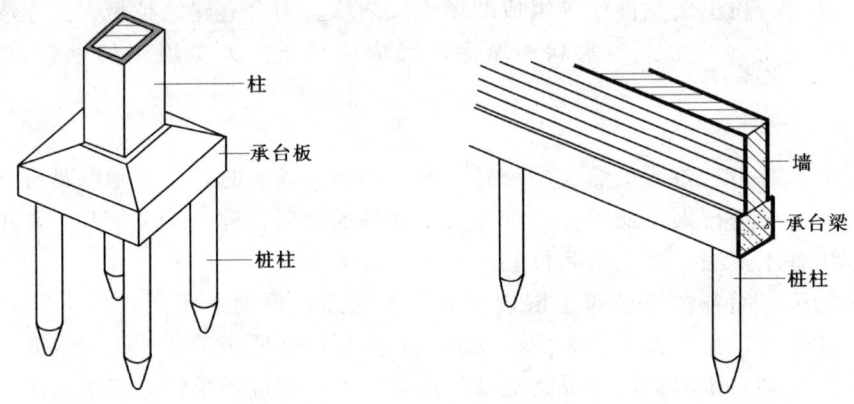

图1.4 桩基组成

承台是在桩柱顶现浇的钢筋混凝土梁或板，上部支承墙的为承台梁，上部支承柱的为承台板，承台的厚度一般不小于300mm，由结构计算确定，桩顶嵌入承台的深度不宜小于5～100mm。

按桩柱的材料不同可分为混凝土桩、钢筋混凝土桩、土桩、木桩和砂桩等。我国采用较多的为钢筋混凝土桩。

钢筋混凝土桩，按施工方法不同又分为预制桩、灌注桩和爆扩桩3种。

预制桩是把桩先预制好，然后用打桩机打入地基土层中。桩的断面一般为200～350mm见方，桩长不超过12m。预制桩质量易于保证，不受地基其他条件影响（如地下水等），但造价高，钢材用量大，打桩时有较大噪声，影响周围环境。

灌注桩是直接在所设计的桩位上开孔（圆形），然后在孔内加放钢筋骨架，浇灌混凝土而成。与钢筋混凝土预制桩比较，灌注桩有施工快、施工占地面积小、造价低等优点，近年来发展较快。

爆扩桩是用机械或爆扩等方法成孔，孔径一般为300～400mm，成孔后用炸药扩大孔底，现浇灌混凝土而成。爆扩桩端是呈球状的扩大体，一般为桩身直径的2～3倍，桩长为5～7m（图1.5）。爆扩桩具有设备简单、施工速度快、劳动强度低及投资少等优点。缺点是受施工和基础条件的局限，不易保证质量。爆扩桩现在已较少采用。

1.1.3 基础的埋置深度

由室外的设计地面到基础底面的距离，称基础的埋置深度。从基础的经济效果看，基础的埋置深度愈小，工程造价愈低。但基础底面的土层在受到压力后，会把基础四周的土挤出，没有足够厚度的土层包围基础，基础本身将产生滑移而失去稳定。同时，埋得过浅或把基础暴露在地面，易受外界的影响而损坏。所以，基础的埋置要有一个适当的深度，既保证建筑物的坚固安全，又节约基础的用材，并加快施工速度。根据实践证明，在没有其他条件的影响下，基础的埋置深度不应小于500mm（见图1.6）。

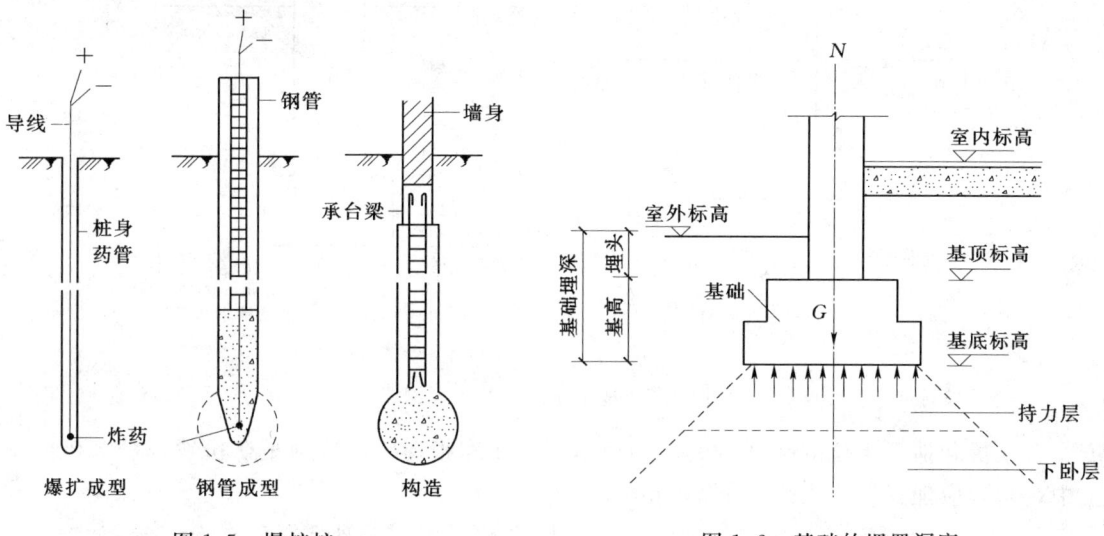

图1.5 爆扩桩　　　　　　　　图1.6 基础的埋置深度

影响基础埋深的因素有很多，主要应考虑下列几个条件。

1. 与地基的关系

基础的埋置深度与地基构造有密切关系，房屋要建造在坚实可靠的地基上，不能设置在承载能力低、压缩性高的软弱土层上。在选择埋深时，应根据建筑物的大小、特点、刚度与地基的特性区别对待。如土层是两种土质构成，上层土质好且有足够厚度，则以埋在上层范围内为宜；反之，上层土质差而厚度浅，则以埋置于下层好土范围内为宜。总之，由于地基土形成的地质变化不同，每个地区的地基土的性质也就不会相同，即使同一地区，它的性质也有很大变化，必须综合分析，求得最佳埋深。

2. 地下水位的影响

地下水对某些土层的承载能力有很大影响，如黏性土在地下水上升时，将因含水量增加而膨胀，使土的强度降低；当地下水下降时，基础将产生下沉。为避免地下水的变化影响地基承载力及防止地下水对基础施工带来的麻烦，一般基础应争取埋在最高水位以上[图1.7 (a)]。

当地下水位较高，基础不能埋在最高水位以上时，宜将基础底面埋置在最低地下水位以下200mm。这种情况，基础应采用耐水材料，如混凝土、钢筋混凝土等。施工时要考虑基坑的排水[图1.7 (b)]。

3. 冻结深度与基础埋深的关系

冻结土与非冻结土的分界线称为冻土线。各地区气候不同，低温持续时间不同，冻土深度亦不相同，如北京地区为0.8~1.0m，哈尔滨为2m，重庆地区则基本无冻结土。地基土冻结后，是否对建筑产生不良影响，主要看土冻结后会不会产生冻胀现象。若产生冻胀，会把房屋向上拱起（冻胀向上的力会超过地基承载力），土层解冻，基础又下沉。这种冻融交替，使房屋处于不稳定状态，产生变形，如墙身开裂，门窗倾斜而开启困难，甚至使建筑物结构也遭到破坏等。地基土冻结后是否产生冻胀，主要与土壤颗粒的粗细程

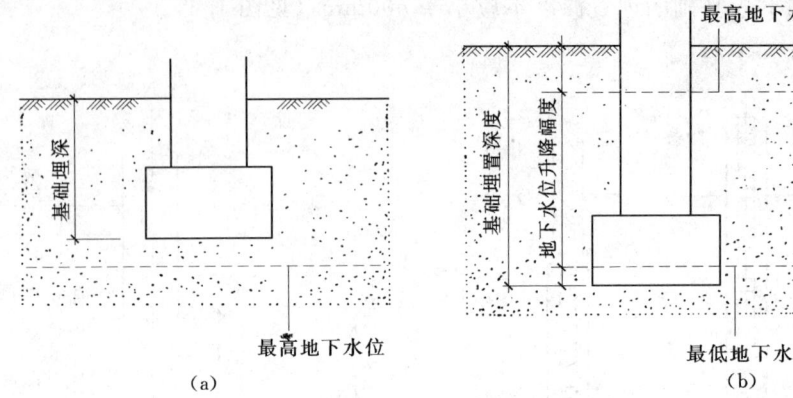

图 1.7 地下水位与基础埋深

度、含水量和地下水位的高低有关。如地基土存在冻胀现象，特别是在粉砂、粉土和黏性土中，基础应埋置在冻土线以下 200mm。

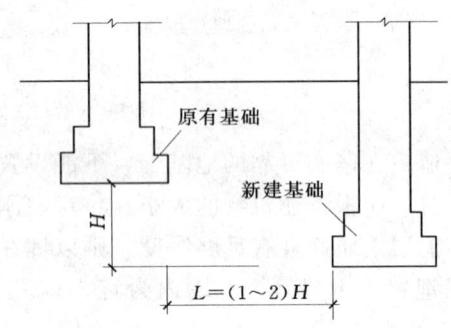

图 1.8 相邻基础的关系

4. 其他因素对基础埋深的影响

基础的埋置深度除考虑地基构造、地下水位、冻结深度等因素外，还应考虑相邻基础的深度，拟建建筑物是否有地下室、设备基础等因素的影响，如图 1.8 所示。

1.1.4 地基、基础设计应满足的基本条件

1. 强度、稳定性和均匀沉降

基础处于建筑物的底部，是建筑物的重要组成部分，对建筑物的安全起着根本性作用。而地基虽然不是建筑物的构件，但它直接支承着整个建筑，对整个建筑物的安全使用起着保证作用。

因此，基础本身应具有足够的强度来传递整个建筑物的荷载，而地基则应具有良好的稳定性，以保证建筑物的均匀沉降。

有些建筑物在施工过程或建造完工之后出现倾斜，产生墙身或楼层的开裂，甚至破坏。通过调查，多数是由于地基土质分布不均，基础构造处理不当，或房屋结构方案刚度不足等，使得建筑物产生过大的不均匀沉降所致。欲保证建筑物的安全和正常使用，除了要求有坚固的基础和可靠的地基外，尚要求有相适应的结构刚度的上部建筑相互配合，共同作用。

2. 耐久性

基础是埋在地下的隐蔽工程，建成后的检查和加固是既复杂而又困难。因此，基础材料、构造的选择应与上部建筑的使用年限相适应。既应防止基础提前破坏，对整个建筑带来严重的后患，但也不能过分保守，造成不必要的浪费。

3. 经济

地基与基础工程的工期、工程量及造价在整个建筑工程中占有一定的比重。其比重的

变化往往相差悬殊。造价低的不足3%,高的可达35%以上,相差10多倍。一般4～5层的混合结构房屋,约占总造价的10%～20%左右。

所选建筑基地的土质较差将增加地基的人工处理和上层建筑物加固的成本。如加大基础埋置深度,大量开挖土方,加长了工期,增加了基础的工程量和造价。因此,建筑基地的选择与基础工程的设计是不可分割的。在选择基地时,应尽可能避开暗塘、河沟以及不适宜作天然地基的基地。选择具有良好承载力的土层作地基,不仅可以减小地基的处理费用,还可降低基础造价,保证建筑物的安全。

同样的建筑物,由于选择不同的地基方案和采用不同基础构造,其工程造价将产生很大的差别。通常应尽可能选择良好的天然地基,争取做浅基础,采用当地产量丰富、价格低廉的材料和先进的施工技术,使设计符合经济合理的原则。

1.2 基础的类型和构造

1.2.1 基础的类型

研究基础的类型是为了经济合理地选择基础的形式和材料,确定其构造,对于民用建筑的基础,可以按形式、材料和传力特点进行分类。

1. 按基础的形式分类

基础的类型按其形式不同可以分为带形基础、独立式基础和联合基础。

(1) 带形基础。基础为连续的带形,也叫带形基础。当地基条件较好、基础埋置深度较浅时,墙承式的建筑多采用带形基础,以便传递连续的条形荷载。条形基础常用砖、石、混凝土等材料建造。当地基承载能力较小,荷载较大时,承重墙下也可采用钢筋混凝土带形基础(图1.9)。

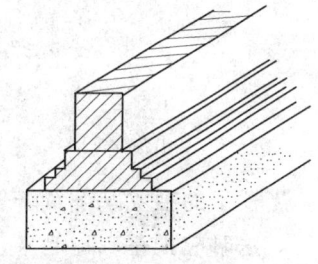

图1.9 带形基础

(2) 独立式基础。独立式基础呈独立的块状,形式有阶梯形、锥形、杯形等(图1.10)。独立式基础主要用于柱下。在墙承式建筑中,当地基承载力较弱或埋深较大时,为了节约基础材料,减少土石方工程量,加快工程进度,亦可采用独立式基础。为了支承上部墙体,在独立基础上可设梁或拱等连续构件。

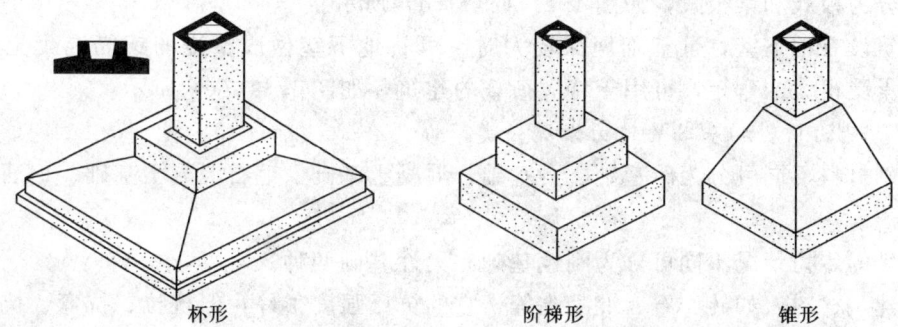

杯形　　　阶梯形　　　锥形

图1.10 独立式基础

（3）联合基础。联合基础类型较多，常见的有柱下条形基础、柱下十字交叉基础、片筏基础和箱形基础（图1.11）。

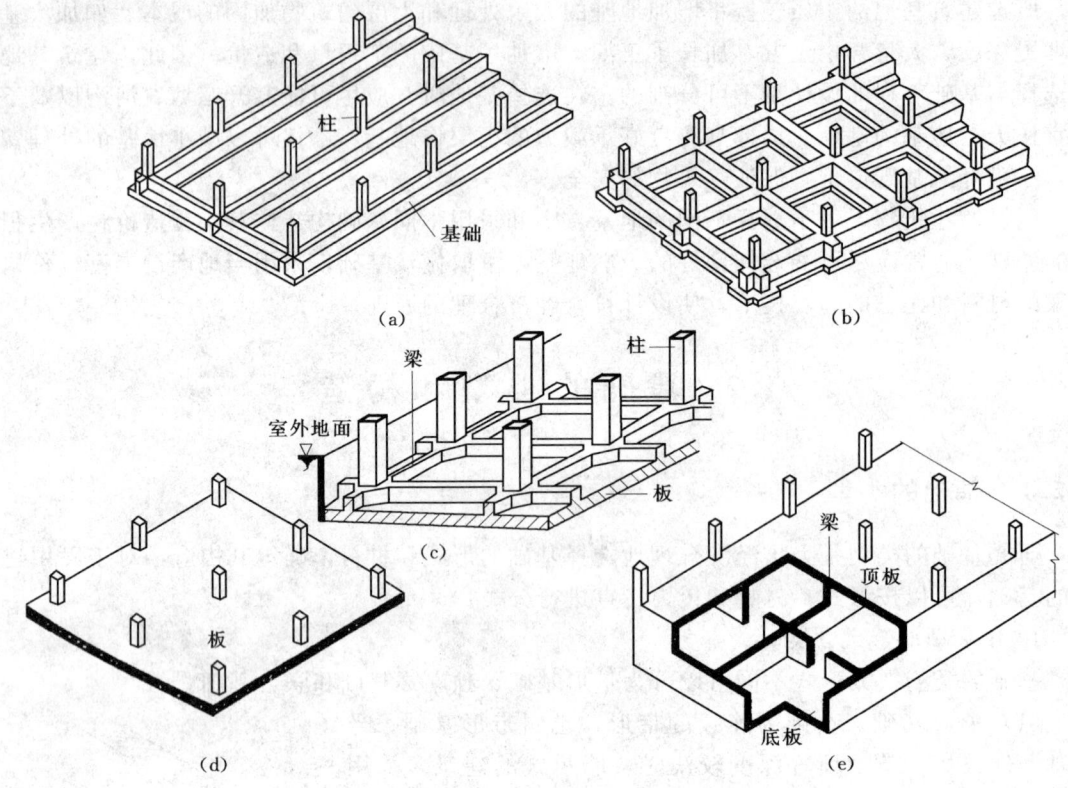

图1.11 联合基础
(a) 柱下条件基础；(b) 柱下十字交叉基础；(c) 梁板式基础；(d) 板式基础；(e) 箱形基础

当柱子的独立基础置于较弱地基上时，基础底面积可能很大，彼此相距很近甚至碰到一起，这时应把基础连起来，形成柱下条形基础、柱下十字交叉基础。

如果地基特别弱而上部结构荷载又很大，即使做成联合条形基础，地基的承载力仍不能满足设计要求时，可将整个建筑物的下部做成一整块钢筋混凝土梁或板，形成片筏基础。片筏基础整体性好，可跨越基础下的局部较弱土。片筏基础根据使用的条件和断面形式，又可分为板式和梁板式，如图1.11（c）、(d) 所示。

当建筑设有地下室，且基础埋深较大时，可将地下室做成整浇的钢筋混凝土箱形基础，它能承受很大的弯矩，可用于特大荷载的建筑，如图1.11（e）所示。

2. 按基础的材料和基础的传力情况分类

按基础材料不同可分为砖基础、石基础、混凝土基础、毛石混凝土基础、钢筋混凝土基础等。

按基础的传力情况不同可分为刚性基础和柔性基础两种。

某些建筑材料，如砖、石、混凝土等，它的抗压强度很好，但抗拉、抗弯、抗剪等强度却远不如它的抗压强度。为了满足地基抗压强度的要求，基础底宽往往大于墙基的宽度

（图 1.12）。当基础 B 很宽的情况下，出挑部分 b 很长，如不能保证有足够的高度 H，基础将因受弯曲或冲切而破坏。为了保证基础不受拉力或冲切的破坏，基础必须有相应的高度。因此根据材料的抗拉、抗剪极限强度，对基础的出挑 b 与高度 H 之比进行限制，即宽高比。并按此宽高比形成的夹角来表示。保证基础在此夹角内不因材料受拉和受剪而破坏。这一夹角称刚性角。凡受刚性角限制的基础称刚性基础。刚性基础常用于一般地基承载力较好，压缩性较小的五层及五层以下的中小型民用建筑，和墙承重的轻型厂房。另外，不同材料的刚性基础和不同基底压力应选用不同的宽高比（见表 1.1）。

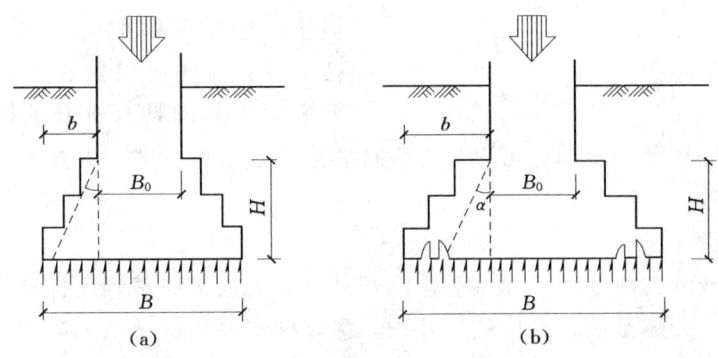

图 1.12　刚性基础

表 1.1　　　　　　　　　刚性基础台阶宽高比的允许值

基础材料	质 量 要 求	台阶宽高比的允许值		
		$p_k \leqslant 100$	$100 < p_k \leqslant 200$	$200 < p_k \leqslant 300$
混凝土基础	C15 混凝土	1:1.00	1:100	1:1.25
毛石混凝土基础	C15 混凝土	1:1.00	1:1.25	1:1.50
砖基础	砖不低于 MU10、砂浆不低于 M5	1:1.50	1:1.50	1:1.50
毛石基础	砂浆不低于 M5	1:1.25	1:1.50	—
灰土基础	体积比为 3:7 或 2:8 的灰土	1:1.25	1:1.50	
三合土基础	体积比 1:2:4～1:3:6（石灰:砂:集料），每层约虚铺 220mm，夯至 150mm	1:1.50	1:2.00	

注　1. p_k 为荷载效应标准组合基础底面处的平均压力值，kPa。
　　2. 阶梯形毛石基础的每阶伸出宽度，不宜大于 200mm。
　　3. 当基础由不同材料叠合组成时，应对接触部分作抗压验算。
　　4. 基础底面处的平均压力值超过 300kPa 的混凝土基础，尚应进行抗剪验算。

刚性基础因受刚性角的限制，当建筑物荷载较大或地基承载能力较差时，如按刚性角逐步放宽，则需要很大的埋置深度，这在土方工程量及材料使用上都很不经济。在这种情况下宜采用钢筋混凝土基础，以承受较大的弯矩，基础就可以不受刚性角的限制。

用钢筋混凝土建造的基础，不仅能承受压应力，还能承受较大拉应力，不受材料的刚性角限制，故叫作柔性基础（图 1.13）。

为了节约材料，常将钢筋混凝土基础的两翼向外逐渐减薄，但最薄处的厚度不应小于

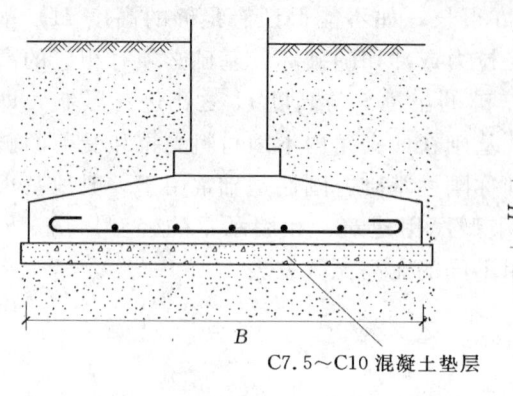

200mm。如做踏步形时，每步高度为300～500mm。板内受力钢筋直径不宜小于8mm，间距不大于200mm。所用混凝土标号不低于150#。

基础下面常用75#或100#混凝土做一层垫层，厚度约100mm，使基础与地基有平整良好的接触面，便于均匀传递应力。基础底部钢筋保护层不得小于35mm；不设垫层情况下保护层不宜小于70mm。当荷载较大时还可以做成梁式基础。由于钢筋混凝土基础具有良好的抗拉、抗压、抗

图1.13 柔性基础

弯等性能，不受刚性角的限制，可以根据设计要求做成各种形式。在施工上可以现浇、预制或采用预应力等。

3. 按基础的深浅分

按基础的深浅分为浅基础、深基础。浅基础包含无筋扩展基础、扩展基础、柱下条形基础、筏形基础、壳体基础、岩层锚杆基础；深基础主要为桩基。

1.2.2 常用刚性基础构造

1. 砖基础

砖基础取材容易、价格较低、施工简便，是常用的类型之一。但由于强度、耐久性、抗冻性较差，多用于干燥而温暖地区的中小型建筑的基础。

在建筑物防潮层以下部分，砖的等级不得低于MU10；非承重空心砖、硅酸盐砖和硅酸盐砌块，不得用于做基础材料。

由于刚性角限制，并考虑砌筑方便，常采用每隔二皮砖厚收进1/4砖的断面形式（图1.14），在基础底宽较大时，也可采取二皮一级与一皮一级收进的断面形式，但其最底下一级必须用二皮砖厚。

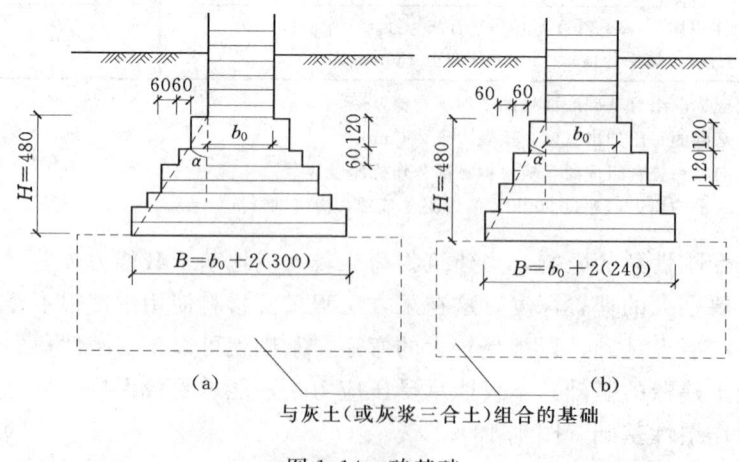

图1.14 砖基础

1.2 基础的类型和构造

砖基础的逐步放阶形式称为大放脚。在大放脚下需加设垫层。垫层尺度是根据上部结构荷载和地基承载力的大小及材料来确定的。地基是老土时，一般在大放脚下铺 30～50mm 厚水泥砂浆起找平作用的垫层。若上部荷载较大或地基较弱，北方地区多用 450mm 厚三七灰土（石灰：黄土为 3：7）做传力垫层。在南方潮湿地区多采用 1：3：6（石灰：炉渣：碎石或碎砖）三合土做传力垫层，厚度不小于 300mm。

2. 石基础

石基础有毛石基础和料石基础两种。

毛石基础的毛石厚度和宽度不得小于 150mm，长度为宽度的 1.5～2.5 倍，强度等级不低于 MU25。其做法有两种：一种是在基坑内先铺一层高约 400mm 左右的毛石后，灌以 M2.5 砂浆，分层施工，这叫毛石灌浆基础。另一种是边铺砂浆边砌毛石，叫做浆砌毛石基础。两种做法均要求毛石大小交错搭配，使灰缝错开。同时在砌毛石时，基础四周回填土应边砌边填分层夯实。毛石基础剖面形式一般为矩形，墙厚为 240～370mm 时，一般基宽做成为 500～600mm，基高 900mm 的矩形剖面。若基高大于 100mm 时，则基宽 B 相应加宽，其比值应按石材刚性角放阶，一般不宜超过三阶（图 1.15）。料石基础是用经过加工具有一定规格的石材，用 M2.5 砂浆或 M5 砂浆砌筑而成的基础。料石砌筑要求上下面平整，石缝错开，灰浆饱满。它的基宽 B 除按计算要求外，还应符合料石规格尺寸。如重庆地区的料石叫连二石，其尺寸为 300mm×300mm×1000mm 和 250mm×250mm×1000mm，丁头石长为 600mm。

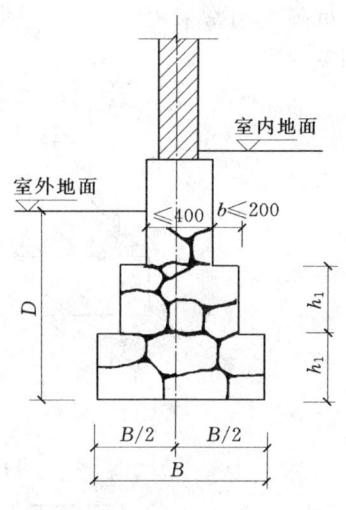

图 1.15 毛石基础

石基础的耐久性、抗冻性很高，但毛石基础毛石间粘结依靠砂浆，结合力较差，因而砌体强度不高，而料石的基础强度就高得多。

3. 混凝土及毛石混凝土基础

混凝土基础是用水泥、砂、石子加水拌合浇筑而成，常用混凝土强度等级为 C7.5～C15。它的剖面形式和有关尺寸，除满足刚性角外，不受材料规格限制，按结构计算确定，其基本形式有矩形、阶梯形、梯形等（图 1.16）。

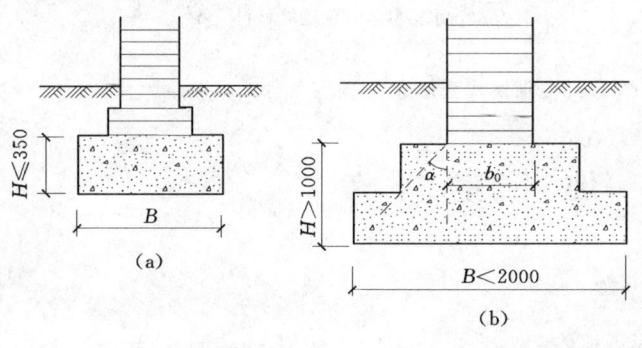
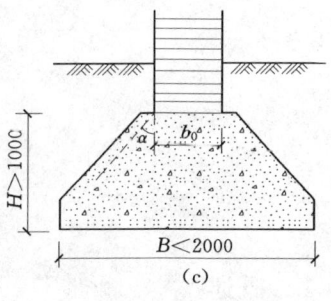

图 1.16 混凝土基础

混凝土的强度、耐久性、防水性都较好,是理想的基础材料。在混凝土基础体积过大时,可以在混凝土中填入适当数量的毛石,即是毛石混凝土基础。毛石混凝土基础中所填毛石是未经风化的石块,使用前应用水冲洗干净,石块尺寸一般不得大于基础宽度的1/3,同时石块任一边尺寸不得大于300mm。填入石块的总体积不得大于基础总体积的30%。

1.2.3 基础沉降缝构造

为了消除基础不均匀沉降应按要求设置基础沉降缝。

基础沉降缝的宽度与上部结构相同,基础由于埋在地下,缝内一般不填塞。条形基础的沉降缝通常采用双墙式(图1.17)和悬挑式(图1.18)做法,详见第7章"变形缝"相关内容。

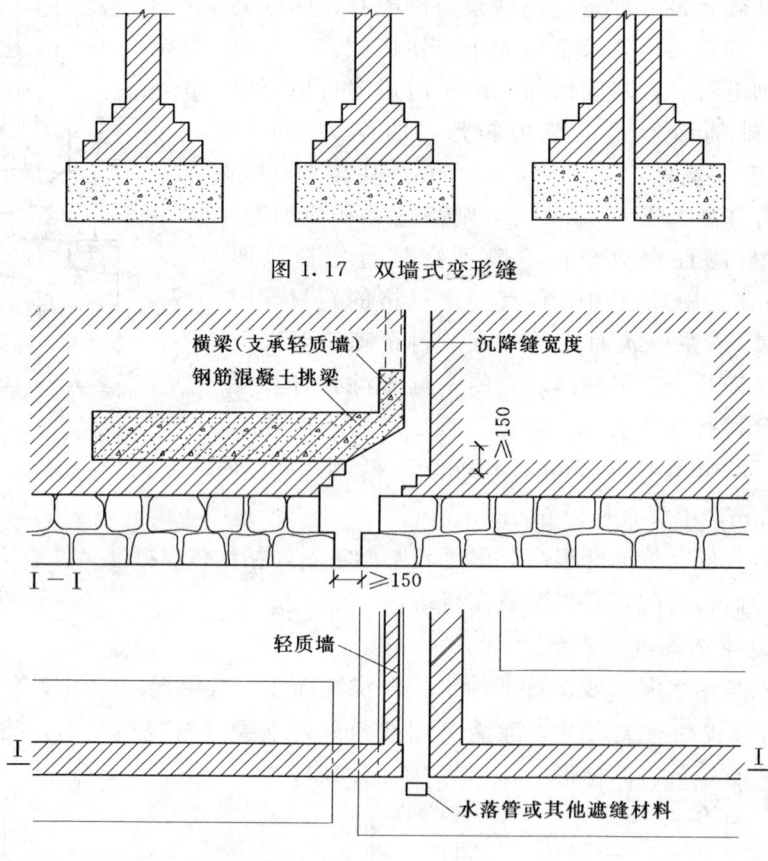

图1.17 双墙式变形缝

图1.18 悬挑式变形缝

1.3 地下室构造

1.3.1 概述

高层建筑及大型公共建筑基础的特点是:①荷载大,要求建筑物具有可靠的稳定性;

1.3 地下室构造

②建筑物多带地下室，有时还要求多层地下室；③这些建筑常座落在城市中心，地下管线、地下构筑物较多，而且相邻建筑距离近，基础形式与施工受到限制；④受风荷载或地震荷载的影响较大。因此，高层与大型公共建筑基础的选择是非常重要的。通常，应把基础设在稳固的岩石层上。由于地基土层的变化多端，设计时要因地制宜加以解决，妥善处理。

目前，我国高层及大型公共建筑，在使用上要求设置车库、人防及地下设备层。因此，一般采用箱型基础形式，利用埋置较深的箱型基础内空间作为综合性功能的地下室空间使用。地下室的内隔墙则成为箱型空间的横隔构件，从而使整个基础具有较大的强度与刚度，功能与安全性兼顾，经济合理。

在实践中地下室由于防潮、防水处理不当而无法使用者甚多。因此，防潮、防水往往是地下室构造处理的重要问题。要解决地下室的防潮、防水问题，首先要弄清楚地下水的来源，然后设法阻挡或排除。

地下室浸水的主要来源是上层土滞水和地下水。上层土滞水主要是降雨（雪）、生活用水和生产废水的滞留，它与土的性质有关。如砂类土的透水性好，不易存在滞水；黏性土的透水性差，具有滞水的可能。地下水位以下土中含的地下水具有一定压力，离地面越远，其静水压也愈大。地下水通过建筑物围护结构渗入室内，不仅影响地下室的使用，而且当地下水含有酸、碱等化学成分时，还会使结构遭到破坏。

此外，当地下室的生产设备产生积水，或室内空气含湿量较大，遇到低温的墙面时将产生大量凝结水，这也会造成地下室积水。

因此，地下室不仅要防止室外地下水和潮气的入侵，同时要解决排除室内积水。

当最高地下水位低于地下室地坪且无滞水可能时，地下水不会直接侵入地下室。地下室外墙和底板只受到土层中潮气影响，这时，一般只做防潮处理。

当最高地下水位高于地下室地坪时，地下水不仅可以侵入地下室，而且地下室外墙和地板还分别受到地下水的侧压力和浮力。水压力大小与地下水高出地下室地坪高度有关，高差愈大，压力愈大。这时，对地下室必须采取防水处理。

如图1.19所示为地下室防潮、防水与地坪及地下水位的关系。

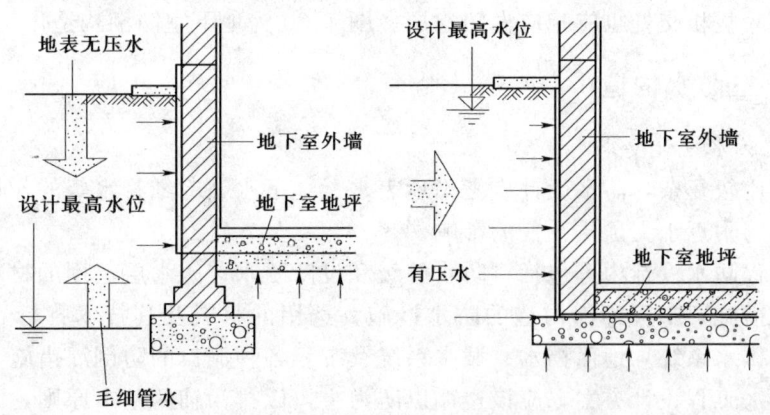

图1.19　地下室防潮、防水与地下水位的关系

防潮、防水基本方案通常有以下几种方式。

（1）挡：利用各种防水材料的不透水性，挡住地下室外的液态水，防止室外水流入室内，这是目前应用最广的防水方案。如采用沥青卷材防水层、防水混凝土防水层等。

（2）排：地下室设有良好的排水系统，将渗入地下室的积水引入集水井，然后用泵排出。此法常设有夹层墙或楼地面。排水法可以与防水层共同使用，或用于常年地下水位低于地下室地面的情况，以及用于地下室易产生大量生产、生活废水和大量凝结水，使它汇同渗入地下室的水一起排除。

（3）降：利用人工方法，将地下室外的地下水降低到地下室地面以下，排出了压力水。此法多用于防水要求不高的地下工程，或常年地下水位低于地下室地面，仅丰水期水位增高的弱透水性土壤，或较密集的地下建筑群，以及渗漏后无法补救的地下工程。

1.3.2 地下室防潮构造

地下室的防潮是在地下室外墙外面设置防潮层。具体做法是：在外墙外侧先抹 20mm 厚 1:2.5 水泥砂浆（高出散水 300mm 以上），然后涂冷底子油一道和热沥青两道（至散水底），最后在其外侧回填隔水层。隔水层为低渗透性的土壤，如黏土、灰土等。地下室顶板和底板中间位置应设置水平防潮层，使整个地下室防潮层连成整体，以达到防潮目的。

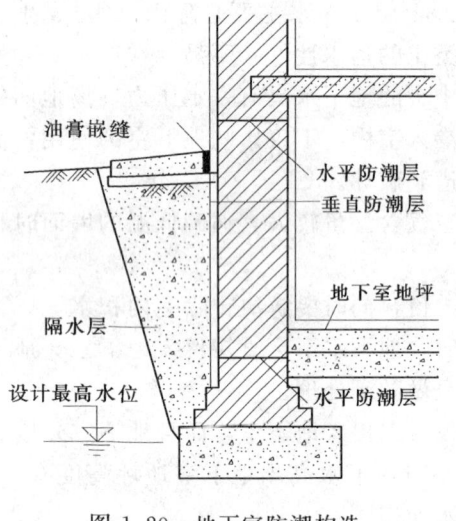

图 1.20 地下室防潮构造

因此地下室所有墙体均应设两道水平防潮层：一道设于地下室地坪附近，另一道设于室内外地坪之间，以防止土中潮气和地面雨水因毛细管作用沿墙体上升而影响结构。当地下室的内墙为砖墙时，墙身与底板相交处也应相应做防水层。图 1.20 为地下室防潮构造做法。

1.3.3 地下室防水构造

1. 地下室防水设计要求

地下工程比较复杂，防水设计应考虑地表水、地下水、毛细管水等的作用，以及由于人为因素引起的附近水文地质改变的影响。

地下室工程防水设计内容包括：防水等级和设防要求；防水层选用的材料及其技术指标、质量保证措施；工程细部构造的防水措施，选用的材料及其技术指标、质量保证措施；工程的防排水系统，地面挡水、截水系统及工程各种洞口的防倒灌措施。

地下室防水工程设计方案，应该遵循以防为主，以排为辅的基本原则，防水设计应定级准确、方案可靠、施工简便、经济合理，可根据工程的重要性和使用中对防水的要求按地下室防水工程设防表的要求进行设计，见表 1.2、表 1.3。

1.3 地下室构造

表 1.2 GB 50108—2001《地下工程防水等级标准》

防水等级	标 准
一级	不允许渗水，结构表面无湿渍
二级	不允许漏水，结构表面可有少量湿渍 工业与民用建筑：总湿渍面积不应大于总防水面积（包括顶板、墙面、地面）的 1/1000；任意 $100m^2$ 防水面积上的湿渍不超过一处，单个湿渍的最大面积不大于 $0.1m^2$ 其他地下工程：总湿渍面积不应大于总防水面积的 6/1000；任意 $100m^2$ 防水面积上的湿渍不超过 4 处，单个湿渍的最大面积不大于 $0.2m^2$
三级	有少量漏水点，不得有线流和漏泥砂 任意 $100m^2$ 防水面积上的漏水点数不超过 7 处，单个漏水点的最大漏水量不大于 2.5L/d，单个湿渍的最大面积不大于 $0.3m^2$
四级	有漏水点，不得有线流和漏泥砂 整个工程平均漏水量不大于 2L/(m·d)；任意 $100m^2$ 防水面积的平均漏水量不大于 4L/(m·d)

表 1.3 不同防水等级的适用范围

防水等级	适 用 范 围
一级	人员长期停留的场所；因有少量湿渍会使物品变质、失效的储物场所及严重影响设备正常运转和危及工程安全运营的部位；极重要的战备工程
二级	人员经常活动的场所；在有少量湿渍的情况下不会使物品变质、失效的储物场所及基本不影响设备正常运转和工程安全运营的部位；重要的战备工程
三级	人员临时活动的场所；一般战备工程
四级	对渗漏水无严格要求的工程

地下室设防标高的确定：根据勘测资料提供的最高水位标高，再加上 500mm 为设防标高，上部可以做防潮处理，有地表水按全防水地下室设计。单建式的地下工程应采用全封闭、部分封闭防排水设计；附建式的全地下或半地下工程的防水设防高度，应高出室外地坪高程 500mm 以上。

根据实际情况，地下室防水可采用柔性防水或刚性防水，必要时可以采用刚柔结合防水方案。在特殊要求下，可以采用架空、夹壁墙等多道设防方案。地下室外防水无工作面时，可采用外防内贴法，有条件转为外防外贴法施工。地下室外防水层的保护，可以采取软保护层，如聚苯板等。

对于特殊部位，如变形缝、施工缝、诱导缝、后浇带、穿墙管（盒）、预埋件、预留通道接头、桩头等细部构造，应加强防水措施。地下工程的排水管沟、地漏、出入口、窗井、风井等，应有防倒灌措施，寒冷及严寒地区的排水沟应有防冻措施。

2. 地下室防水做法

根据防水材料与结构基层的位置关系，有内防水和外防水两种。防水构造层设置于结构外侧的称为外防水，防水构造层设置于主体结构内侧的称为内防水。外防水方式中，由于防水材料置于迎水面，对防水较为有利。将防水材料置于结构内表面（即背水面）的内防水做法，对防水不太有利，但施工简便，易于维修，多用于修缮工程。

地下室防水做法根据材料不同有沥青卷材防水、高分子卷材防水、防水混凝土防水、涂料防水、防水砂浆防水、防水板材防水等。一般地下室防水工程设计，外墙主要考虑抗水压或自防水作用，再做卷材外防水（即迎水面处理）。地下工程的钢筋混凝土结构，应采用防水混凝土，并根据防水等级的要求采用其他防水措施。地下室最高水位高于地下室地面时，地下室设计应该考虑整体钢筋混凝土结构，保证防水效果。

（1）沥青卷材防水。卷材防水属于柔性防水。沥青卷材是以沥青胶为胶结材料的一层或多层防水层。根据卷材与墙体的关系，可分为内防水和外防水。

沥青卷材外防水的具体做法是：先在外墙外侧抹20mm厚1∶3水泥砂浆找平层，其上刷冷底子油一道，然后铺贴卷材防水层，并与从地下室地坪底板下留出的卷材防水层逐层搭接。防水层的层数应根据地下室最高水位到地下室地坪的距离来确定。当高差小于或等于3m时用三层，3～6m时用四层，6～12m时用五层，大于12m时用六层。防水层应高出最高水位300mm，其上用一层油毡贴至散水底。防水层外面砌半砖保护墙一道，并于保护墙与防水层之间用水泥砂浆填实。砌筑保护墙时，先在底部干铺油毡一层，并沿保护墙长度每隔5～8m设一通高断缝，以便使保护墙在土的侧压力作用下，能紧紧压住卷材防水层。最后在保护墙外0.5m范围内回填2∶8灰土或炉渣（见图1.21）。这一方式对防水较为有利。

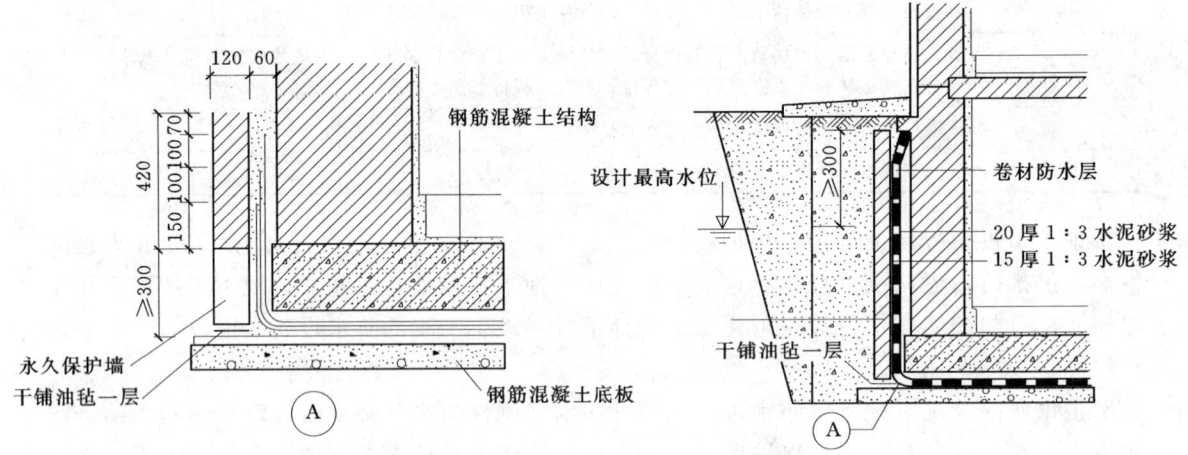

图1.21 地下室卷材外防水做法

沥青卷材内防水的做法如图1.22所示。

地下室水平防水层的做法，先是在垫层上作水泥砂浆找平层，找平层上涂冷底子油，底面防水层就铺贴在找平层上。最后做好基坑回填隔水层（黏土或灰土）和滤水层（砂），并分层夯实。

传统的纸胎油毡沥青卷材由于强度低，耐久性差，一般仅用于标准较低的建筑。近年来发展起来的各种改性沥青卷材在原有的基础上提高了耐候性和弹性，如SBS改性沥青卷材，可以在80℃高温耐热5h，−20℃低温时，可以在直径为20mm的小棍上缠绕而不断裂，温度适应性能好，且断裂伸长率不小于30%，施工采用熔焊施工，使得防水层黏结牢固，具有很好的整体性和耐久性，而且造价也较低。

（2）高分子卷材防水。地下室防水工程，由于具有较大水压力以及建筑基础和地下室

1.3 地下室构造

结构可能产生一定的荷载冲击力，因而，要求防水材料拉伸强度高、拉断延伸率大，能承受一定的荷载冲击力，适应防水基层的伸缩及开裂变形。以高分子合成材料构成的防水层比沥青卷材能更好地满足防水材料的弹性要求。我国目前采用的高分子防水卷材主要是三元乙丙橡胶卷材。有A型和B型两种，它是冷作业，单层施工（地下室防水加附加层）。它能充分适应基层伸缩开裂变形，是一种耐久性极好的弹性卷材，其断裂伸长率不小于450%，拉伸强度是SBS改性沥青卷材的2～3倍。

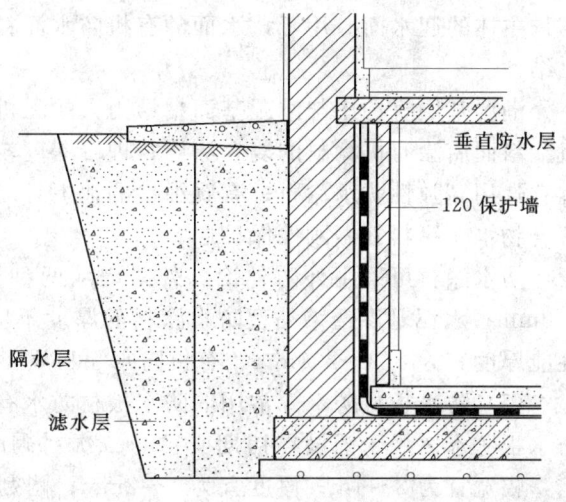

图1.22 地下室卷材内防水做法

（3）防水混凝土防水。防水混凝土防水属于刚性防水。

防水混凝土分为普通防水混凝土和掺外加剂防水混凝土两类，是在普通混凝土的基础上，从"骨料级配"法发展而来，通过调整配合比或掺外加剂等手段，改善混凝土自身的密实性，使其具有抗渗能力大于P6（$6kg/cm^2$）的混凝土。混凝土防水结构是由防水混凝土依靠其材料本身的憎水性和密实性来达到防水目的，它既是承重、围护结构，又有可靠的防水性能。这种防水做法简化了施工，加快了工程进度，改善了劳动条件。

防水混凝土适用于防水等级为1～4级的地下整体式混凝土结构。不适用环境温度高于80℃或处于耐侵蚀系数小于0.8的侵蚀性介质中使用的地下工程。结构厚度不应小于250mm；裂缝宽度不得大于0.2mm，并不得贯通；钢筋保护层厚度迎水面不应小于50mm。防水混凝土的抗渗等级取决于工程埋置深度（见表1.4）。

表1.4　　　　　　　　　　防水混凝土设计抗渗等级

工程埋置深度（m）	设计抗渗等级	工程埋置深度（m）	设计抗渗等级
<10	P6	20～30	P10
10～20	P8	30～40	P12

注　1. 本表适用于Ⅳ、Ⅴ级围岩（土层及软弱围岩）。
　　2. 山岭隧道防水混凝土的抗渗等级可按铁道部门的有关规范执行。

防水混凝土的施工为现场浇注，浇注时应尽可能少留施工缝。对于施工缝应进行防水处理，通常采用BW膨胀橡胶止水条填缝。该止水条为膨胀率100%的聚氨酯材料，具有较好的自黏性、耐候性（-20～150℃）、耐压性（耐水压0.6～1.5MPa）。混凝土面层应附加防水砂浆抹面防水。

（4）涂料防水。涂料防水适用于受侵蚀性介质作用或受震动作用的地下工程主体迎水面或背水面涂刷涂料的防水做法。涂料防水层包括无机防水涂料和有机防水涂料。无机防水涂料可选用水泥基防水涂料、水泥基渗透结晶型涂料。有机涂料可选用反应型、水乳型、聚合物水泥防水涂料。无机防水涂料宜用于结构主体的背水面，有机防水涂料宜用于结构主体的迎水面。用于背水面的有机防水涂料应具有较高的抗渗性，且与基层有较强的黏结性。

潮湿基层宜选用与潮湿基面粘结力大的无机涂料或有机涂料，或采用先涂水泥基类无机涂料而后涂有机涂料的复合涂层；埋置深度较深的重要工程、有振动或有较大变形的工程宜选用高弹性防水涂料；有腐蚀性的地下环境宜选用耐腐蚀性较好的反应型、水乳型、聚合物水泥涂料并做刚性保护层。

防水涂料可采用外防外涂、外防内涂两种做法。水泥基防水涂料的厚度宜为1.5～2.0mm；水泥基渗透结晶型防水涂料的厚度不应小于0.8mm；有机防水涂料根据材料的性能厚度宜为1.2～2.0mm。有机防水涂料施工完后应及时做好保护层。

(5) 防水板材防水。常用的防水板材防水有防水塑料防水板防水和金属板防水。塑料防水板防水适用于铺设在初期支护与二次衬砌间的防水做法。塑料防水板应符合下列规定：幅宽宜为2～4m；厚度宜为1～2mm；耐刺穿性好；耐久性、耐水性、耐腐蚀性、耐菌性好。铺设防水板前应先铺缓冲层。局部设置防水板防水层时，其两侧应采取封闭措施。

金属板防水适用于抗渗性能要求较高的地下工程的防水做法。金属板的拼接应采用焊接，竖向金属板的垂直接缝应相互错开。金属板防水层应采取防锈措施。

地下室防水作为隐蔽工程，应先验收，后回填，并加强施工现场的管理，以保证防水层的质量，避免后期补救工作给使用带来的不便。

1.3.4 地下室降排水构造

降排水是用人工的方法来降低或排除地下水，直接消除地下水对地下室的影响。它是一种积极的防水方法，具有施工简单，投资较少，效果良好等优点。室内附设不同的排水设施是地下室用来保证最低使用功能所必需的辅助措施。设计时应根据具体条件恰当地酌选1～2种设施备用，在地下室隔水层一旦失效时不致因地面积水而影响正常使用，并为检修及堵漏创造良好条件。但降排水需要设置一些引水、排水的设备，建成后还要求经常管理和维修。

1. 采用降排水法应具备的条件

当地下室四周处于含水层较厚，透水性较差的情况下，对地下水的排降较为困难时，不宜采用降排水法。通常应具有下列条件才考虑使用：

(1) 当地形条件适合于采用自流水方式，水经过排水系统引向江河、下水道、人工地坑等；且地下水来源明确，可以在工程外部截住水源，并有自流排水条件，有效地降低地下水位时。

(2) 要求严格防水的地下工程，并且采用降排水法，在技术经济上有优越性时。

(3) 对于工程较大的地下室，或有一定数量的小面积地下工程，采用其他方法无法保证防水效果时。

(4) 当已建地下防水工程发生渗漏，又无法采用其他补救办法的情况下。

2. 降排水法分类

(1) 外排水法：在地下室外部，选用渗水性好的材料，形成汇水区，使地下水汇集到低洼处或集水坑，用水泵抽出，如渗排水层排水和盲沟排水等。

（2）内排水：当不适于用外排水法时，可将水引入或渗入地下室内，通过地下室的排水系统排入集水坑，用水泵抽出，如防水套内排水，内部沟槽排水法等。

3. 降排水法构造举例

（1）渗排水层排水：渗排水由滤水层、渗水层和渗水管三部分组成。（如图 1.23 所示）渗排水层排水法根据地下水的情况和建筑防水要求的不同而采用不同形式，布置方法有 3 种：

1）在地下室底板下设渗水层，并按一定距离铺设渗水管，使地下室范围内的地下水，经过渗水层流入渗水管，再经过总管进入集水坑。一般用于排水面积较小，防水要求较高的地下室。

2）当地基为弱透水性土层或渗水量不大的地下室，则可在地下室底板下部设有一定坡度的渗水层（约 0.5%）使地下水流到地下室外侧的总管，进入集水坑。

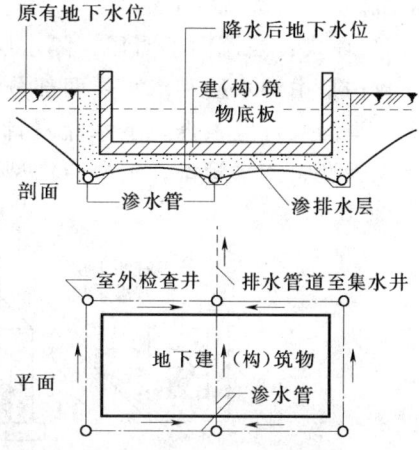

图 1.23 渗排水层排水

3）当地下室面积较大，而渗水量较小，可在地下室范围内做局部渗水层，与四周渗水层相通，经过地下外总管进入集水坑。

（2）盲沟排水。当地下室地基为弱透水性土，排水面积较小，或常年地下水低于地下室地坪，雨季丰水期水位在短时期内高于地下室地坪，采用盲沟排水可获得良好效果。

盲沟排水的原理与渗排水层排水法相同。但盲沟排水的地下室不设渗水层，仅在地下室外围设盲沟排水。盲沟的布置方法有（见图 1.24）：

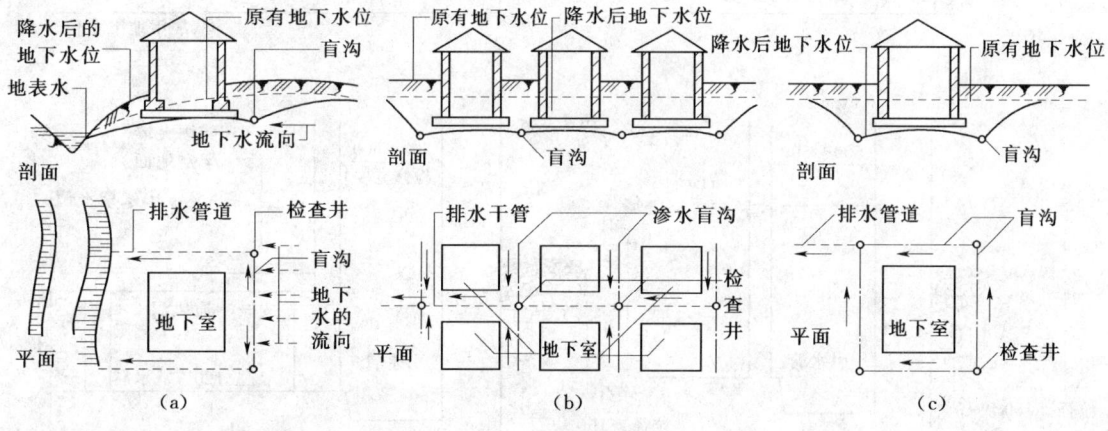

图 1.24 盲沟排水
(a) 头部式盲沟排水；(b) 系列式盲沟排水；(c) 环式盲沟排水

1）头部式：在地下水潜流方向明显，隔水层埋藏不深，且面积平坦时可将疏干管道敷设在排水区上游，以截取地下水源。

2）系列式：将若干排水管彼此平行埋设，并与排水干管连接，使水流入下水道或浅集水坑。

3）环式：当流向不明显，隔水层很深或单栋建筑物时，可敷设封闭的环形管线。

盲沟是由滤水层和渗水层两部分组成，渗水层内可设置砖砌沟管或带孔的铸铁管、陶管等。盲沟设计应根据地下水流量计算和构造特点而定，一般沟宽不小于300mm。其做法有无管型、渗水管型、干垒砖沟型，如图1.25所示。

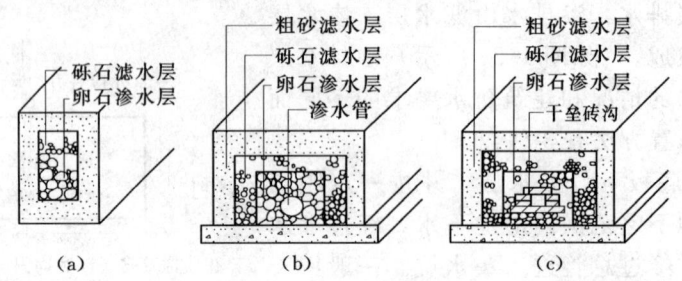

图 1.25 盲沟构造类型
(a) 无管型（适用于临时性）；(b) 埋渗水管型；(c) 干垒砖沟型

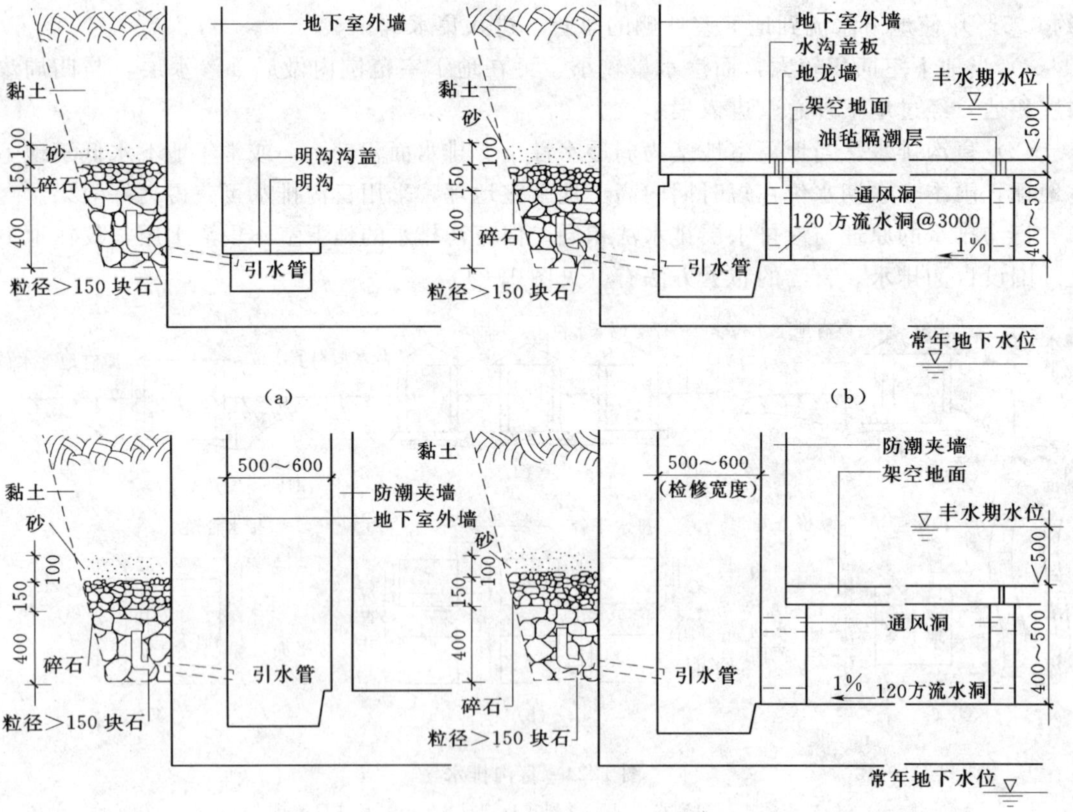

图 1.26 内排水
(a) 明沟式；(b) 架空式；(c) 夹墙式；(d) 综合式

(3) 内排水法。内排水法适用于弱透水性土质的地基，地下水量不大，附近又没有排水系统。此法乃将地下室周围的水，通过外墙，引入室内的水沟，再汇集到集水井，最后用水泵将水排出。

内排水法有明沟式、夹墙式、架空式、综合式等，如图 1.26 所示。明沟式施工简单，便于检修，但散湿较大。夹墙式可以保持墙面干燥，隔绝从墙体渗透湿气，避免墙面结露，还可利用夹墙作通风道，以调节室温。架空式可保持地面干燥，多用于常年地下水位低于地下室地面，丰水期水位超过室内地面小于 500mm。综合式兼有夹墙式与架空式的优点，但占有较多的结构面积和空间。

在地下水量特大或较重要的地下室，以及地下室周围土质特差的情况下，还可采用防、排水结合的防水套方法。地下室外墙一方面采用防水混凝土做成的防水套，尽量减少地下水渗入地下室，另一方面可在地下室内设排水沟、集水井等，将少量渗入地下室的水排到室外。

1.4 地基与基础构造中的特殊问题

1.4.1 防止不均匀沉降的措施

当建筑物出现下沉，而上部结构刚度不足（如采用单独基础的框架建筑、混合结构、装配式建筑等），建筑物中部沉降量大于两端时，会呈现中部下凹的挠曲变形，墙体将出现八字裂缝；当建筑物两端沉降量大时，呈现中部上凸的挠曲变形。此时，墙体则出现倒八字裂缝，如图 1.27 所示。由此可见裂缝上端是向沉降量大的一边发展，且开裂往往集中在刚性薄弱的部位，或构件断面削弱的地方，如门窗、洞口等。

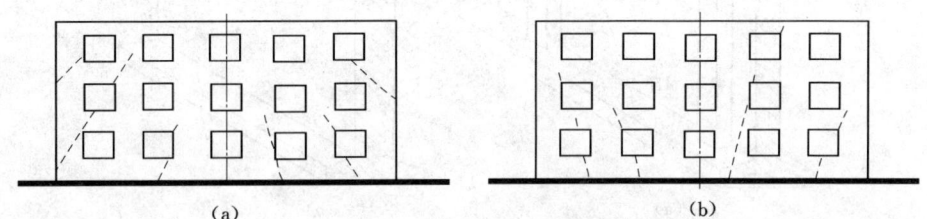

图 1.27 基础不均匀沉降墙体挠曲开裂

(a) 中间基础沉降较两端大形成八字缝开裂；(b) 两端基础沉降较中间大形成倒八字缝开裂

欲消除房屋不均匀沉降的不利因素，首先要找出可能引起地基不均匀沉降的内因和自然条件的外因。在设计方面应使上部结构和基础都能满足当地地质条件；在施工方面当基坑（槽）开挖之后应进一步核实地基土的实况。发现问题随时进行修正处理。整个施工过程，应防止由于自然条件（如下雨、结冰等）的影响，以及施工用水等外因引起的沉降。还要防止建成后地面渗水、管道漏水引起的局部基础沉降。

在设计中防止不均匀沉降的具体措施有：

1. 按地基容许变形来控制基础设计

根据地基容许变形来调整基础的宽度和深度，以达到均匀沉降的目的。当持力层较弱,且厚度变化较大时,在软土层厚度较大的区段,可将基础底面适当加宽,减小地基应力。当软弱持力层厚度较大,可将该处基础适当落深,使之与其他区段的软持力层厚度接近,为基础获得均匀沉降创造条件。

当地基土软硬不匀时,可以采用换土法加以处理。如地基土大部分较硬,小部分为软土,宜采用以硬换软的方法;或地基土大部分为软土,小部分为硬土,即以软换硬,以获得均匀的地基土质。

2. 提高基础和上部结构的刚度

当基础或上部结构具有良好的刚性时,其本身具有适应地基变形的能力,使建筑物沉降时不发生扭曲,把地基的不均匀沉降转换成建筑物的均匀沉降。有些刚性良好的建筑,虽然由于地基的不均匀沉降而产生倾斜,但上部结构并没有出现裂缝破坏。如建造在连片基础上的建筑或采用钢筋混凝土条形基础以及具有现浇钢筋混凝土楼板和较多横墙的建筑。

基础本身的刚度是整个建筑物刚度的重要组成部分,采用刚度好的基础材料和形式,是提高建筑物的整体性和防止上部结构开裂的有效措施。在混合结构中常用刚性墙基础和基础圈梁的方法。

(1) 刚性墙基础:采用一定高度和厚度的钢筋混凝土墙与基础共同作用,能均匀地传递荷载,调整不均匀沉降。刚性墙基础可以带肋或成平板式,如图1.28所示。

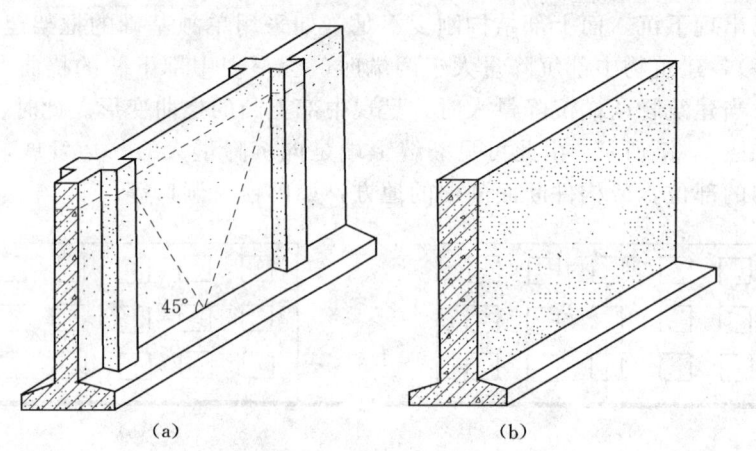

图1.28 刚性墙基础
(a) 带肋刚性墙基础;(b) 板式刚性墙基础

(2) 基础圈梁:沿基础上部做连续封闭的钢筋混凝土圈梁,如图1.29所示,配合上部的楼层圈梁共同作用,保证建筑物的整体性。由于基础圈梁处在建筑物的底部,使建筑物出现挠曲时,在下部起第一道纵向拉结作用。尤其是当墙面开有各种洞口(如大门、窗、通道)不能连续的情况下,设基础圈梁具有良好的效果。

1.4.2 相邻建筑物基础(包括扩建基础)

在原有建筑附近建造房屋,应注意新建房屋对原有建筑物基础的影响。如拟建房屋和原建筑物距离很近时,拟建房屋的基础埋置深度最好小于原有建筑物基础的埋置深度,以

1.4 地基与基础构造中的特殊问题

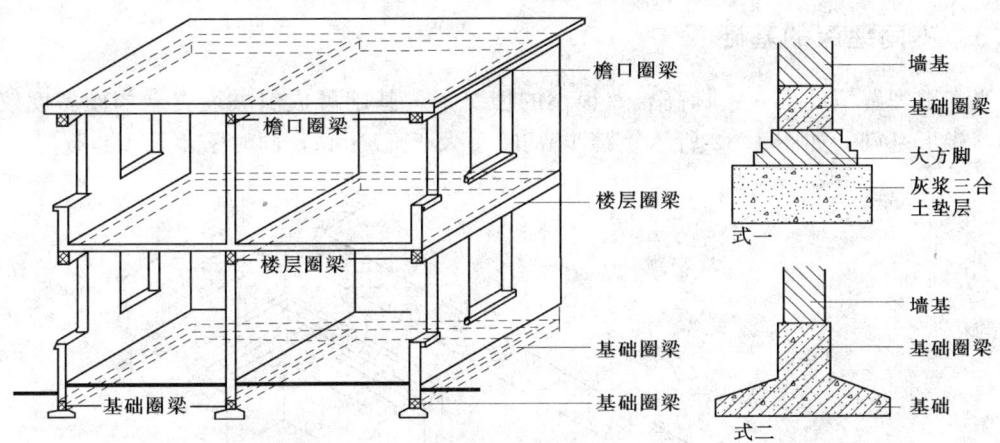

图 1.29 基础圈梁

免影响原有建筑物的安全和正常使用。如果必须将拟建房屋基础埋到原有建筑物基础底面以下，应保证 $\Delta H/L$ 不大于 0.5，如图 1.30 所示。

在原有建筑物旁边扩建房屋，两房屋紧密相连时，可采用挑梁的方法。两基础埋置深度同上规定，避开对原建筑基础的影响，如图 1.31 所示。

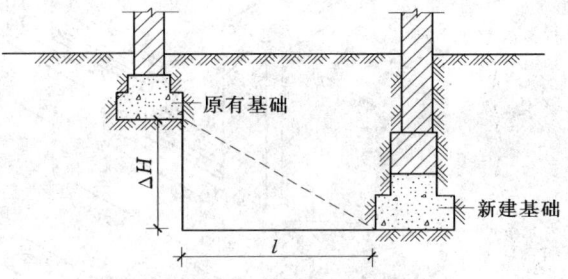

图 1.30 扩建基础的埋置深

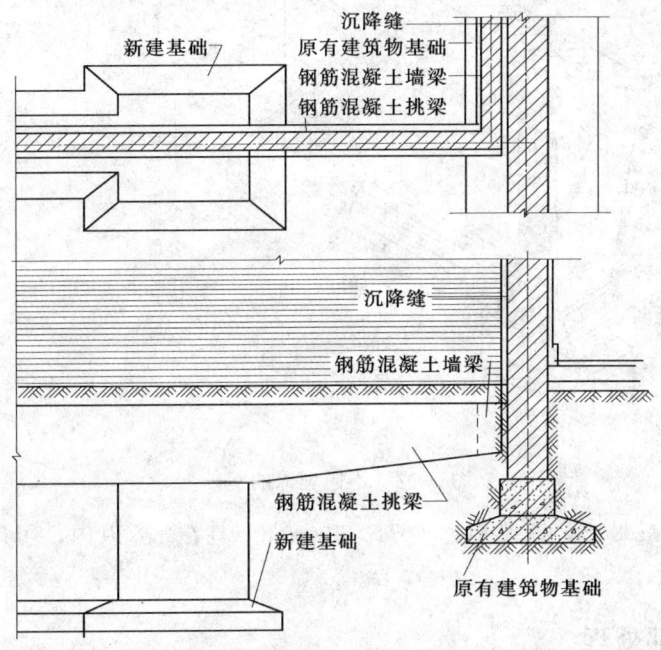

图 1.31 挑梁式扩建基础

1.4.3 不同埋深的基础

当基础埋置深度不一,标高相差很小的情况下,基础可成斜坡埋置。如倾斜度较大,应设踏步形基础,如图 1.32 所示。踏步高 H 不大于 500mm,同时踏步长 $L \geq 2H$。

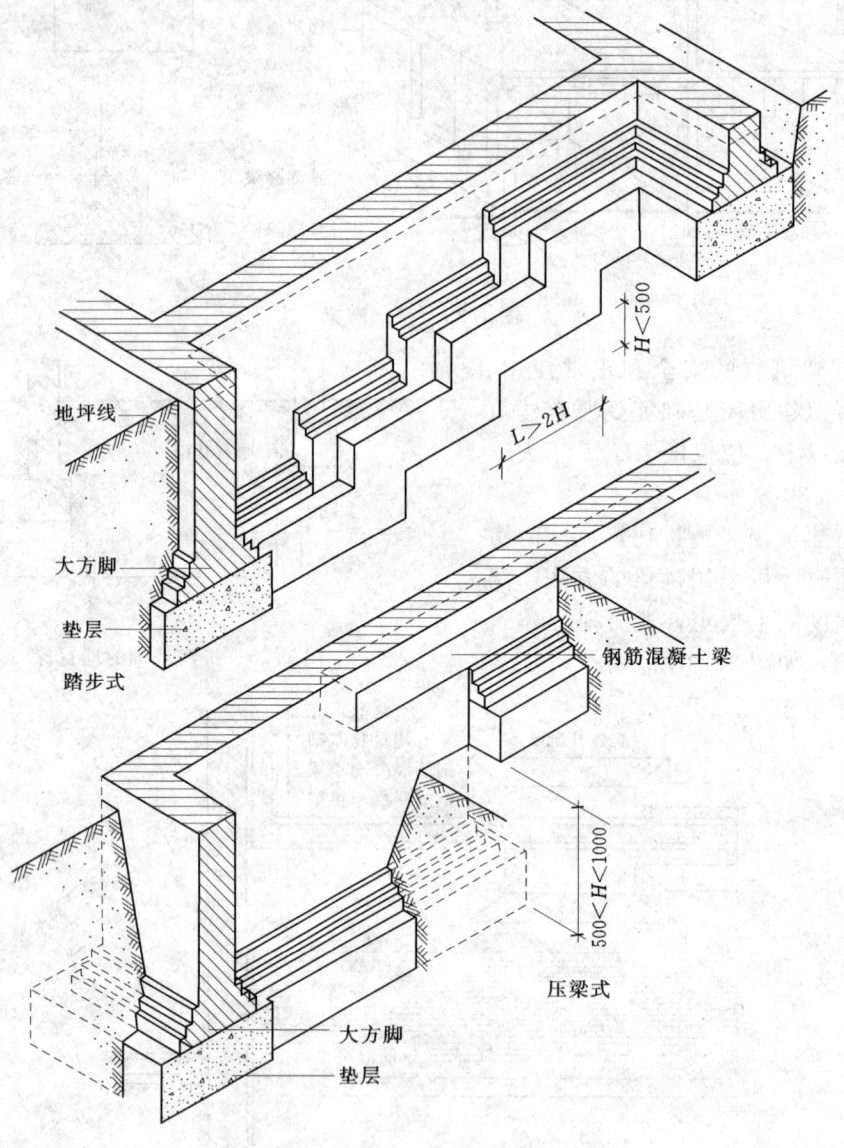

图 1.32 不同埋深的基础

当上部建筑荷载较小,两基底之差 $H > 500$mm,且在 1m 以内,可用钢筋混凝土压梁式,如图 1.32 所示。

1.4.4 地基局部处理

基础在开挖基坑(槽)之后,如发现局部基坑(槽)底的土质与勘探资料不符合,或与设计要求不同时,应重新确定地基容许承载力,并探明软弱土层范围,然后进行处理。

地基局部处理的原则是使处理后的地基基础沉降比较均匀,不使局部地区产生过大或过小的沉降。同时,应注意软硬地区交接处的上部结构和基础的加固。具体处理方法有:

1. 局部换土法

如发现的填土坑、墓穴、池塘、河沟的范围不大,而深度又在3m以内,可选用局部换土法。将坑中松软虚土挖除,至坑底及四壁均见天然土为止。当松软土坑≥5000mm时,基槽底部沿墙身方向挖成踏步形,踏步的高宽比为1∶2。然后更换压缩性相近的天然土,也可用灰土、砂、级配砂石等材料回填。回填时应分层洒水夯实,或用平板振捣器振实。每层回填厚度不大于200mm。一般应使换土层的容许承载力与其他持力层的容许承载力相近。

2. 跨越法与挑梁法

当基槽中发现废井、枯井或直径小而深度大的洞穴,除了可用局部换土法(但应先将井边砖圈拆除至槽底1m以上,再进行回填土)外,还可在井上设过梁或拱圈跨越井穴,如图1.33所示。

3. 橡皮土的处理

当发现地基土含水量大,有橡皮土的现象,要避免直接在地基上夯打,这时,可用晾槽法或掺入石灰末,以降低土的含水量,或根据具体情况用碎石或卵石压入土中,将土挤实。

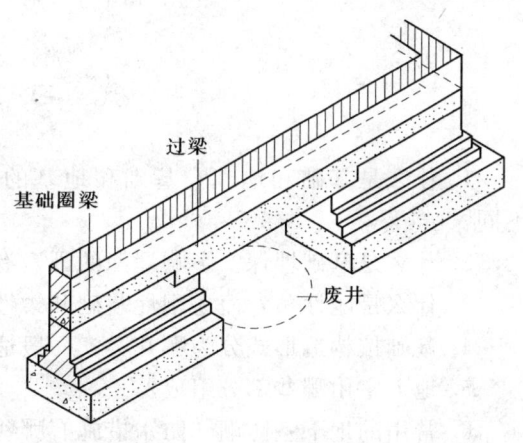

图1.33 过梁跨越法

1.4.5 管道通过基础的处理

在基础附近有上下水管道,应注意防止漏水。当管道位于基槽下面,最好拆迁,或将基础局部落低。否则应采取防护措施,防止管道被基础压坏。如在管道周围包裹混凝土,或改用铸铁管、混凝土管来代替陶氏管等。

当管道穿过基础或墙基时,必须在基础或墙基上留有足够的空隙使建筑物下沉时不致压弯或损坏管道。当管道穿过基础,基础又不允许切断时,可将局部基础适当落深,使管道穿过墙基。(如图1.34所示)

近年来在地基基础和地下工程的设计中开始采用地下连续墙的方法。地下连续墙的基本原理是在地面用一种具有特殊装置的挖掘机或钻凿机,开挖一条狭长的深沟,在沟内放置钢筋,然后浇捣混凝土,形成一条地下连续的墙壁。可以供截水、挡土、承重或抗震之用。也可以作建筑物的基础和地下结构物的边墙。地下连续墙的特点是技术经济效果好,可以减少土方量、缩短工期、施工安全、方便,适用于各种技术条件和复杂的环境,可在距邻近建筑物30~50mm的最小距离内进行地下施工。施工时没有振动,不影响邻近建筑物的安全。墙的结构形式有:柱式、板式、板柱结合等。

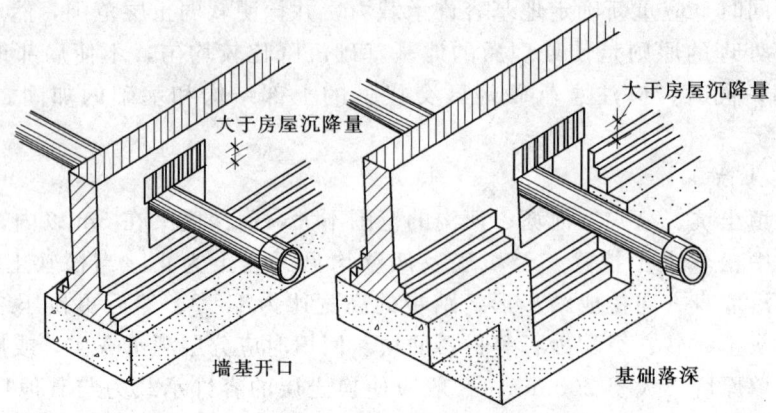

图 1.34 管道通过基础的处理

复 习 思 考 题

1. 什么是基础和地基？基础和地基的关系是怎样的？天然地基和人工地基有什么不同？
2. 什么是基础埋深？影响埋深的因素有哪些？
3. 什么是刚性角？简述刚性基础和柔性基础的特点。
4. 基础按构造形式分为哪几类？一般适用于什么情况？抄绘 2~3 个基础断面图。
5. 地下室由哪些部分组成？
6. 常用的地下室防潮、防水措施有哪些？外防水与内防水有何区别？
7. 基础的特殊构造处理有哪些方面？

第 2 章 墙 体

2.1 墙体的作用、分类及设计要求

2.1.1 墙体的作用

1. 承重作用

承重作用是指承受建筑物屋顶、楼层、人、设备及墙自身荷载；承受自然界风、雨、雪、冰、地震等荷载。

2. 围护作用

围护作用是指抵御自然界的风、雨、雪、霜的侵袭，防止阳光辐射、声音干扰，起到保温、隔热、隔声、防风、防水、防盗的作用。

3. 分隔作用

分隔作用体现在把建筑内部划分成各种不同大小、不同功能、不同形状的房间，以适应人的使用要求。

4. 装饰作用

室内外装饰满足使用功能和美观要求。

并不是所有的墙体同时具备上述四项功能。

2.1.2 墙体的分类

墙体的方向和位置如图 2.1 所示。

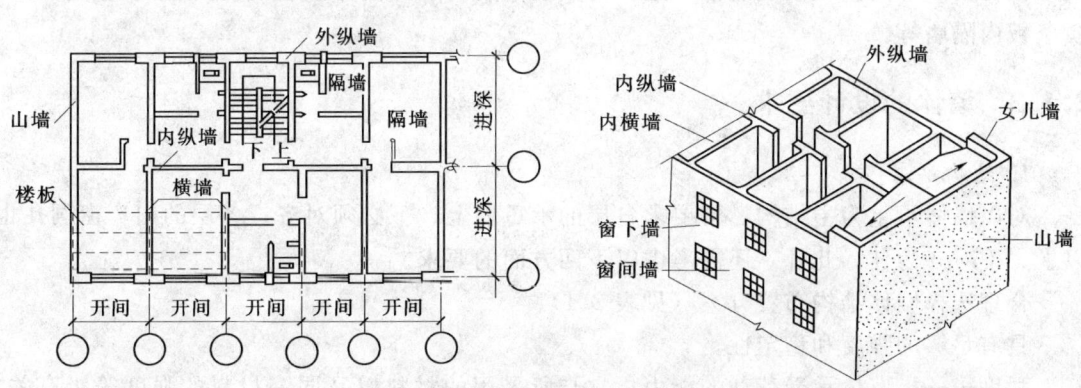

图 2.1 墙体的方向和位置名称

（1）按所处位置分：

外墙——位于房屋的四周，也称为外围护墙。

内墙——位于房屋内部，主要起分隔内部空间的作用。

(2) 按布置方向分：

纵墙——沿建筑物长轴方向布置的墙。

横墙——沿建筑物短轴方向布置的墙，外横墙俗称山墙。

(3) 按墙体与门窗的位置关系：

窗间墙——平面上窗洞口之间的墙体。

窗下墙——立面上窗洞口之间的墙体。

(4) 按受力情况分：

承重墙——直接承受楼板、屋顶等传来荷载的墙。分直接承重和间接承重。

非承重墙——不承受外来荷载的墙，但承受自身荷载。分隔墙和填充墙。

非承重墙又可分为两种：一是自承重墙，不承受外来荷载，仅承受自身重量并将其传至基础；二是隔墙，起分隔房间的作用，不承受外来荷载，并把自身重量传给梁或楼板。框架结构中的墙称框架填充墙。

(5) 按材料分：砖墙、石墙、土墙、混凝土墙、砌块墙。

(6) 按构造形式分：实体墙、空体墙、复合墙。

实体墙——由单一材料组成，如砖墙、砌块墙等。

空体墙——也是由单一材料组成，可由单一材料砌成内部空腔，也可用具有孔洞的材料建造墙，如空斗砖墙、空心砌块墙等。

组合墙——由两种以上材料组合而成，例如混凝土、加气混凝土复合板材墙。其中混凝土起承重作用，加气混凝土起保温隔热作用。

(7) 按施工方式分：块材墙、板筑墙、板材墙。

块材墙——是用砂浆等胶结材料将砖石块材等组砌而成，例如砖墙、石墙及各种砌块墙等。

板筑墙——是在现场立模板，现浇而成的墙体，例如现浇混凝土墙等。

板材墙——是预先制成墙板，施工时安装而成的墙，例如预制混凝土大板墙、各种轻质条板内隔墙等。

2.1.3 墙体的设计要求

1. 结构要求

对以墙体承重为主结构，常要求各层的承重墙上、下必须对齐；各层的门、窗洞孔也以上、下对齐为佳。此外，还需考虑以下两方面的要求。

合理选择墙体结构布置方案（见表 2.1）。

具有足够的强度和稳定性。

强度——指墙体承受荷载的能力，它与所采用的材料以及同一材料的强度等级有关。作为承重墙的墙体，必须具有足够的强度，以确保结构的安全。

稳定性——与墙的高度、长度和厚度有关。高而薄的墙稳定性差，矮而厚的墙稳定性好；长而薄的墙稳定性差，短而厚的墙稳定性好。

2.1 墙体的作用、分类及设计要求

表 2.1　　　　　　　　　　　墙体承重结构方案

承重方案	示意图及适用范围	特　点
横墙承重	适用于宿舍、住宅等建筑	优点：横墙间距小，建筑刚性良好，外檐墙上布置门窗洞口灵活 缺点：开间不够灵活，房屋的平面系数（使用面积与建筑面积的比值）较小，墙体耗料多
纵墙承重	适用于较大开间的如教室、会议室等	优点：横墙间距布置灵活，能获得较大开间的房间，墙体耗用材料少，房屋的平面系数较大 缺点：楼板等水平构件跨度大，自重大，外檐墙开设门窗洞口受到限制，整体刚性较差
纵横墙承重	适用于开间、进深大，房屋类型平面复杂的如教学楼、医院等建筑	优点：基础应力较均匀，有利于充分发挥纵横墙下地基的承载力；平面布置较灵活，房屋的刚性较好 缺点：构件类型多，圈梁多为变截面（如L形等），房屋平面系数较小，墙体耗料也较多
外墙内柱承重	适用于内部有较大空间的商住楼的底层建筑	外墙内柱承重又称为半框架承重 优点：内部可获得较大空间，不受墙体布置的限制；外墙有良好的热工性能、在造价上比全框架要经济 缺点：内部的框架与外围的墙体刚度不同，在水平荷载作用下，变形量不同，振幅也不同，不利于抗震

2. 热工要求

（1）墙体的保温要求。对有保温要求的墙体，须提高其构件的热阻，通常采取以下措施：

1）增加墙体的厚度。墙体的热阻与其厚度成正比，欲提高墙身的热阻，可增加其厚度。

2）选择导热系数小的墙体材料。要增加墙体的热阻，常选用导热系数小的保温材料，如泡沫混凝土、加气混凝土、陶粒混凝土、膨胀珍珠岩、膨胀蛭石、浮石及浮石混凝土、泡沫塑料、矿棉及玻璃棉等。其保温构造有单一材料的保温结构和复合保温结构之分。

3) 采取隔蒸汽措施。为防止墙体产生内部凝结，常在墙体的保温层靠高温一侧，即蒸汽渗入的一侧，设置一道隔蒸汽层。隔蒸汽材料一般采用沥青、卷材、隔汽涂料以及铝箔等防潮、防水材料。

(2) 墙体的隔热要求。隔热措施有：

1) 外墙采用浅色而平滑的外饰面，如白色外墙涂料、玻璃马赛克、浅色墙地砖、金属外墙板等，以反射太阳光，减少墙体对太阳辐射的吸收。

2) 在外墙内部设通风间层，利用空气的流动带走热量，降低外墙内表面温度。

3) 在窗口外侧设置遮阳设施，以遮挡太阳光直射室内。

4) 在外墙外表面种植攀缘植物使之遮盖整个外墙，吸收太阳辐射热，从而起到隔热作用。

3. 建筑节能要求

为贯彻国家的节能政策，改善严寒和寒冷地区居住建筑采暖能耗大，热工效率差的状况，必须通过建筑设计和构造措施来节约能耗。

4. 隔声要求

墙体主要隔离由空气直接传播的噪声。一般采取以下措施：

(1) 加强墙体缝隙的填密处理。

(2) 增加墙厚和墙体的密实性。

(3) 采用有空气间层式多孔性材料的夹层墙。

(4) 尽量利用垂直绿化降噪声。

2.2 砖墙的构造

2.2.1 砖墙材料

砖墙是用砂浆将一块块砖按一定技术要求砌筑而成的砌体，其材料是砖和砂浆。

1. 砖

砖按材料不同，有黏土砖、页岩砖、粉煤灰砖、灰砂砖、炉渣砖等。按形状分有实心砖、多孔砖和空心砖等。其中过去常用的是普通黏土砖。

普通黏土砖以黏土为主要原料，经成型、干燥焙烧而成。有红砖和青砖之分。青砖比红砖强度高，耐久性好。

我国标准砖的规格为 240mm×115mm×53mm，砖长∶宽∶厚＝4∶2∶1（包括 10mm 宽灰缝），标准砖砌筑墙体时以砖宽度的倍数，即 115＋10＝125mm 为模数（图 2.2）。这与我国现行 GBJ 2—1986《建筑模数协调统一标准》中的基本模数 M＝100mm 不协调，因此在使用中，须注意标准砖的这一特征。

砖的强度以强度等级表示，分别为 MU30、MU25、MU20、MU10、MU7.5 6 个级别。如 MU30 表示砖的极限抗压强度平均值为 30MPa，即每平方毫米可承受 30N 的压力。

2.2 砖墙的构造

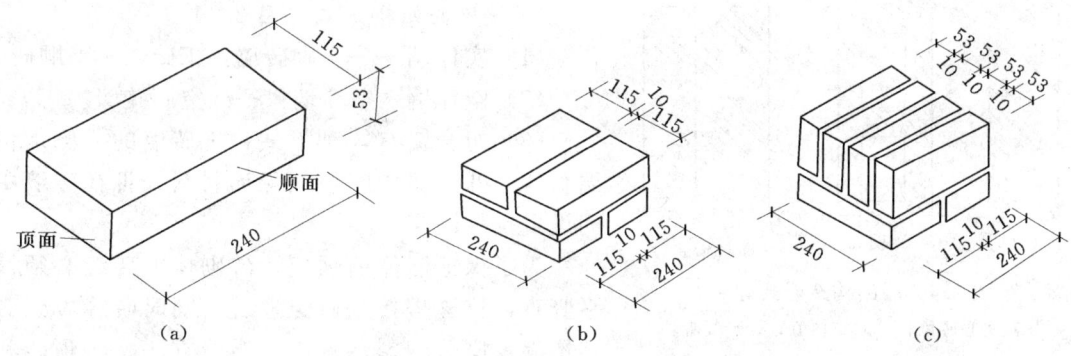

图 2.2 标准砖的尺寸和组合尺寸
(a) 标准砖；(b) 砖的组合；(c) 砖的组合

2. 砂浆

砂浆是砌块的胶结材料。常用的砂浆有水泥砂浆、混合砂浆、石灰砂浆和黏土砂浆。

(1) 水泥砂浆由水泥、砂加水拌和而成，属水硬性材料，强度高，但可塑性和保水性较差，适应砌筑湿环境下的砌体，如地下室、砖基础等。

(2) 石灰砂浆由石灰膏、砂加水拌和而成。由于石灰膏为塑性掺和料，所以石灰砂浆的可塑性很好，但它的强度较低，且属于气硬性材料，遇水强度即降低，所以适宜砌筑次要的民用建筑的地上砌体。

(3) 混合砂浆由水泥、石灰膏、砂加水拌和而成。既有较高的强度，也有良好的可塑性和保水性，故民用建筑地上砌体中被广泛采用。

(4) 黏土砂浆是由黏土加砂加水拌和而成，强度很低，仅适于土坯墙的砌筑，多用于乡村民居。它们的配合比取决于结构要求的强度。

砂浆强度等级有 M15、M10、M7.5、M5、M2.5、M1、M0.4 共 7 个级别。

2.2.2 砖墙的砌筑

1. 组砌原则

砖在砌体中的排列方式称为砖墙的组砌方式。

组砌的原则：砖缝横平、竖直，错缝搭接，避免通缝。

砖缝砂浆饱满、均匀，如图 2.3 所示。

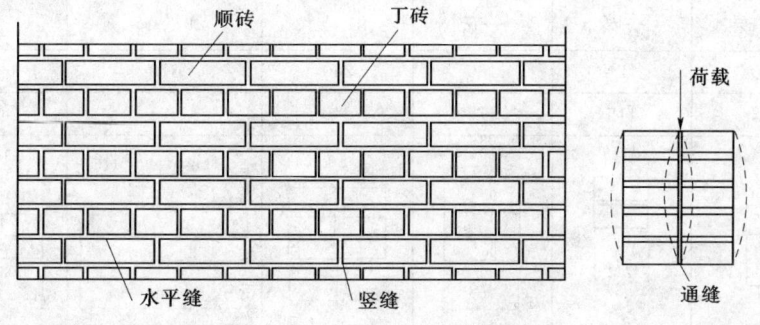

图 2.3 砖墙组砌名称及错缝

第 2 章 墙　体

2. 砖墙的组砌方式（图 2.4）

(1) 实体墙——实砌砖墙：丁砖<—>顺砖。

(2) 空体墙：空斗墙<—>空心砖墙。

(3) 组合墙有 3 种形式：Ⅰ砖墙的一侧加保温材料，Ⅱ砖墙中间填充保温材料，Ⅲ在砖墙中间设置空气间层。

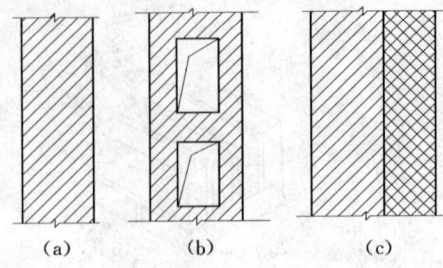

图 2.4　墙的构造形式分类
(a) 实心砖墙；(b) 空体墙；(c) 复合墙

为了保证墙体的强度，砖砌体的砖缝必须横平竖直，错缝搭接，避免通缝。同时砖缝砂浆必须饱满，厚薄均匀。常用的错缝方法是将顶砖和顺砖上下皮交错砌筑。每排列一层砖称为一皮。常见的砖墙砌式有全顺式（120 墙），一顺一顶式、三顺一顶式或多顺一顶式、每皮顶顺相间式也叫十字式（240 墙），两平一侧式（180 墙）等（砖墙的组砌方式如图 2.5 所示）。

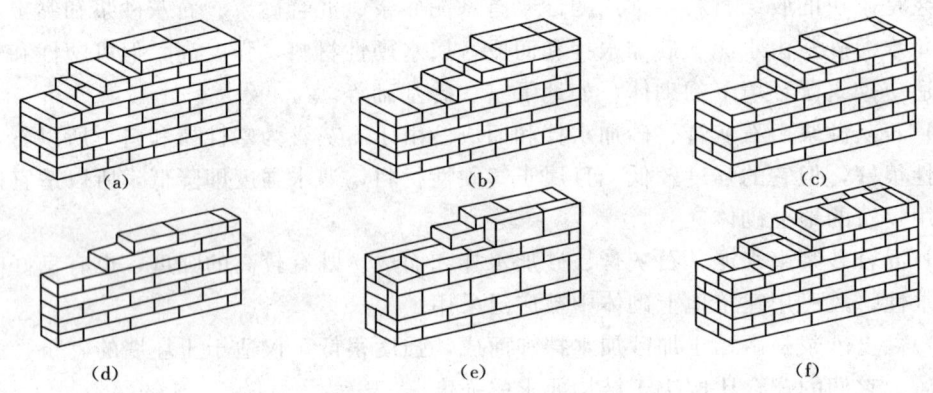

图 2.5　砖墙的组砌方式
(a) 240 砖墙　一顺一丁式；(b) 240 砖墙　多顺一丁式；(c) 240 砖墙　十字式；
(d) 120 砖墙；(e) 180 砖墙；(f) 370 砖墙

2.2.3　砖墙的尺度

1. 墙厚（见表 2.2）

表 2.2　　　　　　　　　　砖墙的厚度尺寸表　　　　　　　　　　单位：mm

墙厚名称	$\frac{1}{4}$ 砖	$\frac{1}{2}$ 砖	$\frac{3}{4}$ 砖	1 砖	$1\frac{1}{2}$ 砖	2 砖
标志尺寸	60	120	180	240	370	490
构造尺寸	53	115	178	240	365	490
示意图	53	115	10 / 53 / 115 / 178	115 / 115 / 240	240 / 10 / 115 / 365	115 / 10 / 240 / 10 / 115 / 490
习惯称呼	60 墙	12 墙	18 墙	24 墙	37 墙	49 墙

2.2 砖墙的构造

2. 墙段尺寸

小于1m的墙段，设计时应符合砖的模数，大于1m时可不考虑。

对于抗震地段的局部尺寸，应满足 GB 50011—2010《建筑抗震设计规范》的要求（见表2.3）。

表 2.3 抗震设计规范的最小墙段长度 单位：mm

构造类别	设计烈度			备注
	6、7度	8度	9度	
承重窗间墙	1000	1200	1500	在墙角设钢筋混凝土构造柱时，不受此限制
承重外墙尽端墙段	1000	2000	3000	
内墙阳角至门洞边	1000	1500	2000	

2.2.4 砖墙细部构造

1. 门窗过梁

过梁的形式有砖拱过梁、钢筋砖过梁和钢筋混凝土过梁3种。

(1) 砖拱过梁，如图2.6、图2.7所示。砖拱过梁分为平拱和弧拱。由竖砌的砖作拱圈，一般将砂浆灰缝做成上宽下窄，上宽不大于20mm，下宽不小于5mm。砖不低于MU7.5，砂浆不能低于M2.5，砖砌平拱过梁净跨宜小于1.2m，不应超过1.8m，中部起拱高约为 $1/50L$。

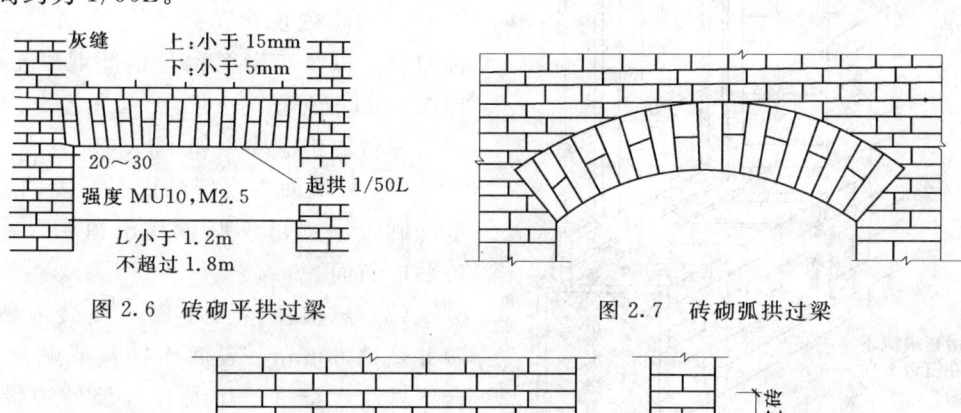

图 2.6 砖砌平拱过梁　　　　　图 2.7 砖砌弧拱过梁

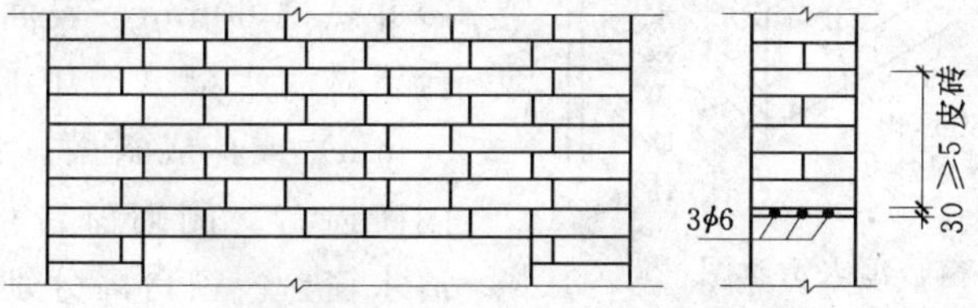

图 2.8 钢筋砖过梁构造示意

(2) 钢筋砖过梁。钢筋砖过梁用砖不低于 MU7.5，砌筑砂浆不低于 M2.5。一般在洞口上方先支木模，砖平砌，下设 3～4 根 $\phi6$ 钢筋要求伸入两端墙内不少于240mm，梁高砌 5～7 皮砖或 $\geqslant L/4$，钢筋砖过梁净跨宜为 1.5～2m，如图2.8所示。

(3) 钢筋混凝土过梁。钢筋混凝土过梁有现浇和预制两种，梁高及配筋由计算确定。为了施工方便，梁高应与砖的皮数相适应，以方便墙体连续砌筑，故常见梁高为60mm、120mm、180mm、240mm，即60mm的整倍数。梁宽一般同墙厚，梁两端支承在墙上的长度不少于240mm，以保证足够的承压面积。

过梁断面形式有矩形和L形。为简化构造，节约材料，可将过梁与圈梁、悬挑雨篷、窗楣板或遮阳板等结合起来设计。如在南方炎热多雨地区，常从过梁上挑出300～500mm宽的窗楣板，既保护窗户不淋雨，又可遮挡部分直射太阳光，如图2.9所示。

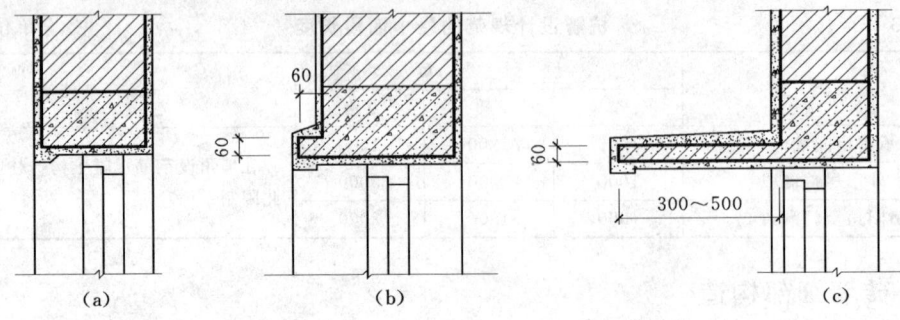

图2.9 钢筋混凝土过梁的形式
(a) 平墙过梁；(b) 带窗套过梁；(c) 带窗楣过梁

2. 窗台

为避免窗洞下部积水，防止水渗入墙体和沿窗缝隙渗入室内而污染墙面等而设，如图2.10所示。设于窗外的叫外窗台，设于室内的叫内窗台。还有悬挑窗台与不悬挑窗台。以及砖砌窗台与钢筋混凝土窗台，如图2.11所示。

窗台的构造要点如下。

(1) 外墙面为面砖贴面时，墙面会因雨水冲刷干净而可不必设挑出窗台。窗台面砖贴成斜面。

(2) 悬挑窗台可丁砌一皮砖或侧砌一砖并悬挑60mm，表面作抹灰或贴面处理，台下做滴水槽（槽中心离外墙外边缘30～50mm）或抹成斜面。预制混凝土窗台构造同砖窗台。侧砌窗台可做水泥砂浆勾缝的清水窗台。窗台高分别为60mm和120mm。

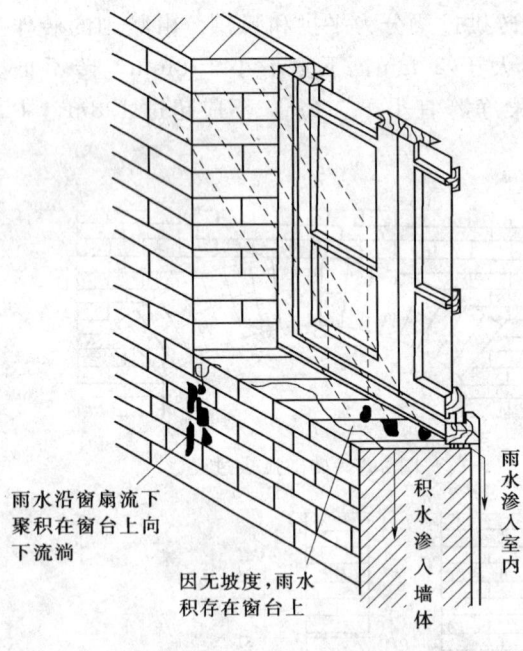

图2.10 窗台泻水示意图

(3) 窗台长度每边最少应超过窗宽120mm。

(4) 窗台表面做一定排水坡度，嵌缝要密实。

(5) 窗台高度离楼地面一般为900mm或1000mm，如低于800mm时，应采用防护措施。

3. 墙脚

(1) 勒脚。勒脚是外墙墙身接近室外地面的部分，为防止雨水上溅墙身和机械力等的影响，所以要求墙脚坚固耐久和防潮。一般采用以下几种构造做法，如图2.12所示。

2.2 砖墙的构造

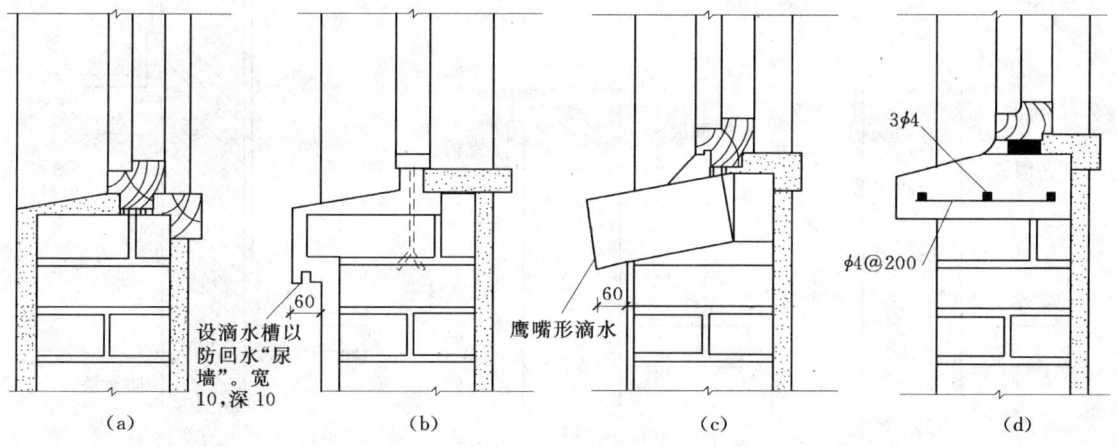

图 2.11 窗台形式
(a) 不悬挑窗台；(b) 粉滴水的悬挑窗台；(c) 侧砌砖窗台；(d) 预制钢筋混凝土外挑窗台

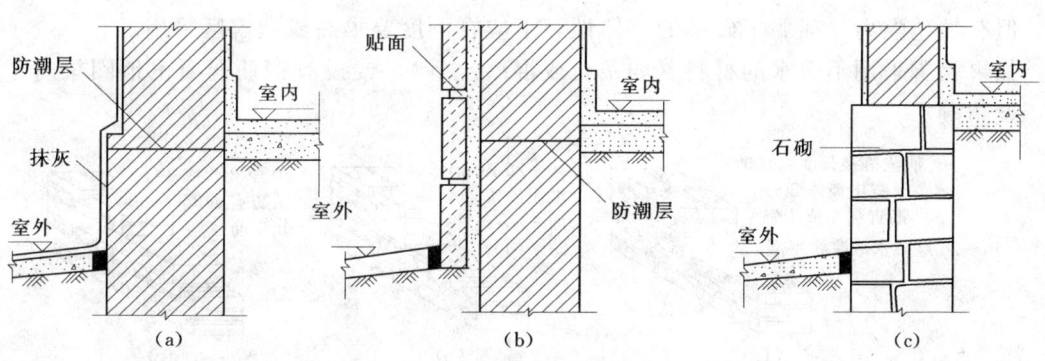

图 2.12 勒脚构造做法
(a) 抹灰；(b) 贴面；(c) 石材砌筑

1) 抹灰：可采用20厚1∶3水泥砂浆抹面，1∶2水泥白石子浆水刷石或斩假石抹面。此法多用于一般建筑。

2) 贴面：可采用天然石材或人工石材，如花岗石、水磨石板等。其耐久性、装饰效果好，用于高标准建筑。

3) 勒脚采用石材，如条石等。

(2) 墙脚处理。

1) 防潮层的位置如图2.13所示。

2) 墙身水平防潮层（图2.14）的构造做法常用的有以下3种：

(a) 防水砂浆防潮层，采用1∶2水泥砂浆加水泥用量3‰～5‰防水剂，厚度为20～25mm或用防水砂浆砌三皮砖作防潮层。此种做法构造简单，但砂浆开裂或不饱满时影响防潮效果。

(b) 细石混凝土防潮层，采用60mm厚的细石混凝土带，内配3根$\phi 6$钢筋，其防潮性能好。

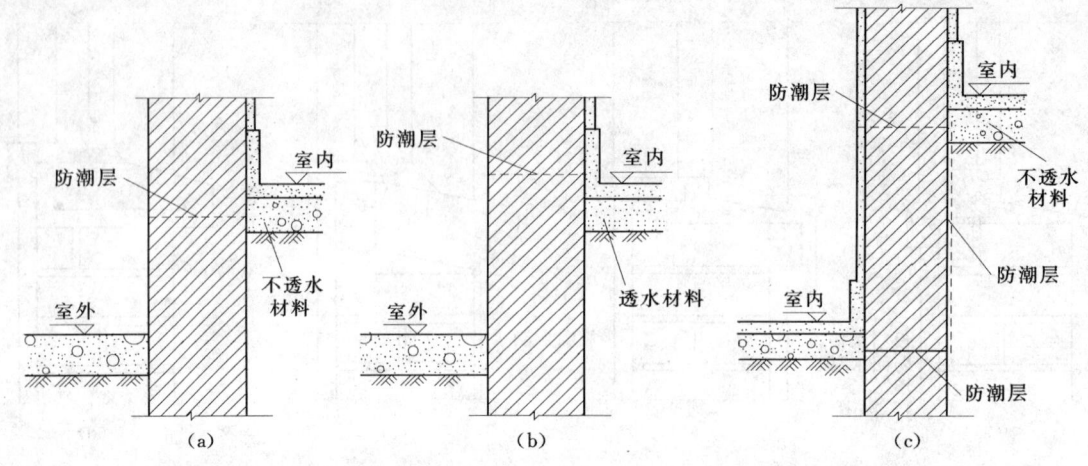

图 2.13 墙身防潮层的位置

(c) 油毡防潮层，先抹 20mm 厚水泥砂浆找平层，上铺一毡二油，此种做法防水效果好，但有油毡隔离，削弱了砖墙的整体性，不应在刚度要求高或地震区采用。

如果墙脚采用不透水的材料（如条石或混凝土等），或设有钢筋混凝土地圈梁时，可以不设防潮层。

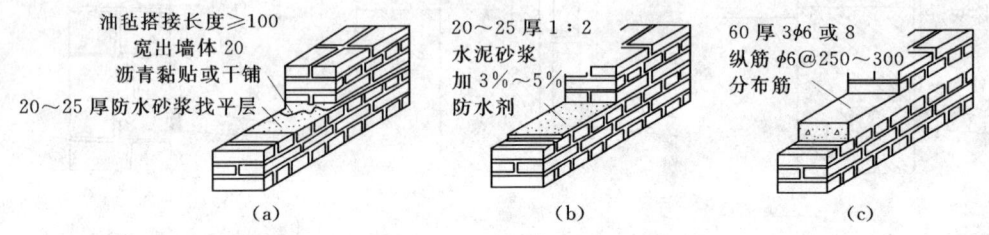

图 2.14 墙身水平防潮层
(a) 油毡防潮层；(b) 砂浆防潮层；(c) 细石混凝土防潮层

(3) 外墙周围的排水处理——散水与明沟（图 2.15、图 2.16）。房屋四周可采取散水或明沟排除雨水。当屋面为有组织排水时一般设明沟或暗沟，也可设散水。屋面为无组织排水时一般设散水，但应加滴水砖（石）带。散水的做法通常是在素土夯实上铺三合土、混凝土等材料，厚度 60～70mm。散水应设不小于 3% 的排水坡。散水宽度一般 0.6～1.0m。散水与外墙交接处应设分格缝，分格缝用弹性材料嵌缝，防止外墙下沉时将散水拉裂。散水整体面层纵向距离每隔 6～12m 做一道伸缩缝。

明沟的构造做法可用砖砌、石砌、混凝土现浇，沟底应做纵坡，坡度为 0.5%～1%，宽度为 220～350mm。

2.2.5 墙身的加固

1. 壁柱和门垛

当墙体的窗间墙上出现集中荷载，而墙厚又不足以承担其荷载；或当墙体的长度和高度超过一定限度并影响到墙体稳定性时，常在墙身局部适当位置增设凸出墙面的壁柱以提

2.2 砖墙的构造

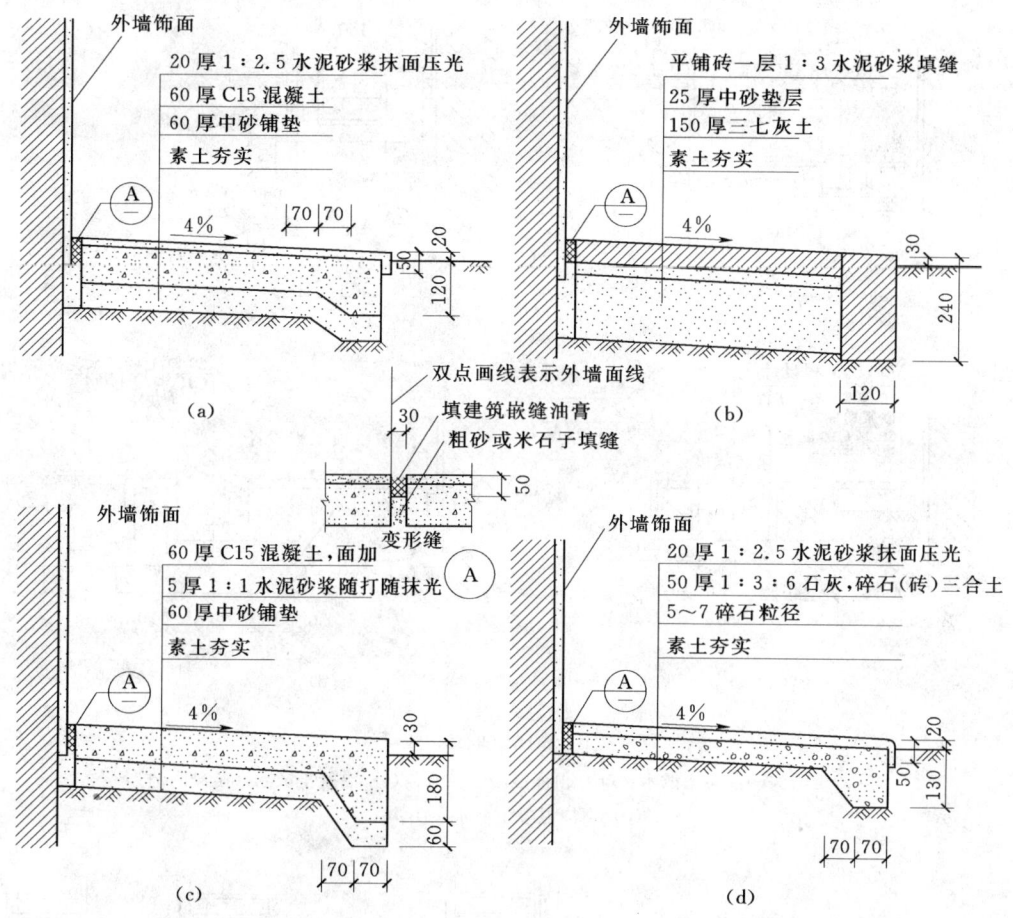

图 2.15 散水构造
(a) 水泥砂浆散水；(b) 砖砌散水；(c) 混凝土散水；
(d) 碎石（石）散水

高墙体刚度。壁柱突出墙面的尺寸一般为 120mm×370mm、240mm×370mm、240mm×490mm 或根据结构计算确定。

当在较薄的墙体上开设门洞时，为便于门框的安置和保证墙体的稳定，须在门靠墙转角处或丁字接头墙体的一边设置门垛，门垛凸出墙面不少于 120mm，宽度同墙厚，如图 2.17 所示。

2. 圈梁

(1) 圈梁的设置要求。圈梁是沿外墙四周及部分内墙设置在楼板处的连续闭合的梁，可提高建筑物的空间刚度及整体性，增加墙体的稳定性。减少由于地基不均匀沉降而引起的墙身开裂。对于抗震设防地区，利用圈梁加固墙身更加必要。

(2) 圈梁的构造。圈梁有钢筋砖圈梁和钢筋混凝土圈梁两种。

钢筋砖圈梁就是将前述的钢筋砖过梁沿外墙和部分内墙一周连通砌筑而成。钢筋混凝土圈梁的高度不小于 120mm，宽度与墙厚相同（圈梁的构造如图 2.18 所示）。

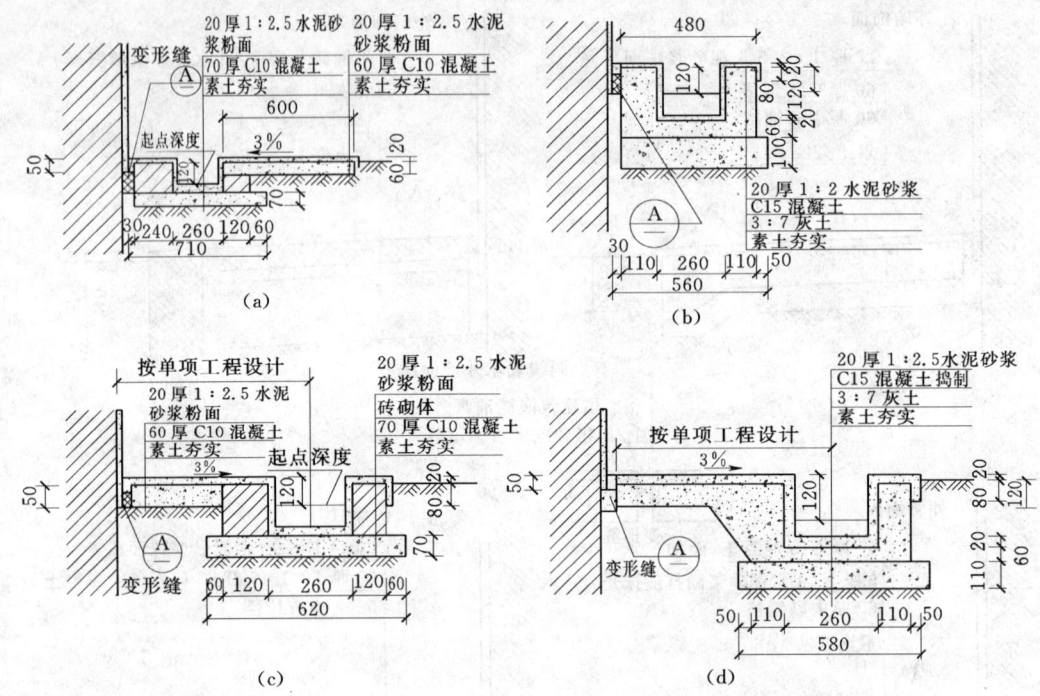

图 2.16 明沟
(a) 砖砌阴沟—混凝土散水；(b) 顶浇混凝土散水；(c) 混凝土散水—砖砌阴沟；
(d) 顶浇混凝土散水—阴沟

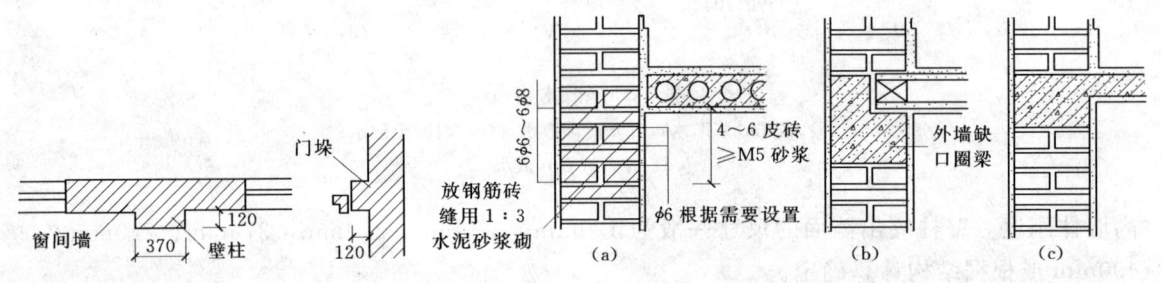

图 2.17 壁柱和门垛　　　　图 2.18 圈梁构造

当圈梁被门窗洞口截断时，应在洞口上部增设相同截面的附加圈梁，其配筋和混凝土强度等级均不变，如图 2.19 所示。

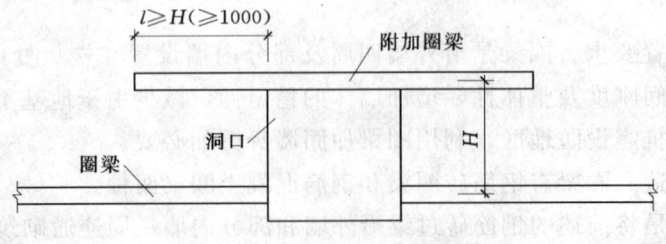

图 2.19 附加圈梁

3. 构造柱

钢筋混凝土构造柱是从构造角度考虑设置的,是防止房屋倒塌的一种有效措施。构造柱必须与圈梁及墙体紧密相连,从而加强建筑物的整体刚度,提高墙体抗变形的能力。

(1) 构造柱的设置要求。由于建筑物的层数和地震烈度不同,构造柱的设置要求也不相同。

(2) 构造柱的构造,如图 2.20 所示。

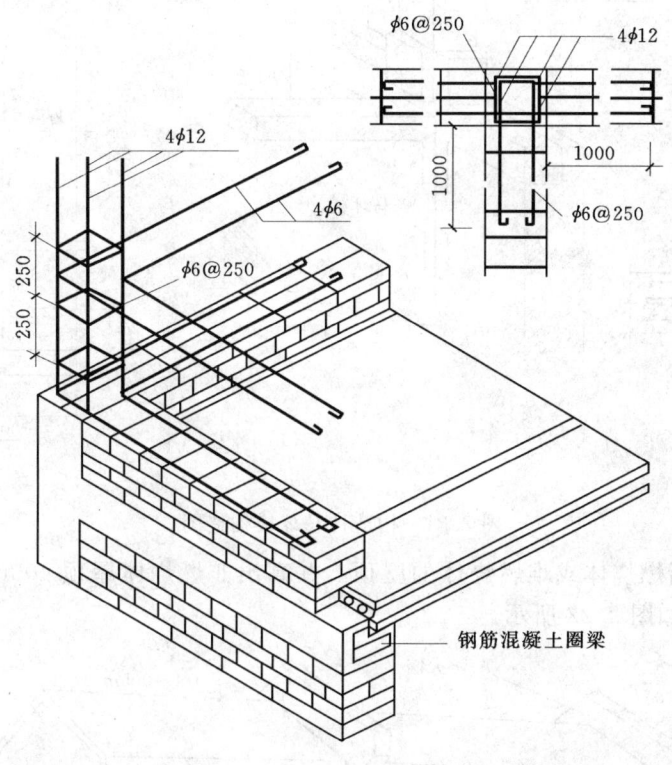

图 2.20 构造柱的构造

1) 构造柱最小截面为 180mm×240mm,纵向钢筋宜用 4φ12,箍筋间距不大于 250mm,且在柱上下端宜适当加密;7 度时超过六层、8 度时超过五层和九度时,纵向钢筋宜用 4φ14,箍筋间距不大于 200mm;房屋角的构造柱可适当加大截面及配筋。

2) 构造柱与墙连结处宜砌成马牙槎,并应沿墙高每 500mm 设 2φ6 拉接筋,每边伸入墙内不少于 1m,如构造柱马牙槎构造见图 2.21。

3) 构造柱可不单独设基础,但应伸入室外地坪下 500mm,或锚入浅于 500mm 的基础梁内。

2.2.6 防火墙

防火墙的作用在于截断火灾区域,防止火灾蔓延。作为防火墙,其耐火极限应不小于 4.0h。防火墙的最大间距应根据建筑物的耐火等级而定,当耐火等级为一、二级时,其间距为 150m;三级时为 100m;四级时为 75m。

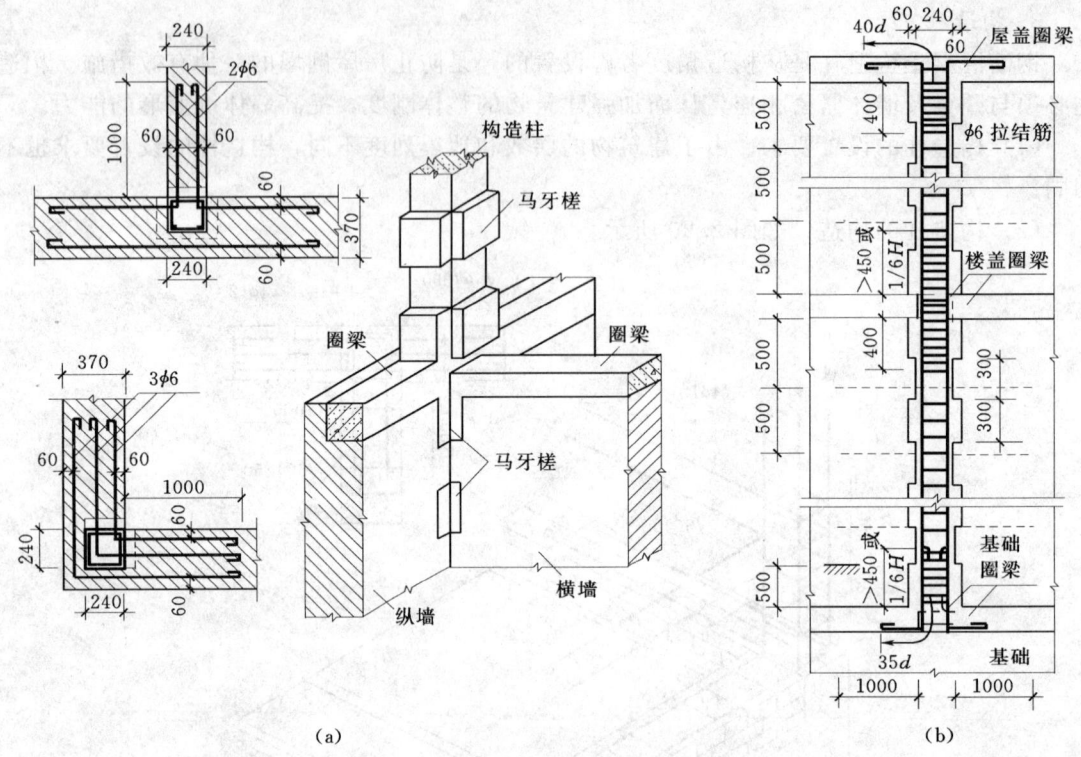

图 2.21 构造柱马牙槎构造图

防火墙应截断燃烧体或难燃烧体的屋顶，并高出非燃烧体屋顶 400mm；高出难燃烧体屋面 500mm，如图 2.22 所示。

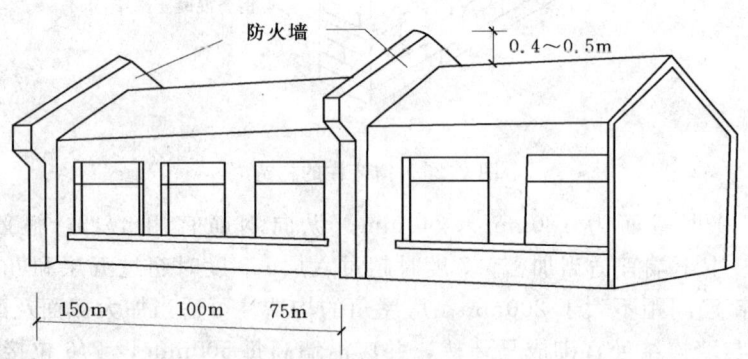

图 2.22 防火墙的设置

2.3 墙面的装修

2.3.1 饰面装修的作用

(1) 保护墙体，提高墙体的耐久性、坚固性，延长墙体的使用年限。

(2) 密实和平整墙体，改善环境条件；改善墙体的使用功能；提高墙体的保温、隔热

2.3 墙面的装修

和隔声能力。

（3）美化环境，提高建筑的艺术效果。

2.3.2 饰面装修的类型与构造

按装修所处部位不同——有室外装修和室内装修两类。室外装修要求采用强度高、抗冻性强、耐水性好以及具有抗腐蚀性的材料。室内装修材料则因室内使用功能不同，要求有一定的强度、耐水及耐火性。

按饰面材料和构造不同——有清水勾缝、抹灰类、贴面类、涂刷类、裱糊类、条板类、玻璃（或金属）幕墙等。

1. 抹灰类墙面装修

（1）抹灰的组成。抹灰一般分3层，即底灰（层）、中灰（层）、面灰（层）。

（2）常用抹灰种类、做法和应用。抹灰分为一般抹灰和装饰抹灰两类。

1）一般抹灰：有石灰砂浆、混合砂浆、水泥砂浆等。外墙抹灰一般为20～25mm，内墙抹灰为15～20mm，顶棚为12～15mm。在构造上和施工时须分层操作，一般分为底层、中层和面层，各层的作用和要求不同。

(a) 底层抹灰主要起到与基层墙体粘结和初步找平的作用。

(b) 中层抹灰在于进一步找平以减少打底砂浆层干缩后可能出现的裂纹。

(c) 面层抹灰主要起装饰作用，因此要求面层表面平整、无裂痕、颜色均匀。

抹灰按质量及工序要求分为3种标准（常用抹灰构造见表2.4）。

表 2.4 抹灰类三种标准

标准\层次	底层（层）	中层（层）	面层（层）	总厚度（mm）	适用范围
普通抹灰	1		1	≤18	简易宿舍、仓库等
中级抹灰	1	1	1	≤20	住宅、办公楼、学校、旅馆等
高级抹灰	1	若干	1	≤25	公共建筑、纪念性建筑如剧院、展览馆等

2）装饰抹灰。装饰抹灰有水刷石、干黏石、斩假石、水泥拉毛等。装饰抹灰一般是指采用水泥、石灰砂浆等抹灰的基本材料，除对墙面作一般抹灰之外，利用不同的施工操作方法将其直接做成饰面层。

2. 贴面类墙面装修

（1）陶瓷类贴面。

1）面砖饰面。面砖应先放入水中浸泡，安装前取出晾干或擦干净，安装时先抹15mm 1:3水泥砂浆找底并刮毛，再用1:0.3:3水泥石灰混合砂浆或用掺有107胶（水泥用量5%～7%）的1:2.5水泥砂浆满刮10mm厚于面砖背面紧黏于墙上。对贴于外墙的面砖常在面砖之间留出一定缝隙，如图2.23所示。

2）陶瓷锦砖饰面。陶瓷锦砖也称为马赛克，有陶瓷锦砖和玻璃锦砖之分。它的尺寸较小，根据其花色品种，可拼成各种花纹图案。铺贴时先按设计的图案将小块材正面向下贴在 500mm×500mm 大小的牛皮纸上，然后牛皮纸面向外将马赛克贴于饰面基层上，待半凝后将纸洗掉，同时修整饰面（构造如图 2.24 所示）。

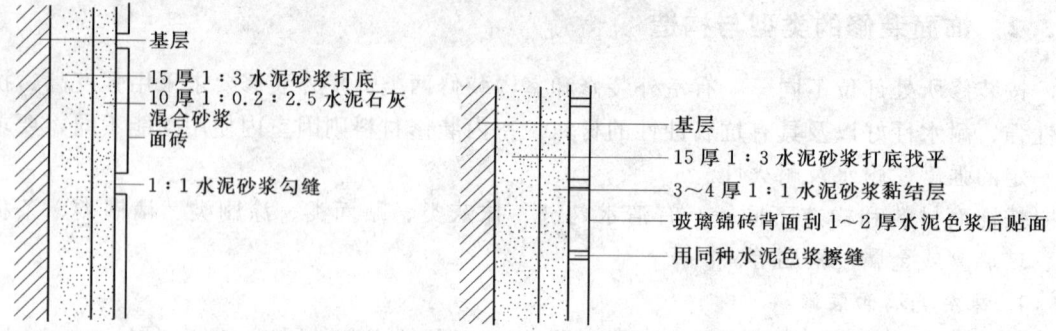

图 2.23 面砖饰面构造示意　　图 2.24 玻璃锦砖饰面构造

（2）石材类贴面。石材按其厚度分有两种，通常厚度为 30～40mm 为板材，厚度为 40～130mm 以上称为块材。常见天然板材饰面有花岗石、大理石和青石板等，具有强度高、耐久性好，多作高级装饰用。常见人造石板有预制水磨石板、人造大理石板等。

1）石材拴挂法（湿法挂贴）。天然石材和人造石材的安装方法相同，先在墙内或柱内预埋 $\phi6$ 铁箍，间距依石材规格而定，而铁箍内立 $\phi6$～$\phi10$ 竖筋，在竖筋上绑扎横筋，形成钢筋网。在石板上下边钻小孔，用双股 16# 钢丝绑扎固定在钢筋网上。上下两块石板用不锈钢卡销固定。板与墙面之间预留 20～30mm 缝隙，上部用定位活动木楔做临时固定，校正无误后，在板与墙之间浇筑 1:3 水泥砂浆，待砂浆初凝后，取掉定位活动木楔，继续上层石板的安装，构造如图 2.25 所示。

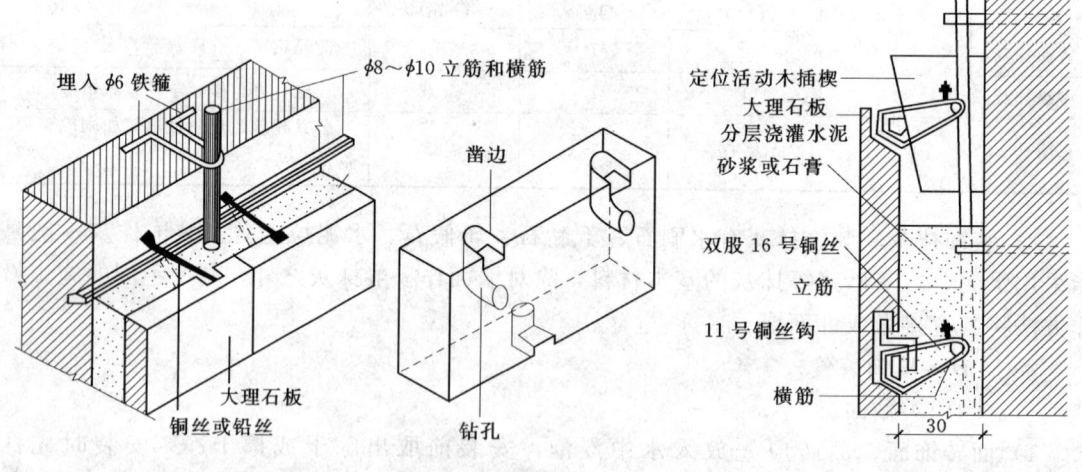

图 2.25 石材拴挂法构造

2）干挂石材法（连接件挂接法）。干挂石材的施工方法是用一组高强耐腐蚀的金属连接件，将饰面石材与结构可靠地连接，其间形成空气间层不作灌浆处理，构造如图 2.26、图 2.27 所示。

（3）涂料类墙面装修。涂料系指喷涂、刷于基层表面后，能与基层形成完整而牢固的

2.3 墙面的装修

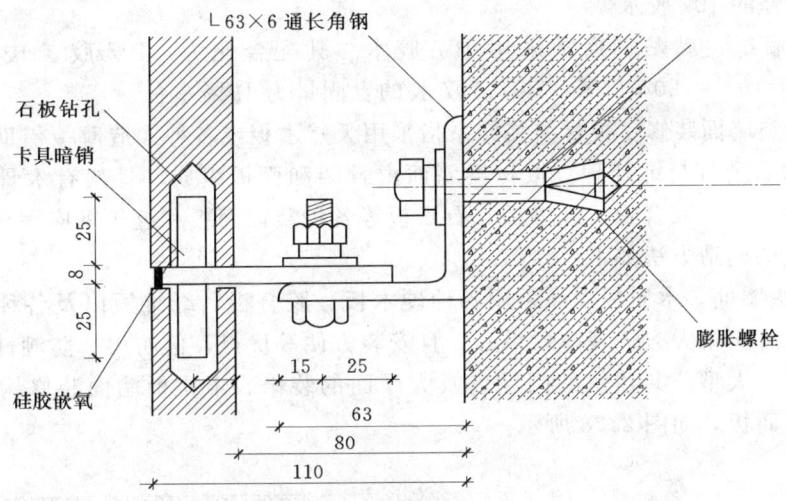

图 2.26 干挂石材法构造

图 2.27 干挂石材法骨架与柱的连接实例

保护膜的涂层饰面装修。

涂料按其主要成膜物的不同，可以分为有机涂料和无机涂料两大类。

1）无机涂料。常用的无机涂料有石灰浆、大白浆、可赛银浆、无机高分子涂料等。

2）有机涂料。有机合成涂料依其主要成膜物质和稀释剂的不同，可分为溶剂型涂料、水溶性涂料和乳液型涂料3种。

（4）裱糊类墙面装修。裱糊类墙面装修是将各种装饰性的墙纸、墙布、织锦等材料裱糊在内墙面上的一种装修饰面。墙纸品种很多，目前国内使用最多的是塑料墙纸和玻璃纤维墙布等。

1）基层处理：在基层刮腻子，以使裱糊墙纸的基层表面达到平整光滑。同时为了避免基层吸水过快，还应对基层进行封闭处理。处理方法为：在基层表面满刷一遍按1：

0.5~1∶1稀释的107胶水。

2）裱贴墙纸：黏贴剂通常采用107胶水。其配合比为：107胶∶羧甲基纤维素（2.5%）∶水＝100∶(20~30)∶50，107胶的含固量为12%左右。

（5）板材类墙面装修。板材类装修系指采用天然木板或各种人造薄板借助于镶钉胶等固定方式对墙面进行装饰处理。板材类墙面由骨架和面板组成，骨架有木骨架和金属骨架，面板有硬木板、胶合板、纤维板、石膏板等各种装饰面板和近年来应用日益广泛的金属面板。常见的构造方法如下：

1）木质板墙面。木质板墙面系用各种硬木板、胶合板、纤维板以及各种装饰面板等作的装修。具有美观大方、装饰效果好，且安装方便等优点，但防火、防潮性能欠佳，一般多用作宾馆、大型公共建筑的门厅以及大厅面的装修。木质板墙面装修构造是先立墙筋，然后外钉面板，如图2.28所示。

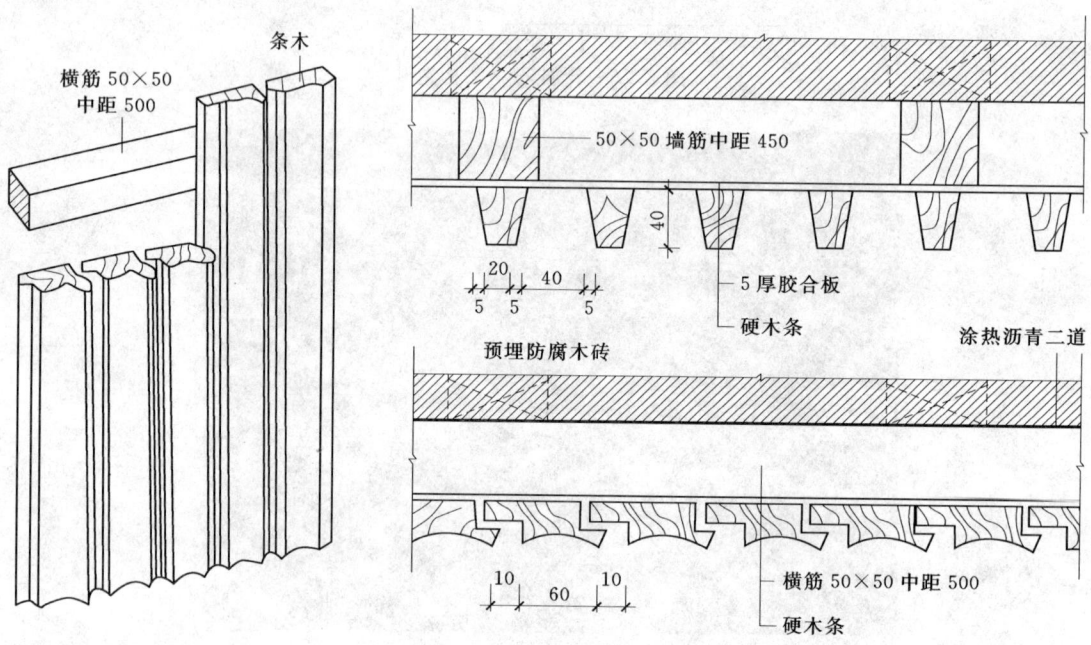

图2.28 木质板墙面构造

2）金属薄板墙面。金属薄板墙面系指利用薄钢板、不锈钢板、铝板或铝合金板作为墙面装修材料。以其精密、轻盈，体现着新时代的审美情趣。

金属薄板墙面装修构造，也是先立墙筋，然后外钉面板。墙筋用膨胀铆钉固定在墙上，间距为60~90mm。金属板用自攻螺丝或膨胀铆钉固定，也可先用电钻打孔后用木螺丝固定。

3）石膏板墙面。一般构造做法是：首先在墙体上涂刷防潮涂料，然后在墙体上铺设龙骨，将石膏板钉在龙骨上，最后进行板面修饰，如图2.29所示。

（6）清水砖墙。清水砖墙是不作抹灰和饰面的墙面。为防止雨水浸入墙身和整齐美观，可用1∶1或1∶2水泥细砂浆勾缝，勾缝的形式有平缝、平凹缝、斜缝、弧形缝等。

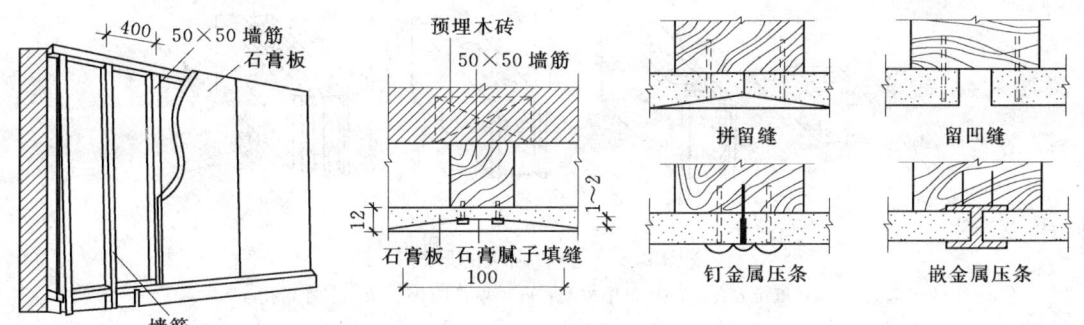

图 2.29 石膏板墙面构造

*2.4 砌 块 建 筑

砌块：尺寸大于普通烧结砖的预制块材作为墙体材料的一种建筑，如图 2.30 所示。砌块建筑施工方便，便于就地取材，能大量利用工业废料和地方材料的优点。

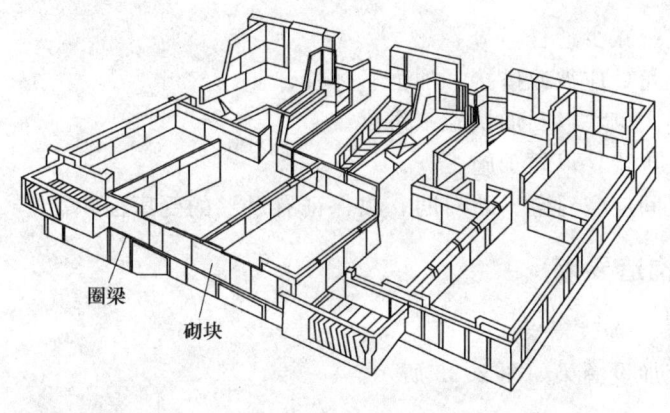

图 2.30 砌块建筑

2.4.1 砌块的材料与类型

按材料分——普通混凝土砌块、轻骨料混凝土砌块、加气混凝土砌块以及利用各种工业废料制成的砌块。

按尺寸和质量分——小型砌块、中型砌块和大型砌块。

按砌块构造分——空心砌块（图 2.31）和实心砌块。空心砌块有单排方孔、单排圆孔和多排扁孔等形式，其中多排扁孔对保温较为有利。

2.4.2 砌块墙的排列

砌块墙的排列如图 2.32 所示。
砌块墙砌筑的基本要求：

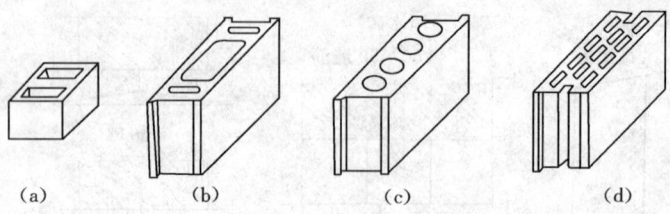

图 2.31 空心砌块的形式

(a) 单排方孔；(b) 单排方孔；(c) 单排圆孔；(d) 多排扁孔

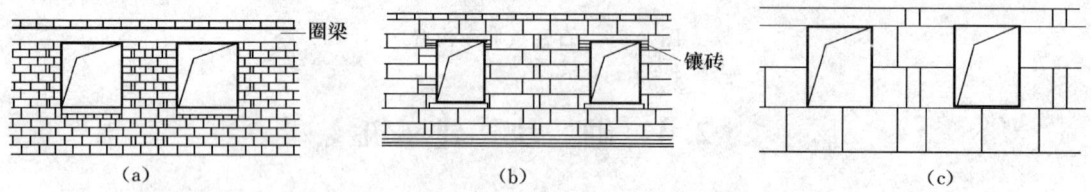

图 2.32 砌块排列组合示意图

(a) 小型砌块立面排列图；(b) 中型砌块立面排列图；(c) 大型砌块立面排列图

(1) 错缝搭接、减少通缝。
(2) 内外墙转角处应彼此搭接，加强整体性。
(3) 优先采用大砌块以利加快施工进度。
(4) 减少砌块规格，以便于施工。
(5) 上下皮之间应空对空、肋对肋，以保证有足够的受压面积。

2.4.3 砌块墙构造要点

1. 砌块墙每层应加设圈梁

砌块墙每层应加设圈梁如图 2.33 所示。

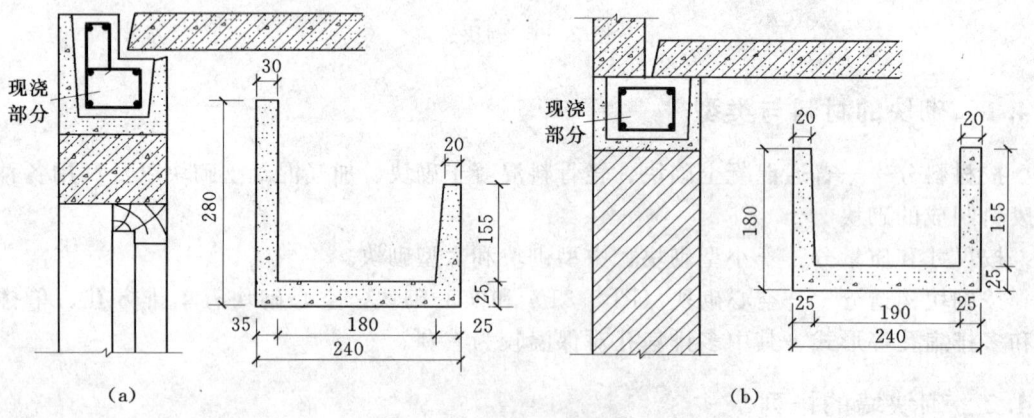

图 2.33 砌块现浇圈梁

(a) L型截面圈梁；(b) 矩形截面圈梁

2.4 砌块建筑

2. 砌块墙的拼缝和通缝处理

砌块墙的拼缝和通缝处理如表 2.5 和图 2.34 所示。

表 2.5 砌块拼缝要求表

垂直缝	水平缝	缝宽及砂浆强度
(a)平口缝　(b)高低缝 (c)单槽缝　(d)企口缝	(a)平口缝　(b)双槽缝	①小型或加气混凝土砌块缝宽 10～15mm 中型砌块缝宽 15～20mm ②砂浆强度由计算确定。混凝土空心砌块砂浆强度≥M5

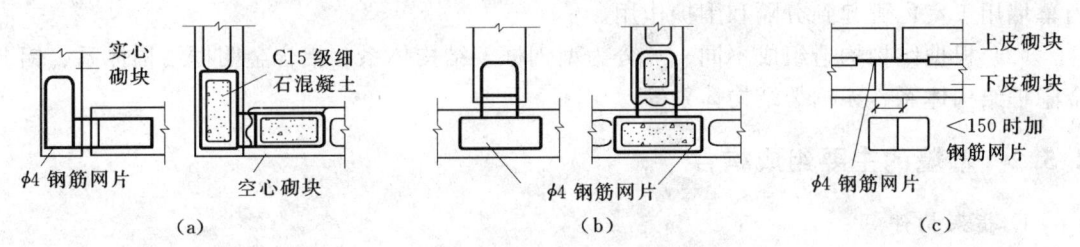

图 2.34 通缝处理

(a) 转角处理；(b) 丁字墙配筋；(c) 错缝配筋

3. 砌块墙芯柱与拉接筋

砌块墙芯柱与拉接筋如图 2.35 所示。

在混凝土空心砌块建筑的四角、外墙转角、楼梯间四角等处设置芯柱。芯柱配置 2ϕ12 钢筋从基础到屋顶通长，强度不低于 C15 的细石混凝土填入砌块孔中。

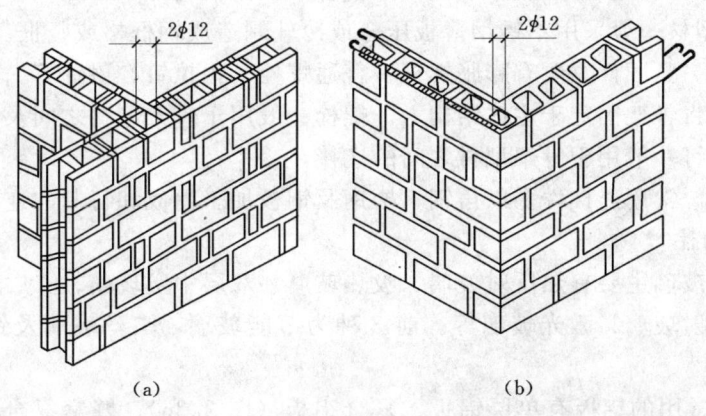

图 2.35 砌块墙构造柱

(a) 内外墙交接处搭砌；(b) 外墙转角处搭砌

4. 门窗框与砌体墙的连接

除采用在砌块体内预埋木砖的做法外，还可利用膨胀木楔、膨胀螺栓、铁件锚固以及利用砌块凹槽固定等做法。

*2.5 幕　　墙

幕墙是悬挂于建筑物主体结构上的轻质外围护墙，像幕布一样挂上去，故又称为悬挂墙。它不承重，但要承受风荷载，通过连接件传给主体结构，是现代大型和高层建筑常用的带有装饰效果的轻质墙。

建筑幕墙有很多种形式，最常见的是建筑玻璃幕墙。

2.5.1 幕墙的类型

（1）根据用途不同——分为外幕墙和内幕墙。外幕墙用作外墙立面主要起围护作用，内幕墙用于室内可起到分隔和围护作用。

（2）根据结构构造组成不同——分为型钢框架结构体系、铝合金明框结构体系、铝合金隐框结构体系、无框架结构体系等。

2.5.2 幕墙的主要组成构件

1. 框架构件

幕墙的框架构件可分两大类：一类是构成骨架的各种型材；另一种是各种用于连接与固定型材的连接件和紧固件。

（1）型材。常用型材有型钢、铝型材、不锈钢型材三大类。

1）常用型钢材质以普通碳素钢 A3 为主。断面形式有角钢、槽钢、空腹方钢等。型钢按设计要求组成钢骨架，再通过配件与饰面板（如玻璃、铝板、搪瓷板等）相连接。

2）铝型材主要有竖梃（立柱）、横档（横杆）及副框料等。

3）不锈钢型材一般采用不锈钢薄板压弯或冷轧制造成钢框格或竖框。

（2）紧固件。紧固件主要有膨胀螺杆、普通螺栓、铝拉钉、射针等。膨胀螺栓和射钉一般通过连接件将骨架固定于主体结构上。螺栓一般用于骨架型材之间及骨架与连接件之间的连接。铝拉钉一般用于骨架型材之间的连接。

（3）连接件。常用连接件多以角钢、槽钢及钢板加工而成和特制的连接件。

2. 饰面板构件

（1）玻璃。玻璃主要有热反射玻璃、吸热玻璃、双层中空玻璃、夹层玻璃、夹丝玻璃及钢化玻璃、镭射玻璃、激光玻璃等。前 3 种为节能玻璃，夹丝玻璃及钢化玻璃为安全玻璃。

（2）铝板。常用的铝板有单层铝板、复合铝板（图 2.36）、蜂窝复合铝板（图 2.37）3 种。

（3）不锈钢板。一般为 0.2～2mm 厚不锈钢薄板冲压成槽形镜板。

（4）石板。常用天然石材有大理石和花岗石。与玻璃等饰面板组合应用，可以产生虚虚实实的装饰效果。干挂石板与玻璃、铝合金一道成为 20 世纪八九十年代幕墙材料的三

2.5 幕 墙

大主流。此外，还有搪瓷钢板，彩色钢板，彩色陶板等。

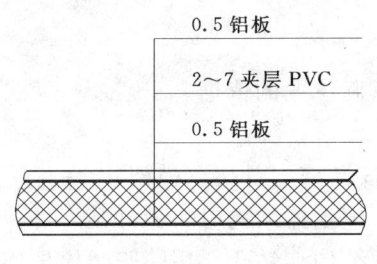

图 2.36 复合铝板

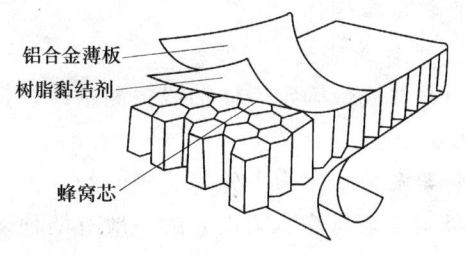

图 2.37 蜂窝复合铝板

3. 封缝构件

封缝构件通常是以下 3 种材料的总称：填充材料、密封固定材料和防水密封材料。

（1）填充材料主要有聚乙烯泡沫胶、聚苯乙烯泡沫胶及氯丁二烯胶等。有片状、板状、圆柱状等多种规格。

（2）密封固定材料有橡胶密封条等。

（3）应用较多的防水密封材料是聚硫橡胶封缝料和硅酮封缝料。

2.5.3 玻璃幕墙

1. 玻璃幕墙的组成

玻璃幕墙的组成是由骨架、玻璃和附件三部分组成的。

（1）骨架。由纵向立柱和横档组成，它是用来支撑玻璃、固定玻璃，并通过连接件与墙体结构相连。它将玻璃的自重和风荷载及其他荷载传给主体结构，使玻璃与墙体结构连成一整体。可用铝合金、铜合金、不锈钢等型材做成，图 2.38 为铝合金边框的工程实例。

图 2.38 铝合金边框的工程实例

（2）玻璃。玻璃是幕墙的面料，它既是建筑围护构件，又是建筑装饰面。玻璃有单层、双层、双层中空和多层中空玻璃，起采光、通风、隔热、保温等围护作用。通常选择热工性能好，抗冲击能力强的钢化玻璃、吸热玻璃、镜面反射玻璃、中空玻璃等。接缝构造多采用密封层、密封衬垫层、空腔三层构造层。

图 2.39 幕墙骨架与主体的连接件实例

（3）附件（连接与安装配件）。

1）连接固定件：有预埋件、转接件、连接件、支承用材等，在幕墙及主体结构之间以及幕墙元件与元件之间起连接固定作用，图 2.39 为幕墙骨架与主体的连接件。

2）装修件：包括后衬板（墙）、扣盖件及窗台、楼地面、踢脚、顶棚等构部件，起密闭、装修、防护等作用。

3）密缝材：有密封膏、密封带、压缩密封件等，起密闭、防水、保温、绝热等作用。此外，还有窗台板，压顶板，泛水，防止凝结水和变形缝等专用件。

2. 玻璃幕墙施工程序

（1）放线。确定墙体轴线，测量误差，作为骨架正确位置的依据。

（2）骨架安装。

骨架安装顺序为：先安装竖向的骨架（立柱），后安装横向骨架（横档）。

竖向骨架与墙体固定方法一般有两种，一种是在浇注主体结构时，做好预埋件，连接件与预埋件焊牢后，再固定骨架。另一种方法是在主体结构上钻孔，用膨胀螺栓把连接件固定于墙体，骨架再与连接件连接。前者加固牢靠，但预埋件位置往往与安装有误差。后者安装位置准确，但打孔费工，牢固性不如预埋性。骨架安装应横平、竖直、为安装玻璃创造条件。骨架安装应做好防腐处理，轻钢骨架应涂防锈防腐漆。铝合金骨架要注意保护其氧化膜，尤其是与混凝土接触处应在氧化膜外加防腐处理，防止碱性混凝土对铝的腐蚀。

（3）玻璃安装。玻璃安装与骨架结构有直接关系。一般有以下几种方法。

1）玻璃安到铝合金框内，把铝合金框与幕墙骨架连接。这种方法适用大框架轻钢骨架。

2）固定好铝合金骨架，再把玻璃直接安到骨架上，并加密封条，如同安装门窗玻璃一样。

3）在不露骨架结构体系中，骨架上下不用封闭框，直接用高强度黏结材料把玻璃粘贴在骨架上，形成无框玻璃幕墙（或称作隐框玻璃幕墙）。

3. 玻璃幕墙细部构造

玻璃幕墙细部构造如图 2.40～图 2.48 所示。

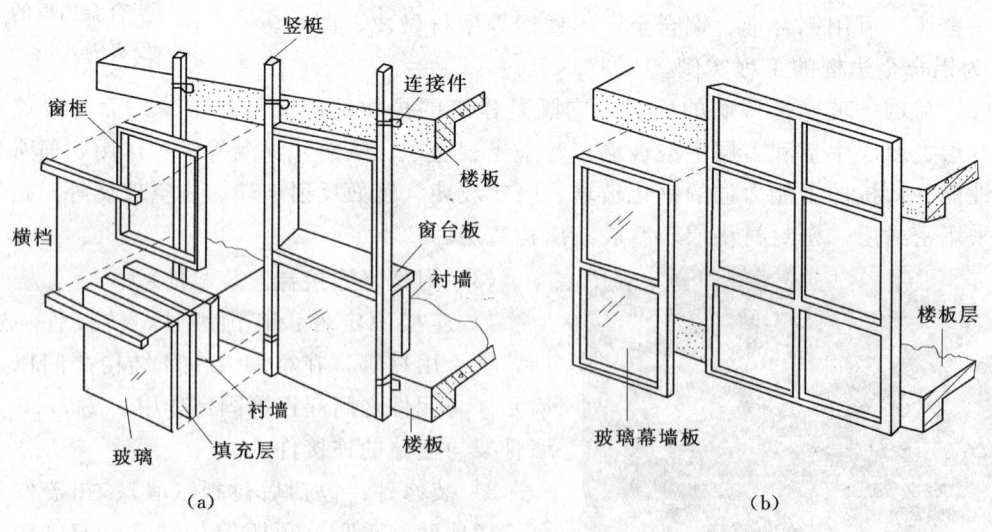

图 2.40 玻璃幕墙的形式和材料组成
(a) 骨架明框式；(b) 无骨架式

2.5 幕　墙

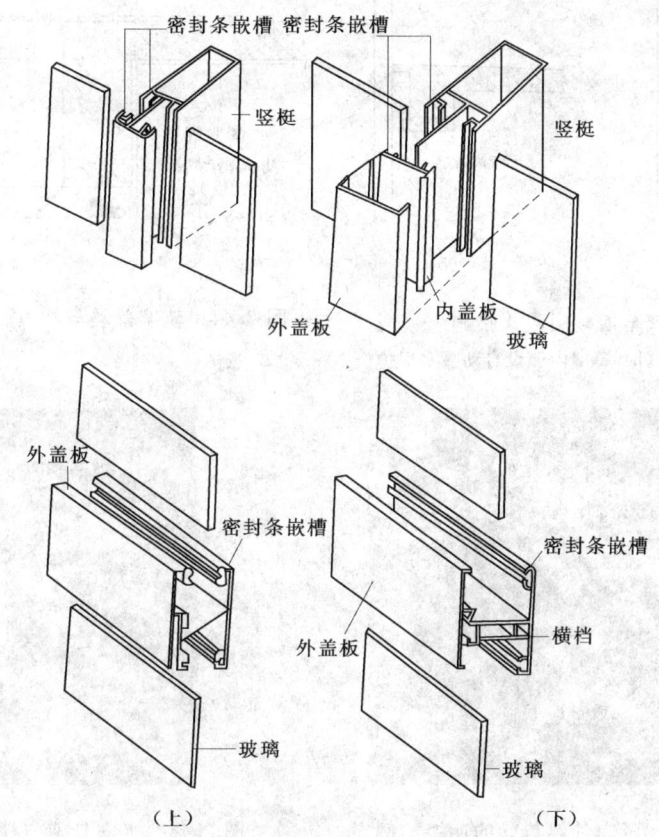

图 2.41　玻璃幕墙铝合金型材断面示意

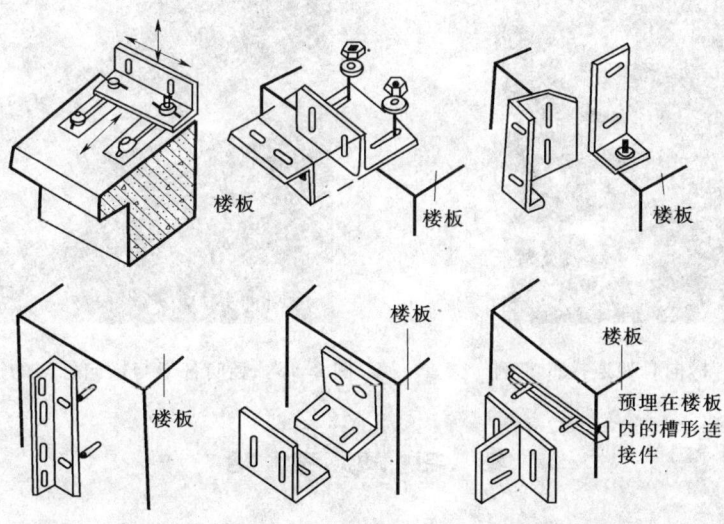

图 2.42　玻璃幕墙连接件的形式

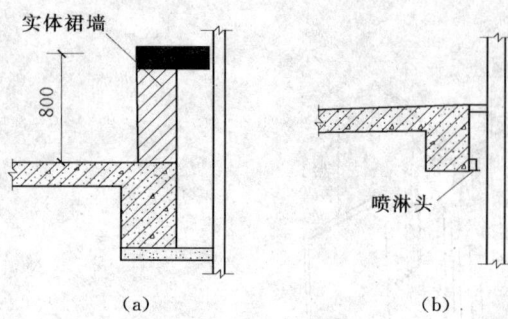
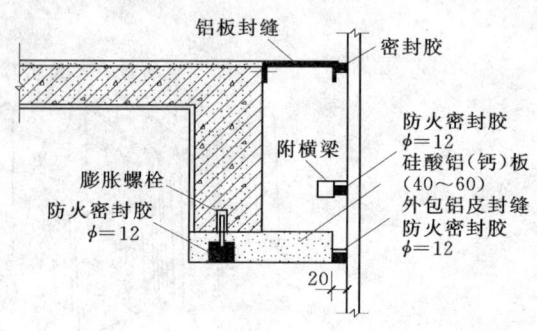

图 2.43 玻璃幕墙楼层隔火措施
（a）楼板边缘设墙裙；（b）幕墙内侧设自动喷水保护

图 2.44 玻璃幕墙与楼板、隔墙缝隙的处理

图 2.45 竖向骨架与梁的连接实例　　图 2.46 竖向骨架与柱的连接实例

图 2.47 横向骨架连接件实例　　图 2.48 竖向骨架与横向骨架的连接实例

复 习 思 考 题

1. 墙体的作用是什么？在设计上有哪些要求？
2. 墙体依据所处位置不同、受力不同、材料不同、构造不同、施工方法不同可分为

复习思考题

哪几种类型？什么是开间和进深？
3. 标准砖自身尺度之间有何关系？砖墙的厚度尺寸有哪些？
4. 常见的砖墙砌筑形式有哪些？什么是顺、丁、斗、眠？
5. 勒脚的处理方法有几种？试说出各自的构造特点。
6. 墙身防潮层的作用、位置及常见做法是什么？
7. 在什么情况下设垂直防潮层？其构造做法如何？
8. 常见的过梁有几种？它们的适用范围和构造特点是什么？
9. 窗台构造中应考虑哪些问题？
10. 墙体的加固措施有哪些？有何设计要求？
11. 什么叫圈梁和构造柱？其构造要点是什么？
12. 防火墙的作用及其设置要求如何？

第3章 楼板与地面

3.1 概　述

楼面与地面统称为楼地面，属于建筑装饰与装修的一部分。楼地面包括楼板层的楼层地面和地坪层的底层地面。楼板属于楼板层中的结构层，它将房屋分成若干楼层，与顶棚、面层等层次构成楼层地面，简称楼面，有时也叫地面。地面泛指建筑底层的地坪层，是底层房间与大地土壤的隔离构件，有时也分割地下室，但大多与地基直接相连，其结构层是垫层，与素土夯实层（地基）、面层等层次构成底层地面，简称地面。

楼地面的结构层是房屋水平方向的承重构件，直接承受各种使用荷载，并将所承受的全部荷载直接传递给墙、梁、柱、墩、基础或地基，同时对墙体或梁柱又起水平支撑作用，增强房屋的刚度和整体性，以减少风力和地震水平荷载的影响。当楼地面的基本构造层次不能满足使用或构造要求时，可增设附加层（也称功能层），如找平层、结合层、隔离层（防潮层、防水层）或填充层（隔声层、保温隔热层、管道铺设层）等层次（图3.1）。

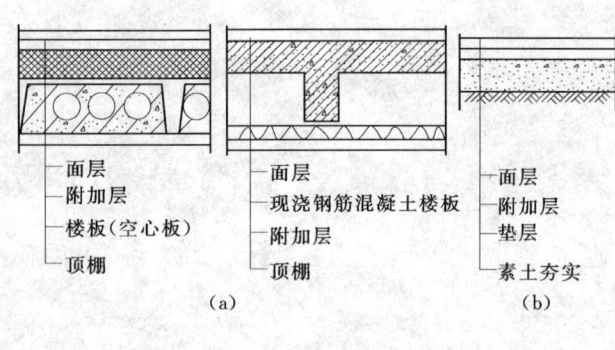

图 3.1　楼地面组成
(a) 楼层地面；(b) 底层地面

楼板首先应坚固，具有足够的强度和刚度，能够承受自重及不同的使用荷载而不损坏。同时又不超过规定的挠度变形，也不发生显著的震动，保证房屋整体的稳定性。其次，应具有一定的隔声能力。声音的传播包括空气传声和固体传声，隔绝空气传声应使楼板密实，避免裂缝、孔洞，或采用层叠结构。固体传声应防止楼板上太多的冲击、撞击和振动能量。可利用弹性柔软的铺面材料吸收声能，也可在结构或构造上采取附加填充层或吊顶等间断的方式隔声。第三，满足热工、防火和其他方面的要求。根据节能要求，设置保温隔热材料，减少热量散失。在火灾发生时，不至于因楼板立即塌陷造成生命和财产损失。并注意防腐、防蛀、防潮、防水处理。满足各种管线的布置。

楼板根据所用材料不同可分为：木楼板、钢筋混凝土楼板和压型钢板组合楼板等多种类型，如图3.2所示。

木楼板自重轻、保温隔热性能好、舒适、有弹性，但耐火性与耐久性较差，且造价偏高，现采用较少。

3.2 钢筋混凝土楼板

钢筋混凝土楼板强度高、刚度好、防火性和耐久性好，良好的可塑性便于工业化生产，应用最广泛。按施工方法分为现浇式、装配式和装配整体式。

压型钢板组合楼板是利用截面为凹凸相间的压型钢衬板与现浇混凝土面层一起支承在钢梁上的一种楼板。压型钢板既作为混凝土的底模，又起结构作用，提高了楼板的强度和刚度，使结构跨度变大、梁数量减少、楼板自重减轻、施工进度加快，在国外高层建筑中得到广泛应用，是目前正大力推广的一种新型楼板。

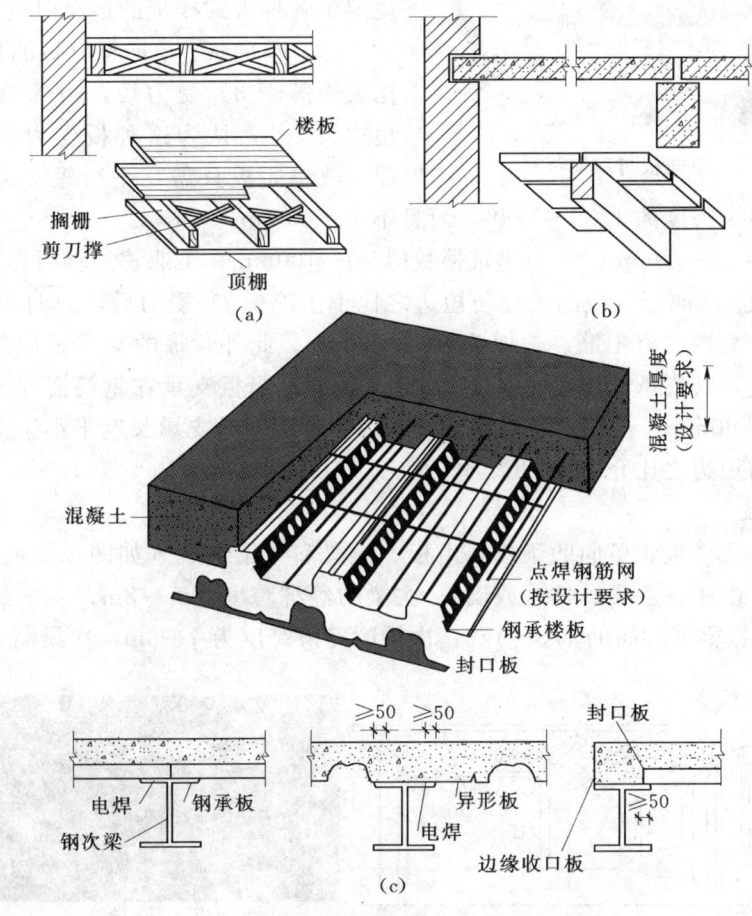

图 3.2 楼板的类型
(a) 木楼板；(b) 钢筋混凝土楼板；(c) 压型钢板组合楼板

3.2 钢筋混凝土楼板

钢筋混凝土楼板根据其施工方式的不同，可分为现浇式、装配式和装配整体式三种。

3.2.1 现浇式钢筋混凝土楼板

现浇钢筋混凝土楼板整体性好、刚度大、梁板布置灵活，特别适用于有抗震设防要求的多层房屋和对整体性要求较高的其他建筑。对有管道穿过的房间、平面形状不规整的房间、尺度不符合模数要求的房间和防水要求较高的房间，都适合采用现浇钢筋混凝土楼板。但模板耗材大、施工速度慢、施工受季节影响。

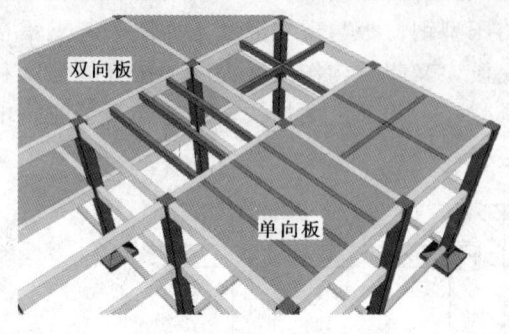

图 3.3 单向板与双向板

1. 平板式楼板

楼板根据受力特点和支承情况，分为单向板和双向板（如图 3.3 所示），跨度一般在 2～3m 之间。为满足施工要求和经济要求，规定了各种板式楼板的最小厚度和最大厚度。

（1）单向板。单向板（板的长边与短边之比大于等于 3）受力后，力传给长边为 1/8，短边为 7/8，认为这种板受力后仅向短边传递，故单向板只需在平行短边方向配置受力主筋。现浇板厚为跨度的 1/30～1/40，而且不小于 60mm。

屋面板板厚 60～80mm；民用建筑楼板厚 70～100mm；工业建筑楼板厚 80～180mm。

（2）双向板。双向板（板的长边与短边之比小于等于 2）受力后，力向两个方向传递，沿两个方向均应配置受力主筋。板厚为 80～160mm。此外，板的支承长度规定，当板支承在砖石墙体上，其支承长度不小于 120mm 或板厚；当板支承在钢筋混凝土梁上时，其支承长度不小于 60mm；当板支承在钢梁或钢屋架上时，其支承长度不小于 50mm。

平面长边与短边之比介于 2～3 之间时，宜按双向板设计。

2. 肋梁楼板

（1）单向肋梁楼板。单向肋梁楼板由板、次梁和主梁组成（如图 3.4 所示）。其荷载传递路线为板、次梁、主梁、柱（或墙）。主梁的经济跨度为 5～8m，主梁高为主梁跨度的 1/14～1/8；主梁宽为高的 1/3～1/2；次梁的经济跨度为 4～6m，次梁高为次梁跨度的

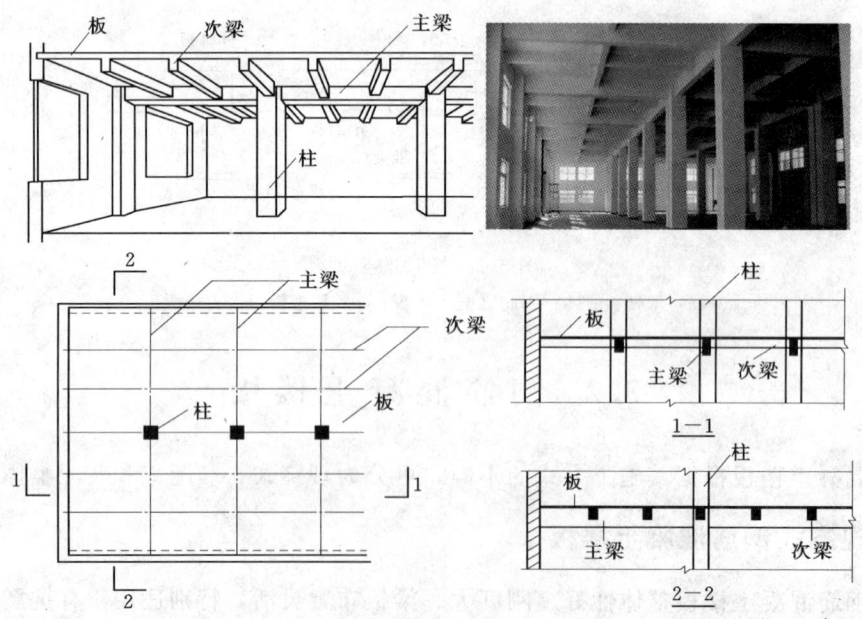

图 3.4 单向肋梁楼板布置

1/18~1/12，宽度为梁高的1/3~1/2，次梁跨度即为主梁间距；板的厚度确定同板式楼板，由于板的混凝土用量约占整个肋梁楼板混凝土用量的50%~70%，因此板宜取薄些，通常板跨不大于3m；其经济跨度为1.7~2.5m。

（2）双向板肋梁楼板。双向板肋梁楼板常无主次梁之分，由板和梁组成，荷载传递路线为板、梁、柱（或墙）。

当双向板肋梁楼板的板跨相同，且两个方向的梁截面也相同时，就形成了井式楼板，如图3.5（a）所示。井式楼板适用于长宽比不大于1.5的矩形平面，井式楼板中板的跨度在3.5~6m之间，梁的跨度可达30~40m，梁截面高度不小于梁跨的1/15，宽度为梁高的1/4~1/2，且不少于120mm。井式楼板可与墙体正交或斜交放置。由于井式楼板可以用于较大的无柱的大厅空间，而且楼板底部的井格整齐划一，很有韵律，稍加处理就可形成艺术效果很好的顶棚。

(a) (b)

图3.5 井式楼板和无梁楼板
(a) 井式楼板；(b) 无梁楼板

3. 无梁楼板

无梁楼板不设梁，为等厚的平板直接支承在柱上，分为有柱帽和无柱帽两种。当楼面荷载比较小时，可采用无柱帽楼板；当楼面荷载较大时，避免楼板过厚，必须在柱顶加设柱帽，如图3.5（b）所示。无梁楼板的柱可设计成方形、矩形、多边形和圆形。柱帽可根据室内空间要求和柱截面形式进行设计，柱帽形式多样，有圆形、方形和多边形等。板的最小厚度不小于150mm且不小于板跨的1/35~1/32。无梁楼板的柱网一般布置为正方形或矩形，间跨一般不超过6m。

3.2.2 装配式钢筋混凝土楼板

装配式钢筋混凝土楼板系指在构件预制加工厂或施工现场外预先制作，然后运到工地现场进行安装的钢筋混凝土楼板。预制板的长度一般与房屋的开间或进深一致，为3M的倍数；板的宽度一般为1M的倍数；板的截面尺寸须经结构计算并考虑与砖的尺寸相协调而定，以便于砌筑。

1. 板的类型

预制钢筋混凝土楼板有预应力和非预应力两种。常用类型有实心平板、槽形板、空心板三种。

(1) 实心平板。实心平板规格较小,宽度有 400mm、500mm、600mm、800mm 等几种形式,跨度一般在 1.5m 左右,板厚一般为 60mm。预制实心平板由于其跨度小,常用于过道和小房间、卫生间、厨房的楼板,如图 3.2 (b) 所示。

(2) 槽形板。槽形板是一种肋板结合的预制构件,如图 3.6 (a)、(b) 所示,即在实心板的两侧设有边肋,作用在板上的荷载都由边肋来承担,板宽为 500~1200mm。非预应力槽形板跨长通常为 3~6m,板肋高为 120~240mm,板厚仅 30mm。肋朝下的槽型板受力较为合理,但板底不平整、隔声效果差。肋朝上的倒置槽型板,槽内可填轻质构件,顶棚处理、保温、隔热及隔音的施工较容易。槽形板减轻了板的自重,具有省材料,便于在板上开洞等优点。

(3) 空心板。空心板也是一种梁板结合的预制构件[如图 3.6 (c) 所示]。其结构计算理论与槽形板相似,两者的材料消耗也相近,但空心板上下板面平整,隔声、隔热性效果优于槽形板,是目前广泛采用的一种形式。空心板的孔洞有矩形、方形、圆形和椭圆形等,孔数有单孔、双孔、三孔以及多孔等。目前我国预应力空心板的跨度可达到 6m、6.6m、7.2m 等,宽度有 400mm、500mm、600mm、800mm 等,板厚为 120~300mm。空心板板面不能随意打洞,安装前应在板端的孔内填塞 C15 混凝土短圆柱(即堵头)以避免板端被压坏。

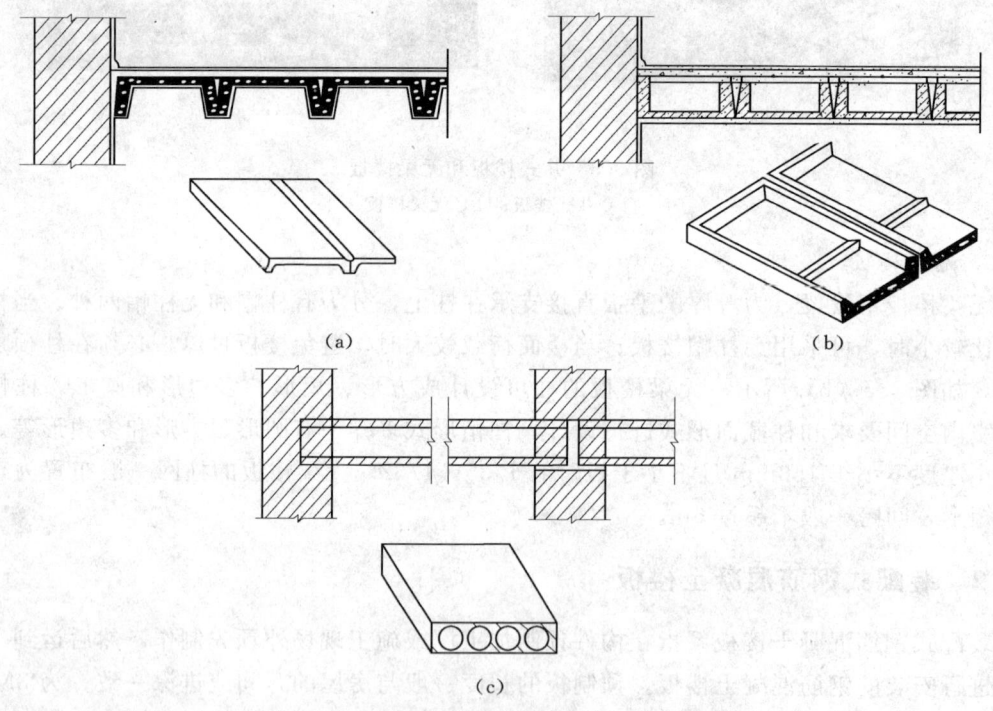

图 3.6 预制钢筋混凝土楼板常用类型
(a) 正放槽形板;(b) 倒放槽形板;(c) 空心板

2. 板的结构布置方式

板的结构布置方式应根据房间的空间大小、平面尺寸、布板范围及房间的使用要求进行结构布置,尽量减少板的规格,可采用墙承重系统和框架承重系统。

3.2 钢筋混凝土楼板

板的布置大多以房间短边为跨进行，狭长空间最好沿横向铺板。当预制板直接搁置在墙上时称为板式结构布置［如图3.7（a）所示］；当预制板搁置在梁上或梁再搁置在墙上时称为梁板式结构布置［如图3.7（b）所示］。

3. 板的搁置要求

支承于梁上时其搁置长度应不小于80mm；搁置于钢梁上应大于50mm；支承于内墙上时其搁置长度应不小于100mm；支承于外墙上时其搁置长度应

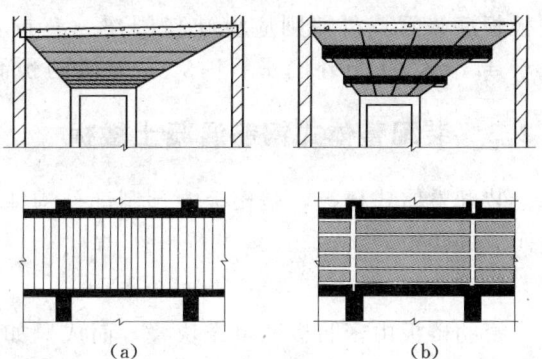

图3.7 板的结构布置
(a) 板式布置；(b) 梁板式布置

不小于120mm。铺板前，先在墙或梁上用10～20mm厚M5水泥砂浆找平（即座浆），然后再铺板，使板与墙或梁有较好的联结，同时也使墙体受力均匀。

当采用梁板式结构时，梁断面可采用矩形、锥形、T形、工字形、十字形和花篮形

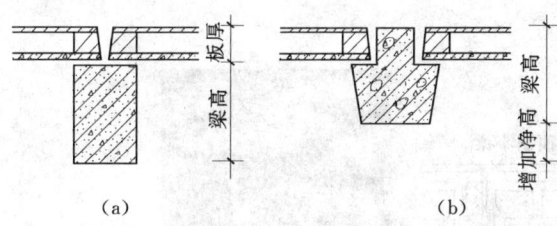

图3.8 板在梁上的搁置方式

等，经济跨度一般为5～9m。矩形、锥形梁占空间高度较大，十字形或花篮形梁可减少楼板所占的高度。板搁置在倒T形梁之间，板上放置填充物后加铺面层，可以隔声和保温隔热。

板在梁上的搁置方式一般有两种，一种是板直接搁置在梁顶上；另一种是板搁置在花篮梁或十字梁上，如图3.8所示。

当板上搁置隔墙、构件或设备时，对于较轻的可直接搁置在楼板上，较重的应搁置在梁上或在板缝内配筋。当楼板为槽形板时，可搁置在板的纵肋上。

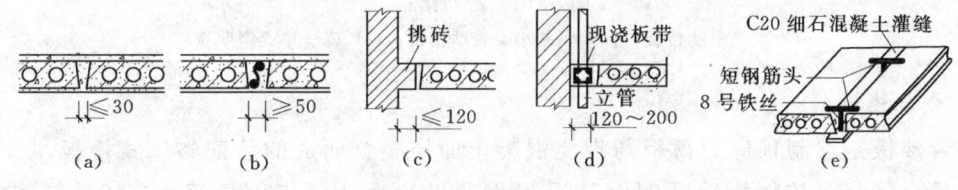

图3.9 板缝处理

4. 板缝处理

预制板板缝起着连接相邻两块板协同工作的作用，使楼板成为一个整体。在具体布置楼板时，往往出现缝隙，缝的形式有V形、U形和槽形，允许宽为10～20mm。①当缝隙小于60mm时，可调节板缝（使其≤30，灌C20细石混凝土），当缝隙在60～120mm之间时，可在灌缝的混凝土中加配2ϕ6通长钢筋；②当缝隙在120～200mm之间时，设现浇钢筋混凝土板带，且将板带设在墙边或有穿管的部位；③当缝隙大于200mm时，调整板的规格，如图3.9所示。

5. 装配式钢筋混凝土楼板的抗震构造

在板间、板与纵墙、板与横墙等处，均应加设拉接钢筋进行锚固。圈梁应紧贴预制

楼板板底设置，外墙则应设缺口圈梁（L形梁），将预制板箍在圈梁内。当板的跨度大于4.8m，并与外墙平行时，靠外墙的预制板边应设拉结筋与圈梁拉接。

3.2.3 装配整体式钢筋混凝土楼板

装配整体式楼板，是楼板中预制部分构件，然后在现场安装，再以整体浇筑的办法连接而成的楼板。

1. 密肋楼板

密肋楼板由密肋板和填充块叠合而成，如图3.10所示。密肋楼板的肋（梁）间距与高度要同填充块尺寸相配合，间距一般为700～1000mm、肋宽60～150mm，肋高200～300mm。板厚不小于50mm，板跨4～10m。密肋楼板板底平整，保温、隔热、隔声效果好，楼板结构占据空间较少。填充块常用陶土空心砖、空心矿渣混凝土砌块等制作，同时填充块还起到模板作用，也可铺设管道。如需吊顶，可在搁栅内预留钢筋。如需铺木楼板，可在钢筋混凝土搁栅面上嵌燕尾形木条，用于铺钉木楼板搁栅。

现浇（或预制）密肋小梁间安放预制空心砌块并现浇面板而制成的楼板结构，具有整体性强和模板利用率高等特点。

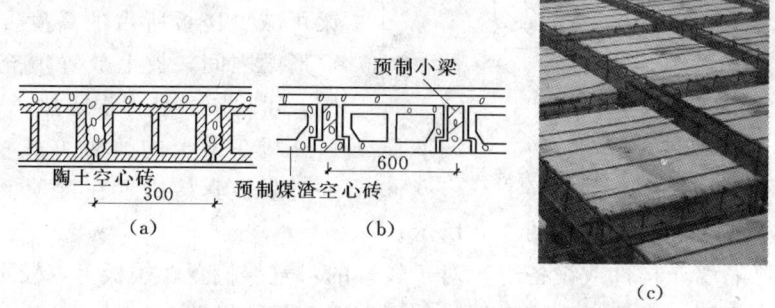

图3.10 密肋楼板
(a) 现浇密肋楼板；(b) 预制小梁密肋楼板；(c) 现浇小梁密肋楼板

2. 叠合楼板

叠合楼板是预制预应力薄板与现浇混凝土面层叠合而成的装配整体式楼板，又称预制薄板叠合楼板。该楼板以预制钢筋混凝土薄板为永久模板而承受施工荷载，板面现浇混凝土叠合层，并配有少量的支座负弯矩钢筋，楼板层中所有的管线均事先埋在叠合层内。

叠合楼板跨度一般为4～6m，最大可达9m，通常以5.4m以内较为经济。预应力薄板厚50～70mm，板宽1.1～1.8m，板间留缝10～20mm。为保证预制薄板与叠合层有较好的连接，薄板上表面需做处理，常见的有两种：一是在表面作刻槽处理，刻槽直径50mm，深20mm，间距150mm。另一种是在薄板表面露出较规则的三角形的结合钢筋，如图3.11所示。现浇叠合层的混凝土标号为C20，厚度70～120mm。叠合楼板的总厚度一般为150～250mm，以薄板厚度的两倍为宜。

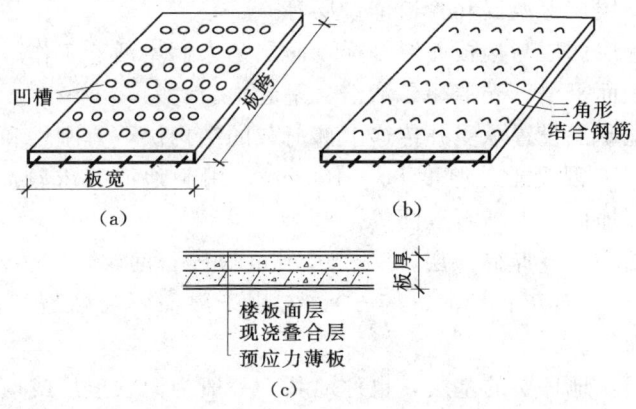

图 3.11 叠合楼板
(a) 板面刻槽；(b) 板面有三角形结合钢筋；(c) 叠合组合楼板

3.3 地面的组成及要求

实际生活中，地面包括楼层地面和底层地面。但通常地面是指楼层地面和底层地面的面层，地面名称是以面层材料命名的。

3.3.1 地面的组成

一般地面由饰面材料和其下面的找平层两部分组成。

1. 楼层地面

楼层地面由楼板层中的各层次构成。

(1) 面层：位于楼板层的最上层，是直接承受各种物理和化学作用的表面层，起着保护楼板、分布荷载和绝缘以及美化室内装饰作用，有整体和块料两种。

(2) 找平层：在垫层或楼板或轻质松散材料上进行找平或找坡的构造层。

(3) 结合层：面层与其下面构造层之间的连接层。

(4) 楼板层：属于承重结构层，一般包括梁和板。

(5) 附加层：隔声、隔热、保温、防水、防潮、防腐蚀和防静电等构造层，有时和面层合二为一，有时和吊顶合为一体。

(6) 隔离层：防止各种液体或地下水、潮气透过地面的构造层。

(7) 防潮层：防止地基或楼层地面下潮气透过地面的构造层。

(8) 填充层：在楼板上设置起隔声、保温、找坡或暗敷管线等作用的构造层。

(9) 顶棚层：位于楼板层最下层，具有保护楼板、安装灯具、遮挡各种水平管线，改善使用功能和装饰美化室内空间作用。根据构造分抹灰顶棚、粘贴顶棚和吊顶顶棚等。

2. 底层地面

底层地面由地坪层中的各层次构成。地坪层是建筑物底层与土壤相接触的构件，与楼板层一样，承受着底层地面上的荷载，并将荷载均匀地传给地基。根据具体情况也可设找平层、结合层、防潮层、保温层和管道铺设层等。

（1）面层：地坪层面层与楼板面层一样，面层是人们生活、工作、生产直接接触的地方，应坚固耐磨、表面平整、光洁、易清洁、不起尘。

（2）垫层：在地基上设置承受并传递上部荷载的结构层，有刚性和非刚性之分。

刚性垫层常用C10混凝土，厚度80～100mm。用于地面要求较高及薄而脆的面层，如水磨石地面、瓷砖地面、大理石地面等。

非刚性垫层常用50mm厚砂垫层，80～100mm厚碎石灌浆，50～70mm厚石灰炉渣，70～120mm厚三合土（石灰、炉渣、碎石）。常用于厚而不易断裂的面层，如混凝土地面、水泥制品块地面等。

（3）素土夯实层：地坪层的基层，也称地基。一般为原状土层或填土分层夯实。素土应为不含杂质的砂质黏土，夯实后能承受垫层传来的地面荷载。一般采用填筑300mm厚的土经夯实成为200mm厚，使之能均匀承受荷载。

3.3.2 地面的要求

地面是人们直接接触的部位，起着保护结构层、承受并传递荷载、美化室内的装饰作用。应满足以下要求：

（1）坚固耐久：在人、家具设备等外力作用下，传力均匀、抗压、耐磨、不易损坏，表面整洁、不易起尘和易清扫。

（2）保温、隔声性能好：地面材料传热系数要小，温暖舒适，冬期不致感到寒冷。楼面应具有良好的隔声性能。

（3）具有一定的弹性：人行走时没有过硬的感觉，弹性的地面对防撞击声有利。

（4）满足特殊要求：特殊房间的防水、防潮、防火、耐腐蚀等要求。

不同的建筑有不同的地面要求，如居住和长时间停留的房间，要求有较好的蓄热性和弹性。浴室、厕所等要求耐潮湿、不透水。厨房、锅炉房要求地面防水、耐火。实验室要求耐酸碱、耐腐蚀等。因此，对地面设计应满足使用、结构、施工、节能和经济等多方面的要求。

3.4 地面的构造

按面层用料和施工的不同分：整体地面（水泥砂浆地面、细石混凝土地面、水泥石屑地面、水磨石地面等现浇地面）、块材地面（砖石地面、缸砖、陶瓷地砖及陶瓷锦砖地面）、塑料地面（聚氯乙烯塑料地面、涂料地面、涂布无缝地面）、木地面（条木地板、拼花木地板、复合地板、强化地板）和橡胶地面等。

1. 整体地面

（1）水泥砂浆地面。通常有单层和双层两种做法。单层做法只抹一层20～25mm厚1:2或1:2.5水泥砂浆；双层做法是增加一层10～20mm厚1:3水泥砂浆找平，表面再抹5～10mm厚1:2水泥砂浆抹平压光。水泥地面构造简单、坚固耐用、防潮防水、价格低廉，但蓄热系数大，气温低时人体感觉不适，易产生凝结水，表面易起尘。

(2) 水泥石屑地面。将水泥砂浆里的中粗砂换成 3~6mm 的石屑，或称豆石或瓜米石地面。做法也有一层和二层做法，一层是在垫层或结构层上直接做 1：2 水泥石屑 25 厚，水灰比不大于 0.4，刮平拍实，碾压多遍，出浆后抹光。两层做法是增加一层 15~20mm 厚 1：3 水泥砂浆找平层，面层做 1：2 水泥石屑 15 厚。这种地面表面光洁，不起尘、易清洁，造价是水磨石地面的 50%，但强度高，性能近似水磨石。

(3) 水磨石地面。水磨石地面为分层构造，底层为 1：3 水泥砂浆 18mm 厚找平，面层为 1：1.5~1：2 水泥石碴 12mm 厚，石碴粒径为 8~10mm。为防止地面变形开裂，找平层做好后，用高 10mm 的玻璃、铜条或铝条等分格条（用 1：1 水泥砂浆固定）将地面分隔成若干块（一般为 1000mm×1000mm）或各种图案，如图 3.12 所示。面层达到一定强度后加水用磨石机磨光、打蜡而成。也可用白水泥替代普通水泥，并掺入颜料，做成美术水磨石地面，但造价较高。水磨石地面耐磨、耐久、防水、防火、表面光洁，不起尘、易清洁等。

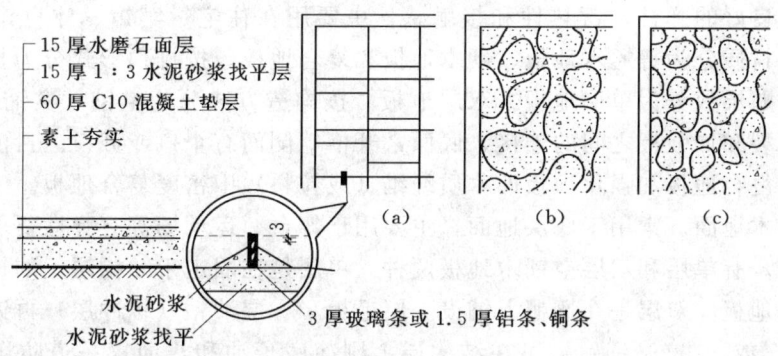

图 3.12 水磨石地面
(a) 嵌分格条；(b) 无分格条；(c) 混合石屑

2. 块材地面

用胶结材料将各种人造和天然的预制块材、板材铺贴在基层或结构层上。胶结材料既起找平作用又起胶结作用，也可先做找平层再做胶结层。

(1) 铺砖、石地面。铺砖地面有黏土砖地面、水泥砖地面、预制水磨石块地面、预制混凝土块地面等。黏土砖地面可平砌和侧砌。铺设方式有两种：干铺和湿铺。干铺是在基层上铺一层 20~40mm 厚砂子或细炉渣，校正找平后将砖块等直接铺设在砂上，板块间用砂或砂浆填缝。湿铺是在基层上铺 1：3 水泥砂浆 12~20mm 厚，用 1：1 水泥砂浆灌缝。这种地面施工简单、造价低，主要用于庭院小道和要求不高的地面。

(2) 缸砖、陶瓷地砖及陶瓷锦砖地面。缸砖是陶土加矿物颜料烧制而成的一种无釉砖块，主要有红棕色和深米黄色两种。缸砖质地细密坚硬，强度较高，耐磨、耐水、耐油、耐酸碱，易于清洁不起灰，施工简单，因此广泛应用于卫生间、盥洗室、浴室、厨房、实验室及有腐蚀性液体的房间地面。

陶瓷地砖又称墙地砖，各项性能都优于缸砖，分有釉和无光釉面、无釉防滑及抛光等多种。且色彩图案丰富，抗腐耐磨，施工方便，装饰效果好，造价也较高，多用于装修标准较高的建筑物地面。

缸砖、地面砖构造做法是用20mm厚1∶3水泥砂浆找平，3～4mm厚水泥胶（水泥∶108胶∶水～1∶0.1∶0.2）粘贴缸砖，用素水泥浆擦缝。

陶瓷锦砖又称马赛克，是优质瓷土烧制的小尺寸瓷砖。质地坚硬，经久耐用，色泽多样、耐磨、防水、耐腐蚀、易清洁，常按各种图案将正面贴在牛皮纸上，反面有小凹槽。适用于有水、有腐蚀的地面。做法类同缸砖，后用滚筒压平，使水泥胶挤入缝隙，用水洗去牛皮纸，用白水泥浆擦缝。

（3）天然石板地面。常用的天然石板指大理石和花岗岩石板，由于它们质地坚硬，色泽丰富艳丽，属高档地面装饰材料，一般多用于高级宾馆、会堂、公共建筑的大厅、门厅等处。

做法是在基层上刷素水泥浆一道厚30mm后1∶3干硬性水泥砂浆找平，面上撒2mm厚素水泥（洒适量清水），粘贴石板。

3. 木地面

木地面有良好的弹性、蓄热性和接触感，主要用在住宅、宾馆、体育馆和舞台等建筑。木地面按材质分为普通木地板、硬木地板和复合地板。按排列形式分为长条地板、拼花地板。按铺贴层数分为单层地板、双层地板。按构造方式分为空铺、实铺和粘贴三种。为防止木板开裂和加强板之间的连接，底面常开槽，侧面有企口或截口。目前常用的有实木地板、实木复合地板和强化地板即木质纤维（或粒料）中密度复合地板。

（1）空铺木地面。常用于底层地面，主要用于舞台、运动场等有弹性要求的地面（如图3.13所示）。有单层和双层空铺木地板两种。单层是在固定于结构层上的梯形小搁栅上直接钉长条木地板。双层是在搁栅上铺设一层毛板、一层油粘（缓冲层）再铺地板，毛板与木地板成45°或90°交叉铺钉。可在结构层上刷冷底子油和热沥青一道防潮层，并组织好架空层的通风。为保持地板干燥，一般在木地板与墙面之间留10～20mm空隙，踢脚板或地板上设通风篦子。搁栅间填经防腐处理的木屑或干燥的木渣、矿渣等松散材料，起隔声作用。

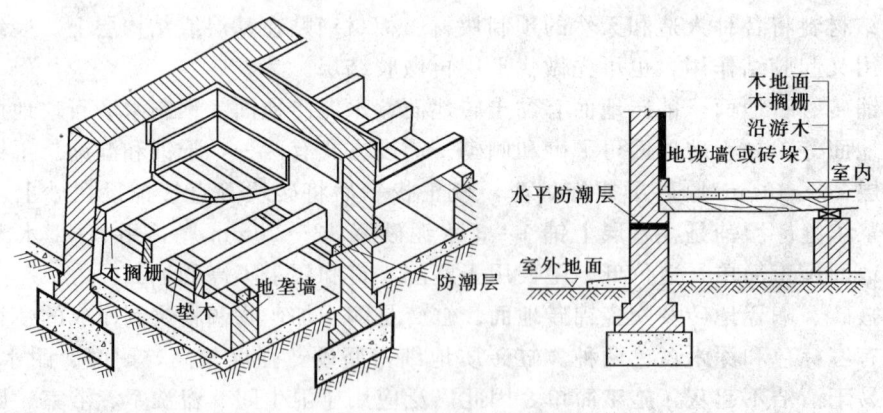

图3.13 空铺木地面

（2）实铺木地面。实铺木地面是将木地板直接钉在钢筋混凝土基层上的木搁栅上［如图3.14（a）、（b）所示］。木搁栅为50mm×60mm方木，中距400mm，40mm×50mm

3.4 地面的构造

横撑，中距1000mm与木搁栅钉牢。为了防腐，可在基层上刷冷底子油和热沥青，搁栅及地板背面满涂防腐油或煤焦油。

目前实木地板、实木复合地板和强化地板等木地面的铺设多采用新型木地板的铺设方式，即浮铺法，板厚有12mm、15mm等。由于木地板产品本身具有较精密的槽样企口边及配套的粘结胶、卡子和缓冲底垫等，铺设时仅在板块企口咬接处施以胶粘或采用配件卡接即可连接牢固，整体地铺覆在铺有3～5mm厚聚乙烯泡沫塑料褥垫层的建筑地面基层上。

（3）粘贴木地面。粘贴木地面是先在钢筋混凝土基层上采用沥青砂浆找平，然后刷冷底子油一道，热沥青一道，用2mm厚沥青胶、环氧树脂乳胶或专用胶黏剂等随涂随铺贴20mm厚硬木长条地板［如图3.14（c）所示］。其结构高度小，经济性好，但木地板弹性差，维修困难，应注意基层平整和粘贴质量。

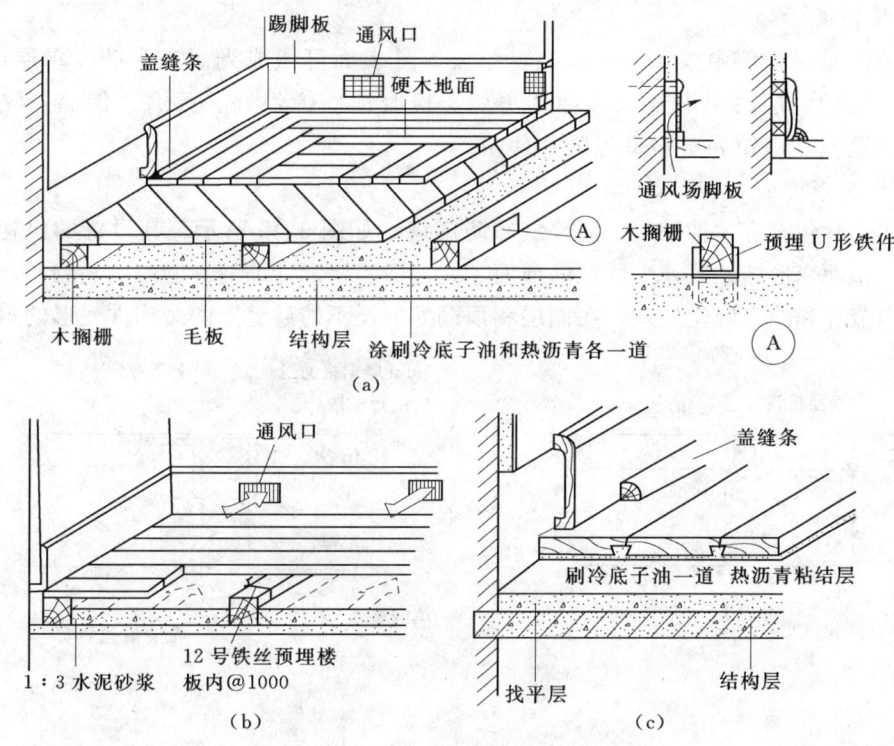

图3.14 实铺和粘贴式木地面
(a) 双层实铺式；(b) 单层实铺式；(c) 粘贴式

4. 塑料地面

塑料地面有卷材和块材、软质和半硬质、单层和多层、单色和复色等多种。常用的塑料地毯为聚氯乙烯塑料地毡和聚氯乙烯石棉地板。

聚氯乙烯塑料地毡（又称地板胶），是软质卷材，满涂胶黏剂1～2遍后可直接干铺在地面上。一般是将板缝切成V形，用三角形塑料焊条、电热焊枪焊接，均匀加压24h即可。

聚氯乙烯石棉地板是在聚氯乙烯树脂中掺入60%～80%的石棉绒和碳酸钙填料。由于树脂少，填料多，所以质地较硬，常做成 300mm×300mm 的小块地板。用黏结剂拼花对缝粘贴，可由不同色彩和形状拼成各种图案。施工时清理基层后根据房间大小设计图案排料编号，在基层上弹线定位后，由中间向四周铺贴。

塑料地面脚感舒适、柔韧、有弹性、厚度小、自重轻、耐磨、隔声、外表美观、施工维修方便，但怕明火和高温，易老化。

5. 涂料地面和涂布地面

涂料地面是涂刷较薄的涂层，涂布地面是刮涂较厚的涂层。涂料地面有地板漆地面、过氯乙烯涂料地面、苯乙烯涂料地面等。涂布地面有溶剂型合成树脂涂布地面、聚合物水泥涂布地面、聚氨酯涂布地面等。涂料类地面耐磨性好，耐腐蚀、耐水防潮，整体性好，易清洁，不起灰，施工方便，弥补了水泥砂浆和混凝土地面的缺陷，同时价格低廉，易于推广。多用于民用建筑中，但涂料地面涂层较薄，不适于人流较多的公共场所。

6. 橡胶地面

橡胶地面是在橡胶中掺入一些填充料制成，其表面可做成光滑或带肋、单层或双层。双层橡胶地面的底层改用海绵橡胶弹性更好。橡胶地面弹性好、耐磨、保温、隔声、舒适，适于阅览室、展馆和实验室等公共建筑。

7. 地面变形缝

地面变形缝包括温度伸缩缝、沉降缝和防震缝，如图 3.15 所示。其设置的位置和大小应与墙面、屋面变形缝一致，大面积的地面还应当适当增加伸缩缝。缝内用马蹄脂、涂防腐剂的金属调节片和沥青麻丝处理，在面层和顶棚处加设不妨碍缝隙两边构件变形的盖缝板。

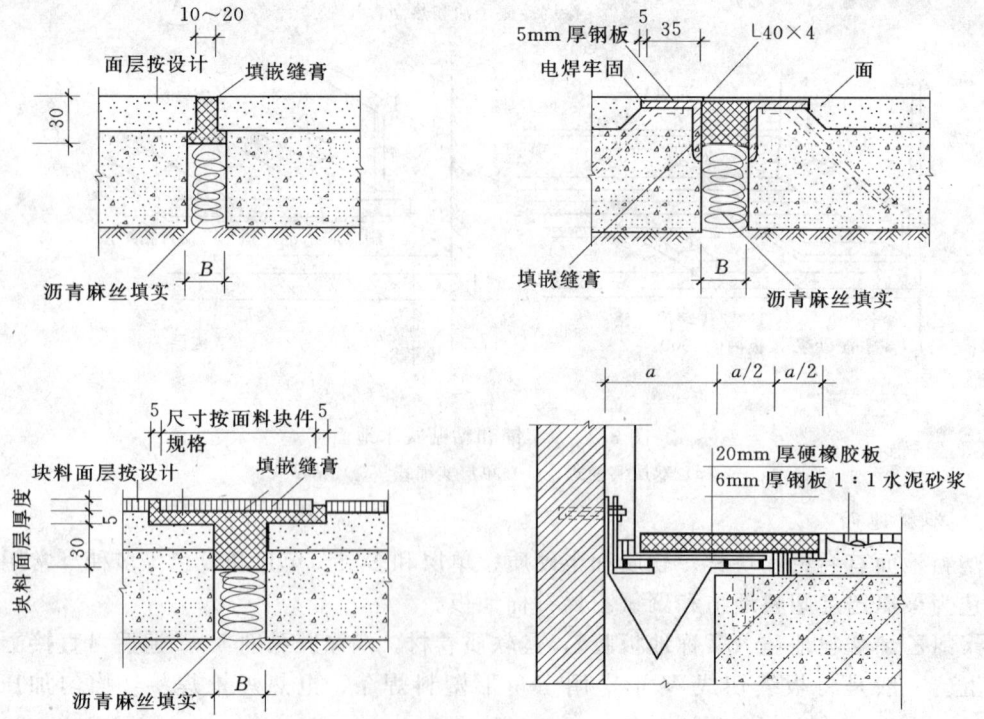

图 3.15 地面变形缝

3.5 顶棚的构造

顶棚是楼板层的下面部分,与墙面、地面一样,是建筑物的主要装修部位之一。根据其构造不同,分为直接式顶棚和悬吊式顶棚。

1. 直接式顶棚

直接式顶棚是直接在钢筋混凝土屋面板或楼板下表面喷浆、抹灰或粘贴装修材料的一种构造方法,如图 3.16 所示。一般有直接喷刷涂料顶棚、直接抹灰顶棚及直接贴面顶棚三种做法。这类顶棚构造简单,施工方便。具体做法和构造与内墙面的抹灰类、涂刷类、裱糊类基本相同,常用于装饰要求不高的一般建筑。

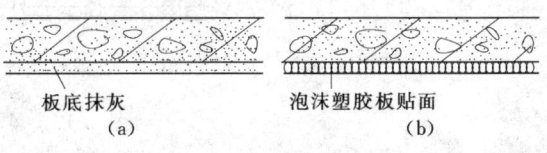

图 3.16 直接式顶棚
(a) 抹灰顶棚;(b) 贴面顶棚

(1) 直接喷刷涂料顶棚。要求不高或楼板底面平整时,可在板底嵌缝后直接喷或刷大白浆、石灰浆或水性耐擦洗两道。钢筋混凝土预制板为楼板结构层时,可用 1:3 水泥砂浆填缝刮平,再喷刷涂料。

(2) 直接抹灰顶棚。板底不够平整或室内要求较高的房间,可在板底抹纸筋石灰浆顶棚、混合砂浆顶棚、水泥砂浆顶棚、麻刀石灰浆顶棚和石膏灰浆顶棚等。

(3) 直接粘贴顶棚。室内装修标准较高或有保温吸声要求的房间,可在板底直接粘贴装饰吸声板、石膏板、塑胶板等。

2. 悬吊式顶棚

悬吊式顶棚又称吊顶,是指离开屋顶或楼板下表面一定的距离,用悬挂物与主体结构联结在一起,通常把屋架、梁板等结构构件及设备管线遮盖起来,形成一个完整的表面。其表面可以是整体连续的平直或弯曲、分层次的局部降低或升高和以一定规律与图型的立体分块等,其空间可安排灯具、通风口、空调管、灭火喷淋、温感器等装置。主要用在有一定要求的较大空间和装饰标准要求较高的房间中。

吊顶根据构造形式不同分为整体式、装配活动式、装配隐蔽式和开敞式吊顶等。根据材料不同分为板材吊顶、轻钢龙骨吊顶、金属吊顶等。

(1) 吊顶的构造组成。吊顶一般由吊杆、龙骨和罩面板组成如图 3.17 所示。

1) 吊杆。吊杆又称吊筋,悬吊在楼板结构上(有时也不用吊杆而将龙骨直接固定在梁或墙上),把整个吊顶棚系统与结构构件相连,并将全部重量传递给结构构件,主要承受拉力。吊杆可以在钢筋混凝土楼板缝中伸出,一般采用直径 φ8~10mm 的冷拔钢筋或全丝螺杆或型钢制成,通过 M8 或 M12 膨胀螺栓、预埋件以及钢钉与混凝土结构层连接,下端加工或焊接 100mm 左右的螺纹或绑扎以连接吊件。吊杆间距一般为 900~1200mm,最大不超过 1500mm。钢网架是在节点上绑扎钢筋与吊杆连接,坡屋顶是在屋架或檩条上连接吊杆。

2) 龙骨。龙骨是吊顶的基本骨架结构,用于支承并固定和连结顶棚饰面材料,通过吊杆与屋顶或上层楼板相连。龙骨骨架由各种大小龙骨组成,其作用是支撑并固定顶棚的

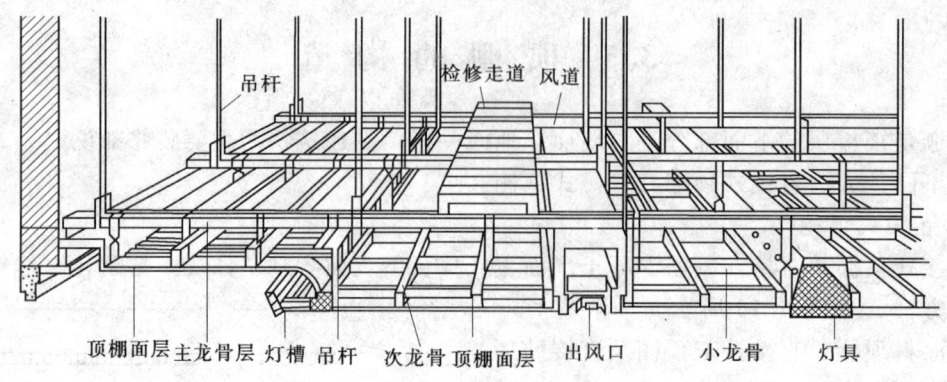

图 3.17 悬吊式顶棚

罩面板以及承受作用在吊顶上的全部荷载。龙骨按在骨架中所起作用可分为主龙骨、次龙骨与边龙骨。主龙骨通过吊筋或吊挂件固定在屋顶或楼板结构上，是骨架中的主要受力构件，其断面比次龙骨大，间距约 1500mm。吊筋与主龙骨连接根据材料不同可采用钉、螺栓、挂钩、焊接等方法。次龙骨是吊顶基层，固定在主龙骨上，在骨架中起联系杆件的构造作用，也是面板搁置或固定的支撑件，间距不超过 600mm。边龙骨主要用于吊顶与四周墙相接处，支撑该交接处的面板。木龙骨可直接连接木吊杆。

龙骨按材质分为木龙骨和金属龙骨。金属龙骨又包含轻钢龙骨和铝合金龙骨。轻钢龙骨包含 U 形龙骨、T 形龙骨。铝合金龙骨包含铝合金条板、方板扣板龙骨。龙骨又有轻型、中型和重型龙骨之分。轻型龙骨不上人，中型龙骨上铺走道板能上人，重型龙骨能承受上人荷载、集中荷载，如有超重荷载时应设永久检修走道。

传统的龙骨以木质为主，强度小、不防火、易霉烂，现使用较少。目前多用金属龙骨，自重轻、硬度大、防火与抗震性能好、加工和安装方便等。

3) 罩面板。吊顶用罩面材料品种繁多，装设于次龙骨下面，一般有抹灰面层（板条抹灰、钢板网抹灰）和板材面层（石膏板、矿棉板、木板、塑料板、玻璃板、金属板等）两大类。抹灰面层为湿作业，费工时。板材面层可加快施工速度，易保证施工质量。常用面层材料规格有 300mm×600mm、500mm×500mm、600mm×600mm、3000mm×1200mm 等。

人造板种类多，普通纸面石膏板、石膏装饰吸声板等质轻、防火、吸声、隔热、易于加工。矿棉装饰吸声板质轻、防火、吸声、隔热、保温、施工方便。钙塑泡沫装饰吸声板、聚氯乙烯塑料装饰板、聚苯乙烯泡沫塑料装饰板等塑料板质轻、隔热、吸声、耐水、易于施工。

金属板包括铝板、铝合金型板、彩色涂层薄钢板和不锈钢薄板等。平面形式有条形、方形、长方形、折矢形等。截面形状不同，有搪瓷、烤漆、喷漆等表面。色彩丰富，有古铜色、青铜色、金黄色、银白色等。

(2) 抹灰吊顶构造。抹灰吊顶质轻、隔热、隔声、防火、抗震性能好，且可调节室内湿度。主要有板条抹灰、板条钢板网抹灰、钢板网抹灰 [图 3.18 (a)] 等，防火、耐久性好，主要用于防火要求较高的建筑。其龙骨可用木或型钢。采用木龙骨时，主龙骨断面

3.5 顶棚的构造

宽约60~80mm,高约120~150mm,中距约1m。次龙骨断面一般为40mm×60mm,中距400~500mm,并用吊木固定于主龙骨上。采用型钢龙骨时,主龙骨选用槽钢,次龙骨为角钢20mm×20mm×3mm,间距同上。抹灰吊顶基本构造层次为吊筋、主龙骨、次龙骨、板条、钢丝网、抹灰。吊筋、角钢等所有外露金属均刷防锈漆二遍,龙骨间连接优先采用螺栓连接,板条拼接必须位于次龙骨上,不得悬空,板条接头必须错开,板面不宜过光,钢板网应在板条上绷紧扎牢,石灰膏必须充分熟化,不应含石灰固定颗粒,以免抹灰后空鼓起泡。

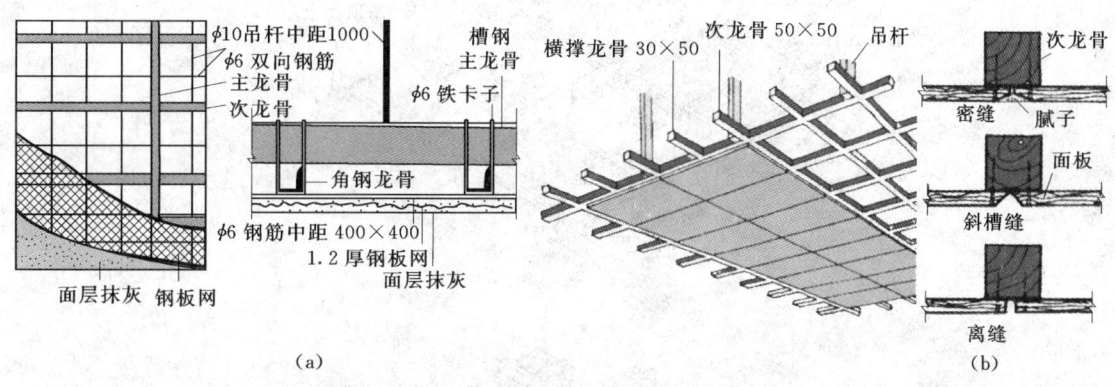

图 3.18 钢板网抹灰吊顶和木质板材吊顶
(a) 钢板网抹灰吊顶;(b) 木质板材吊顶

(3) 木质板材吊顶构造。木质板材主要是胶合板和纤维板[图 3.18 (b)]。胶合板是将原木经蒸煮软化后,沿年轮切成大张薄片,通过干燥、整理、涂胶、组坯、热压、锯边而成。具有材质轻、强度高、良好的弹性和韧性等优点,易加工和涂饰,绝缘等。胶合板薄了易起拱,太厚则浪费,一般采用50mm厚。纤维板是由木质纤维素纤维交织成型并利用其固有胶粘性能制成的人造板。具有材质均匀、纵横强度差小、不易开裂等优点。吊顶龙骨一般用木材制作,龙骨按板材规格布置成网格形式,为了防止板材因吸湿而产生凹凸变形,板块接头必须留3~6mm的间隙作为预防板面翘曲的措施。板缝可做成密缝、斜槽缝和离缝等形式。

(4) 矿棉板材吊顶构造。在石膏板、石棉水泥板、矿棉板等矿物装饰板材吊顶中,矿棉板效果好。矿棉板又称矿棉装饰吸声板,以矿渣棉为主要原料,加入适量添加剂,经配料、成型、干燥、切割、压花、饰面等工序加工而成的新型环保材料,不含石棉。表面有滚花和浮雕等效果,图案有满天星、十字花、核桃纹等,也可涂刷各种色浆。其防火吸音性能比石膏板和硅钙板好,有防下陷功能,质量轻、强度高、防潮、防腐蚀、防火,再加工非常方便,克服了石膏板易粉状碎裂的缺点。面板缝有密缝、离缝、错缝和对缝等形成。

该吊顶主要由金属龙骨基层与装饰面板所构成。龙骨用轻钢或铝合金型材制作,主要由主龙骨、次龙骨、横撑龙骨及配件等组成。特点是自重轻、安装快、无湿作业、耐火性能优于木质板材吊顶和抹灰吊顶,在公共建筑或高级工程中应用广泛。

轻钢龙骨和铝合金龙骨的布置方式有外露龙骨布置和不露龙骨布置两种方式(图

3.19)。U形龙骨多用于暗装,只能看到面板看不到龙骨。T形龙骨多用于明装,能同时看到面板和次龙骨。外露龙骨布置的主龙骨采用槽形断面轻钢型材,次龙骨采用T型铝合金型材进行双向布置。饰面板与T形龙骨连接时多放在T形龙骨的翼缘上或用自攻螺钉固定在次龙骨上。不露龙骨布置的次龙骨采用U形轻钢型材,用专门的吊挂件固定在主龙骨上,面板用沉头自攻螺钉或胶粘剂固定于次龙骨上。

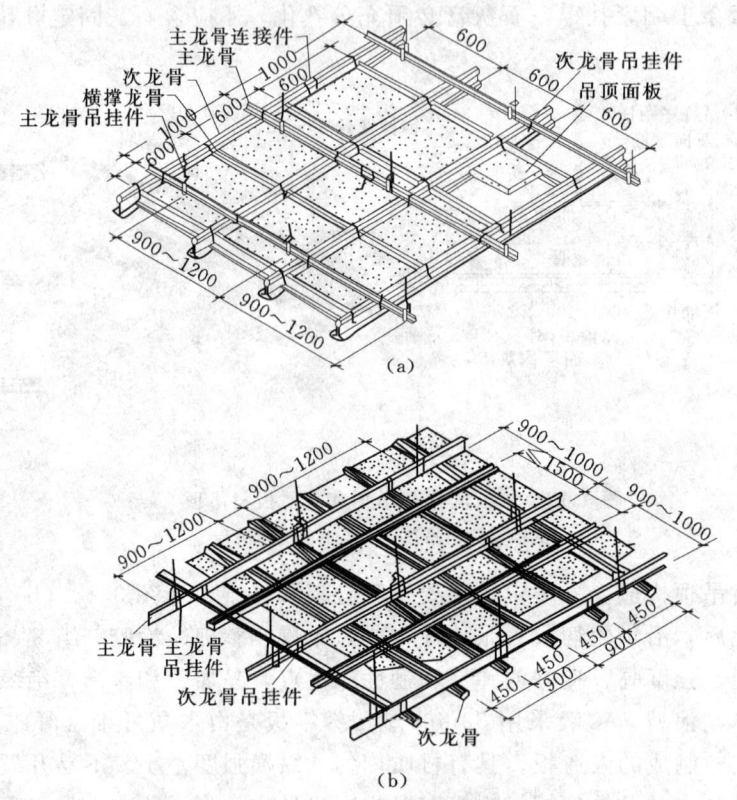

图 3.19 矿棉板材吊顶
(a) 外露龙骨（T形铝合金）；(b) 不露龙骨（U形轻钢龙骨）

(5) 金属板材吊顶构造。金属板材吊顶自重轻,经久耐用,安装简单,装饰效果好,是目前吊顶装修中使用较为广泛的一种新型建筑装饰材料。吊顶常用的金属板材有铝合金、铝塑复合板、白钢板、不锈钢板、镀锌钢板等扣板,按产品形状又分为条形板和方形板两种。

因吊顶结构中无吊顶基层板,因此必须保证金属板材的厚度、板块的规格,从而保证金属面板的刚度及平整度。一般金属面板的最大弹性变形量不大于10mm,塑性变形不大于2mm。金属面板的漆膜是在表面处理后烤漆形成,漆膜层不得有露底、明显流挂、气泡、橘皮等缺陷。吊顶龙骨及龙骨连接配件的规格、型号、材质、厚度必须符合轻钢龙骨的规定,无变形、锈蚀的质量缺陷。胶粘剂需与所用的金属面板及龙骨对照使用。

铝合金板吊顶有密铺铝合金条板吊顶和开敞式,如图3.20所示。龙骨采用轻钢型材,龙骨之间用配套的吊挂件或连接件连接。铝合金板材长6000～8000mm,龙骨根据板材形状不同有对应的各种形式的夹齿,以便与板材相扣接,面板也可用螺钉、自攻螺钉、膨胀铆钉或专用卡具固定于吊顶龙骨上。有吸音要求,可在面板上添加吸声材料。

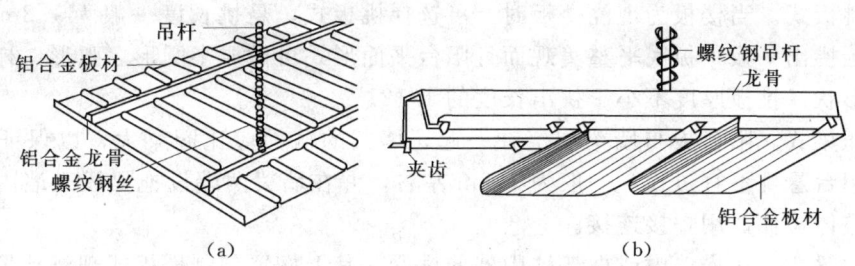

图 3.20 金属板材吊顶
(a)密铺式;(b)开敞式

3.6 阳台、雨篷的构造

3.6.1 阳台

阳台是连接建筑室内的室外平台,给居住者提供一个舒适的室外活动空间,是多高层住宅和旅馆等建筑不可缺少的一部分。目前高层住宅多建有露台。

1. 阳台的类型和设计要求

(1)类型。阳台按其与外墙面的关系分为挑阳台(凸阳台)、凹阳台、半挑半凹阳台(如图 3.21 所示);按其在建筑中所处的位置分为中间阳台和转角阳台;按使用功能不同分为生活阳台(靠近卧室或客厅)和服务阳台(靠近厨房)。当阳台长度占有两个或两个以上开间时,被称为外廊。

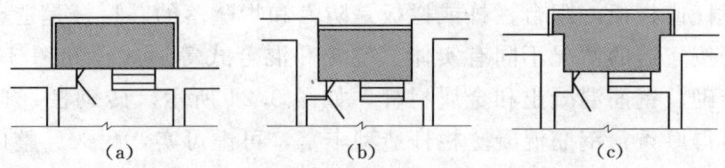

图 3.21 阳台类型
(a)挑阳台;(b)凹阳台;(c)半挑半凹

(2)设计要求。

1)安全适用。悬挑阳台的挑出长度不宜过大,应保证在荷载作用下不发生倾覆现象,以 1.2~1.8m 为宜。低层、多层住宅阳台栏杆净高不低于 1.05m,中高层住宅阳台栏杆净高不低于 1.1m,但也不大于 1.2m。阳台栏杆形式应防坠落(垂直栏杆间净距不应大于 110mm),防攀爬(不设水平栏杆),以免造成恶果。放置花盆处,也应采取防坠落措施。

2)坚固耐久。阳台所用材料和构造措施应经久耐用,美观大方。承重结构宜采用钢筋混凝土,金属构件应做防锈处理,表面装修应注意色彩的耐久性和抗污染性,一般可施于各种抹灰,地面可铺瓷砖及其他装饰材料,注意排水顺畅。

2. 阳台的结构布置

阳台主要由承重结构梁、板（图3.22）和围护结构栏杆或栏板等组成。

(1) 挑板式。当楼板为现浇楼板时，可选择挑板式，悬挑长度一般为1.2m左右。即从楼板外延挑出平板，板底平整美观而且阳台平面形式可做成半圆形、弧形、梯形、斜三角等各种形状。挑板厚度不小于挑出长度的1/12。

(2) 压梁式。阳台板与墙梁现浇在一起，墙梁的截面应比圈梁大，以保证阳台的稳定，而且阳台悬挑不宜过长，一般为1.2m左右，并在墙梁两端设拖梁压入墙内。也可板与梁预制整体构件，用焊接连接。

(3) 挑梁式。从横墙内或框架柱中外伸挑梁，其上搁置预制楼板或现浇楼板，这种结构布置简单、传力直接明确、阳台长度与房间开间一致。挑梁根部截面高度为悬挑净长1/5～1/6，截面宽度为梁高的1/2～1/3，挑梁端头可外露。为美观起见，可在挑梁端头设置面梁遮挡挑梁头，并可承受阳台栏杆重量和加强阳台的整体性。还可以设置L形挑梁，梁上搁置卡口板，使阳台底面平整。

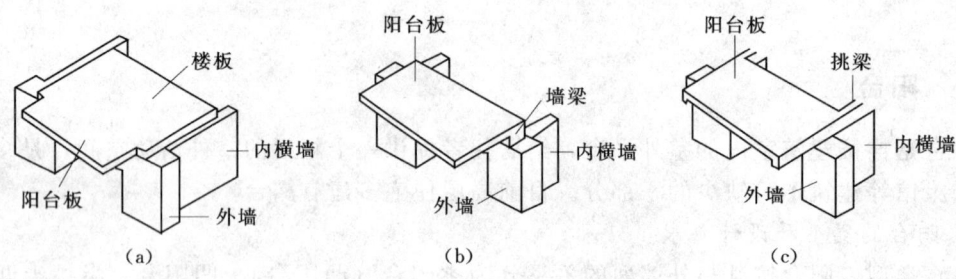

图 3.22　阳台结构布置
(a) 挑板式；(b) 压梁式；(c) 挑梁式

3. 阳台细部构造

(1) 阳台栏杆或栏板。阳台栏杆或栏板是防人和物坠落的，栏杆是透空的，栏板则多是实心的。栏杆按空透的情况不同有实体、空花和混合式等形式，如图3.23所示。栏杆按材料可分为砖砌、钢筋混凝土和金属栏杆，如图3.24所示。砖砌栏杆自重大，抗震性能差，且立面显得厚重；钢筋混凝土栏杆造型丰富，可虚可实，耐久、整体性好，自重较砖栏杆轻并经常做成钢筋混凝土栏板，拼接方便。因此钢筋混凝土栏杆应用较为广泛。金属栏杆由方、圆、扁钢等制成，但钢栏杆易锈蚀，如为其他合金，则造价较高。

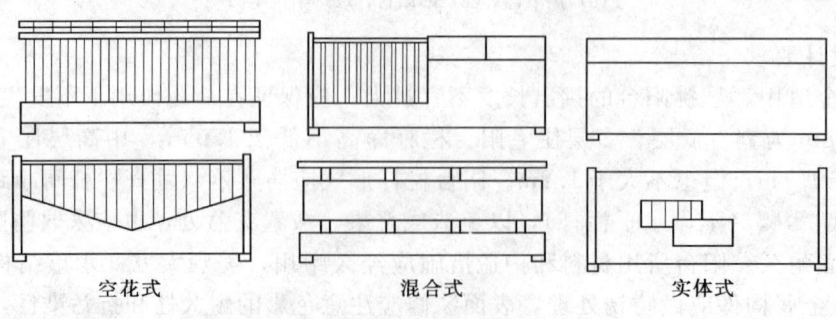

图 3.23　栏杆形式

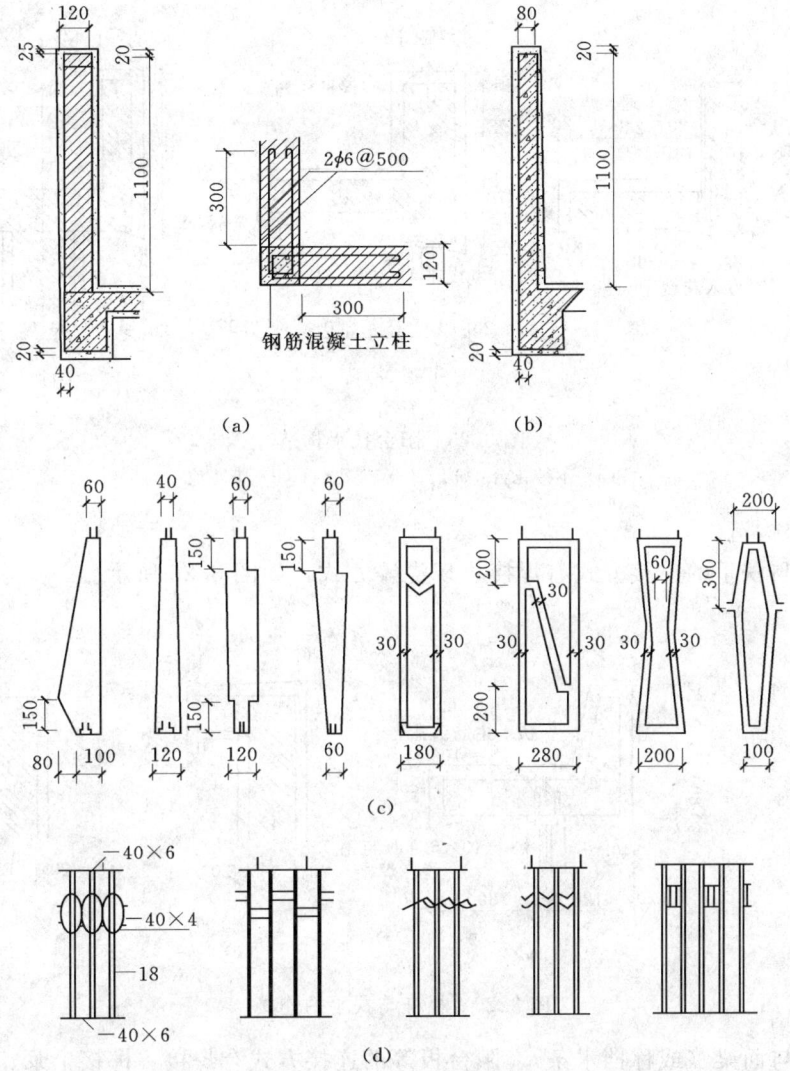

图 3.24 栏杆构造
（a）砖砌栏板；（b）混凝土栏板；（c）混凝土栏杆；（d）金属栏杆

目前，常用金属立杆外加玻璃栏板的混合式栏杆。

栏杆类型的选择应结合立面造型需要、使用要求、地区气候特点、人心理要求、材料供应情况等多种因素决定。南方地区宜采用有助于空气流通的空透式栏杆，而北方寒冷地区和中高层住宅应采用实体栏杆，并满足立面美观的要求，为建筑物的形象增添风采。

（2）栏杆扶手。扶手是栏杆、栏板顶面供人手扶的设施。栏杆扶手主要有金属和钢筋混凝土两种。也有其他材料制成的，如砖、木、有机玻璃和各种塑料板等。金属扶手一般为 $\phi 50\sim 60$ mm 钢管与金属栏杆焊接。钢筋混凝土扶手用途广泛，形式多样，有不带花台、带花台、带花池等，如图 3.25 所示。

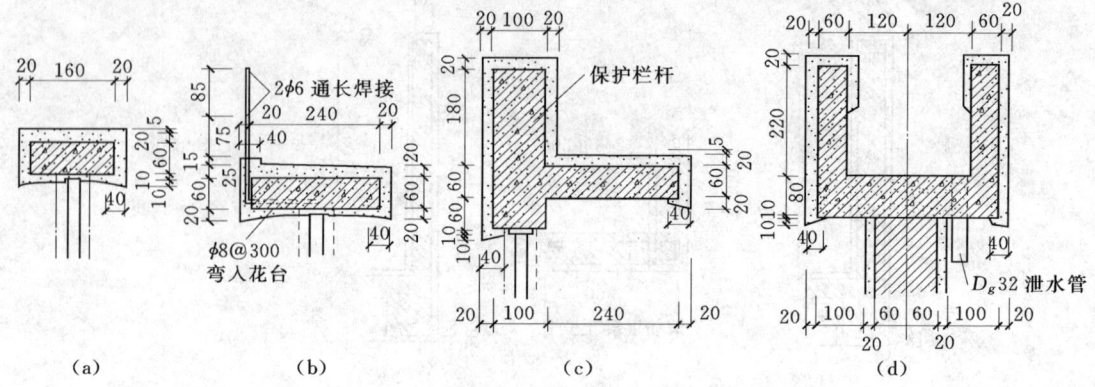

图 3.25 阳台扶手构造
(a) 不带花台；(b)、(c) 带花台；(d) 带花池

(3) 细部构造。

1) 栏杆与扶手的连接方式有焊接、现浇等方式，如图 3.26 所示。

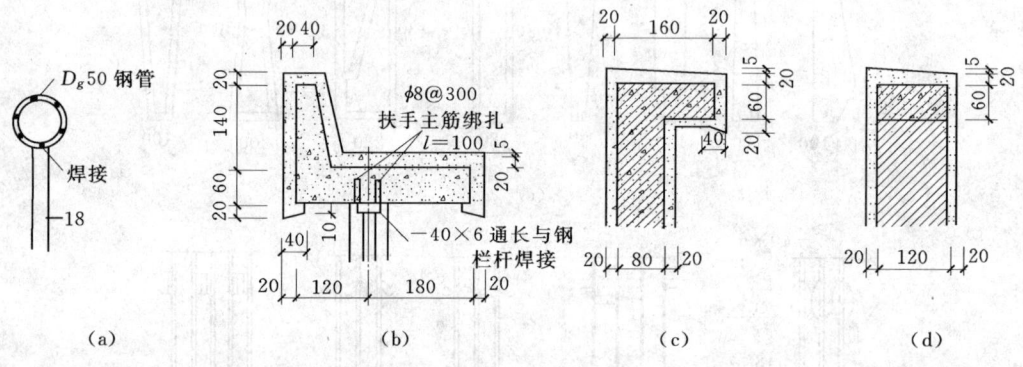

图 3.26 栏杆与扶手的连接

2) 栏杆与面梁（或称挡水条）、阳台板等的连接方式有焊接、榫接坐浆、现浇或插筋等，如图 3.27 所示。栏杆与阳台板连接处需设置 C20 混凝土挡水条。

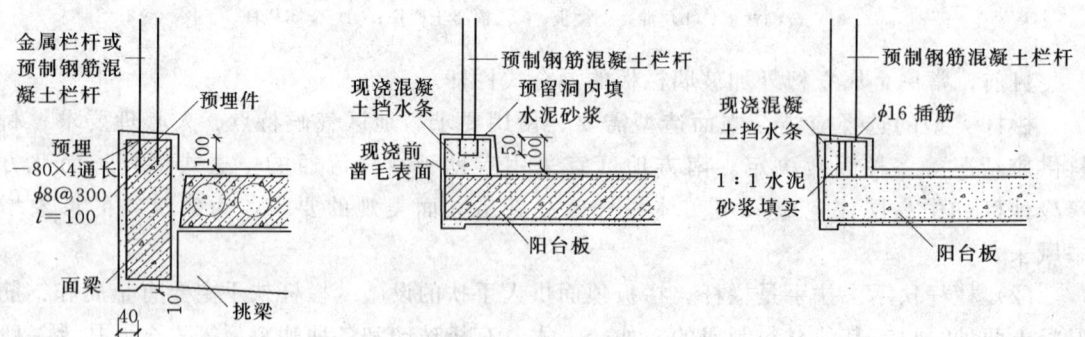

图 3.27 栏杆与面梁或阳台板的连接

3.6 阳台、雨篷的构造

3) 扶手与墙的连接,应将扶手或扶手中的钢筋伸入外墙的预留洞中,用细石混凝土或水泥砂浆填实固牢。现浇钢筋混凝土栏杆与墙连接时,应在墙体内预埋240mm×240mm×120mmC20细石混凝土块,从中伸出2φ6、长300mm,与扶手中的钢筋绑扎后再进行现浇,如图3.28所示。

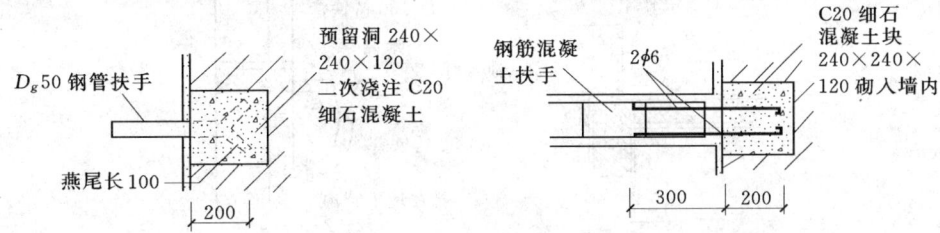

图3.28 扶手与墙体的连接

(4) 阳台隔板。阳台隔板用于连接双阳台,有砌块和钢筋混凝土隔板两种。现多采用钢筋混凝土隔板。隔板采用C20细石混凝土预制60mm厚,下部预埋铁件与阳台预埋铁件焊接,其余各边伸出φ6钢筋与墙体、挑梁和阳台栏杆、扶手相连,如图3.29所示。

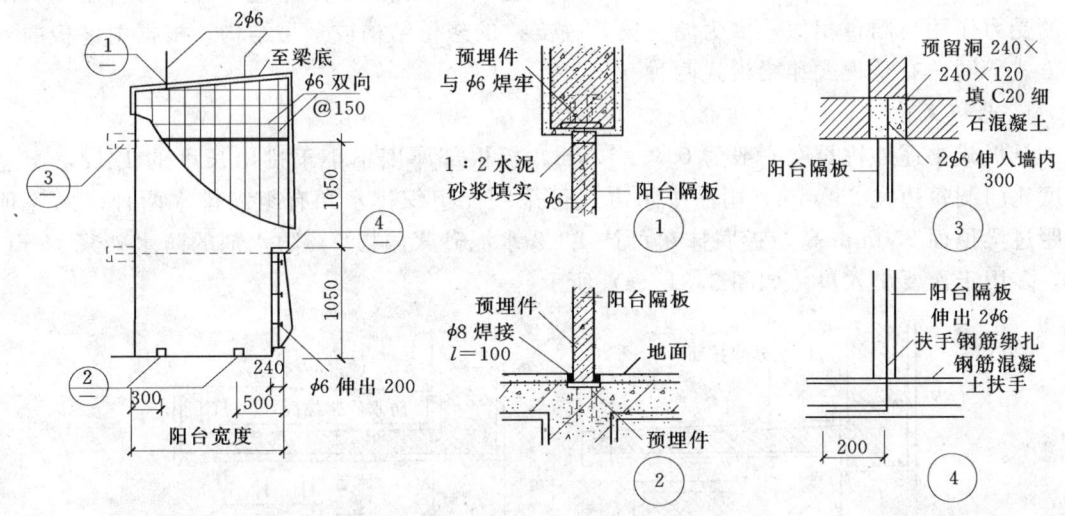

图3.29 阳台隔板构造

(5) 阳台排水。为防止阳台上的雨水流入室内,设计时要求将阳台地面标高低于室内地面标高60mm左右,并将地面抹出5‰的排水坡将水导入排水孔,使雨水能顺利排出。室外底面边缘处要注意设置滴水。

阳台排水有外排水和内排水两种。外排水适用于低层和多层建筑,即在阳台外侧设置泄水管将水排出。内排水适用于高层建筑和高标准建筑,即在阳台内侧设置排水立管和地漏,将雨水直接排入地下管网,保证建筑立面美观,如图3.30所示。

3.6.2 雨篷

雨篷通常设在建筑物出入口的上方,给人们提供一个从室外到室内的过渡空间,能遮

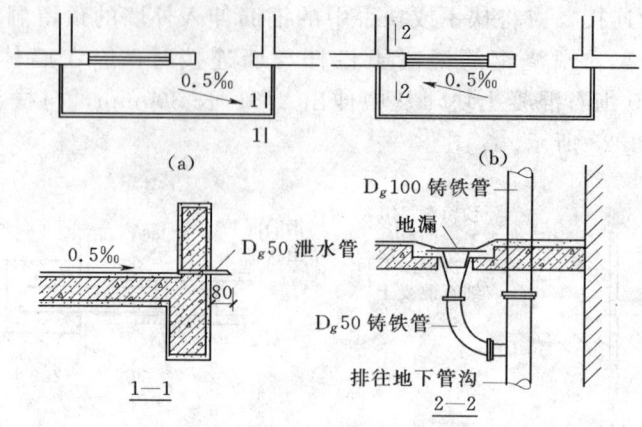

图 3.30 阳台排水构造

挡太阳照射,为雨雪天人们在出入口处作短暂停留时遮挡雨雪,并起到保护外门免受侵蚀、使入口更显眼和丰富建筑立面的作用。雨篷形式多样,按材料和结构分为钢筋混凝土雨篷,以及钢结构悬挑雨篷、钢化玻璃采光雨篷、软面折叠多用雨篷等轻型材料雨篷。雨篷的受力作用与阳台相似,多为墙、梁、柱支撑的悬臂结构或悬吊结构。根据雨篷板的支承方式不同,有悬板式和梁板式两种。

1. 悬板式

悬板式雨篷外挑长度一般为 0.9～1.5m,板根部厚度不小于挑出长度的 1/12,雨篷宽度比门洞每边宽 250mm,雨篷排水方式可采用无组织排水和有组织排水两种。雨篷顶面距过梁顶面 250mm 高,板底抹灰可抹 1∶2 水泥砂浆内掺 5% 防水剂的防水砂浆 15mm 厚,多用于次要出入口[如图 3.31(a)所示]。

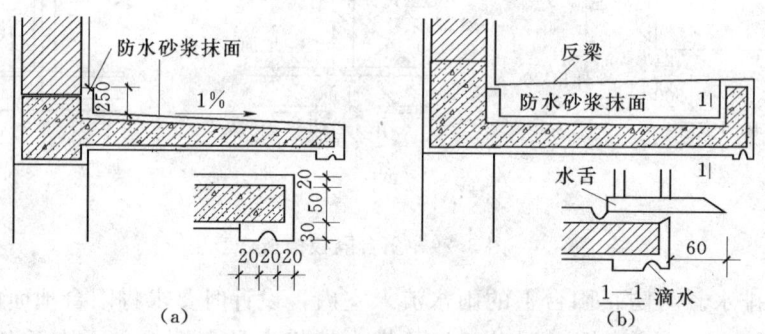

图 3.31 悬板式雨篷构造
(a)悬板式;(b)梁板式

2. 梁板式

梁板式雨篷多用在宽度较大的入口处,悬挑梁从建筑物的柱上挑出,为使板底平整,多做成反梁(也称倒梁式)[如图 3.31(b)所示]。

由于雨篷上荷载不大,悬挑板的厚度较薄,为了板面排水组织和立面造型的需要,板外沿常做加高处理,采用混凝土现浇或砖砌,板面需做防水处理,并在靠墙处做泛水。

复 习 思 考 题

1. 底层地面与楼层地面在构造上有什么不同？
2. 楼板有哪些类型？其特点是什么？楼板设计应满足哪些要求？
3. 楼板隔绝固体传声的方法有哪些？
4. 现浇钢筋混凝土楼板主要有哪几种类型？
5. 常用装配式钢筋混凝土楼板的类型、特点、适用范围及细部构造。
6. 井式楼板和无梁楼板的特点及适用范围。
7. 地面的基本组成及要求有哪些？
8. 水泥砂浆地面、水泥石屑地面、水磨石地面的组成、优缺点和适用范围。
9. 常用的块料地面的种类、优缺点与适用范围。
10. 顶棚有哪些类型？吊顶有哪些部分组成？有哪些类型？各具有什么特点？
11. 阳台有哪些类型？阳台板的结构布置形式有哪些？
12. 阳台栏杆有哪些形式？各有何特点？

第4章 楼 梯

建筑空间的垂直交通措施有：楼梯、电梯、自动扶梯、台阶、坡道以及爬梯等。楼梯是建筑物的竖向构件，是垂直交通和紧急疏散的主要交通措施。因此对楼梯的设计要求首先是应具有足够的通行能力，即保证楼梯有足够的宽度和合适的坡度。其次为使楼梯通行安全，应保证楼梯有足够的强度、刚度，并具有防火、防烟和防滑等方面的要求。另外楼梯造型要美观，增强建筑物内部空间的观瞻效果。

4.1 楼梯的组成和类型

4.1.1 楼梯的组成

楼梯由楼梯梯段、楼梯平台（楼层平台和中间平台）、栏杆（或栏板）及扶手组成（如图4.1所示）。

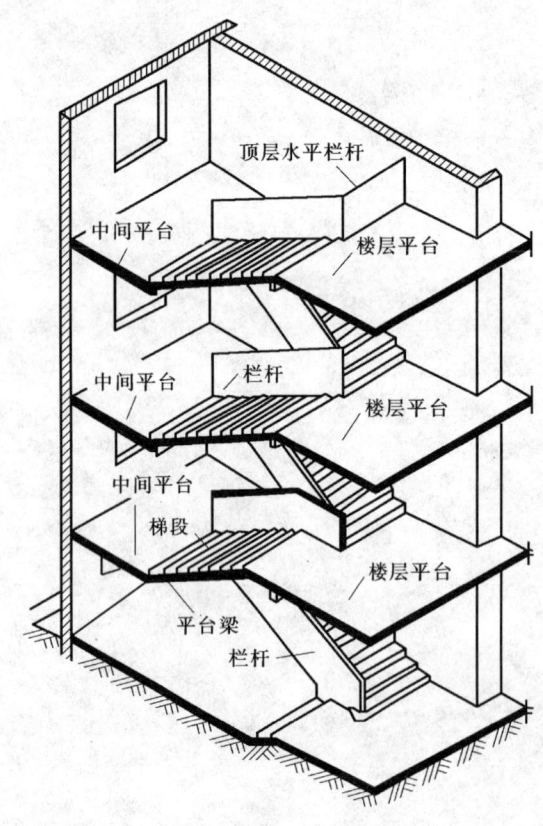

图4.1 楼梯的组成

1. 梯段

楼梯段又称楼梯跑，由连续的踏步组成，是楼梯的主要使用和承重部分。踏步分踏面（供行走时踏脚的水平部分）和踢面（形成踏步高差的垂直部分），为减少人们上下楼梯时的疲劳和适应人行的习惯，一个楼梯段的踏步数要求最多不超过18级，最少不少于3级。

2. 楼梯平台

楼梯平台是指两楼梯段之间的水平板，用来帮助楼梯转换方向、连通楼层或供使用者在攀登到一定的高度后稍事休息的水平部分。分为楼层平台、中间平台。其主要作用在于缓解疲劳，让人们在连续上楼时可在平台上稍加休息，故又称休息平台。

3. 栏杆（或栏板）及扶手

栏杆及扶手是设在梯段及平台边缘的安全围护构件。栏杆是楼梯段的安全设施，一般设置在梯段的边缘和平台临空的一边，要求它必须坚固可靠，并保证有足够的安全高度。扶手一般附设于栏杆顶部，作依扶用，也可附设于墙上，称为靠墙扶手。

4.1.2 楼梯的类型

楼梯的类型主要取决于所处的位置、楼梯间的平面形状与大小等因素。

按楼梯的位置分类可分为室内楼梯与室外楼梯。

按使用性质分类，室内有主要楼梯、辅助楼梯，室外有安全楼梯、防火楼梯。

按所用材料分类可分为木质楼梯、钢筋混凝土楼梯、金属楼梯以及几种材料制成的混合式楼梯。

按楼梯间的平面形式分类可分为开敞式楼梯间、封闭式楼梯间和防烟楼梯间。

按楼梯的形式分类可分为：

(1) 单跑直楼梯，常用于层高不大的建筑。

(2) 双跑直楼梯，用于层高较大的建筑。

(3) 平行双跑楼梯，最常用的楼梯形式之一。

(4) 三跑楼梯，常用于层高较大的公共建筑中。

(5) 双分平行楼梯、双合平行楼梯、转角双跑楼梯、双分转角楼梯，常用作办公类建筑的主要楼梯。

(6) 交叉楼梯、剪刀楼梯，两个直行单跑楼梯交叉而成的剪刀楼梯，适合层高小的建筑。两个直行多跑楼梯而成的剪刀楼梯适用于层高较大且有人流多向性选择要求的建筑。

(7) 螺旋楼梯、弧形楼梯，疏散楼梯和疏散通道上的阶梯不应采用螺旋楼梯和扇形踏步，但踏步上下两级所形成的平面角度不超过10°，且每级离扶手250mm处的踏步深度不超过220mm时，可不受此限。

各种楼梯的形式如图4.2所示。

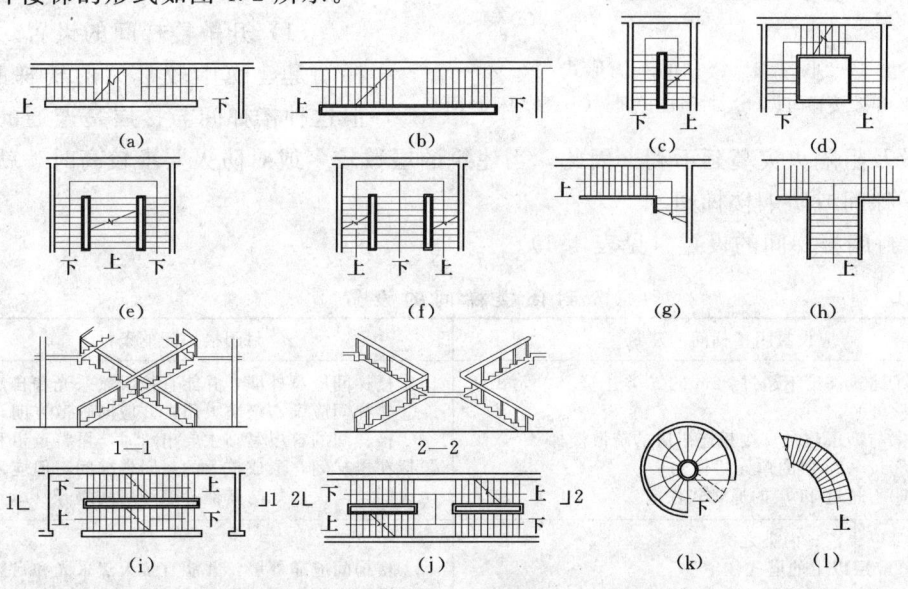

图 4.2 楼梯的形式
(a) 单跑直楼梯；(b) 双跑直楼梯；(c) 平行双跑楼梯；(d) 三跑楼梯；(e) 双分平行楼梯；
(f) 双合平行楼梯；(g) 转角双跑楼梯；(h) 双分转角楼梯；(i) 交叉楼梯；
(j) 剪刀楼梯；(k) 旋转楼梯；(l) 弧形楼梯

4.2 楼梯的设计要求、尺度与设计

4.2.1 楼梯的设计要求

楼梯是建筑中重要的垂直交通设施，对建筑的正常使用和安全性负有不可替代的责任。GB 50016—2006《建筑设计防火规范》、GB 50045—1995《高层民用建筑设计防火规范》、GB 50352—2005《民用建筑设计通则》及其他一些单项建筑的设计规范对楼梯设计问题作出了严格的、明确的规定。

1. 基本要求

（1）作为主要楼梯，应与主要出入口邻近，且位置明显、交通便利、方便使用；同时还应避免垂直交通与水平交通在交接处拥挤、堵塞。

（2）必须满足防火要求。楼梯间除允许直接对外开窗采光外，不得向室内任何房间开窗；楼梯间四周墙壁必须为防火墙。对防火要求高的建筑物特别是高层建筑，应设计成封闭式楼梯或防烟楼梯。

（3）楼梯间必须有良好的自然采光。

2. 楼梯间平面形式

楼梯间一般分开敞、封闭和防烟3种形式，如图4.3所示。民用建筑的室内疏散楼梯应设成封闭楼梯或防烟楼梯间。

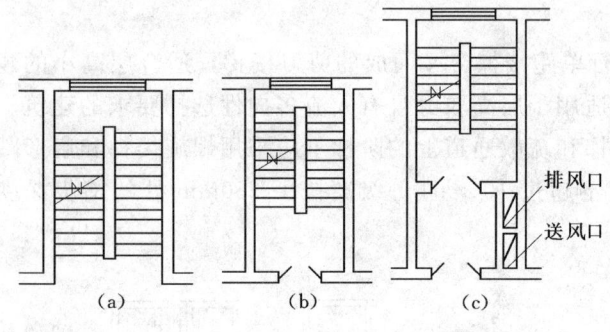

图4.3 楼梯的平面形式
(a) 开敞楼梯间；(b) 封闭楼梯间；(c) 防烟楼梯间

（1）开敞楼梯间的设置。开敞楼梯间是建筑中较常见的楼梯间形式。但这种楼梯间与楼层是连通的，对人流的疏散及阻隔火灾蔓延不利。因此，当建筑的层数较多或对防火要求较高时，就应当采用封闭楼梯间或防烟楼梯间。

（2）封闭楼梯间的设置（见表4.1）。

表4.1 封闭楼梯间的设置

	应设封闭楼梯间的建筑	封闭楼梯间的条件
高层	①建筑高度不超过32m的二类建筑（单元式住宅除外） ②与高层建筑直接相连裙房的疏散楼梯 ③12~28层的单元式住宅 ④不超过11层的通廊式住宅	①楼梯间应靠外墙，并能直接天然采光和自然通风 ②楼梯间应设乙级防火门，并应向疏散方向开启 ③楼梯间的首层紧临主要出口时，可将走道和门厅等包括在楼梯间，形成扩大的封闭楼梯间，但应采用乙级防火门、防火墙等与其他走道和房间隔开
多层	①甲、乙、丙类之类 ②6层以上的塔式住宅 ③带有空调系统的多层旅馆 ④5层以上的公共建筑、医院、疗养院的病楼	①楼梯间应靠外墙，并能直接天然采光和自然风 ②设可自由启闭的门

注 如户门采用乙级防火门时，可不设封闭楼梯间。

4.2 楼梯的设计要求、尺度与设计

（3）防烟楼梯间的设置（见表4.2）。

表4.2　　　　　　　　　　　防烟楼梯间的设置

应设防烟楼梯间的高层建筑	防烟楼梯间及其前室的要求
①一类建筑 ②建筑高度超过32m的二类建筑（单元式和通廊式住宅除外） ③塔式住宅 ④19层及19层以上的单元式住宅 ⑤建筑高度超过32m且楼梯间不能自然通风和天然采光的二类建筑 ⑥超过11层的通廊式住宅 ⑦高度超过32m且每层人数超过10人的高层厂房	①楼梯间入口应设阳台、凹廊或前室 ②前室面积：高层公共建筑不应小于6m²；高层居住建筑不应小于4.5m² ③楼梯间及其前室（不靠外墙）应设防烟排烟设施 ④前室和楼梯间的门均应为乙级防火区，应向疏散方向开启 ⑤防烟楼梯间前室的形式如图4.3所示

注 1. 利用阳台或凹廊进行自然排烟时，不应设置外窗。如必须设置时，应符合规范中自然排烟的有关规定。
　　2. 宜采用防烟楼梯间或室外楼梯。

3. 安全疏散距离

（1）直接通向公共走道的房间门至最近的外部出口或封闭式楼梯间的距离，应符合表4.3中的要求。

表4.3　　　　　　　　　　　　安全疏散距离

名　　称	房间门至外部出口或封闭楼梯间的最大距离（m）					
	位于两个外部出口或封闭楼梯间之间的房间 l_1（见图4.4）			位于袋形走廊两侧或尽端的房间 l_2（见图4.5）		
	耐火等级			耐火等级		
	一、二级	三级	四级	一、二级	三级	四级
托儿所、幼儿园	25	20	—	20	15	—
医院、疗养院	35	30	—	20	15	—
学校	35	30	—	22	20	—
其他民用建筑	40	35	25	22	20	15

注 1. 非封闭楼梯间时，按本表减5.0m。
　　2. 非封闭楼梯间时，按本表减2.0m。

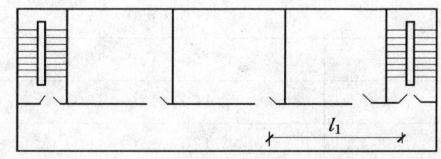 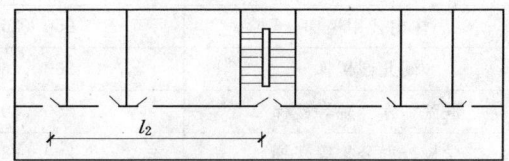

图4.4　两个楼梯之间的房间门至楼梯间的距离　　图4.5　袋形走廊两侧房间门至楼梯间的距离

（2）高层建筑楼梯间的安全疏散距离应符合表4.4中的规定。

表 4.4　　　　　　　　　　　　安 全 疏 散 距 离

高层建筑		房间门或住宅户门至最近的外部出口或楼梯间的最大距离（m）	
		位于两个安全出口之间的房间	位于袋形走廊两侧或尽端的房间
医院	病房部分	24	12
	其他部分	30	15
旅馆、展览馆、教学楼		30	15
其他		40	20

4.2.2　楼梯的尺度

1. 楼梯的坡度和踏步尺寸

（1）楼梯的坡度。楼梯的坡度即梯段的斜率。一般用斜面与水平面的夹角表示，也用斜面在垂直面上的投影高和在水平面上的投影宽之比来表示。楼梯的坡度大小应适中，范围在23°～45°之间，最适宜的坡度为30°左右。楼梯梯段的最大坡度不宜超过38°。当坡度小于20°时，采用坡道；大于45°时，则采用爬梯，如图4.6所示。

在实际工程中，楼梯坡度实质上与楼梯踏步密切相关，踏步高与宽之比即可构成楼梯坡度。踏步高常以 h 表示，踏步宽常以 b 表示，

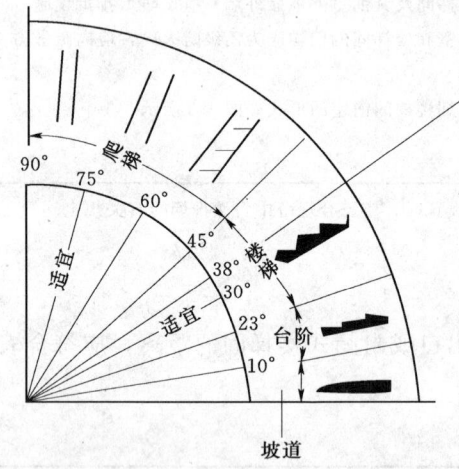

图 4.6　坡道、楼梯及爬梯与坡度的关系

（2）踏步的尺寸。踏步是由踏面（b）和踢面（h）组成，如图4.7（a）所示。在通常情况下可根据经验公式来取值，常用公式为：

$$b+h\approx450$$
$$b+2h=600\sim620\text{mm}$$

式中　b——踏步宽度（踏面）；
　　　h——踏步高度（踢面）。

在建筑设计中，楼梯踏步的最小宽度与最大高度的限制值，应根据建筑的功能、楼梯的通行量及使用者的情况进行选择（见表4.5）。

表 4.5　　　　　　　　　　楼梯踏步最小宽度和最大宽度　　　　　　　　　　单位：mm

楼 梯 类 别	最小宽度 b	最大高度 h
住宅公用楼梯	250（260～300）	180（150～175）
幼儿园楼梯	260（260～280）	150（120～150）
医院、疗养院等楼梯	280（300～350）	160（120～150）
学校、办公楼等楼梯	260（280～340）	170（140～160）
剧院、会堂等楼梯	220（300～350）	200（120～150）

为了满足人们上下楼时的安全、舒适，踏面设计可以适当宽一些。在不改变梯段长度

的情况下,常用的方法有:加做踏口(加宽踏面踏步的前缘挑出形成突缘)或使踢面倾斜的方式[如图 4.6(b)、(c)所示]。突缘挑出长度加宽踏面一般为 20~25mm。

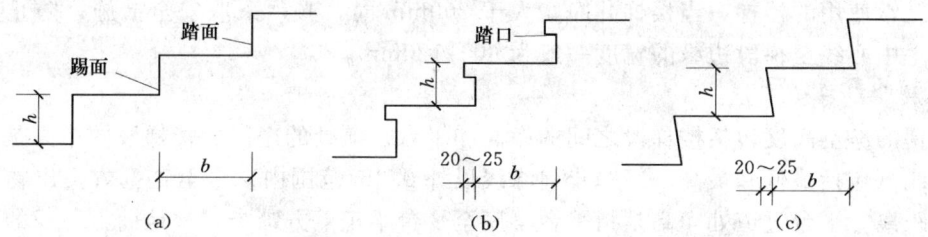

图 4.7 踏步名称和加大踏面的措施
(a)踏步的名称;(b)加做踏口;(c)踢面倾斜

2. 楼梯梯段和平台的宽度

(1)梯段的宽度。梯段宽度指扶手中心线至楼梯间墙面的水平距离。楼梯的宽度必须满足上下人流及搬运物品的需要。楼梯段宽度的确定要同时考虑通过人流的股数以及通过尺寸较大的家具或设备等特殊的需要。一般楼梯段需考虑至少通过两股人流,即上行与下行在楼梯段中间相遇能通过。在计算通行量时每股人流按 0.55+(0~0.15)m 计算,其中 0~0.15m 为人在行进中的摆幅。因此,楼梯段的净宽不应小于 1.1m,但是六层及六层以下单元式住宅中,如果一边设有栏杆的,梯段净宽可不小于 1m。

(2)平台的净深。楼梯平台是楼梯段的连接部位,也供行人稍加休息之用,所以楼梯平台宽度大于或至少等于楼梯段的宽度,且不小于 1.1m。但当梯段改变方向时,不得小于 1.20m。双跑直楼梯的中间平台的深度也应满足要求,如图 4.8 所示。

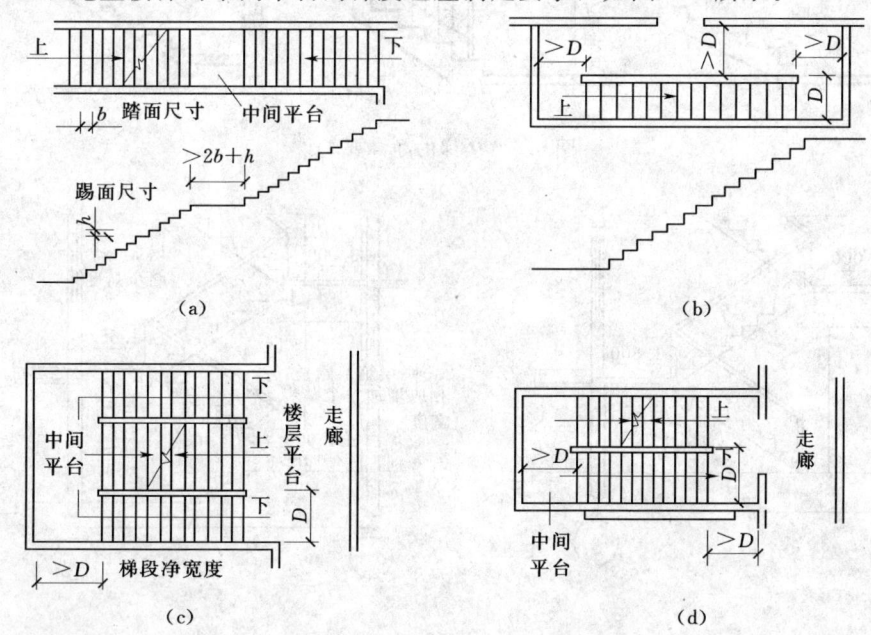

图 4.8 平台深度与梯段宽度的关系
(a)双跑直楼梯;(b)单跑直楼梯;(c)双分平行开敞式楼梯;(d)平行双跑封闭式楼梯

(3) 楼梯井的宽度。两段楼梯之间的空隙,称为楼梯井。为楼梯施工方便和安置栏杆扶手而设。其宽度一般在100mm左右,但公共建筑楼梯井的净宽一般不应小于150mm。有儿童经常使用的楼梯,当楼梯井净宽大于200mm时,必须采取安全措施,防止儿童坠落。扶手中心线至梯段边缘的宽度一般为60~120mm。

3. 楼梯的净空高度

楼梯的净空高度包括楼梯段之间的净高和平台过道处的净高。楼梯段的净高是指自踏步前缘线(包括最低和最高一级踏步前缘线以外0.3m范围内)量至正上方突出物下缘间的垂直距离。平台过道处净高是指平台梁底至平台梁正下方踏步或楼地面上边缘的垂直距离。为保证在这些部位通行或搬运物件时不受影响,规定其净高分别不小于2.2m和2.0m,如图4.9所示。

当楼梯底层中间平台下做通道时,为保证下面空间净高≥2000mm。常见的处理方式是:将平行等跑楼梯梯段设计成第一跑踏步级数大于第二跑(一般相差2或4级),以此提高中间平台的高度(增加1级或2级踏步高度);剩余差额部分由抬高±0.000的高度(即增加室内外高度差)来弥补,如图4.10所示。具体设计见4.2.3节"楼梯的设计"。

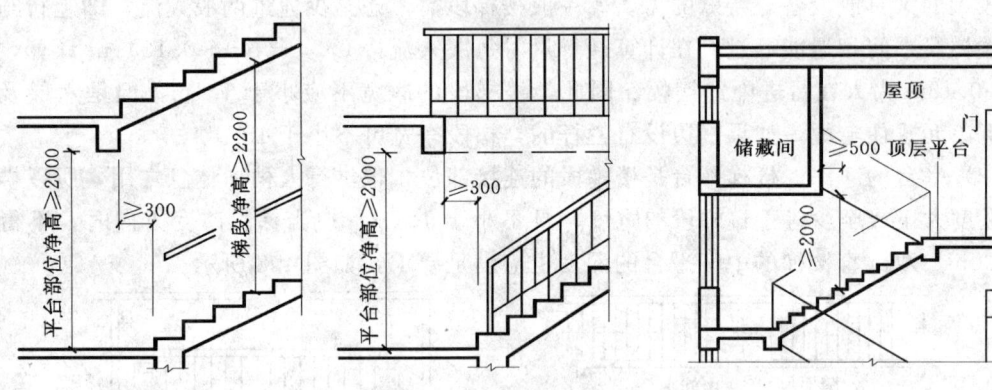

图4.9 楼梯的净高要求

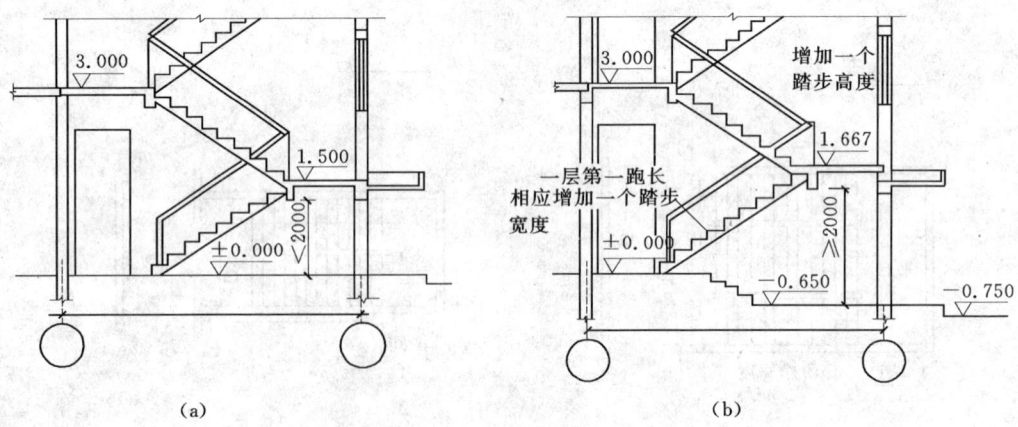

图4.10 楼梯间为出入口时满足净高要求的措施
(a)调整前(平行等跑);(b)调整后(梯段不等跑)

4. 楼梯扶手的高度

楼梯栏杆扶手的高度是指踏面前缘至扶手顶面的垂直距离。楼梯扶手的高度与楼梯的坡度、楼梯的使用要求有关。很陡的楼梯，扶手的高度矮些，坡度平缓时高度可稍大。在30°左右的坡度下，一般室内楼梯栏杆高度不应小于0.9m；儿童使用的楼梯，楼梯栏杆高度也不应小于0.9m，但是一般在0.6m加设扶手，如图4.11所示；室外楼梯栏杆高度不应小于1.05m；高层建筑室外楼梯栏杆高度不应小于1.1m。如果靠楼梯井一侧水平栏杆长度超过0.5m，其高度不应小于1.0m。

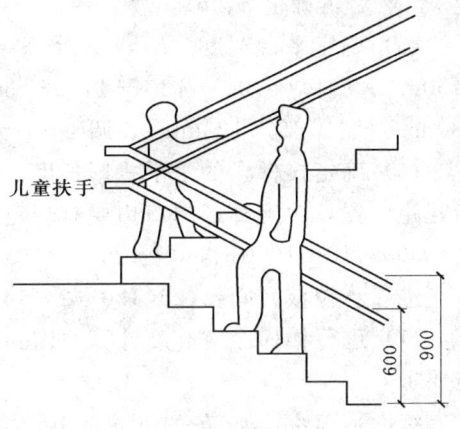

图4.11 扶手的高度要求

*4.2.3 楼梯的设计

1. 设计步骤

（1）根据建筑物的类别和楼梯在平面中的位置，确定楼梯的形式。

（2）根据楼梯的性质和用途，确定楼梯的适宜坡度，选择踏步高 h，踏步宽 b。

（3）根据通过的人数和楼梯间的尺寸确定楼梯间的楼梯段宽度 B_1。

（4）确定踏步级数。用房屋的层高 H 除以踏步高 h，得出踏步级数 $n=H/h$。踏步应为整数。结合楼梯的形式，确定每个楼梯段的级数。

（5）确定楼梯平台的宽度 L_2。

（6）由初定的踏步宽 b 确定楼梯段的水平投影长度。注意楼梯段的踏步宽的个数比楼梯段的踏步级数少一个，最后一个踏步宽并入了平台宽。

（7）进行楼梯净空的计算，使之符合净空高度的要求。

（8）最后绘制楼梯平面图及剖面图。

2. 设计实例

【例4.1】 某办公建筑物开间3300mm，层高3.30m，进深5100mm，开敞式楼梯。内外墙240mm，轴线居中，室内外高差450mm，楼梯间底层中间平台下不作出入口。试设计此楼梯。

【解】

（1）根据题意确定楼梯为一双跑式楼梯。

（2）该建筑为一办公建筑物，楼梯通行人数较多，楼梯的坡度应平缓些，初选踏步高为150mm，踏步宽300mm。

（3）据开间尺寸3300mm，减去两个半墙厚120×2，确定楼梯段宽度 B_1。取梯井宽度 $B_2=150mm$。即：

$B_1=(3300-2\times120-150)\div2=1455$（mm），取1450mm，则 B_2 调整为160mm。

楼梯段宽度满足通行两股人流的要求。

（4）确定踏步级数（n）：$n=(3300\div150)$ 步=22步（整数，符合要求。否则应先确

定 n，然后再确定 h、b），故 $n'=n/2=11$（采用平行等双跑楼梯）。

(5) 确定平台宽度（L_2，L_3）：平台宽要大于等于楼梯段宽。即楼梯中间平台宽 $L_3 \geqslant$ 1450mm，$L_2=(5100-120-1450-300\times10)=530$（mm），取 500mm（进深内部分 380mm，墙体部分 120mm）。调整 $L_3=1600$mm。

(6) 确定楼梯段的水平投影长度，验算楼梯间进深尺寸是否够用。此时注意第一级踏步起跑位置，距走廊或门口边要有规定的过渡空间（500mm）。

$300\times10+1600+380+120=5100$（mm），可以。

进一步校核开间：$(2\times120+2\times1450+160)=3300$（mm），可以。

(7) 进行楼梯净空高度计算。因为本设计楼梯间底层中间平台下不作出入口，满足净空要求。

结论是踏步：$h\times b=150\times300$mm，平行双跑各 11 步，梯段宽度 1450mm，中间平台深度 1600mm，楼层平台深度 500mm（含 1/2 内墙厚度 120mm）。另外扶手中心线至楼梯边缘距离 B_3 取 60mm。

(8) 将上述设计结果绘制成如图 4.12 和图 4.13 所示。

【例 4.2】 某住宅为封闭式楼梯，层高 2.90m，内外墙 240mm，轴线居中。楼梯间底部有出入口，净高 2000mm。试设计此楼梯。

【解法一】

(1) 根据建筑物性质，采用平行等双跑式楼梯。经查表，初步确定踏步宽度 $b=155\sim175$mm。

(2) 确定踏步数（n）：$n=2900\div(155\sim175)=18.7\sim16.6$（步），取 18 步。

(3) 踏步高度（h）：$h=2900\div18$mm$=161.00$mm。由公式 $b+2h=600$mm，得 $b=278$mm，查表取 $b=280$mm 为宜。

(4) 确定梯段宽度 B_1。查表 B_1 取 1100mm，梯井宽度 B_2 取 150mm，则

开间尺寸（B）：$B=2\times1100+2\times120+150=2590$（mm），取 2700mm

调整：$B_2=160$mm，$B_1=1150$mm

复核开间尺寸：$B=2\times1150+2\times120+160=2700$（mm）

(5) 计算梯段投影长度（L_1）。$L_1=280\times(9-1)=2240$（mm）（双跑梯段相等）

(6) 确定进深尺寸 L。取两平台深度（L_2、L_3）与梯段宽度 $B_1=1150$mm 相等。则

$L=2\times120+2\times1150+2240=4780$（mm），取 4800mm

调整：中间平台深度（L_3）=楼层平台深度（L_2）=1160mm

复核进深尺寸：$L=2\times120+2\times1160+2240=4800$（mm）

(7) 净高核定：±0.000 至中间平台高度尺寸：$161\times9=1449$（mm），扣除平台梁结构厚度 300mm，只有 1149mm。为满足楼梯间底部出入口净高 2000mm 的要求，需要将 ±0.000 抬高：$2000-1149=851$（mm）。确定室内外高度差为 860mm，其中室内 850mm，室外 10mm。

(8) 结论是轴线尺寸：开间尺寸×进深尺寸$=B\times L=2700\times4800$mm。踏步：$h\times b=161\times280$mm，梯段宽度为 1150mm、中间平台深度和楼层平台深度为 1160mm，梯井宽度为 160mm，室内外高度差为 860mm，其中室内 850mm，室外 10mm。另外扶手中心线

4.2 楼梯的设计要求、尺度与设计

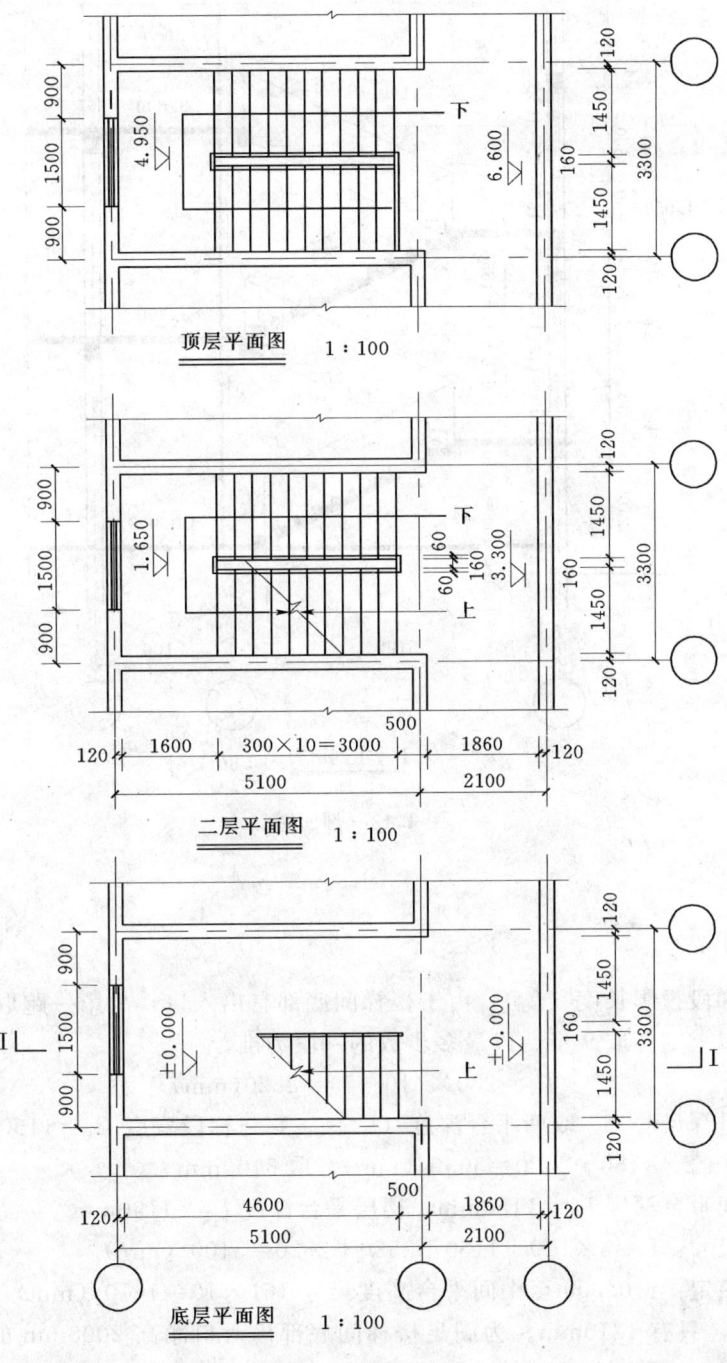

图 4.12 平面图

至楼梯边缘距离 B_3 取 60mm。

分析：采用平行等跑楼梯方案，为满足出入口净高 2.0m 要求，将整幢建筑抬高，造成建筑造价提高。如果二层以上楼梯不变，只将一层楼梯改为长短跑楼梯，试看效果

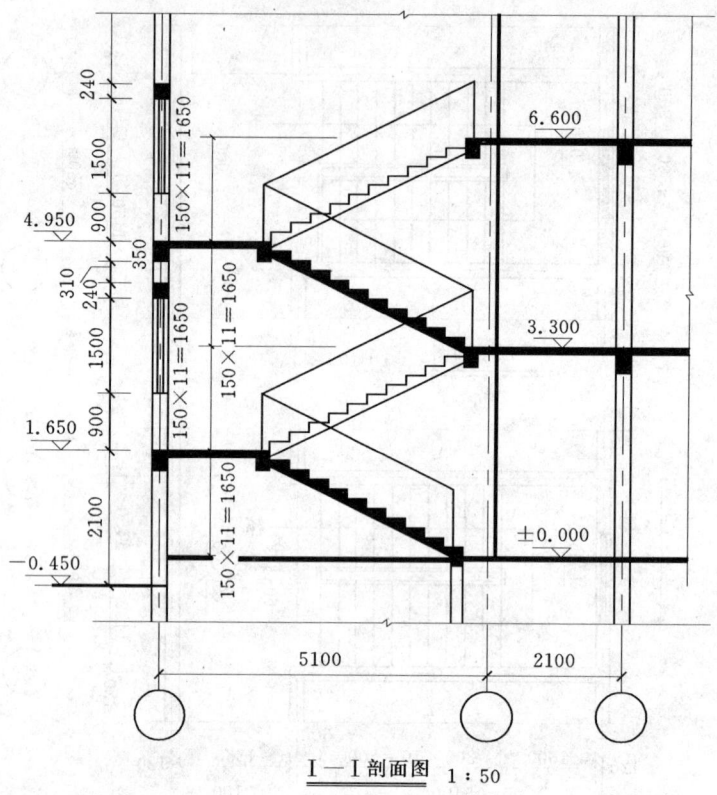

图 4.13 剖面图

如何？

【解法二】

承接例 4.1 "（4）"。

（5）计算梯段投影长度（L_1）。由于楼梯间底部有出入口，故第一跑取 10 步，第二跑取 8 步。二层以上则各取 9 步。以最多步数的一段为准。

$$L_1 = 280 \times (10-1) = 2520 \text{(mm)}$$

（6）确定进深尺寸 L。取两平台深度（L_2、L_3）与梯段宽度 $B_1 = 1150 \text{mm}$ 相等。则 $L = 2 \times 120 + 2 \times 1150 + 2520 = 5060$（mm），取 5100mm

调整：中间平台深度 $L_3 = 1150 \text{mm}$，楼层平台深度 $L_2 = 1190 \text{mm}$

复核进深尺寸：$L = 2 \times 120 + 1150 + 2520 + 2520 = 5100$（mm）

（7）净高核定：±0.000 至中间平台高度尺寸 $161 \times 10 = 1610$（mm），扣除平台梁结构厚度 300mm，只有 1310mm。为满足楼梯间底部出入口净高 2000mm 的要求，需要将±0.000 抬高：$2000 - 1310 = 690$（mm）。确定室内外高度差为 710mm，其中室内 700mm，室外 10mm。

（8）结论是踏步：$h \times b = 161 \times 280 \text{mm}$，底层第一跑取 10 步，第二跑取 8 步。二层以上则各取 9 步。平行双跑各 9 步。梯段宽度和中间平台深度 1150mm，楼层平台深度 1190mm，梯井宽度为 160mm。室内外高度差为 710mm，其中室内 700mm，室外 10mm。

4.2 楼梯的设计要求、尺度与设计

另外扶手中心线至楼梯边缘距离 B_3 取 60mm。

（9）画平面、剖面图（如图 4.14 和图 4.15 所示）。

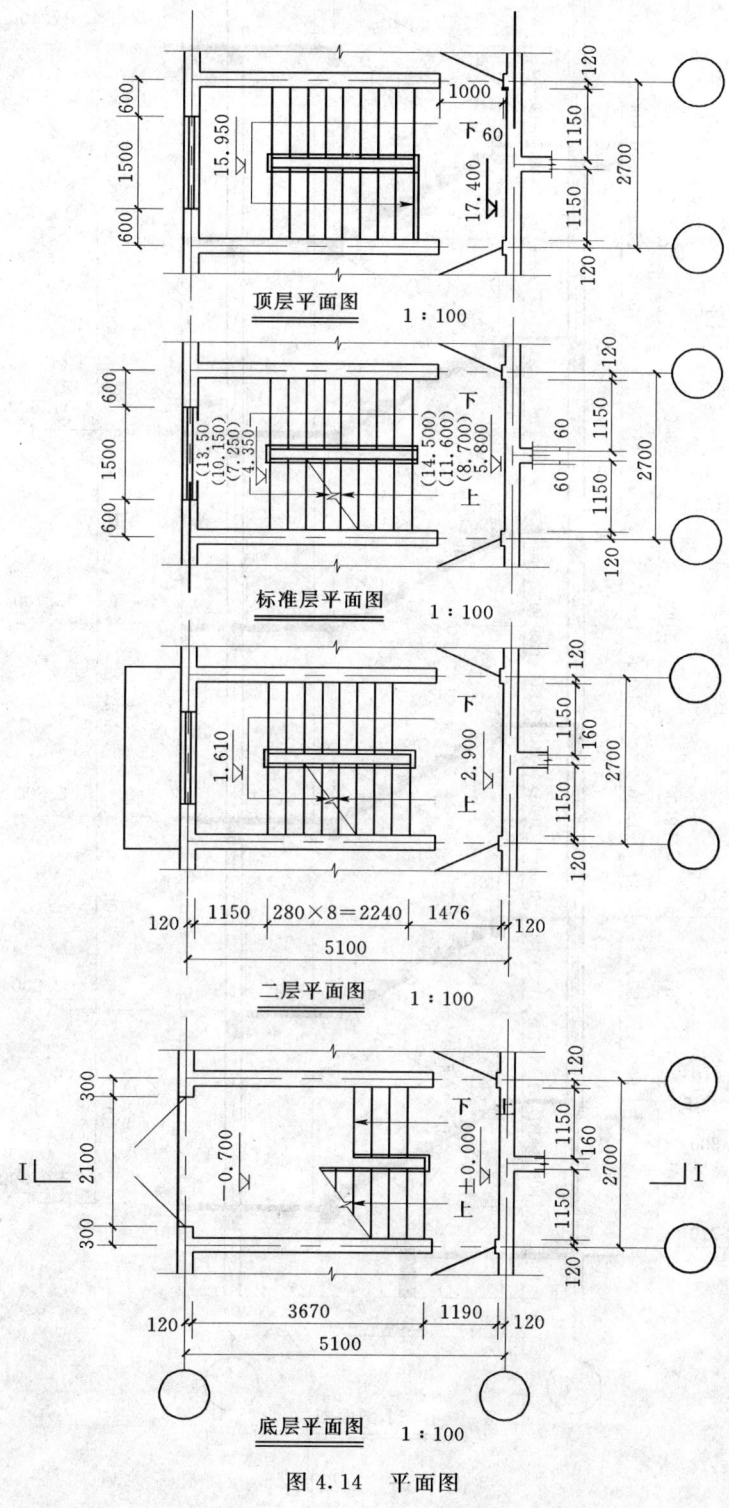

图 4.14　平面图

第 4 章 楼 梯

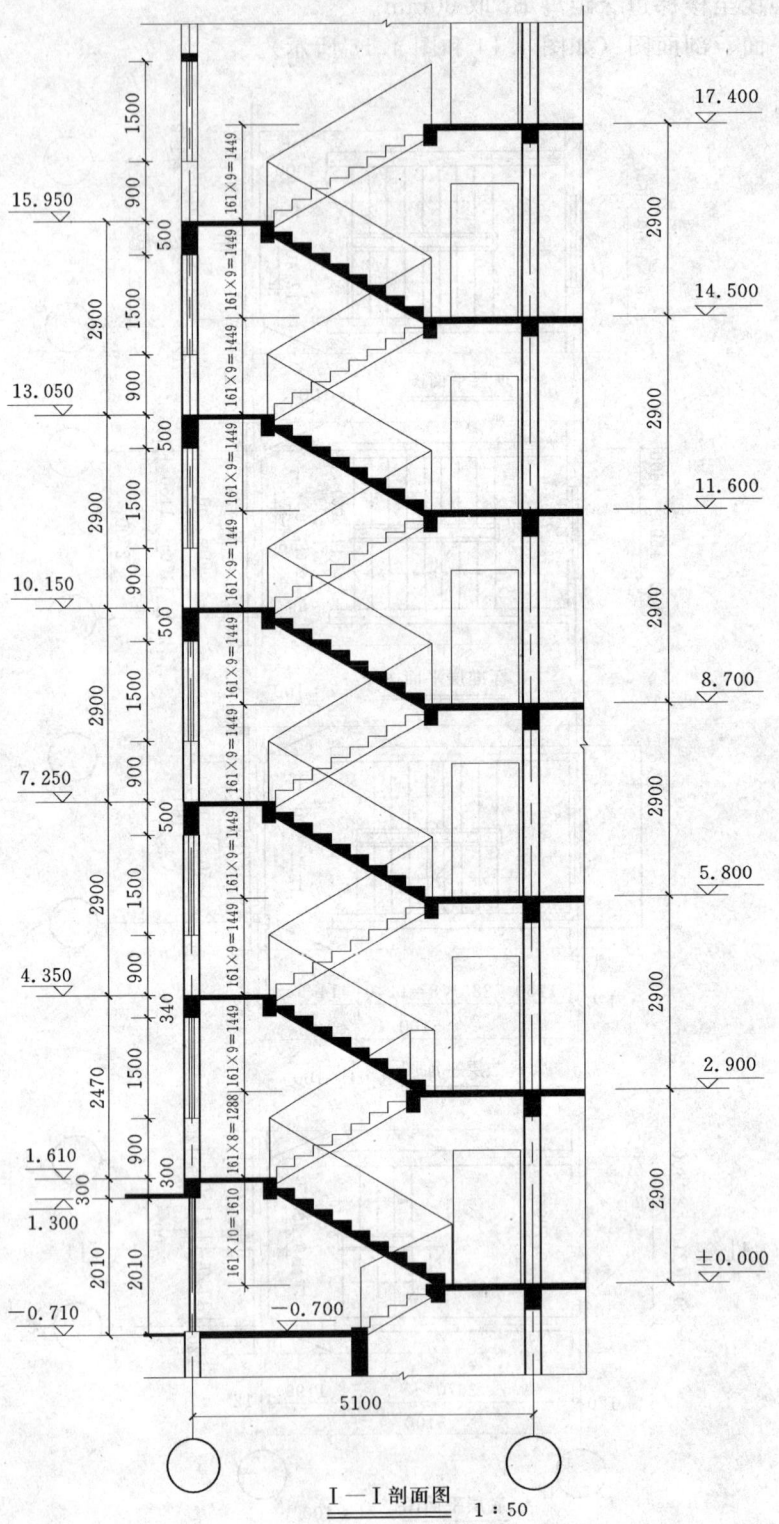

Ⅰ—Ⅰ 剖面图 1:50

图 4.15 剖面图

比较分析：从［解法二］得出的结论，可以看出虽然增加了300mm的进深，但整个建筑的高度降低了150mm，相对而言是比较经济的。

4.3 钢筋混凝土楼梯

钢筋混凝土楼梯按施工方法不同，主要有现浇整体式楼梯和预制装配式楼梯两类。

4.3.1 现浇整体式钢筋混凝土楼梯

现浇钢筋混凝土楼梯是指楼梯段、楼梯平台等整浇在一起的楼梯。它整体性好，刚度大，坚固耐久，抗震较为有利，适用于抗震设防、楼梯形式和尺寸变化多的建筑物。对于螺旋形楼梯、弧形楼梯等形状复杂的楼梯，也宜采用现浇楼梯。按梯段的结构形式不同，现浇钢筋混凝土楼梯又分为板式楼梯和梁板式楼梯两种。

1. 板式楼梯

板式的楼梯段作为一块整浇板，斜向搁置在平台梁上。楼梯段相当于一块斜放的板，平台梁之间的距离即为板的跨度，梯段板承受着梯段的全部荷载，然后通过平台梁将荷载传给墙体或柱子，如图 4.16（a）所示。必要时，也可取消梯段板一端或两端的平台梁，使平台板与梯段板连为一体，形成折线形板直接支承于墙或梁上，这样处理平台下净空扩大了，但斜板跨度增加了，如图 4.16（b）所示。

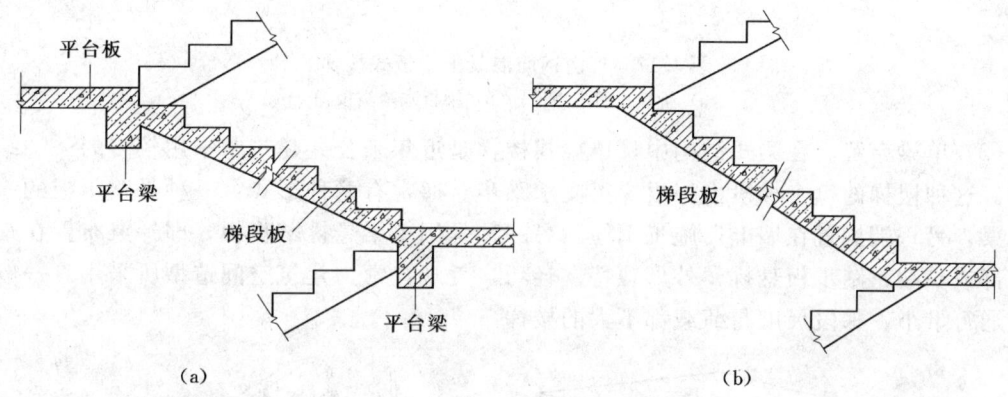

图 4.16 现浇钢筋混凝土板式楼梯
（a）设平台梁的现浇钢筋混凝土板式楼梯；（b）无平台梁的现浇钢筋混凝土板式楼梯（折板式楼梯）

板式楼梯常用于楼梯荷载较小，楼梯段的跨度不大的住宅、办公等建筑中。当楼梯荷载较大，楼梯段斜板跨度较大时，斜板的截面高度也将很大，钢筋和混凝土用量增加，经济性下降，这时常采用梁板式楼梯替代。板式楼梯段的底面平齐，便于装修。

2. 梁板式楼梯

梁板式楼梯的梯段由踏步板和梯段斜梁（简称梯梁）组成。梯段的荷载由踏步板传递给梯梁，然后，梯段梁再传给平台梁，而后传到墙或柱上。梁板式梯段在结构布置上有双梁布置和单梁布置之分。梯梁在板下部的称正梁式梯段，将梯梁反向上面称反梁式梯段。

（1）双梁布置。梯段斜梁通常设两根，布置在踏步的两端，这时踏步板的跨度便是梯段的宽度。梁板式楼梯与板式楼梯相比,板的跨度小,故在板厚相同的情况下,梁板式楼梯可以承受较大的荷载。梯段斜梁与踏步板在竖向的相对位置有两种:当斜梁在板下部称为正梁式梯段,上面踏步露明,常称明步,如图 4.17(a)所示。有时为了让楼梯段底表面平整或避免洗刷楼梯时污水沿踏步端头下淌,弄脏楼梯,常将楼梯斜梁反向上面称反梁式梯段,下面平整,踏步包在梁内,常称暗步,如图 4.17(b)所示。

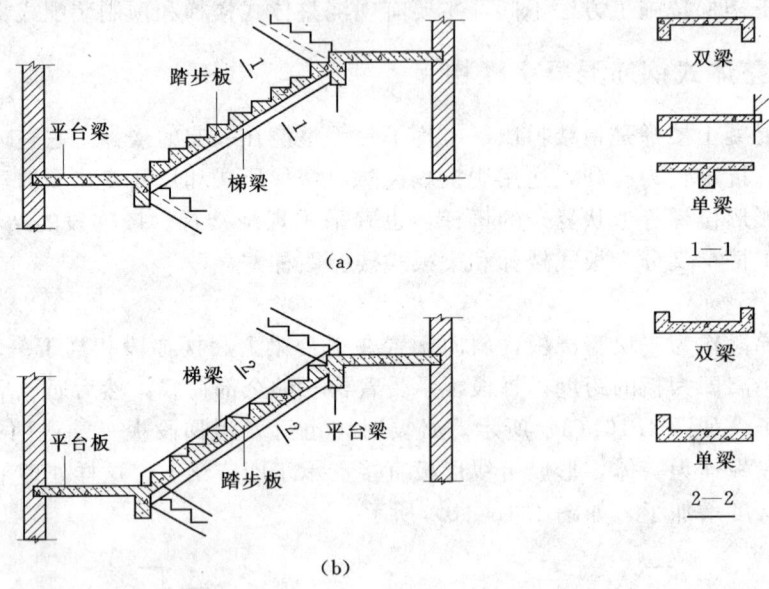

图 4.17 现浇钢筋混凝土梁板式楼梯
(a) 梁板式明步楼梯;(b) 梁板式暗步楼梯

(2) 单梁布置。在梁式结构中,单梁式楼梯是近年来公共建筑中采用较多的一种结构形式。这种楼梯的每个梯段由一根梯梁支承踏步。通常有两种形式:一种是踏步板的一端设梯梁,另一端搁置在墙上,施工不便。另一种是用单梁悬挑踏步板,即梯梁布置在踏步板中部或一端,踏步板悬挑,外形独特、轻巧、美观,常为建筑空间造型所采用。一般适用于通行量小、梯段尺度与荷载都不大的楼梯。

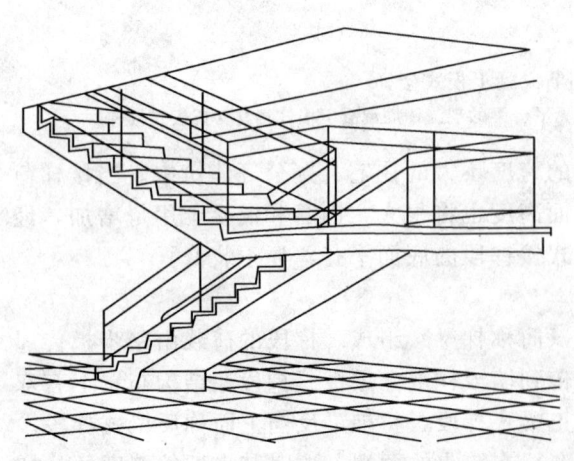

图 4.18 现浇钢筋混凝土悬臂板式楼梯

图 4.19 现浇钢筋混凝土悬臂梁板式楼梯

此外，还有悬臂板式（梁板式）楼梯，如图 4.18 和图 4.19 所示。其特点是梯段和平台均无支承，完全靠上下楼梯段与平台组成的空间板式（或梁板式）结构与上下层楼板结构共同来受力。其造型新颖、空间感好，常用于公共建筑和庭园建筑中。

4.3.2 预制装配式钢筋混凝土楼梯

预制装配式钢筋混凝土楼梯是指用预制厂生产或现场制作的构件安装拼合而成的楼梯。采用预制装配式楼梯可较现浇式钢筋混凝土楼梯提高工业化施工水平，节约模板，简化操作程序，较大幅度地缩短工期。但预制装配式钢筋混凝土楼梯的整体性、抗震性、灵活性等不及现浇钢筋混凝土楼梯。因此，在抗震设防地区需按规范要求选择合适的楼梯形式和构造措施。

预制装配式钢筋混凝土楼梯按其构造方式可分为梁承式、墙承式和墙悬臂式等类型。

1. 预制装配梁承式钢筋混凝土楼梯

预制装配梁承式钢筋混凝土楼梯系指梯段由平台梁支承的楼梯构造方式。预制构件可分为梯段（板式或梁板式梯段）、平台梁、平台板 3 部分，如图 4.20 所示。

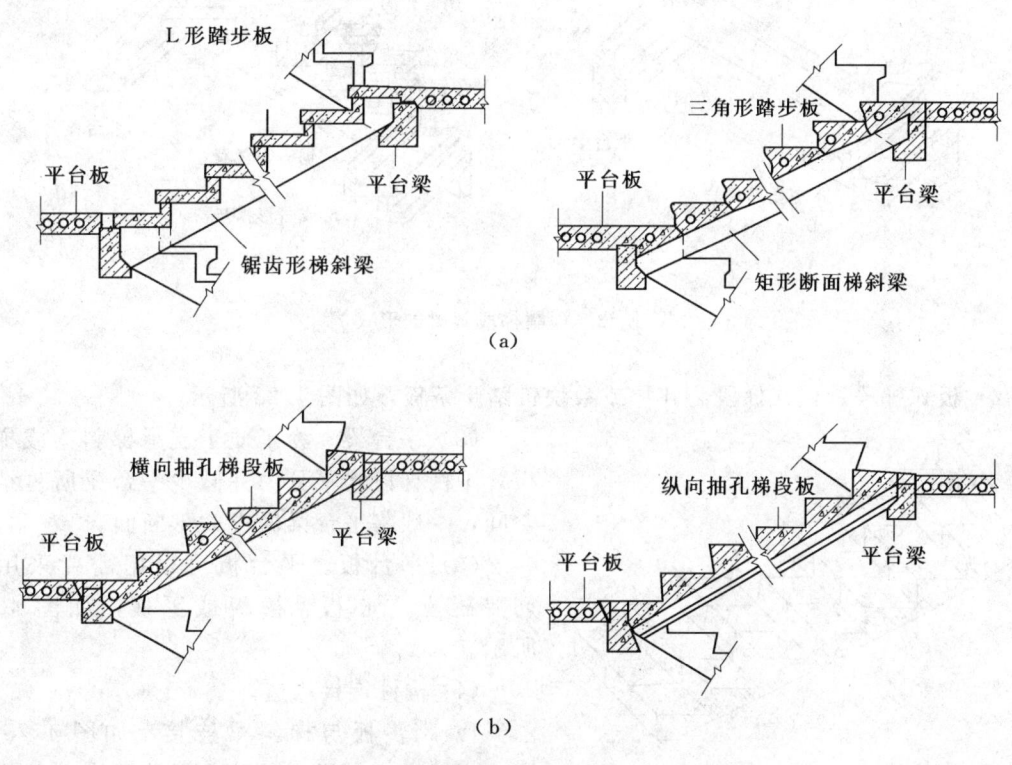

图 4.20 预制装配梁承式楼梯
(a) 梁板式梯段；(b) 板式梯段

(1) 梯段。

1) 梁板式梯段。梁板式梯段由梯斜梁和踏步板组成。一般在踏步板两端各设一根梯斜梁，踏步板支承在梯斜梁上。由于构件小型化，不需大型起重设备即可安装，施工简便。

踏步板：踏步板断面形式有一字形、L形、三角形等，如图4.21所示。

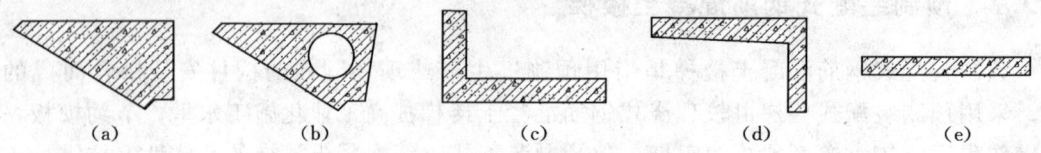

图 4.21 预制装配式钢筋混凝土楼梯踏步形式
(a) 实心三角形；(b) 空心三角形；(c) L形；(d) 倒L形；(e) 一字形

梯斜梁：用于搁置一字形、L形断面踏步板的梯斜梁为锯齿形变断面构件。用于搁置三角形断面踏步板的梯斜梁为等断面构件，如图4.22所示。

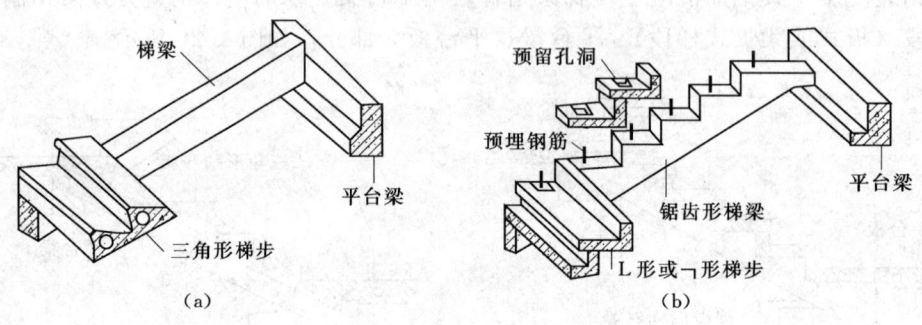

图 4.22 预制梯段斜梁的形式

2) 板式梯段。板式梯段为整块或数块带踏步条板，如图4.23所示。

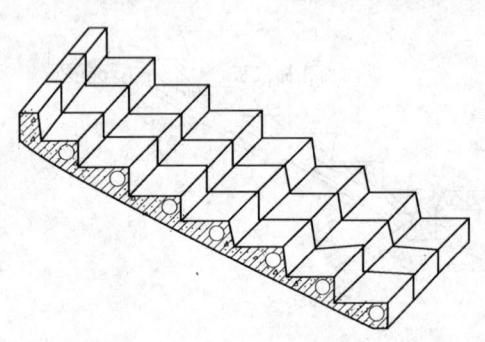

图 4.23 板式梯段示意图

(2) 平台梁。为了便于支承梯斜梁或梯段板，平衡梯段水平分力并减少平台梁所占结构空间，一般将平台梁做成L形断面。

(3) 平台板。平台板可根据需要采用钢筋混凝土空心板、槽板或平板，如图4.24所示。

(4) 构件连接构造。

1) 踏步板与梯斜梁连接，如图4.25所示。一般在梯斜梁支承踏步板处用水泥砂浆坐浆连接。如需加强，可在梯斜梁上预埋插筋，与踏步板支承端预留孔插接，用高标号水泥砂装填实。

2) 梯斜梁或梯段板与平台梁连接，如图4.26所示。在支座处除了用水泥砂浆坐浆外，应在连接端预埋钢板进行焊接。

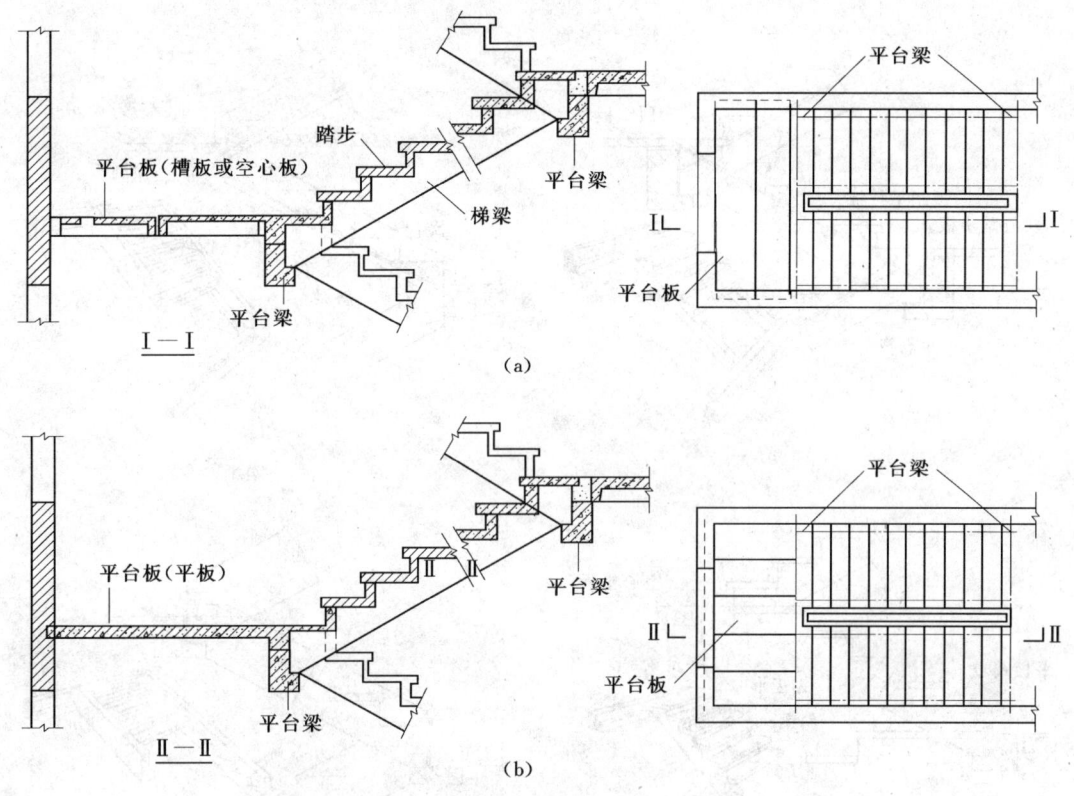

图4.24 梁承式梯段与平台的结构布置
(a) 平台板两端支承在楼梯间侧墙上,与平台梁平行布置;(b) 平台板与平台梁垂直布置

3) 梯斜梁或梯段板与梯基连接,如图4.27所示。

在楼梯底层起步处,梯斜梁或梯段板下应作梯基,梯基常用砖或混凝土,也可用平台梁代替梯基。但需注意该平台梁无梯段处与地坪的关系。

2. 预制装配墙承式钢筋混凝土楼梯

预制装配墙承式钢筋混凝土楼梯系指预制钢筋混凝土踏步板直接搁置在墙上的一种楼梯形式,其踏步板一般采用一字形、L形断面。它主要适用于直跑楼梯,若为双跑楼梯,则需要在楼梯间中部砌墙,用以支承踏步。在墙上开设观察孔以改善因空间狭窄、视线受阻对人流通行和家具设备搬运带来的不便,也可将中间墙两端靠平台部分局部收进,以使空间通透,有利于改善视线和搬运家具物品。但这种方式对抗震不利,施工也较麻烦,如图4.28所示。

3. 预制装配墙悬臂式钢筋混凝土楼梯

悬挑式楼梯同样不设梯梁和平台梁,将踏步板的一端悬空,另一端固定在墙上并承受梯段全部荷载。预制踏步板挑出部分为L形(或倒L形),压在墙内的部分为矩形断面。从结构安全考虑,梯间两侧的墙体厚度一般不应小于240mm,踏步悬挑长度即楼梯宽度一般不超过1.2m,如图4.29所示。通常用于非地震区、楼梯宽度不大的建筑。安装时,在预制踏步板临空一侧设临时支撑。

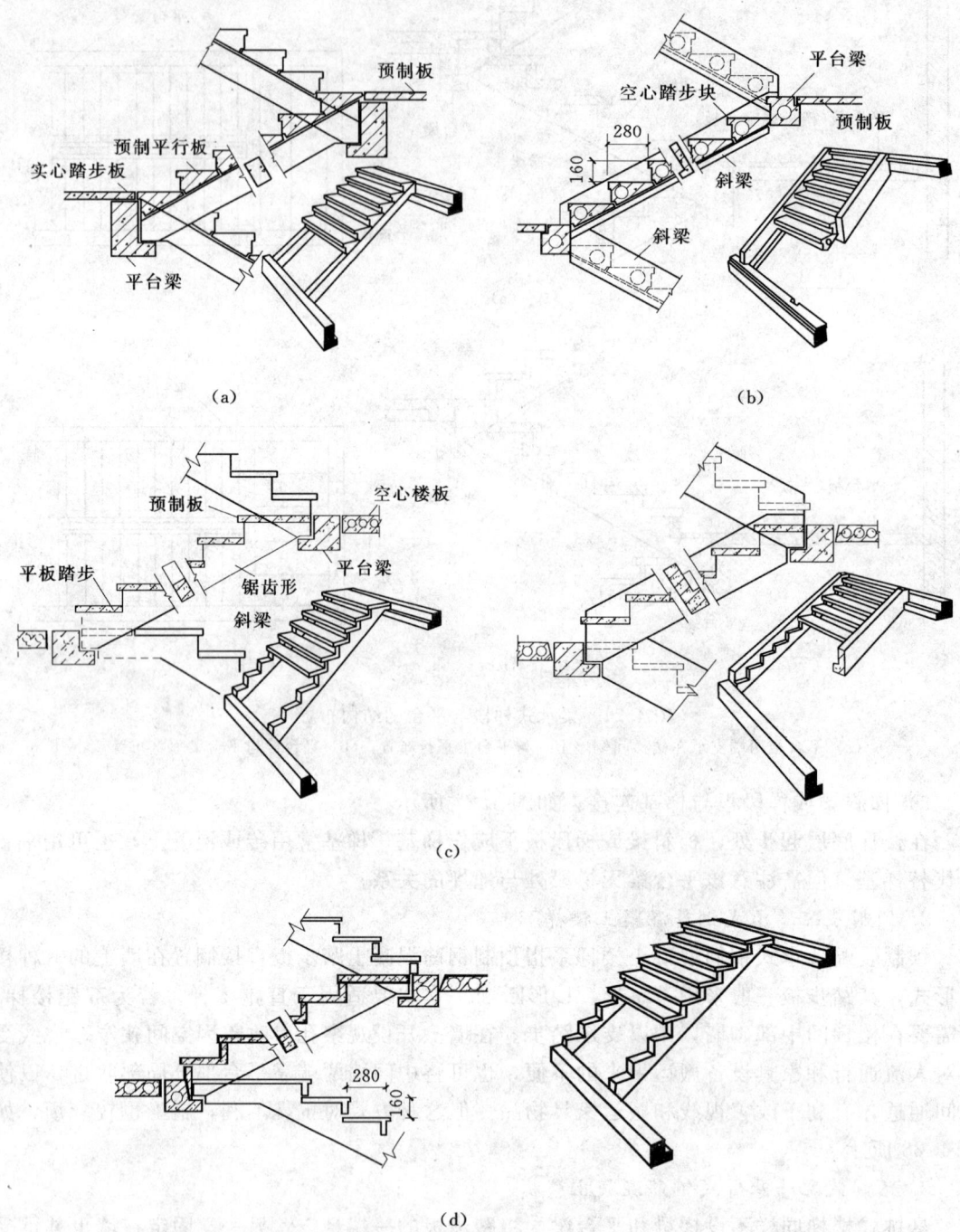

图 4.25 预制装配式钢筋混凝土梁承式楼梯构造
(a) 三角形踏步板与矩形梯梁组合形成梯段；(b) 空心三角形踏步板与L形梯梁组合形成梯段；
(c) 一字形踏步板与锯齿形梯梁组合形成梯段；(d) L形踏步板与锯齿形梯梁组合形成梯段

4.3 钢筋混凝土楼梯

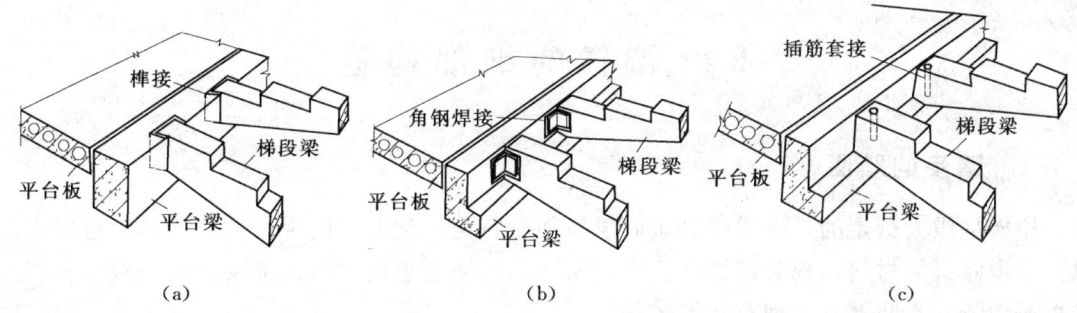

图 4.26 梯斜梁或梯段板与平台梁的连接构造
(a) 榫接；(b) 焊接；(c) 套接

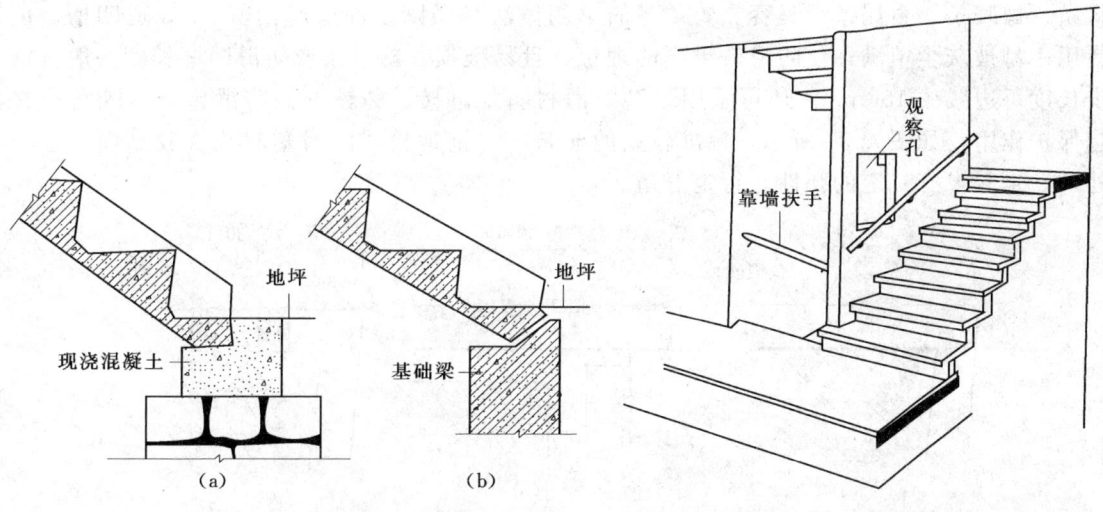

图 4.27 梯斜梁或梯段板与梯基连接
(a) 楼梯基础；(b) 楼梯基础梁

图 4.28 预制装配墙承式钢筋混凝土楼梯

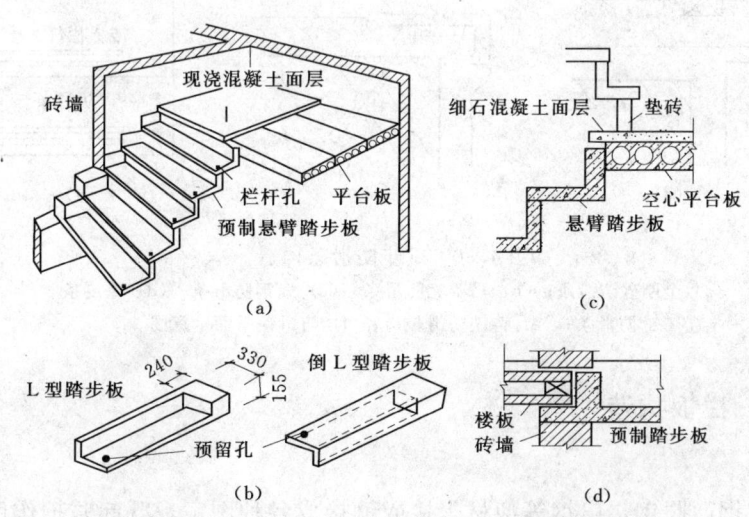

图 4.29 预制装配墙悬臂式钢筋混凝土楼梯构造
(a) 悬臂踏步楼梯示意；(b) 踏步构件；(c) 平台转换处剖面；(d) 预制楼板处构件

4.4 楼梯的细部构造

4.4.1 踏步的踏面

楼梯是供人行走的，楼梯的踏步面层应便于行走，耐磨、防滑，便于清洁，也要求美观。踏步面层的材料，视装修要求而定，常与门厅或走道的楼地面面层材料一致。常用的有水泥砂浆、水磨石、大理石和缸砖等。

在通行人流量大或踏步表面光滑的楼梯，为防止行人在行走时滑跌，踏步表面应采取防滑和耐磨措施，通常是在踏步踏口处做防滑条。防滑材料可采用铁屑水泥、金刚砂、塑料条、橡胶条、金属条、马赛克等。最简单的做法是做踏步面层时，留2、3道凹槽，但使用中易被灰尘填满，使防滑效果不够理想，且易破损。防滑条或防滑凹槽长度一般按踏步长度每边减去150mm。还可采用耐磨防滑材料如缸砖、铸铁等做防滑包口，既防滑又起保护作用，如图4.30所示。标准较高的建筑，可铺地毯或防滑塑料或橡胶贴面。这种处理，走起来有一定的弹性，行走舒适。

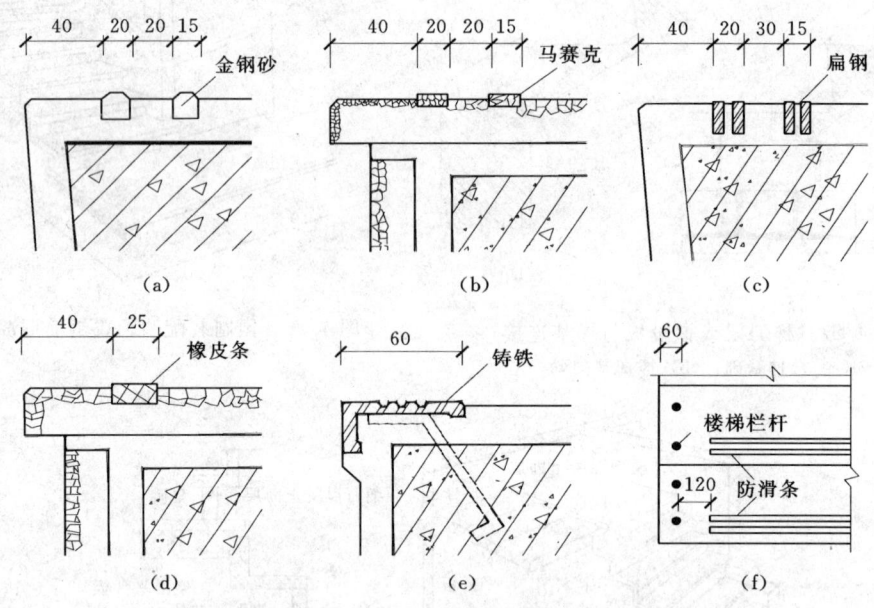

图 4.30 踏步防滑条构造
(a) 金刚砂防滑条；(b) 马赛克防滑条；(c) 扁钢防滑条；(d) 橡皮条防滑条；(e) 铸铁防滑包口；(f) 防滑条平面示意图

4.4.2 栏杆、栏板构造

1. 栏杆

栏杆多用方钢、圆钢、扁钢等型材焊接或铆接成各种图案，既起防护作用，又有一定的装饰效果。常见栏杆形式，如图4.31～图4.32所示。

4.4 楼梯的细部构造

图 4.31 栏杆形式

栏杆与楼梯段应有可靠的连接。连接方法主要有预埋铁件焊接即将栏杆的立杆与楼梯段中预埋的钢板或套管焊接在一起。预留孔洞插接即将栏杆的立杆端部做成开脚或倒刺插入楼梯段预留的孔洞，用水泥砂浆或细石混凝土填实，螺栓连接等，如图4.33所示。

2. 栏板

常采用装饰性较好的轻质板材如木质板、有机玻璃和钢化玻璃板作栏板，也可采用现浇或预制的钢筋混凝土板，钢丝网水泥板或砖砌栏板，如图4.34所示。对砖砌栏板，当栏板厚度为60mm（即标准砖侧砌）时，外侧要用钢筋网加固，再用钢筋混凝土扶手与栏板连成整体。现浇钢筋混凝土楼梯栏板经支模、扎筋后，与楼梯段整浇；预制钢筋混凝土楼梯栏板则用预埋钢板焊接，如图4.35所示。

图 4.32 栏杆实例

3 混合式

混合式是指栏杆式和栏板式两种形式的组合。栏杆竖杆作为主要抗侧力构件，栏板则作为防护和美观装饰构件。其栏杆竖杆常采用钢材或不锈钢等材料，其栏板部分常采用轻质美观材料制作，如木板、塑料贴面板、铝板、有机玻璃板和钢化玻璃板等，如图4.36～图4.37所示。

第4章 楼 梯

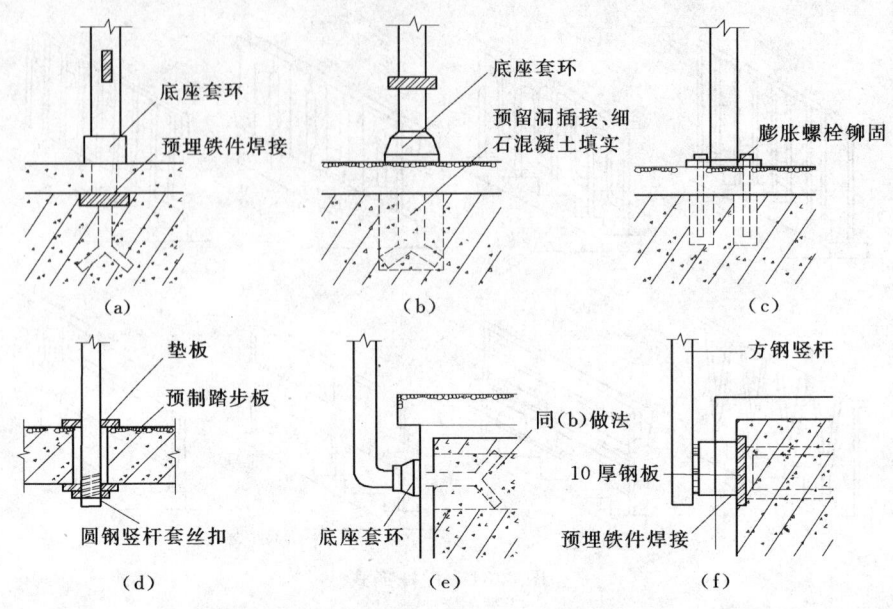

图 4.33 栏杆与梯段的连接构造

(a) 立杆与预埋钢板焊牢；(b) 立杆埋入踏步上面预留孔；(c) 立杆焊在底板上用膨胀螺栓锚固；
(d) 圆钢立杆套丝扣拧固；(e) 立杆埋入踏步侧面预留孔；(f) 立杆与踏步侧面预埋件焊接

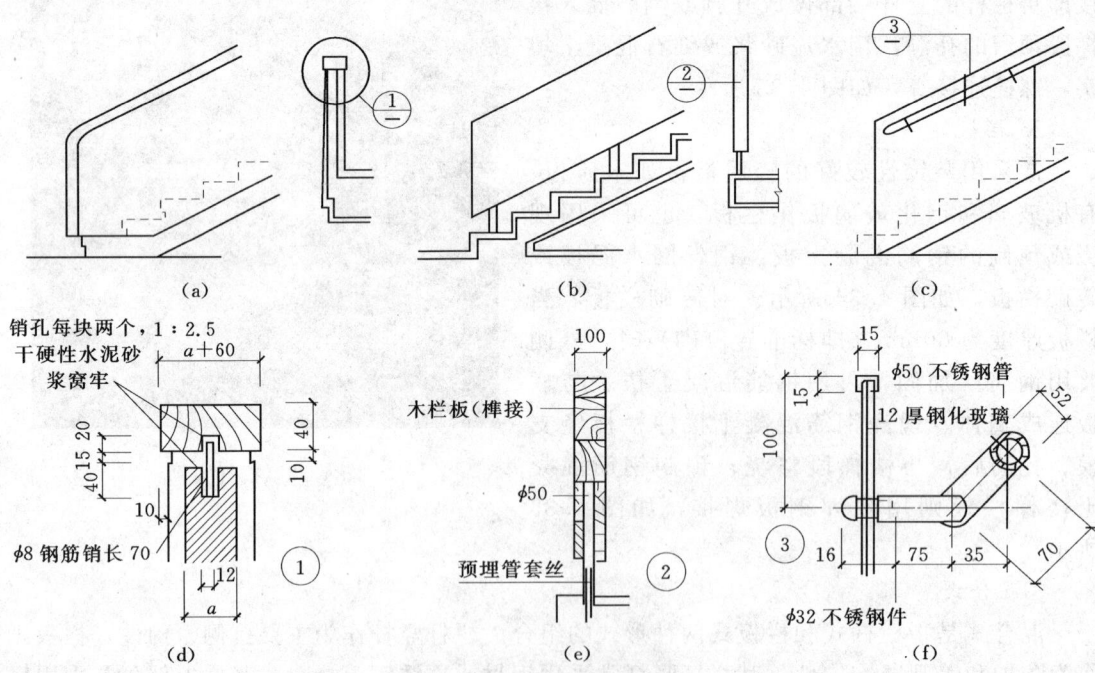

图 4.34 栏板式栏杆构造
(a) 钢筋混凝土栏板；(b) 木栏板；(c) 玻璃栏板

4.4 楼梯的细部构造

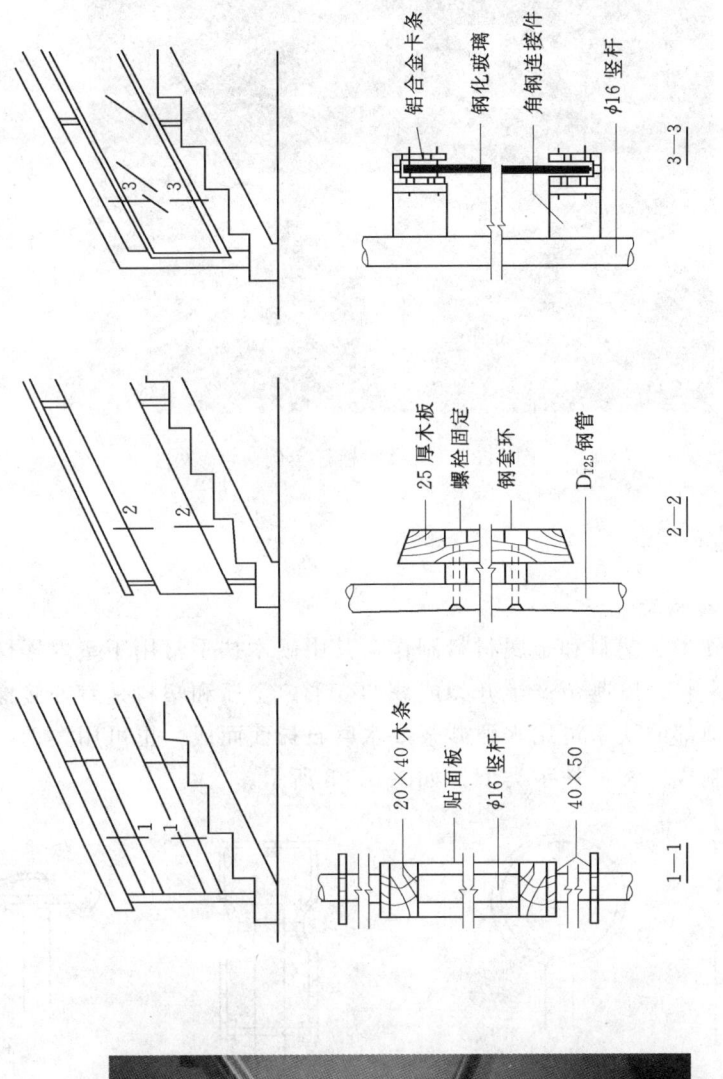

图 4.36 组合式栏杆构造

图 4.35 栏板实例

图 4.37 组合式栏杆实例

4.4.3 扶手构造

1. 扶手的形式与构造

扶手一般采用硬木、塑料和金属材料制作，其中硬木扶手常用于室内楼梯。室外楼梯的扶手则很少采用木料，以避免产生开裂或翘曲变形。金属和塑料是室外楼梯扶手常用的材料。另外，栏板顶部的扶手可用水泥砂浆或水磨石抹面而成，也可用大理石板、预制水磨石板或木板贴面制成。常见扶手类型，如图 4.38 所示。

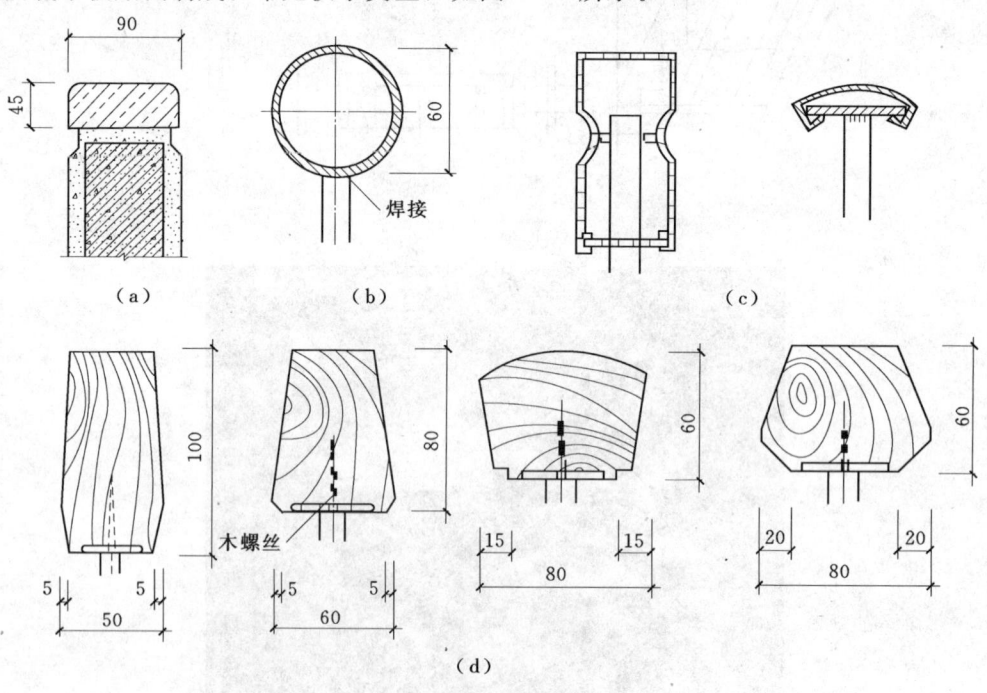

图 4.38 扶手的形式与构造
(a) 石材扶手；(b) 金属管扶手；(c) 塑料扶手；(d) 木扶手

2. 靠墙扶手和儿童扶手

靠墙扶手和儿童扶手如图 4.39 和图 4.40 所示。

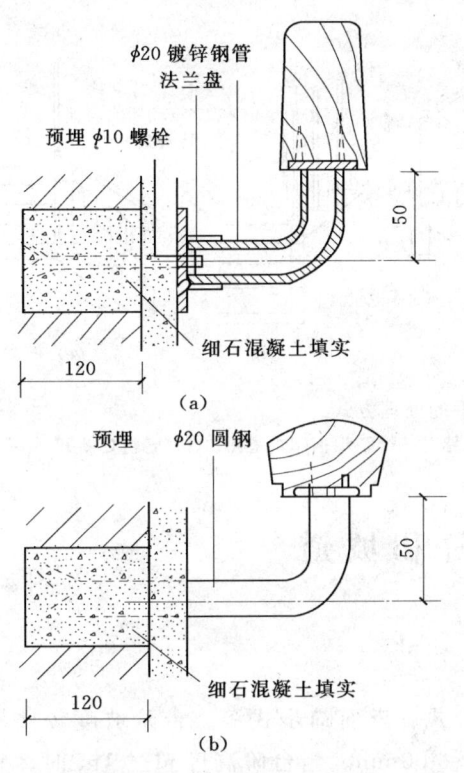

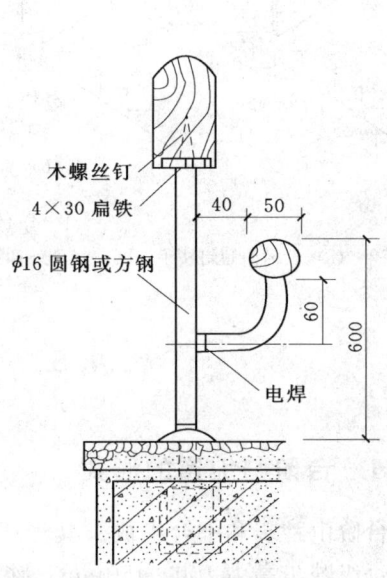

图 4.39 靠墙扶手的构造
(a) 预埋螺栓连接；(b) 连接件埋入墙上的预留孔内

图 4.40 儿童扶手构造

3. 顶层水平栏杆扶手

设置在楼梯顶层的楼层平台临空一侧，高度不小于 1.0m。扶手端部与墙固定的方法：在墙上预留孔洞，将扶手与插入洞内的扁钢相连接，用水泥砂浆或细石混凝土填实，也可将角钢用木螺丝固定于墙内预埋的防腐木砖上。若为钢筋混凝土墙或柱，则可采用预埋铁件焊接，见图 4.41。

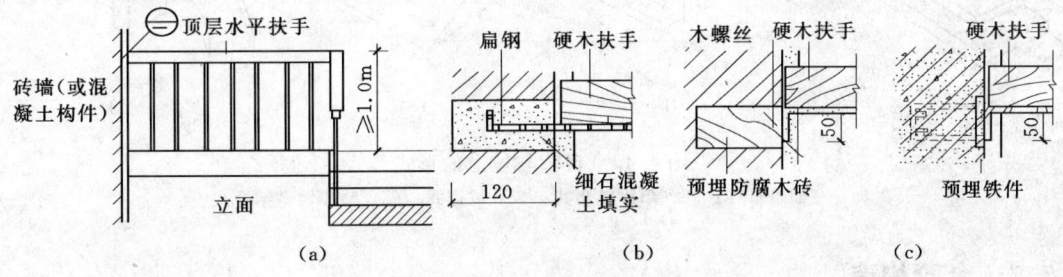

图 4.41 顶层水平栏杆扶手的尺寸与构造
(a) 预留孔洞连接；(b) 预埋防腐木砖木螺丝连接；(c) 预埋铁件焊接

4. 转弯处扶手的处理

转弯处扶手的处理如图 4.42 所示。

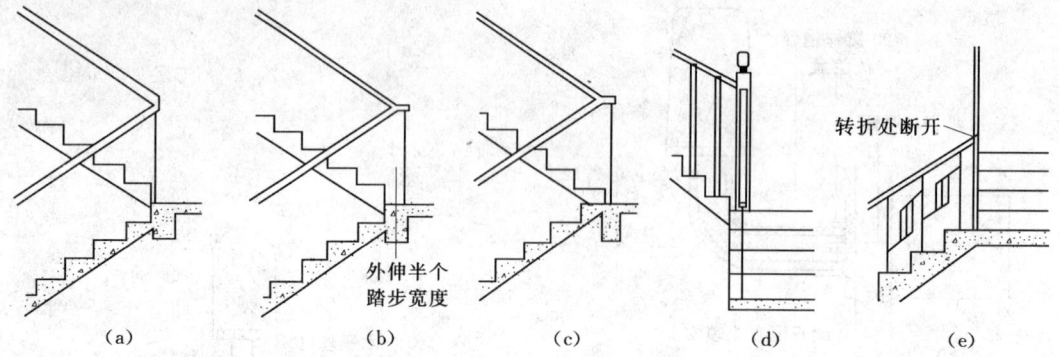

图 4.42 转折处扶手的处理方式
(a) 设横向倾斜扶手；(b) 栏杆外伸；(c) 上下梯段错开一个踏步；(d) 望柱；(e) 转折处断开

4.5 室外台阶和坡道

4.5.1 台阶与坡道的形式

台阶由踏步和平台组成。其形式有单面踏步式、三面踏步式等。台阶坡度较楼梯平缓，每级踏步高为 100～150mm，踏面宽为 300～400mm。当台阶高度超过 1m 时，宜有护栏设施。坡道多为单面坡形式，极少三面坡的。坡道坡度应以有利推车通行为佳，一般为 1/10～1/8，也有 1/30 的。还有些大型公共建筑，为考虑汽车能在大门入口处通行，常采用台阶与坡道相结合的形式，如图 4.43 所示。

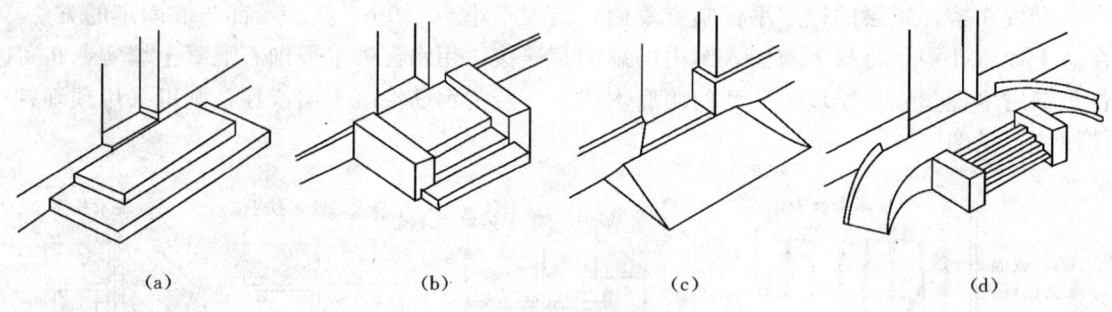

图 4.43 台阶与坡道的形式
(a) 三面踏步式；(b) 单面踏步式；(c) 坡道式；(d) 踏步坡道结合式

4.5.2 台阶构造

台阶构造与地坪构造相似，由面层和结构层构成。

踏步通常不少于 2 步。平台深度一般不小于 1000mm，平台面比室内地面低 20～

4.5 室外台阶和坡道

60mm，并向外找坡1%~4%，以利排水。台阶的形式和尺寸如图4.44所示。

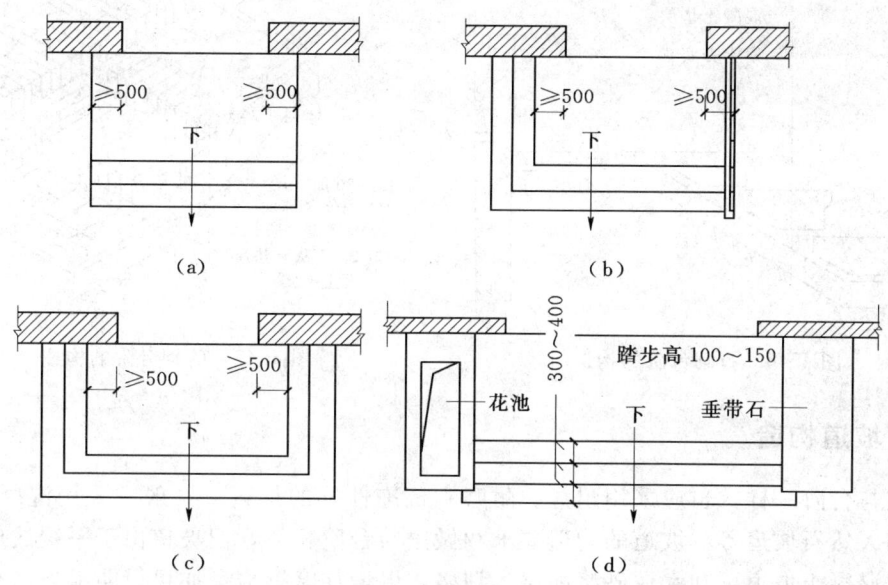

图 4.44 台阶的形式和尺寸
(a) 单面踏步；(b) 两面踏步；(c) 三面踏步；(d) 单面踏步带花池

构造要求台阶坚固耐磨，具有较好的耐久性、抗冻性和憎水性。台阶分实铺和空铺两种构造形式（见图4.45）。其中实铺台阶包括素土夯实层、垫层和面层。基本构造层次，有混凝土台阶、石砌台阶（见图4.46）、砖砌台阶（见图4.47）。面层可用水泥砂浆或水磨石，也可采用马赛克、天然石材或人造石材等块材面层。台阶与建筑物主体之间设置沉降缝，并在施工时间上滞后主体建筑。在严寒地区，台阶应设置灰土垫层，以减轻冻土影响。

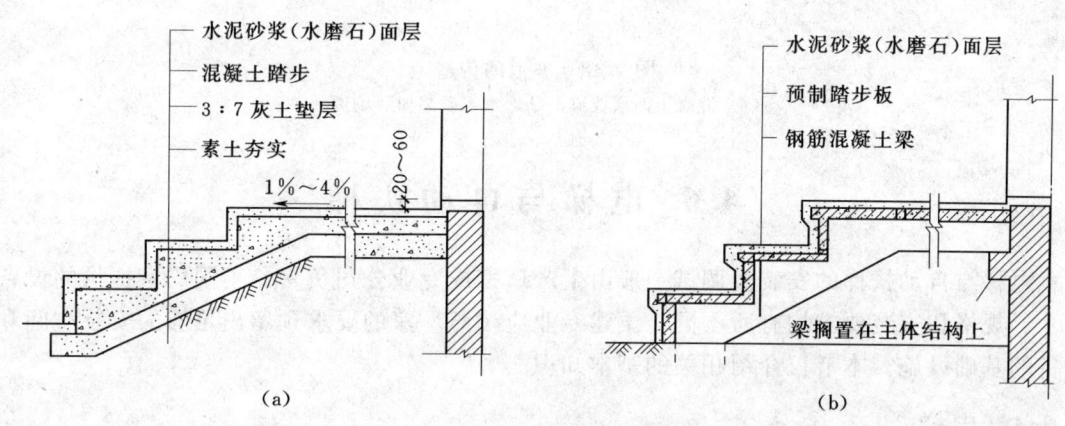

图 4.45 台阶的构造形式
(a) 实铺式台阶；(b) 空铺式台阶

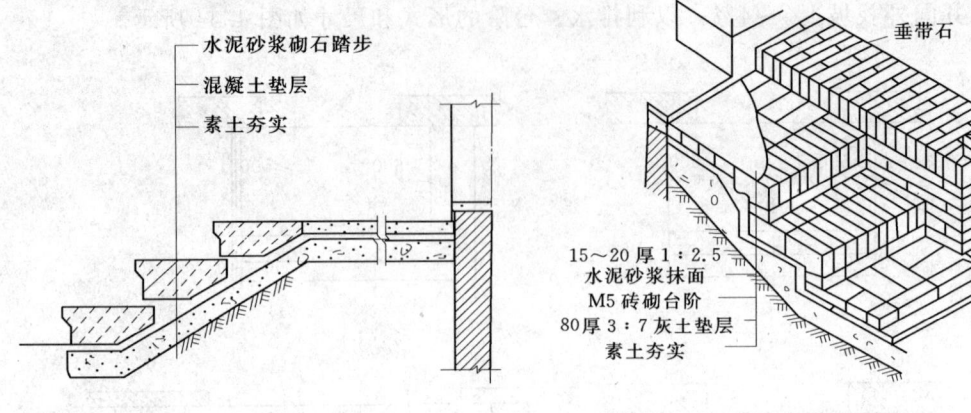

图 4.46 石砌台阶的构造　　　　图 4.47 砖砌台阶的构造

4.5.3 坡道构造

坡道与台阶一样,也应采用耐久、耐磨和抗冻性好的材料,一般多采用混凝土坡道,也可采用天然石坡道等。坡道的构造要求和做法与台阶相似,但坡道由于平缓故对防滑要求较高。混凝土坡道可在水泥砂浆面层上划格,以增加摩擦力,亦可设防滑条,或做成锯齿形。天然石坡道可对表面做粗糙处理。坡道构造如图 4.48 所示。

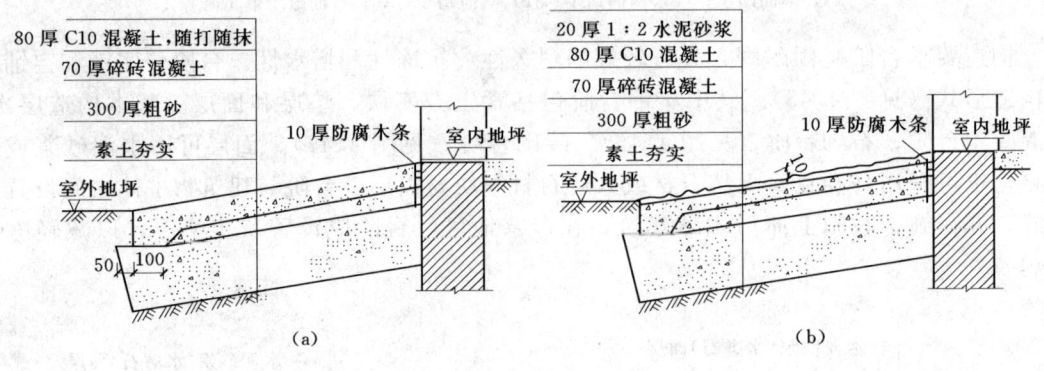

图 4.48 坡道的构造
(a) 混凝土面层坡道；(b) 水泥砂浆面层坡道

*4.6 电梯与自动扶梯

电梯与自动扶梯的安装及调试一般由生产厂家或专业公司负责。不同厂家提供的设备尺寸、规格和安装要求均有所不同。土建专业应按照厂家的要求预留出足够的安装空间和设备的基础设施。本节仅介绍相关的基本知识。

4.6.1 电梯

1. 电梯的类型
(1) 按使用性质分:

1) 客梯：主要用于人们在建筑物中的垂直联系。

2) 货梯：主要用于运送货物及设备。

3) 消防电梯：用于发生火灾、爆炸等紧急情况下作安全疏散人员和消防人员紧急救援使用。

(2) 按电梯行驶速度分：

1) 高速电梯：速度大于2m/s，梯速随层数增加而提高，消防电梯常用高速。

2) 中速电梯：速度在2m/s之内，一般货梯，按中速考虑。

3) 低速电梯：运送食物电梯常用低速，速度在1.5m/s以内。

(3) 其他分类：有按单台、双台分；按交流电梯、直流电梯分；按轿厢容量分；按电梯门开启方向分等。

2. 电梯的组成

电梯由井道、机房和轿厢三部分组成，如图4.49所示。其中，轿厢是由电梯厂生产的，并由专业公司负责安装。但其规格、尺寸等指标是确定机房和井道布局、尺寸和构造的决定因素。

(1) 电梯井道。电梯井道是电梯运行的通道，井道内包括出入口、电梯轿厢、导轨、导轨撑架、平衡锤及缓冲器等。不同用途的电梯，井道的平面形式不同。

(2) 电梯机房。电梯机房一般设在井道的顶部。机房和井道的平面相对位置允许机房任意向一个或两个相邻方向伸出，并满足机房有关设备安装的要求。机房楼板应按机器设备要求的部位预留孔洞，如图4.50和图4.51所示。

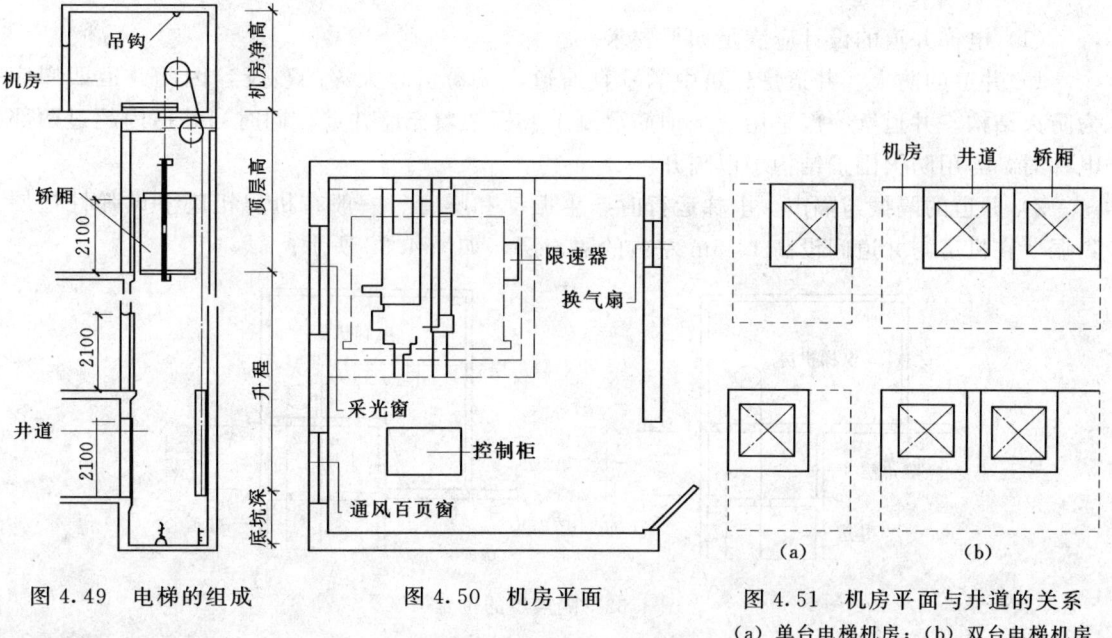

图4.49 电梯的组成　　图4.50 机房平面　　图4.51 机房平面与井道的关系
(a) 单台电梯机房；(b) 双台电梯机房

(3) 井道地坑。井道地坑在最底层平面标高下≥1.4m，考虑电梯停靠时的冲力，作为轿厢下降时所需的缓冲器的安装空间。

(4) 组成电梯的有关部件。

1) 轿厢。是直接载人、运货的厢体。电梯轿厢应造型美观，经久耐用。当今轿厢采用金属框架结构，内部用光洁有色钢板壁面或有色有孔钢板壁面，花格钢板地面，荧光灯局部照明以及不锈钢操纵板等。入口处则采用钢材或坚硬铝材制成的电梯门槛。

2) 井壁导轨和导轨支架。是支承、固定厢上下升降的轨道。

3) 牵引轮及其钢支架、钢丝绳、平衡锤、轿厢开关门、检修起重吊钩等。

4) 有关电器部件。交流电动机、直流电动机、控制柜、继电器、选层器、动力、照明、电源开关、厅外层数指示灯和厅外上下召唤盒开关等。

3. 电梯与建筑物相关部位的构造

(1) 井道、机房建筑的一般要求。

1) 通向机房的通道和楼梯宽度不小于1.2m，楼梯坡度不大于45°。

2) 机房楼板应平坦整洁，能承受6kPa的均布荷载。

3) 井道壁多为钢筋混凝土井壁或框架填充墙井壁。井道壁为钢筋混凝土时，应预留150mm见方、150mm深孔洞、垂直中距2m，以便安装支架。

4) 框架（圈梁）上应预埋铁板，铁板后面的焊件与梁中钢筋焊牢。每层中间加圈梁一道，并需设置预埋铁板。

5) 电梯为两台并列时，中间可不用隔墙而按一定的间隔放置钢筋混凝土梁或型钢过梁，以便安装支架。

(2) 电梯导轨支架的安装。安装导轨支架分预留孔插入式和预埋铁件焊接式。

4. 电梯井道构造

(1) 电梯井道的设计应满足如下要求。

1) 井道的防火。井道是建筑中的垂直通道，极易引起火灾的蔓延，因此井道四周应为防火结构。井道壁一般采用现浇钢筋混凝土或框架填充墙井壁。同时当井道内超过两部电梯时，需用防火围护结构予以隔开。

2) 井道的隔振与隔声。电梯运行时产生振动和噪音。一般在机房机座下设弹性垫层隔振，在机房与井道间设高1.5m左右的隔声层，如图4.52所示。

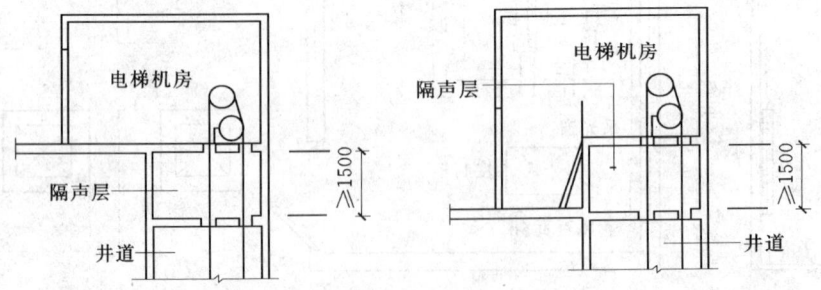

图4.52 隔声层的位置

3) 井道的通风。为使井道内空气流通，火警时能迅速排除烟和热气，应在井道肩部和中部适当位置（高层时）及地坑等处设置不小于300mm×600mm的通风口，上部可以和排烟口结合，排烟口面积不少于井道面积的3.5%。通风口总面积的1/3应经常开启。通风管道可在井道顶板上或井道壁上直接通往室外。

4）其他。地坑应注意防水、防潮处理，坑壁应设爬梯和检修灯槽。

（2）电梯井道细部构造。电梯井道的细部构造包括厅门的门套装修及厅门的牛腿处理，导轨撑架与井壁的固结处理等。

电梯井道可用砖砌加钢筋混凝土圈梁，但大多为钢筋混凝土结构。井道各层的出入口即为电梯间的厅门，在出入口处的地面应向井道内挑出一牛腿。电梯门一般为双扇推拉门，门的滑槽通常安置在门套下牛腿状挑出部分，如图4.53所示。

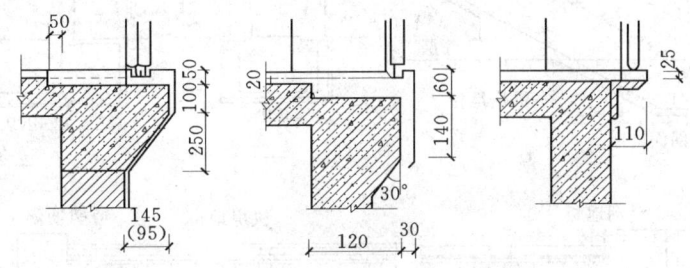

图4.53 门的滑槽和牛腿的构造

由于厅门系人流或货流频繁经过的部位，故不仅要求做到坚固适用，而且还要满足一定的美观要求。具体的措施是在厅门洞口上部和两侧装上门套。门套装修可采用多种做法，如水泥砂浆抹面、贴水磨石板、大理石板以及硬木板或金属板贴面。除金属板为电梯厂定型产品外，其余材料均系现场制作或预制。

4.6.2 自动扶梯

自动扶梯适用于有大量人流上下的公共场所，如车站、超市、商场、地铁车站等。自动扶梯可正、逆两个方向运行，可作提升及下降使用，机器停转时可作普通楼梯使用。

自动扶梯是电动机械牵动梯段踏步连同栏杆扶手带一起运转。机房悬挂在楼板下面，如图4.54所示。

自动扶梯的坡道比较平缓，自动扶梯的角度有27.3°、30°、35°，其中30°是优先选用的角度。运行速度为0.5~0.7m/s，宽度按输送能力有单人和双人两种，见表4.6。

表4.6 自动扶梯型号规格

梯型	输送能力（人/h）	提升高度 H	速度（m/s）	扶梯宽度	
				净宽 B（mm）	外宽 B_1（mm）
单人梯	5000	3~10	0.5	600	1350
双人梯	8000	3~8.5	0.5	1000	1750

自动扶梯一般设在室内，也可以设在室外。根据自动扶梯在建筑中的位置及建筑平面布局，自动扶梯的布置方式见表4.7。

第4章 楼 梯

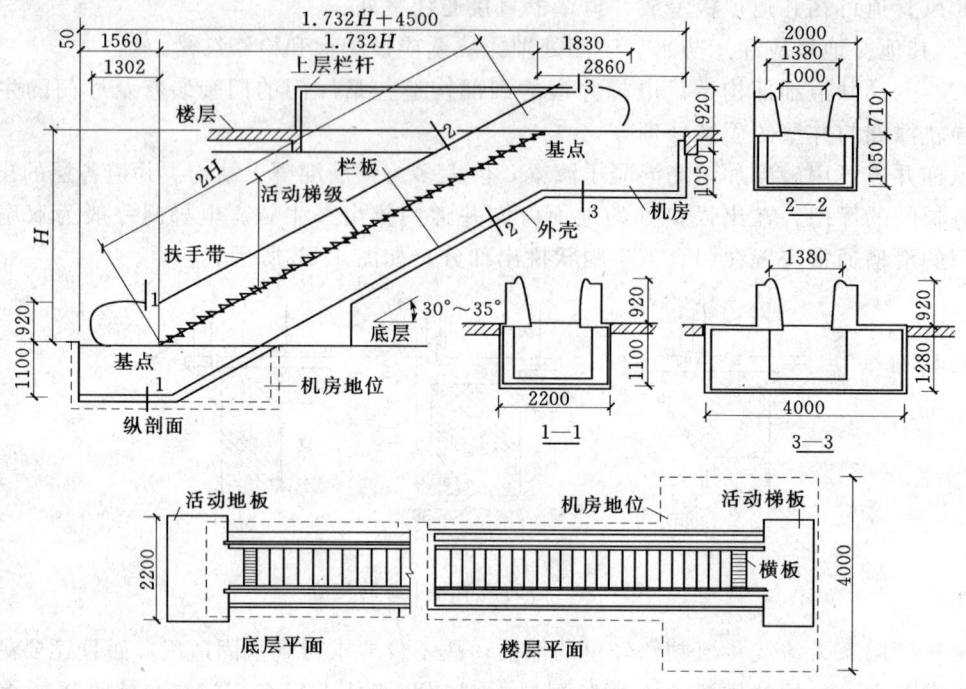

图4.54 自动扶梯基本尺寸（单位：mm）

表 4.7　　　　　　　　　自 动 扶 梯 的 布 置 方 式

排列方式	图　示	特　点
并联排列式		楼层交通乘客流动可以连续，升降两个方向交通均分离清楚，外观豪华，但安装面积大
平行排列式		安装面积小，但楼层交通不连续
串连排列式		楼层交通乘客流动可以连续
交叉排列式		乘客流动升降两方向均为连续，且搭乘场相距较远，升降客流不发生混乱，安装面积小

在建筑物中设置自动扶梯时，上下两层面积总和如超过防火分区面积要求时，应按防

火要求设防火隔断或复合式防火卷帘封闭自动扶梯井。

自动扶梯对建筑室内具有较强的装饰作用，扶手多为特制的耐磨胶带，有多种颜色。栏板分为玻璃、不锈钢板、装饰面板等几种。有时还辅助以灯具照明，以增强其美观性。

复 习 思 考 题

1. 楼梯由哪些部分组成？各组成部分的作用及要求如何？
2. 常见的楼梯有哪几种形式？
3. 现浇钢筋混凝土楼梯常见的结构形式是哪几种？各有何特点？
4. 预制装配式楼梯的预制踏步形式有哪几种？
5. 小型预制装配式钢筋混凝土楼梯踏步支承方式有哪些？平台板的搁置形式有哪几种？
6. 楼梯设计的要求有哪些？
7. 楼梯坡度如何确定？踏步高与踏步宽和行人步距的关系如何？
8. 确定楼梯段宽度应以什么为依据？为什么平台宽不得小于楼梯段宽度？
9. 一般民用建筑的踏步高与宽的尺寸是如何限制的？当踏面宽不足最小尺寸时怎么办？
10. 楼梯为什么要设栏杆？栏杆扶手的高度一般是多少？
11. 楼梯的净高一般指什么？为保证人流和货物的顺利通行，要求楼梯净高一般是多少？
12. 当建筑物底层平台下作出入口时，为增加净高，常采取哪些措施？
13. 楼梯踏面的做法如何？水磨石面层的防滑措施有哪些？并要求能看懂构造图。
14. 栏杆与踏步的构造如何？并要求能看懂构造图。
15. 扶手与栏杆的构造如何？并要求能看懂构造图。
16. 实体栏板构造如何？并要求能看懂构造图。
17. 台阶与坡道的形式有哪些？
18. 台阶的构造要求如何？并要求能看懂构造图。
19. 能够看懂坡道的构造图。
20. 常用电梯有哪几种？
21. 电梯由哪几部分组成？电梯井道的设计应满足什么要求？
22. 什么条件下适宜采用自动扶梯？

第5章 屋顶构造

5.1 概 述

5.1.1 屋顶的功能和设计要求

屋顶是建筑物最上层覆盖的外围护结构，又是建筑物顶部的承重结构，因此必须有足够的强度以承受作用于其上的各种荷载的作用，还要有足够的刚度，防止过大的变形导致屋面防水层开裂而渗水。

屋顶作为建筑物最上层的外围护结构，应具有良好的保温隔热的性能。在严寒和寒冷地区，屋顶构造设计应主要满足冬季保温的要求，尽量减少室内热量的散失；在温暖和炎热地区，屋顶构造设计应主要满足夏季隔热的要求，避免室外高温及强烈的太阳辐射对室内生活和工作的不利影响。

另外，屋顶是建筑造型的重要组成部分，如何应用新型的建筑结构和种类繁多的装修材料处理好屋顶的形式和细部，提高建筑物的整体美观效果，以满足人们对建筑艺术的需求。

因此，屋顶在结构设计上，应保证屋顶构件的强度、刚度和整体空间的稳定性。在构造设计上的核心是防水，即从两方面着手：一是屋顶的排水设计（选择排水方案、绘制屋顶平面图）；二是防水设计（屋面构造层次、屋顶细部构造），防止雨水渗漏。此外，还要做好屋顶的保温与隔热构造设计。

5.1.2 屋顶的形式

屋顶的形式与建筑的使用功能、屋面材料、结构类型以及建筑造型要求有关，见表5.1。主要包括：平屋顶、坡屋顶和曲面屋顶。

表 5.1 屋顶的形式

	屋顶的形式
平屋顶	指排水坡度小于5%的屋顶，常用坡度为2%~3% 挑檐平屋顶　女儿墙平屋顶　挑檐女儿墙平屋顶　盝顶平屋顶

5.1 概述

续表

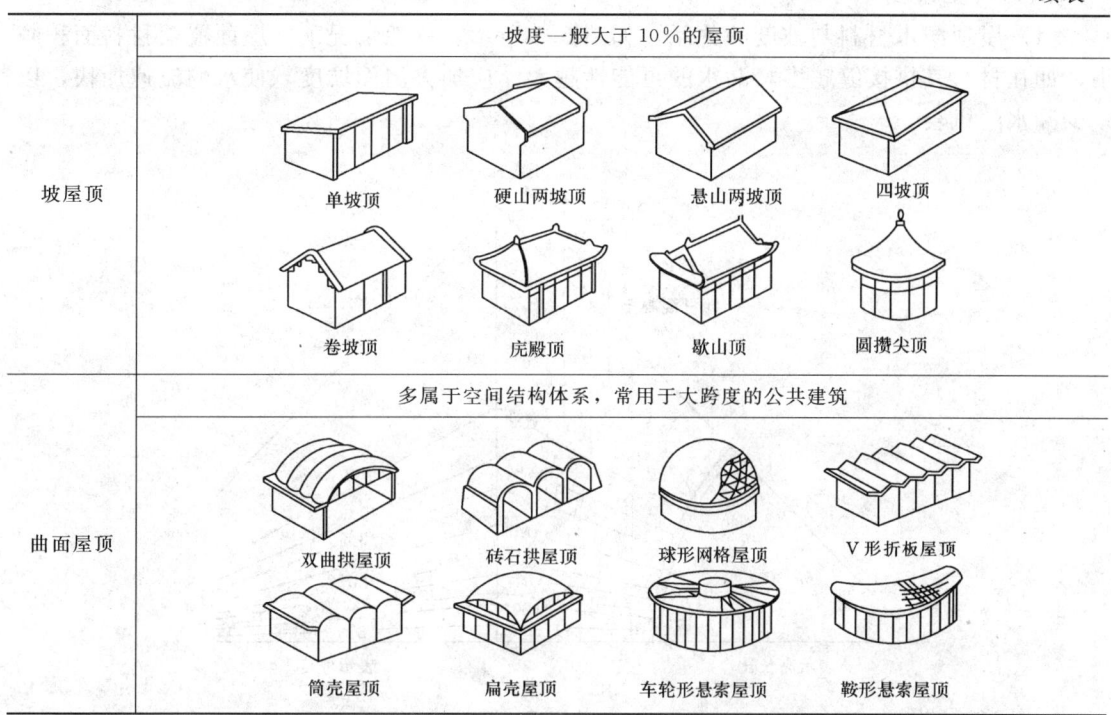

平屋顶通常是指屋面坡度小于5%的屋顶，常用坡度范围为2%～3%。其一般构造是用现浇或预制的钢筋混凝土屋面板作基层，上面铺设卷材防水层或其他类型防水层。

坡屋顶通常是指屋面坡度大于10%的屋顶，常用坡度范围为10%～60%。

曲面屋顶如拱结构、薄壳结构、悬索结构和网架结构等。这类屋顶一般用于较大体量的公共建筑。

5.1.3 屋顶坡度

1. 屋顶坡度的表示方法

屋顶坡度的表示方法有斜率法、百分比法和角度法3种，见表5.2。斜率法是以屋顶高度与坡面的水平投影长度之比表示，可用于平屋顶或坡屋顶；百分比法是以屋顶高度与坡面的水平投影长度的百分比表示，多用于平屋顶；角度法是以倾斜屋面与水平面的夹角表示，多用于有较大坡度的坡屋顶，目前在工程中较少采用。

表5.2　　　　　　　　　屋顶坡度表示方法

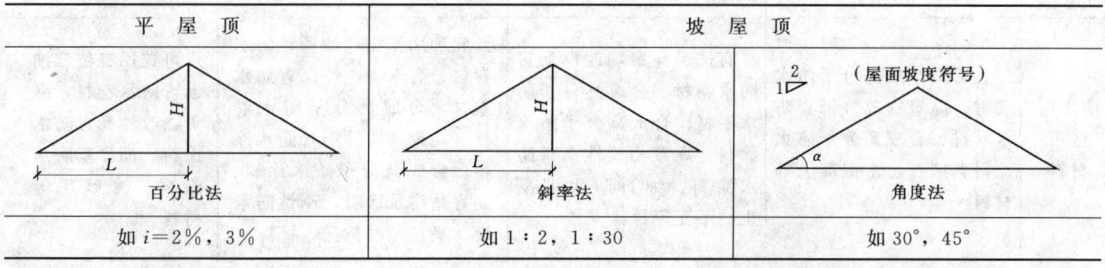

2. 影响屋顶坡度的因素

(1) 屋顶防水材料与坡度的关系,如图 5.1 所示。一般情况下,屋面覆盖材料面积越小,如瓦材,其拼接缝越多,漏水的可能性越大。应加大屋面坡度,使水的流速加快,以减少漏水的机会。

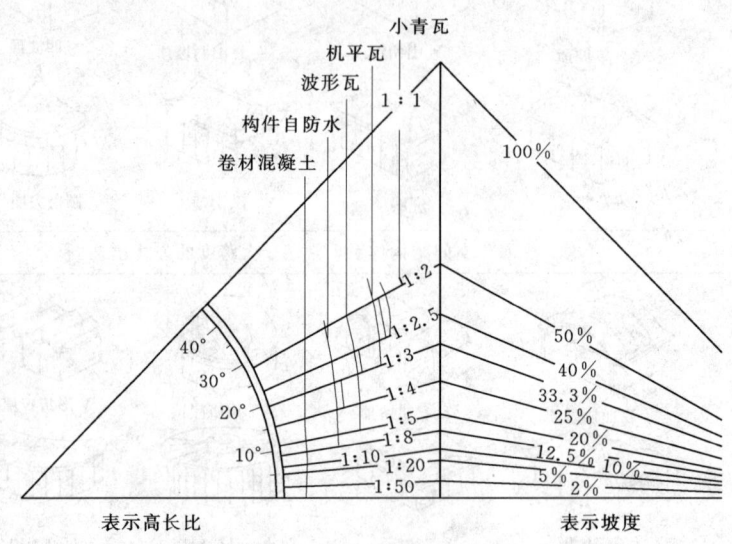

图 5.1 各种屋顶常用坡度

(2) 降雨量大小与坡度的关系。降雨量分为年降雨量和小时最大降雨量。降雨量大的地区,屋顶的坡度应大些;反之,屋顶坡度可以小些。

5.1.4 屋面防水等级

GDJ 0207—94《屋面工程技术规范》将屋面防水分为 4 个等级,并根据不同屋面防水等级规定了防水设防构造和防水材料的选用,见表 5.3。

表 5.3 屋 面 防 水 等 级

项目	屋 面 防 水 等 级			
	Ⅰ	Ⅱ	Ⅲ	Ⅳ
建筑物类别	特别重要的民用建筑和对防水有特殊要求的工业建筑	重要的工业与民用建筑、高层建筑	一般的工业与民用建筑	非永久性的建筑
防水层耐用年限	25 年	15 年	10 年	5 年
防水层选用材料	宜选用合成高分子防水卷材、高聚物改性沥青防水卷材、合成高分子防水涂料、细石防水混凝土等材料	宜选用高聚物改性沥青防水卷材、合成高分子防水卷材、合成高分子防水涂料、高聚物改性沥青防水涂料、细石防水混凝土、平瓦等材料	应选用三毡四油沥青防水卷材、高聚物改性沥青防水卷材、合成高分子防水卷材、高聚物改性沥青防水涂料、合成高分子防水涂料、沥青基防水涂料、刚性防水层、平瓦、油毡瓦等材料	可选用二毡三油沥青防水卷材、高聚物改性沥青防水卷材、沥青基防水涂料、波形瓦等材料

续表

项目	屋面防水等级			
	I	II	III	IV
设防要求	三道或三道以上防水设防，其中应有一道合成高分子防水卷材，且只能有一道厚度不小于2mm的合成高分子防水涂料	二道防水设防，其中应有一道卷材。也可采用压型钢板进行一道设防	一道防水设防，或两种防水材料复合使用	一道防水设防

5.2 平 屋 顶

5.2.1 平屋顶的组成

平屋顶一般由面层（防水层）、保温隔热层、结构层和顶棚层4部分组成，如图5.2所示。

（1）面层（防水层）常用的有柔性防水和刚性防水两种方式。

（2）保温层或隔热层。南方地区，一般不设保温层，而北方地区则很少设隔热层。

（3）结构层。最常用的是预制装配式混凝土结构，如空心板和槽形板等。为提高屋面的防水能力，宜采用现浇钢筋混凝土结构。

（4）顶棚层的作用及构造与楼板层顶棚层基本相同。

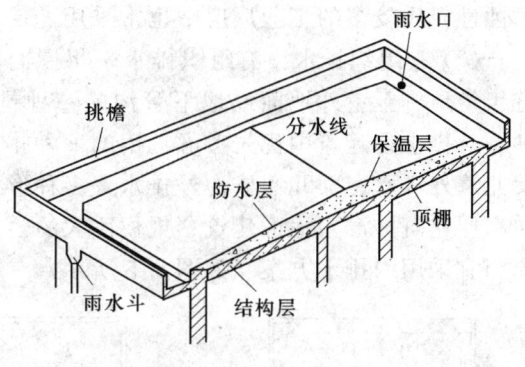

图5.2 平屋顶组成

5.2.2 平屋顶的排水设计

1. 平屋顶坡度的形成

屋顶排水坡度的形成主要有材料找坡和结构找坡两种，如图5.3所示。

（1）材料找坡。材料找坡亦称垫置坡度或填坡。是指将屋面板象楼板一样水平搁置，然后在屋面板上采用轻质材料铺垫而形成屋面坡度的一种做法。一般用于坡向长度较小的屋面。常用的找坡材料有水泥炉渣、石灰炉渣等。材料找坡坡度宜为2%左右，找坡材料最薄处一般应不小于30mm厚，如图5.3（a）所示。

（2）结构找坡。结构找坡亦称搁置坡度或撑坡。是指将屋面板倾斜地搁置在下部的承重墙或屋面梁及屋架上而形成屋面坡度的一种做法。结构找坡的坡度宜为3%，如图5.3（b）所示。

材料找坡的屋面板可以水平放置，天棚面平整，但材料找坡增加屋面荷载，材料和人工消耗较多；结构找坡无需在屋面上另加找坡材料，构造简单，不增加荷载，但天棚顶倾

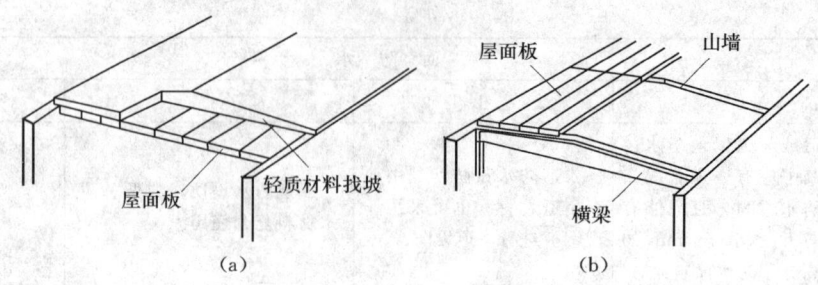

图 5.3 平屋顶坡度的形成
(a) 材料找坡；(b) 结构找坡

斜，室内空间不够规整。这两种方法在工程实践中均有广泛的运用。

2. 平屋顶的排水方式

(1) 无组织排水。无组织排水是屋面雨水直接从檐口滴落至地面的一种排水方式，又称自由落水。构造简单，排水顺畅，但降低了外墙的坚固耐久性。主要适用于少雨地区或相邻屋面高差小于 4m 的一般低层建筑，不宜用于临街建筑和较高的建筑。在积灰严重、腐蚀性介质较多的工业厂房中也常采用。

(2) 有组织排水。有组织排水是将屋面划分成若干排水区，屋面雨水通过排水系统，有组织地排至室外地面或地下管沟的一种排水方式。有组织排水分为外排水和内排水两种，外排水是建筑中优先考虑选用的一种排水方式，如图 5.4 所示。一般有檐沟外排水、女儿墙外排水、女儿墙檐沟外排水等多种形式，檐沟的纵向排水坡度一般为 0.5%~1%。在高层建筑、严寒地区建筑、规模巨大的公共建筑和多跨厂房中，因维修、结冻、排水等原因宜采用内排水方案（如图 5.5 所示）。

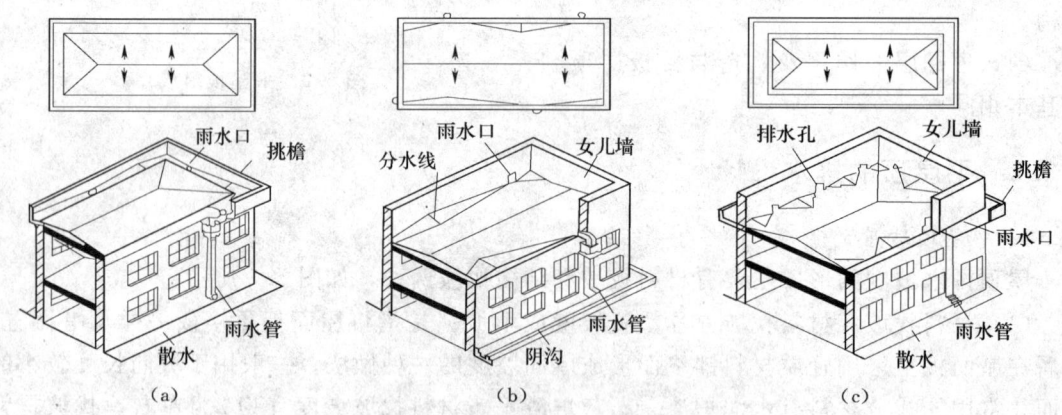

图 5.4 外排水方案
(a) 檐沟内排水；(b) 女儿墙外排水；(c) 带女儿墙的檐沟外排水

3. 平屋顶的排水组织设计

屋面排水设计的主要任务是：首先将屋面划分成若干个排水区，然后通过适宜的排水坡和排水沟，分别将雨水引向各自的落水管再排至地面等，绘制屋顶平面图。屋面排水的设计原则是排水通畅、简捷、雨水口负荷均匀。具体步骤是：

5.2 平屋顶

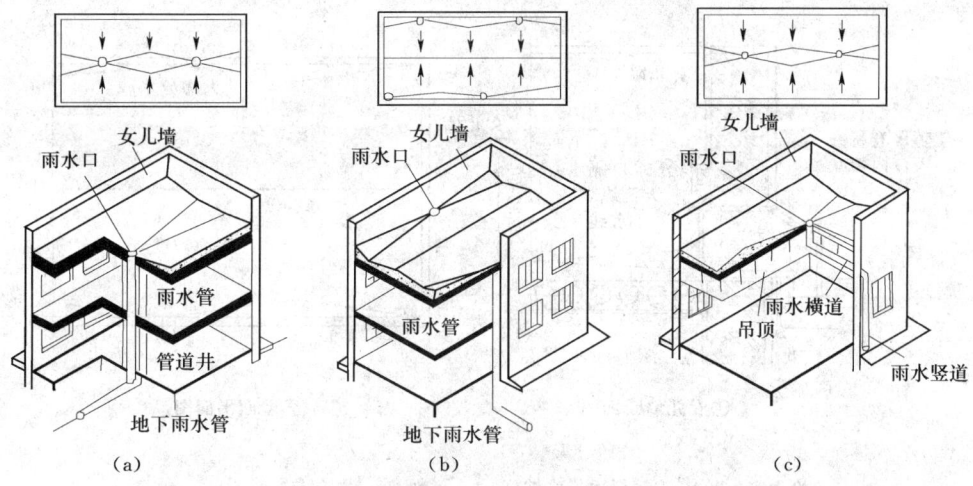

图 5.5 内排水方案
(a) 房间中部内排水；(b) 外墙内侧内排水；(c) 内落外排水

(1) 确定排水坡面数和坡度值。进深较小（小于 12m）或临街建筑常采用单坡排水，进深较大的建筑物宜采用双坡或多坡。常用的排水坡度为 2%～3%。

(2) 划分排水区。排水区的面积是指屋面水平投影的面积。每一根落水管的屋面最大汇水面积与小时降雨量和落水管的直径有关，一般不宜大于 $200m^2$。

(3) 确定天沟的断面形式及尺寸。天沟即屋面的排水沟，位于外檐边的又称檐沟。天沟的宽度不应小于 200mm，天沟上口距分水线的距离不应小于 120mm。檐沟、天沟纵向泛水坡度宜为 1%，雨水口周围直径 500mm 范围宜为 5%，沟底水落差不超过 200mm，如图 5.6（b）所示。当采用女儿墙外排水方案时，可利用倾斜的屋面与垂直的墙面构成三角形天沟，如图 5.6（a）所示。

(4) 设置落水管。落水管材料有铸铁、UPVC 塑料、陶管、镀锌铁皮等，优先选用玻璃钢制品、UPVC 塑料制品和铸铁制品。落水管的直径不应小于 75mm，一般应大于 100mm。落水管距墙面不应小于 20mm，其排水口距散水坡的高度不应大于 200mm，落水管应用管箍与墙面固定。接头的承插长度不应小于 40mm。落水管的位置应在实墙面处，其间距一般在 18m 以内，最大间距宜不超过 24m。

根据以上分析，完整、准确地绘出屋顶排水平面图（如图 5.6 所示）。

5.2.3 平屋顶的防水构造

平屋顶按屋面防水层的不同有刚性防水、柔性防水、涂料防水及粉剂防水屋面等多种做法。

1. 柔性防水屋面构造

柔性防水屋面，是以防水卷材和黏结剂分层粘贴而构成防水层的屋面。它具有一定的延伸性，对变形的适应能力强于刚性防水屋面。

卷材：有沥青类卷材、高分子类卷材、高聚物改性沥青类卷材等。

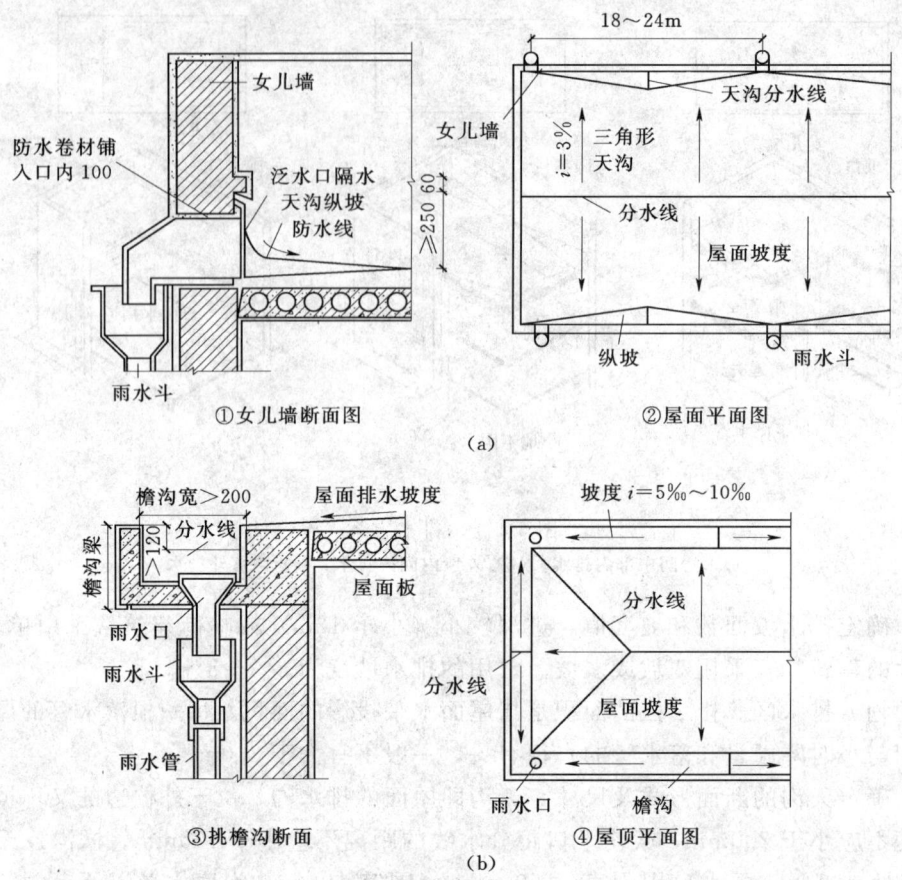

图 5.6 屋顶排水平面图
(a) 女儿墙外排水方案；(b) 檐沟排水方案

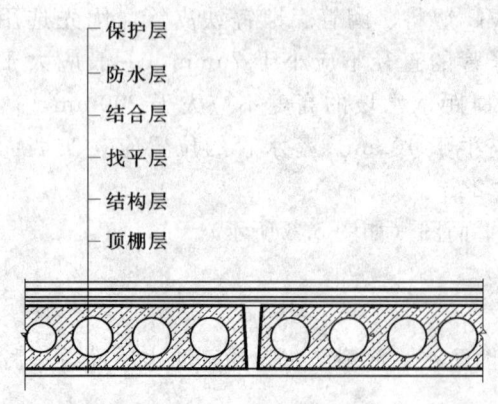

图 5.7 卷材防水屋面的基本构造组成

适用：防水等级为 I～IV 级的屋面防水（见表 5.3）。

(1) 柔性防水屋面的构造层次和做法。柔性防水的屋面由多层材料叠合而成。基本的构造层次为：结构层、找坡层、找平层、结合层、防水层和保护层组成（如图 5.7 所示）。

1) 结构层：预制或现浇钢筋混凝土屋面板，要求具有足够的强度和刚度。

2) 找坡层：这一层只有当屋面采用材料找坡时才设。通常的做法是在结构层上铺垫 1:(6～8) 水泥焦渣或水泥膨胀蛭石等轻质材料来形成屋面坡度。

3) 找平层：防水卷材应铺贴在平整的基层上，否则卷材会发生凹陷或断裂，所以在结构层或找坡层上必须先做找平层（见表 5.4）。

5.2 平 屋 顶

表 5.4　　　　　　　　　　　　　　　找 平 层

类别	基层种类	厚度（mm）	技术要求
水泥砂浆找平层	整体混凝土	15～20	1∶2.5～1∶3（水泥∶砂子）体积比
	整体或板状材料保温层	20～25	
	装配式混凝土板、松散材料保温层	20～30	
细石混凝土找平层	松散材料保温层	30～35	混凝土强度等级为C20
沥青砂浆找平层	整体混凝土	15～20	质量比为1∶8
	装配式混凝土板、整板或板状材料保温层	20～25	

4）结合层：作用：使卷材防水层与基层粘结牢固。对找平层表面进行处理，使防水层与基层之间能理想地结合。

材料：应根据卷材防水层材料的不同来选择。

（a）冷底子油喷涂一至二遍：用于油毡卷材、聚氯乙烯卷材及自粘型彩色三元乙丙复合卷材。

（b）聚氨酯底胶：用于三元乙丙橡胶卷材。

（c）氯丁胶乳：用于氯化聚乙烯橡胶卷材。

施工：结合层采用涂刷法或喷涂法进行施工，其中喷涂法效果好且工效高，应加以推广。

一般应喷涂两遍，第二遍应在第一遍干燥后进行。待最后一遍干燥后方可铺贴卷材。

5）防水层：由胶结材料与卷材粘合而成，卷材连续搭接，形成屋面防水的主要部分。常用材料有：

（a）合成高分子卷材：如三元乙丙橡胶、氯化聚乙烯橡胶共混卷材、氯磺化聚乙烯、氯化聚乙烯和聚氯乙烯等防水卷材。它具有抗拉强度高，延伸率大，耐老化等特点，但接缝不好处理，价格偏高。

（b）高聚物改性沥青防水卷材：如 SBS 改性沥青、APP 改性沥青和再生橡胶改性沥青等。改善了沥青的高温流淌、低温冷脆的弱点，大部分采用胶粘剂冷粘施工和热熔施工。

（c）沥青类防水卷材：如石油沥青纸胎油毡、沥青黄麻胎油毡和沥青玻纤胎油毡。构造要点：

a）卷材防水层的厚度控制见表 5.5。

表 5.5　　　　　　　　　　　　防 水 层 厚 度 表　　　　　　　　　单位：mm

防水等级	屋 面 材 料				
	合成高分子类		高聚物改性沥青类		沥青类涂料
	卷材	涂料	卷材	涂料	
Ⅰ级	1.5	2.0	3.0	3.0	
Ⅱ级	1.2	2.0	3.0	3.0	
Ⅲ级	1.2复合1.0	2.0复合1.0	4.0复合2.0	3.0复合1.5	8.0

b) 附加防水层设置。在重点和薄弱部位，卷材防水为沥青防水卷材时，应增铺一层卷材；当采用高聚物改性沥青防水卷材，合成高分子卷材或涂膜防水时，应加铺有胎体增强材料的涂膜附加层。

c) 铺贴与搭接。当屋面坡度小于3%时，卷材平行于屋脊，由檐口向屋脊一层层地铺设；屋面坡度在3%～15%之间时，卷材可以平行或垂直屋脊铺贴；屋面坡度大于15%或屋面受震动荷载时，沥青卷材应垂直屋脊铺贴。上下搭接不小于70mm，左右搭接不小于100mm。多层卷材铺贴时，上下层卷材的接缝应错开，如图5.8所示。

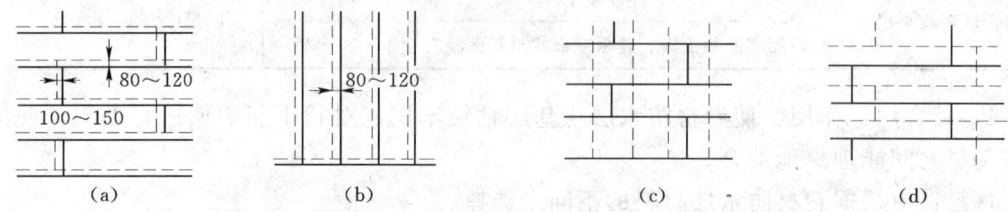

图5.8 卷材的铺设方向和搭接要求
(a) 平行屋脊铺设；(b) 垂直屋脊铺设；(c) 底层垂直、面层平行屋脊铺设；(d) 双屋平行屋脊铺设

d) 沥青胶。一般要控制在1～1.5mm以内，防止厚度过大而发生龟裂。

粘贴时第一层粘结材料沥青将被涂刷成点状或条状，如图5.9所示，点与条之间的空隙即作为水汽的扩散层。

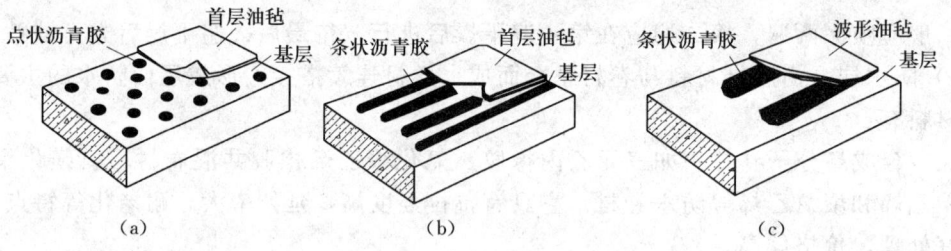

图5.9 卷材防水层首层卷材的粘贴方式
(a) 沥青胶点状粘贴；(b) 条状粘贴；(c) 波形油毡条状粘贴

6) 保护层。保护层的材料做法，根据防水层所用材料和屋面的利用情况分为上人屋面保护层和不上人屋面保护层。

上人屋面常选用如图5.10所示：地砖块材、制混凝土板、架空钢筋混凝土板，用混凝土C20配筋$\phi 4$双向@150，板缝1:2水泥砂浆填实，或30～40mm厚的浇筑细石混凝土层，每2m左右设一分仓缝。

不上人屋面常用：绿豆砂保护层（粒径3～5mm绿豆砂，随涂热玛蹄脂铺撒）、细砂保护层（随刷防水涂料铺撒）、浅色防水涂料保护层（浅色或银白色丙烯酸涂料二遍）或架空隔热板保护层（也可用于上人屋面）。顺排水方向砌120mm厚砖带，高180mm，中距500mm；或采用M2.5水泥砂浆砌120mm×120mm，高180mm砖墩，双向中距500mm，如图5.10（c）所示。既可保护卷材又能通风降温。

7) 隔汽层。在纬度40°以北地区，且室内空气湿度大于75%，或其他地区室内空气

5.2 平屋顶

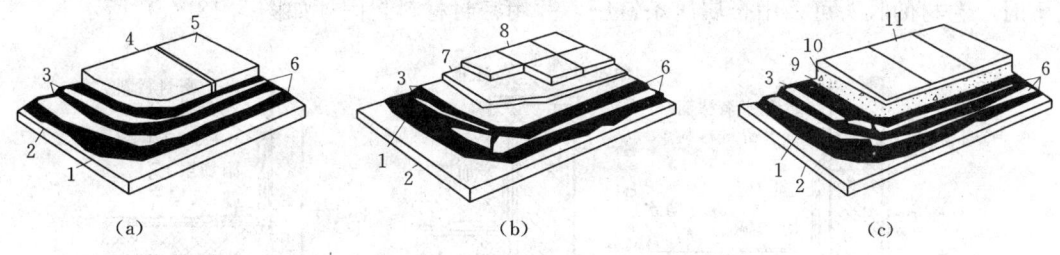

图 5.10 上人屋面保护层的构造
(a) 现浇混凝土面层；(b) 块材面层；(c) 预指板或大阶砖架空面层
1—找平层；2—基层；3—油毡；4、5—现浇；6—沥青胶；7—结合层；
8—铺块地面；9—绿豆砂；10—填块；11—板材架空地面

湿度常年大于80%时，若采用吸湿性保温材料做保温层时，应选用气密性、水密性好的防水卷材或防水涂料做隔汽层。

隔汽层主要做法有：1.5厚氯化聚乙烯防水卷材；4厚SBS改性沥青防水卷材、1.5厚聚氨醋防水涂料。

8) 隔离层。上人卷材防水屋面块体或细石混凝土面层与防水层之间应做隔离层。隔离层可采用麻刀灰等低强度等级的砂、干铺油毡、黄砂等。

(2) 卷材防水屋面的细部构造。屋顶细部是指屋面上的泛水、天沟、雨水口、檐口、变形缝（见第7章）等部位。

1) 泛水构造。泛水是指屋面防水层与垂直屋面凸出物交接处的防水处理。包括屋面的女儿墙、烟囱、楼梯间、变形缝、检修孔、立管等壁面与屋面交接处。

做法及构造要点：高度、转角和卷材收头的处理。

(a) 泛水高度不得小于250mm，如图5.11所示。

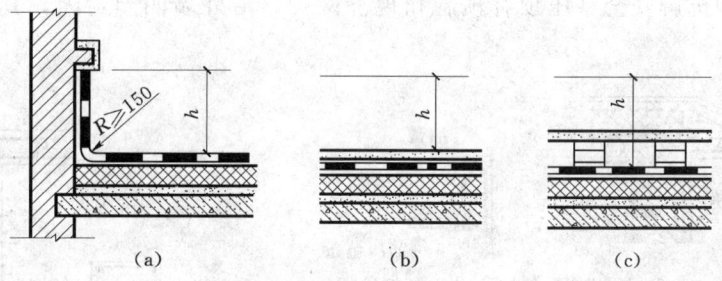

图 5.11 泛水高度的确定
(a) 不上人屋面；(b) 上人屋面；(c) 架空屋面

(b) 转角处增铺附加层，圆弧半径（R）或45°斜面。当卷材种类为沥青防水卷材时 $R=100\sim150$mm；高聚物改性沥青卷材 $R=50$mm；合成高分子防水卷材 $R=20$mm。附加卷材尺寸，平铺段≥250mm，上反≥300mm，上端边口切齐。

(c) 卷材收头固定。一般做法是：收头直接压在女儿墙的压顶下［如图5.12 (b) 所示］或在砖墙上留凹槽，卷材收头压入凹槽内，用压条或垫片钉固定，钉距为500mm，再用密封膏嵌固。凹槽上部的墙体也应做防水处理［如图5.12 (a) 所示］。当墙体材料为混凝土时，卷材的收头可采用金属压条钉压，并用密封材料封固［如图5.12（c）所示］。

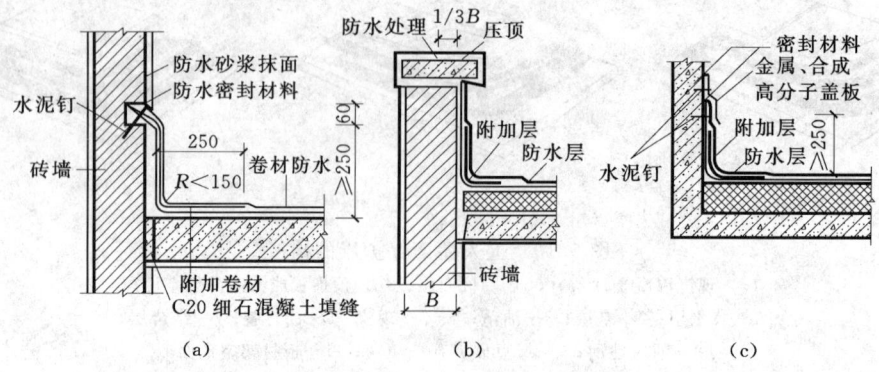

图 5.12 泛水构造
（a）附加卷材，凹槽收头；（b）收头压如压顶；（c）混凝土墙体泛水

2）檐口构造。柔性防水屋面的檐口构造有无组织排水挑檐和有组织排水挑檐及女儿墙檐口等。

檐口构造处理应注意：女儿墙檐口构造处理的关键是做好泛水的构造处理。女儿墙顶部通常应做混凝土压顶，并设有坡度坡向屋面。

（a）挑檐口构造。无组织排水檐口卷材收头应固定密封。在距檐口卷材收头800mm范围内，卷材应采取满粘法。有组织排水在檐沟与屋面交接处应增铺附加层，且附加层宜空铺，空铺宽度应为200mm。卷材收头处应用钢条压住，水泥钉钉牢，最后用油膏密封（如图5.13所示），同时檐口饰面要做好滴水。

（b）女儿墙檐口构造。女儿墙的宽度一般同外墙尺寸。高度一般不超过500mm，如上人屋面，女儿墙高度不小于1100mm，设小构造柱与压顶相连接，如图5.14所示，以保证其稳定性和抗震安全。压顶有预制和现浇两种，沿外墙四周封闭，具有圈梁的作用，如图5.15所示。

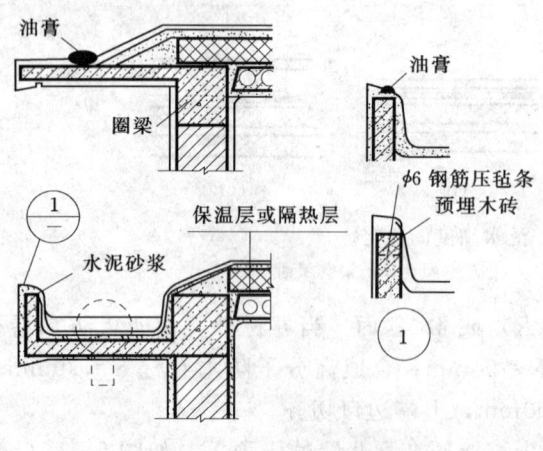

图 5.13 挑檐口构造图

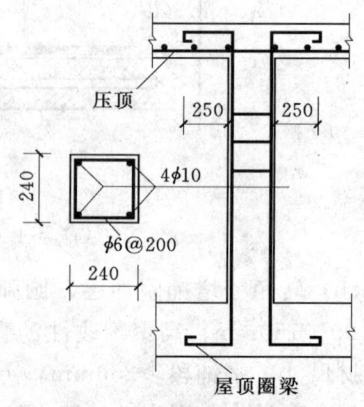

图 5.14 女儿墙压顶、构造柱与屋顶圈梁的关系

5.2 平屋顶

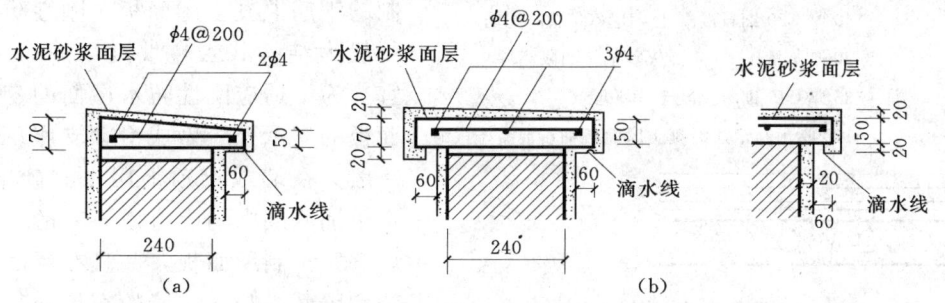

图 5.15 女儿墙压顶构造
(a) 预制压顶板；(b) 现浇压顶板

3) 雨水口构造。雨水口的类型有用于檐沟排水的直管式雨水口和女儿墙外排水的弯管式雨水口两种。雨水口在构造上要求排水通畅、防止渗漏水堵塞。直管式雨水口为防止其周边漏水，应加铺一层卷材并贴入连接管内100mm，雨水口上用定型铸铁罩或铅丝球盖住。弯管式雨水口穿过女儿墙预留孔洞内，屋面防水层应铺入雨水口内壁四周不小于100mm，并安装铸铁箅子以防杂物流入造成堵塞。雨水口周围应用不小于2厚高分子防水涂料或3厚高聚物改性沥青类涂料涂封，雨水口周围坡度宜为5%（如图5.16所示）。

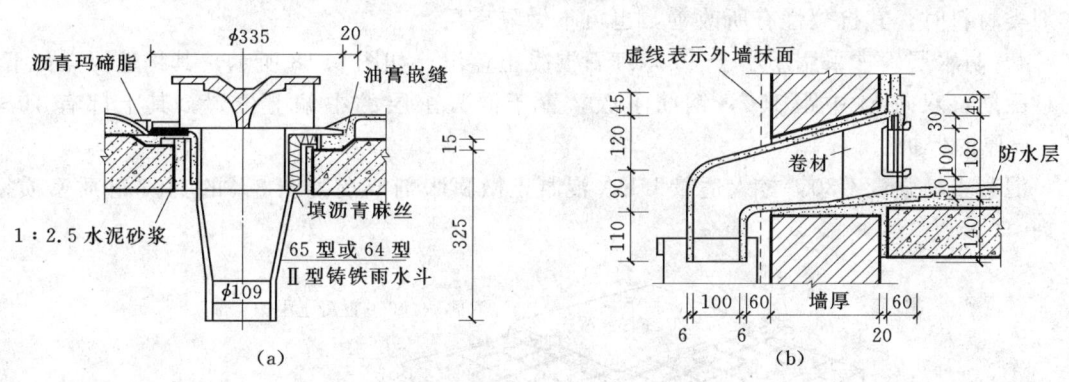

图 5.16 落水口的形式与构造
(a) 直管式雨水口；(b) 弯管式雨水口

2. 刚性防水屋面构造

刚性防水屋面：指以刚性材料作为防水层的屋面，如防水砂浆、细石混凝土、配筋细石混凝土防水屋面等。

特点：构造简单、施工方便、造价低廉的优点，但对温度变化和结构变形较敏感，容易产生裂缝而渗水。故多用于我国南方地区的建筑。

它主要适用于防水等级为Ⅲ级的屋面防水，也可用作Ⅰ、Ⅱ级屋面多道防水设防中的一道防水层。不适于设置在有松散材料保温层的屋面以及受较大震动或冲击的建筑屋面。

(1) 刚性防水屋面的构造层次和做法。刚性防水屋面一般由结构层、找平层、隔离层和防水层组成，如图5.17所示。

1) 结构层。刚性防水屋面的结构层必须具有足够的强度和刚度，通常采用现浇或预

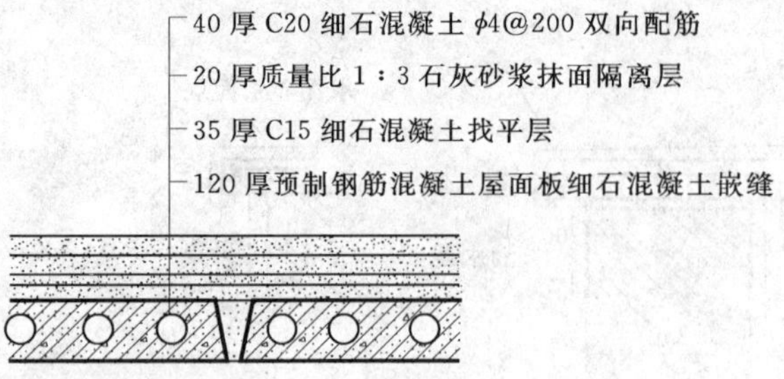

40厚C20细石混凝土 $\phi4$@200双向配筋
20厚质量比1∶3石灰砂浆抹面隔离层
35厚C15细石混凝土找平层
120厚预制钢筋混凝土屋面板细石混凝土嵌缝

图5.17 刚性防水屋面的构造

制的钢筋混凝土屋面板。刚性防水屋面一般为结构找坡，坡度以3%～5%为宜。为了适应刚性防水屋面的变形，屋面板的支承处应做成滑动支座。其做法一般为在墙或梁顶上用水泥砂浆找平，再干铺两层中间夹有滑石粉的油毡，然后搁置预制屋面板，并且在屋面板端缝处和屋面板与女儿墙的交接处都要用弹性物嵌填。如屋面为现浇板，也可在支承处做滑动支座。屋面板下如有非承重墙，应与板底脱开20mm，并在缝内填塞松软材料。

2）找平层。为保证防水层厚薄均匀，通常应在结构层上用20mm厚1∶3水泥砂浆找平。若屋面板为现浇时，也可不设找平层。

3）隔离层即浮筑层。为减少结构层变形以及温度变化对防水层的不利影响，宜在防水层下设置隔离层。

隔离层可用纸筋灰、低强度等级砂浆或薄砂层上干铺一层油毡等。当防水层中加有膨胀剂类材料时，其抗裂性有所改善，也可不做隔离层。

4）防水层。常采用不小于40厚细石混凝土整浇，如图5.18所示，其构造要点如下。

配筋：双向 $\phi4$ 中距150，钢筋Ⅰ级，置于混凝土层的中偏上位置，其上部有10～15mm厚的保护层。

混凝土：强度C30，掺入适量UEA混凝土微膨胀剂或混凝土3%的JJ91硅质密质密实剂。

40～45
C20细石混凝土
双向 $\phi4$@200混凝土中偏上部

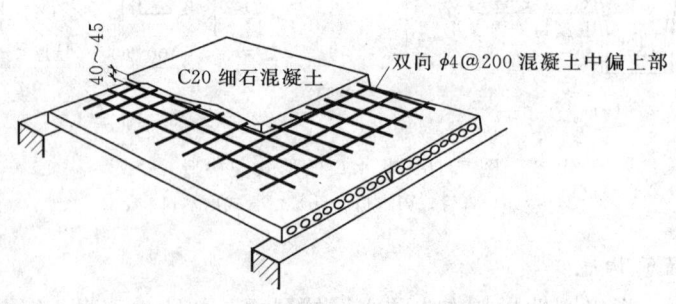

图5.18 细石混凝土刚性防水配筋

分格（仓）缝：是在屋面防水层上设置的变形缝。

目的：①防止温度变形引起防水层开裂；②防止结构变形将防水层拉坏。

设置：屋面分格缝分为横缝和纵缝。

横缝的位置应在屋面板支承端、屋面转折处和高低屋面的交接处；纵缝应与预制板板缝对齐（当建筑物进深在10m以下时可在屋脊设纵向缝；进深大于10m时最好在坡中某板缝处再设一道纵向分仓缝），如图5.19所示。分格（仓）缝的服务面积宜控制在15～25m² 之间，其纵横向间距以不大于6m为宜。

5.2 平屋顶

构造：

(a) 防水层内的钢筋在分格缝处应断开。

(b) 缝宽 30mm，缝内不能用砂浆填实，用浸过沥青的木丝板等密封材料嵌填，缝口用油膏等嵌填。

(c) 缝口表面用防水卷材铺贴盖缝，卷材的宽度为 200～300mm。

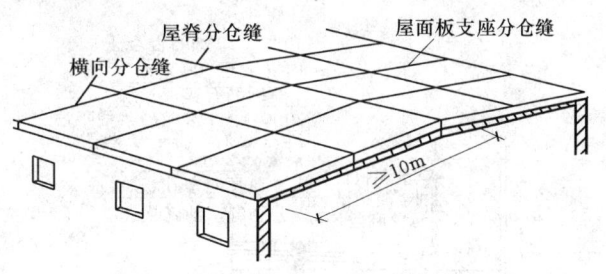

图 5.19 分格缝的位置示意图

(d) 横向支座的分仓缝为了避免积水，常将细石混凝土面层抹成凸出表面 30～40mm 高的梯形或弧形分水线（如图 5.20 所示）。

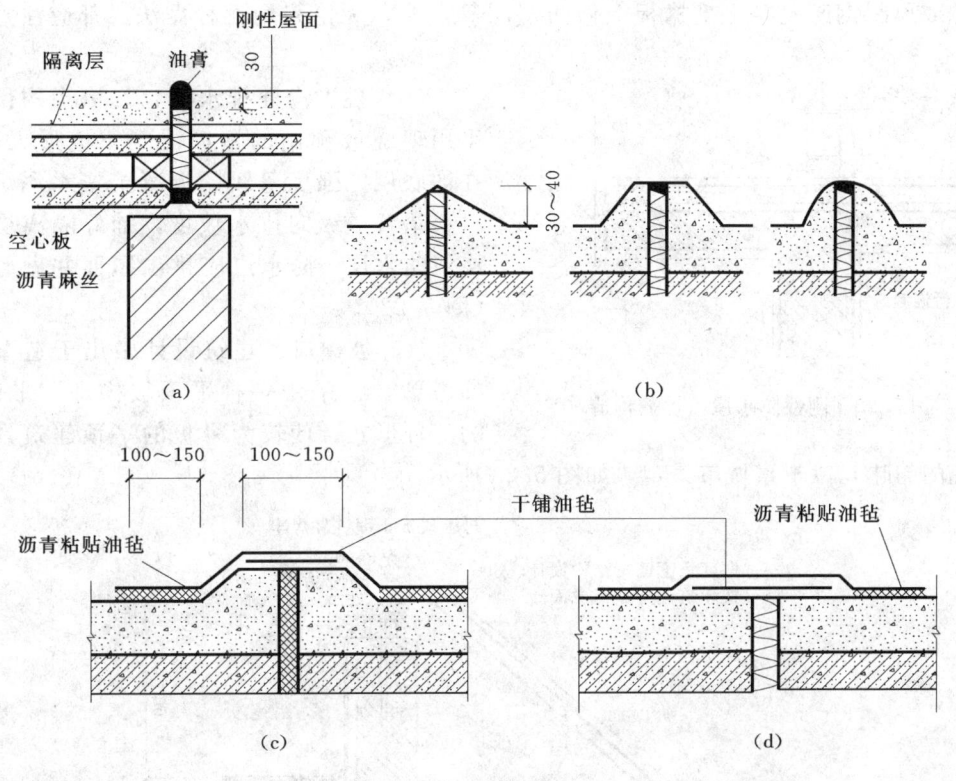

图 5.20 分格缝的构造处理方式
(a) 平缝；(b) 凸缝；(c) 凸缝加贴卷材；(d) 平缝加贴卷材

(2) 刚性防水屋面的细部构造。

1) 泛水构造。刚性防水屋面的泛水构造要点与卷材屋面基本相同。不同的地方是：刚性防水层与屋面突出物（女儿墙、烟囱等）间须留 30mm 的分格缝，并且用密封材料嵌填，再铺设一层卷材或涂抹一层涂膜附加层盖缝形成泛水，如图 5.21 所示。

2) 檐口构造。刚性防水屋面檐口的形式一般有自由落水挑檐口、挑檐沟外排水檐口和女儿墙外排水檐口、坡檐口等。

(a) 自由落水挑檐口。根据挑檐挑出的长度，有直接利用混凝土防水层悬挑和在增设

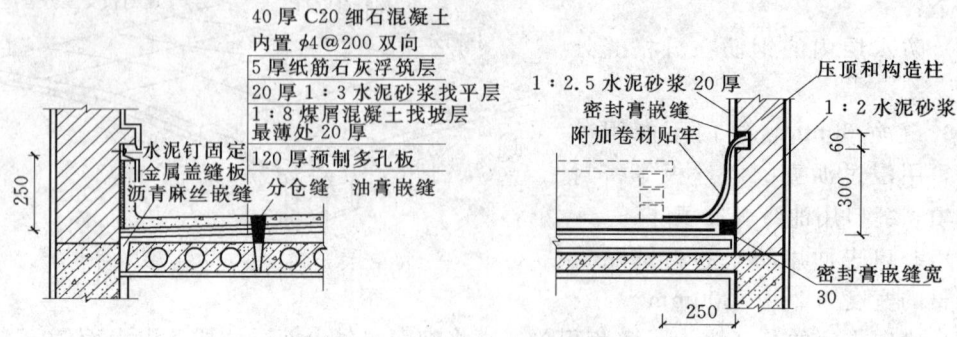

图 5.21 刚性防水屋面山墙泛水构造

的现浇或预制钢筋混凝土挑檐板上做防水层等做法。无论采用哪种做法,都应注意做好滴水。

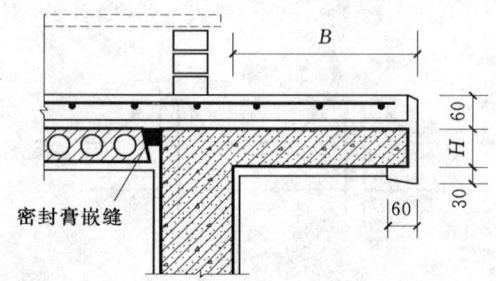

图 5.22 刚性防水屋面挑檐构造

(b) 挑檐沟外排水檐口。檐沟构件一般采用现浇或预制的钢筋混凝土槽形天沟板,在沟底用低强度等级的混凝土或水泥炉渣等材料垫置成纵向排水坡度,铺好隔离层后再浇筑防水层,防水层应挑出屋面并做好滴水(图 5.22)。

(c) 坡檐口。建筑设计中出于造型方面的考虑,常采用一种平顶坡檐即"平改坡"的处理形式,使较为呆板的平顶建筑具有某种传统的韵味,以丰富城市景观,如图 5.23 所示。

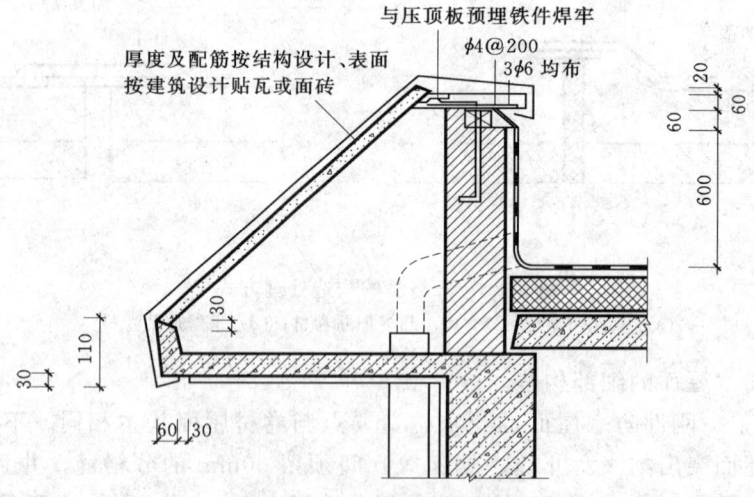

图 5.23 平屋顶坡檐构造

3) 雨水口构造。刚性防水屋面的雨水口有直管式和弯管式两种做法。直管式一般用于挑檐沟外排水的雨水口,弯管式用于女儿墙外排水的雨水口。

a. 直管式雨水口。直管式雨水口为防止雨水从雨水口套管与沟底接缝处渗漏,应在雨水口周边加铺柔性防水层并铺至套管内壁。檐口处浇筑的混凝土防水层应覆盖于附加的柔性防水层之上,并于防水层与雨水口之间用油膏嵌实,如图 5.24 所示。

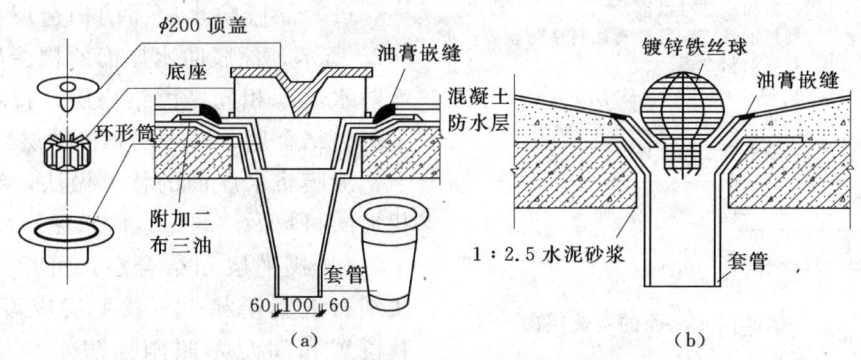

图 5.24 直管式雨水口构造
(a) 65 型雨水口;(b) 铁丝罩铸铁雨水口

b. 弯管式雨水口。弯管式雨水口一般用铸铁做成弯头。雨水口安装时,在雨水口处的屋面应加铺附加卷材与弯头搭接,其搭接长度不小于 100mm,然后浇筑混凝土防水层,防水层与弯头交接处需用油膏嵌缝,如图 5.25 所示。

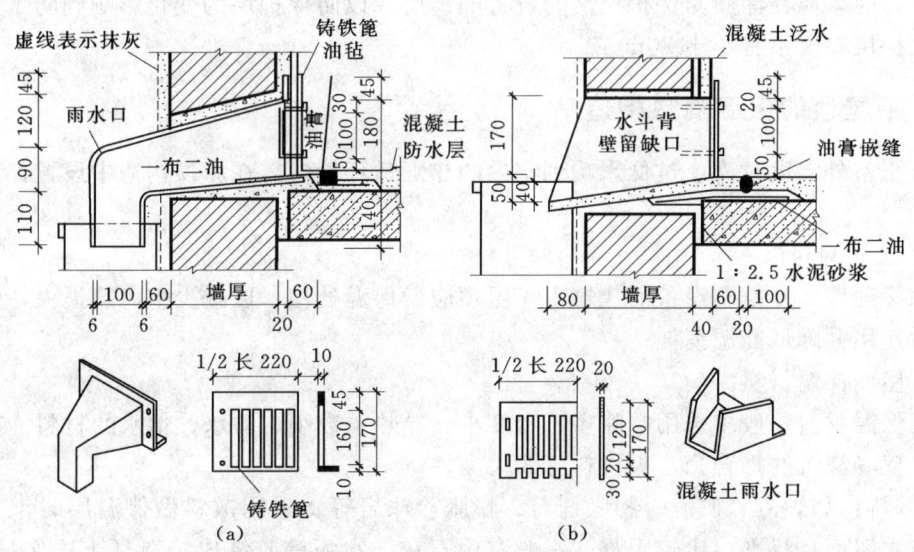

图 5.25 弯管式雨水口构造
(a) 铸铁雨水口;(b) 预制混凝土排水槽

3. 涂膜防水屋面构造

涂膜防水是用防水涂料直接涂刷在屋面基层上,形成一层满铺的不透水薄膜层以达到防水目的的一种屋面做法。主要适用于防水等级为Ⅲ、Ⅳ级的屋面,也可用作Ⅰ、Ⅱ级屋面多道防水设防中的一道防水层。

(1) 涂膜防水材料。

1) 合成高分子防水涂料,如有机硅、聚硫橡胶、聚氨酯、环氧树脂和丙烯酸类防水涂料。

2）高聚物改性沥青防水涂料，如氯丁橡胶沥青、再生橡胶沥青防水涂料（JG－1，JG－2）等。

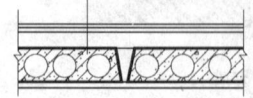

保护层：蛭石粉或细砂撒面
防水层：型料油膏或胶乳沥青涂料粘贴玻璃丝布
结合层：稀释涂料二道
找平层：25厚1:2.5水泥砂浆
找坡层：1:6水泥炉渣或水泥膨胀蛭石
结构层：钢筋混凝土屋面板

图5.26 涂膜防水屋面的构造层次

（2）涂膜防水层面的构造层次，如图5.26所示。涂膜防水屋面的构造层次与柔性防水屋面相同，由结构层、找坡层、找平层、结合层、防水层和保护层组成。

涂膜防水屋面的常见做法，结构层和找坡层材料做法与柔性防水屋面相同。

1）找平层和结合层：可用水泥砂浆或细石混凝土找平，找平层应设分格缝，其位置和间距参照刚性防水分格缝的设置。缝宽宜为20mm。转角处圆弧半径$R=50mm$。为保证防水层与基层粘结牢固，结合层应选用与防水涂料相同的材料经稀释后满刷在找平层上。

2）防水层：涂刷防水涂料需分层进行，一般手涂三遍可使涂膜厚度达1.2mm。在转角、水落口和接缝处，需用胎体增强材料附加层加固。

3）保护层：材料可采用细砂、蛭石、水泥砂浆和混凝土块材等。当采用水泥砂浆或混凝土块材时，应在涂膜与保护层之间设置隔离层，以防保护层的变化影响到防水层。水泥砂浆保护层厚度不宜小于20mm。

5.2.4 平屋顶的保温隔热构造

为防止室外温度过高或过低影响到室内的热舒适环境，需在屋顶构造中设置保温层或隔热层。

1. 平屋顶的保温

在寒冷地区或有空调设备的建筑中，屋顶应做保温处理，以减少室内热损失，保证房屋的正常使用并降低能源消耗。

（1）屋面保温材料。

屋面保温材料一般多选用空隙多、密度小、导热系数小、防水、憎水的材料。其材料有散料、现场浇筑的拌合物、板块料等3大类。

1）散料：如炉渣、矿渣、膨胀蛭石、膨胀珍珠岩等。采用散料做保温层时，如果采用卷材防水屋面，找平层比较困难，一般先用石灰、水泥等胶结成轻混凝土层作过渡层，再在其上抹找平层。

2）现浇式保温层：一般在结构层上用轻骨料（如矿渣、陶粒、蛭石、珍珠岩等）与石灰或水泥拌合，浇筑而成。这种保温层可与找坡层结合处理。

3）板块料：常见的有水泥、沥青、水玻璃等胶结的预制膨胀珍珠岩、膨胀蛭石板、加气混凝土块、泡沫塑料等块材或板材。

（2）屋顶保温层的位置。

1）正置式保温层。保温层设在防水层之下，结构层之上。需做排气屋面，如图5.29

所示。目前采用广泛。

2) 复合式保温层。保温与结构组合复合板材,既是结构构件,又是保温构件,如图 5.27 所示。

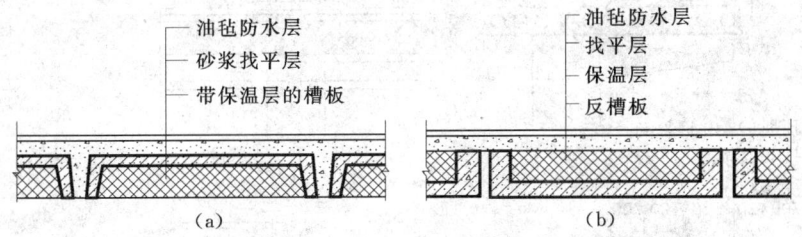

图 5.27 复合式保温层位置
(a) 保温层在结构层下;(b) 保温层在结构层上

3) 倒置式保温层。保温层设置在防水层上面,亦称"倒铺法"保温。选用有一定强度的防水、憎水材料,如 25 厚挤塑型聚苯乙烯保温隔热板、聚苯乙烯泡沫塑料板或聚氨酯泡沫塑料板。在保温层上应选择大粒径的石子或混凝土作保护层,而不能采用绿豆砂作保护层,以防表面破损及延缓保温材料的老化,如图 5.28 所示。

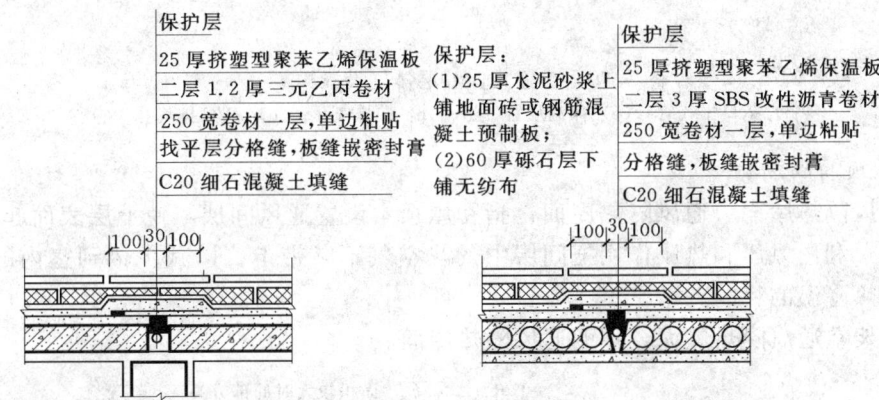

图 5.28 倒置式屋面

4) 空气间层。防水层与保温层之间设空气间层的保温屋面。

(3) 透气层的设置与构造,如图 5.29 所示。

1) 隔汽层下设透气层。即在结构层和隔汽层之间设一透气层,使室内透过结构层的蒸汽得以流通扩散,并设置相应出风口,把余压排泄出去。透气层的构造处理可用前面所述卷材与基层的结合构造,如花油法等,也可在找平层中做透气道。透气层的出风口一般设在檐口或靠女儿墙根部。房屋进深大于 10m 时,中间也应设透气口。注意透气口不宜太大,避免冷风或雨水渗入。

2) 保温层中设透气层。具体做法是在保温层上加砾石或陶粒透气层或在保温层中做排气道,排气道内用大粒径炉渣或粗质纤维填塞,既可保温又可透气。找平层在相应位置应留槽作排气道,并在整个屋面纵横贯通。排气道间距宜为 6m,屋面面积每 36m² 宜设一个排气孔。排气道上口干铺油毡一层,用玛王帝脂单边点贴覆盖。保温层设透气层后,一般要在檐口或屋脊处留通风口。

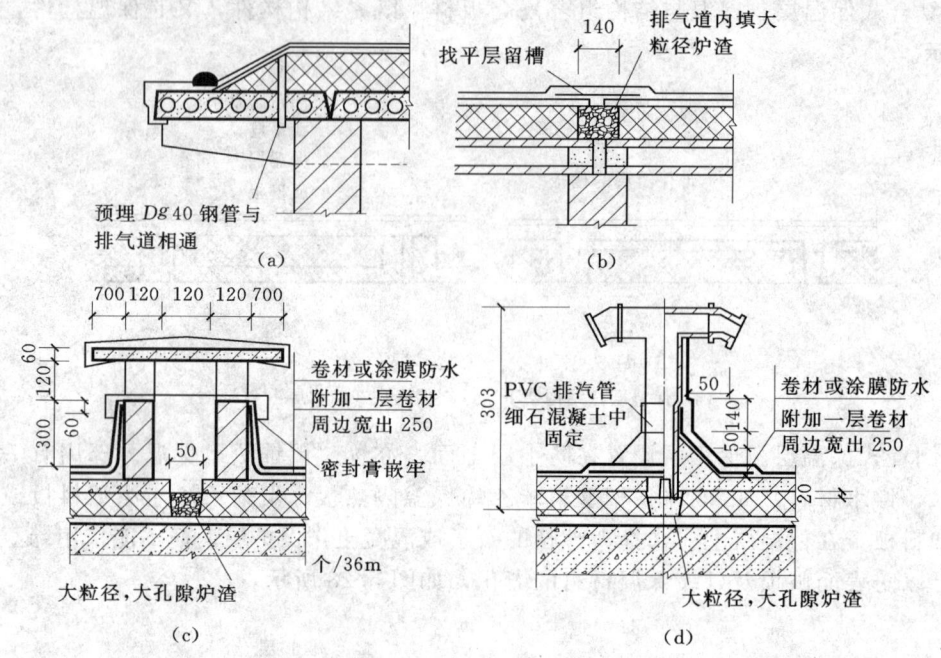

图 5.29 正置式保温层排气设施构造
(a) 檐口排气管；(b) 保温层排气道；(c) 砖排气孔；(d) PVC 排气孔

2. 平屋顶的隔热

(1) 通风隔热屋面。通风隔热屋面：指在屋顶中设置通风间层，使上层表面起着遮挡阳光的作用，利用风压和热压作用把间层中的热空气不断带走，以减少传到室内的热量，从而达到隔热降温的目的。

形式：架空通风隔热屋面，顶棚通风隔热屋面。

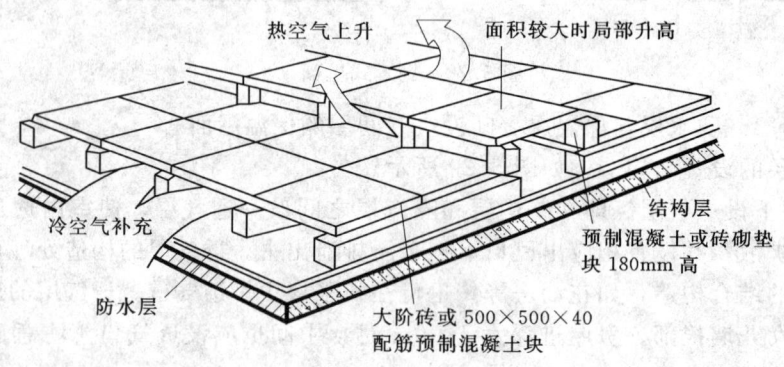

图 5.30 大阶砖或钢筋混凝土架空通风屋面

1) 架空通风隔热屋面通风层设在防水层之上，其做法很多，如图 5.30 所示为架空通风隔热屋面构造，其中以架空预制板或大阶砖最为常见。

隔热层设计要求：架空层应有适当的净高，一般以 180~240mm 为宜。

5.2 平屋顶

距女儿墙 500mm 范围内不铺架空板。

隔热板的支点可做成砖垄墙或砖墩。

间距视隔热板的尺寸而定。

2) 顶棚通风隔热屋面，如图 5.31 所示。是利用顶棚与屋顶之间的空间作隔热层。

隔热层设计要求：顶棚通风层应有足够的净空高度，一般为 500mm 左右；需设置一定数量的通风孔，以利空气对流。

通风孔应考虑防飘雨措施。

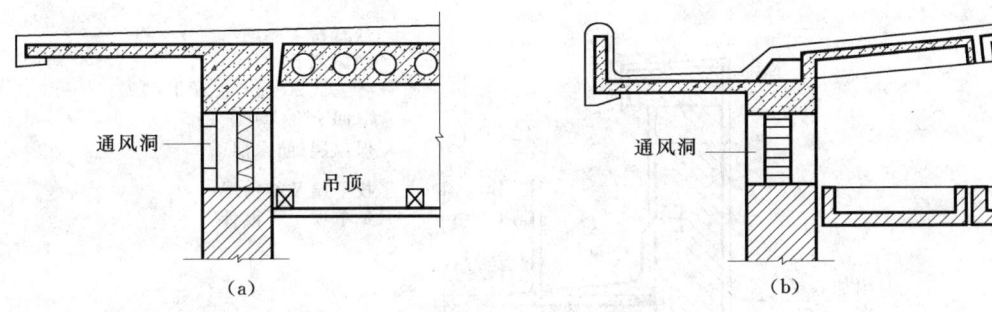

图 5.31 顶棚通风隔热屋面
(a) 吊顶通风层；(b) 双槽板通风层

(2) 蓄水隔热屋面。

1) 蓄水屋面：指在屋顶蓄积一层水，利用水蒸发时需要大量的汽化热，从而大量消耗晒到屋面的太阳辐射热，以减少屋顶吸收的热能，从而达到降温隔热的目的。

2) 构造：与刚性防水屋面基本相同。主要区别是增加了一壁三孔，即蓄水分仓壁、溢水孔、泄水孔和过水孔，如图 5.32 所示。

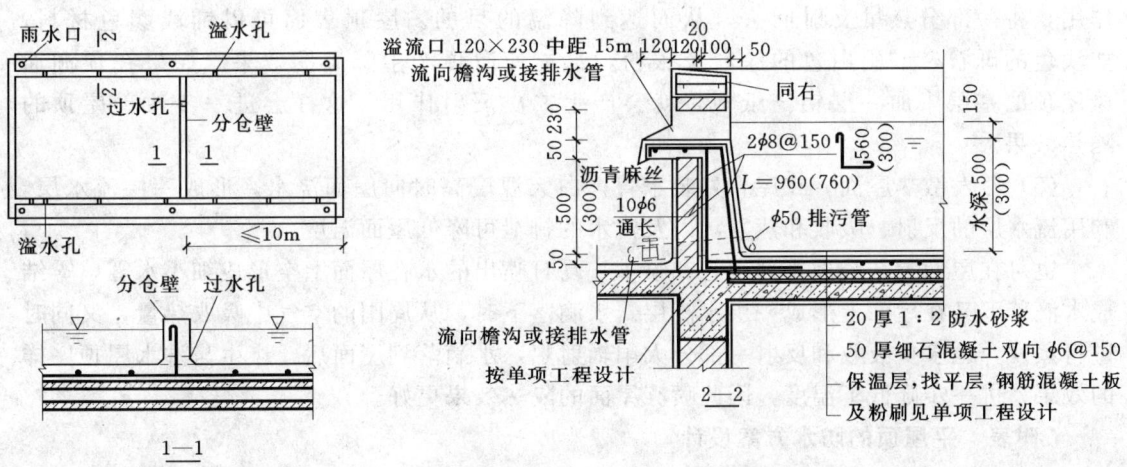

图 5.32 蓄水屋面的构造

3) 构造要点：

(a) 合适的蓄水深度，一般为 150～200mm。

(b) 根据屋面面积划分成若干蓄水区，每区的边长一般不大于 10m。

(c) 足够的泛水高度,至少高出水面100mm。

(d) 合理设置溢水孔和泄水孔,并应与排水檐沟或水落管连通,以保证多雨季节不超过蓄水深度和检修屋面时能将蓄水排除。

(e) 注意做好管道的防水处理。

(3) 种植隔热屋面。利用植物的蒸发和光合作用,吸收太阳辐射热,达到隔热降温的作用。同时,有利于美化环境,净化空气,但增加了屋顶荷载。种植屋面坡度不宜大于3‰(图5.33)。

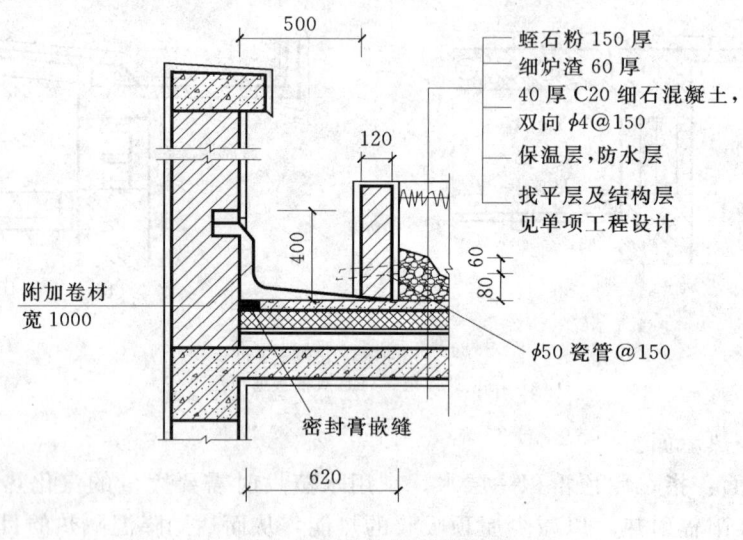

图 5.33 种植屋面的构造

(4) 反射降温隔热屋面。反射屋面是利用材料表面的颜色和光滑度对热辐射的反射作用,将一部分热量反射回去,从而达到降温的目的。屋顶表面可以铺浅颜色材料,如浅色的砾石,或刷白色的涂料及银粉,都能使屋顶产生降温的效果。如果在顶棚通风屋顶的基层中加一层铝箔纸板,就会产生二次反射作用,这样会进一步改善屋顶的隔热效果。

(5) 蒸发散热屋面。在屋脊处装水管,白天温度高时向屋面浇水,形成一层流水层,利用流水层的反射、吸收和蒸发,以及流水的排泄可降低屋面温度。

也可在屋面上系统地排列水管和喷嘴,夏日喷出的水在屋面上空形成细小水雾,雾结成水滴落下又在屋面上形成一层水流层。水滴落下时,从周围的空气中吸取热量,又同时进行蒸发,也多少吸收和反射一部分太阳辐射热,水滴落到屋面后,产生与淋水屋顶一样的效果,进一步降低了温度,因此喷雾屋面的隔热效果更好。

* 附表 平屋顶的防水方案设计

我国现行的 GB 50207—1994《屋面工程技术规程》根据建筑物的性质、重要程度、使用功能、防水层耐用年限、防水层选用材料和设防要求,将屋面防水分为四个等级,是确定防水方案的重要依据(见表5.3),根据平屋顶防水等级要求,进行综合设计,以《中南地区通用建筑标准设计》为例,见表5.6。

5.2 平屋顶

表5.6　　　　　　　　平屋顶防水方案设计表

柔性防水	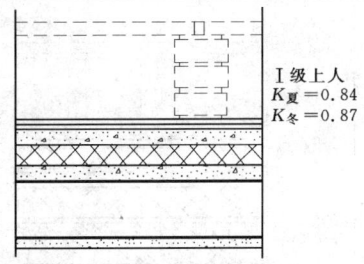 Ⅰ级上人 $K_夏=0.84$ $K_冬=0.87$ • 490×490×35 细石混凝土板混凝土，C20 双向 φ4@150，1∶2 水泥砂浆填缝 • 顺水方向砌 120 厚条砖高 180mm • 2 层 1.5 厚氯化聚乙烯橡胶共混防水卷材 • 2 厚聚氨酯防水涂料 • 刷基层处理剂一遍 • 30 厚 C15 细石混凝土 • 保温层见说明 • 20 厚 1∶2.5 水泥砂浆找平层 • 钢筋混凝土屋面板，找坡宜为 2%～3%或保温层找坡	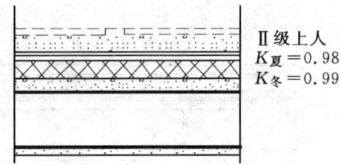 Ⅱ级上人 $K_夏=0.98$ $K_冬=0.99$ • 8～10 厚陶瓷地砖，1∶1 水泥砂浆填缝 • 30 厚 1∶4 干硬性水泥砂浆，面撒素水泥一道 • 1 层 1.2 厚合成高分子卷材 • 2 厚合成高分子涂料 • 刷基层处理剂一遍 • 20 厚 1∶2.5 水泥砂浆找平层 • 保温层见说明 • 20 厚 1∶2.5 水泥砂浆找平层 • 钢筋混凝土屋面板，找坡宜为 2%～3%或保温层找坡
	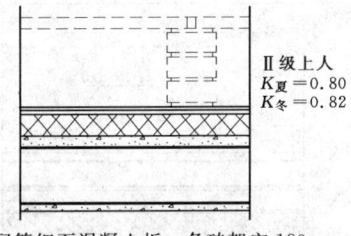 Ⅱ级上人 $K_夏=0.80$ $K_冬=0.82$ • 35 厚配筋细石混凝土板，条砖架空 180mm • 3 厚 APP 改性沥青防水卷材 • 3 厚氯丁沥青防水涂料（二布六涂） • 刷基层处理剂一遍 • 20 厚 1∶2.5 水泥砂浆找平层 • 保温层见说明 • 20 厚 1∶2.5 水泥砂浆找平层 • 钢筋混凝土屋面板，找坡宜为 2%～3%或保温层找坡	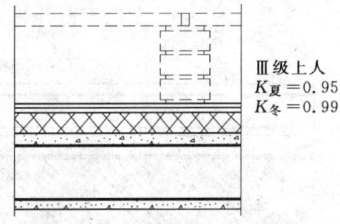 Ⅲ级上人 $K_夏=0.95$ $K_冬=0.99$ • 35 厚配筋细石混凝土板，条砖架空 180mm • 三毡四油沥青防水卷材，散铺绿豆砂 • 保温层见说明 • 20 厚 1∶2.5 水泥砂浆找平层 • 钢筋混凝土屋面板，找坡宜为 2%～3%或保温层找坡
	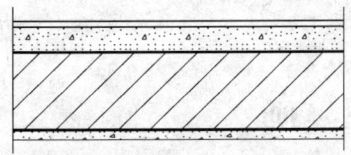 Ⅲ级 • 刷银白或绿色丙烯酸涂料两遍 • 3 厚（二布六涂）氯丁橡胶沥青防水涂料 • 刷基层处理剂一遍 • 20 厚 1∶2.5 水泥砂浆找平层 • 钢筋混凝土屋面板，找坡宜为 2%～3%	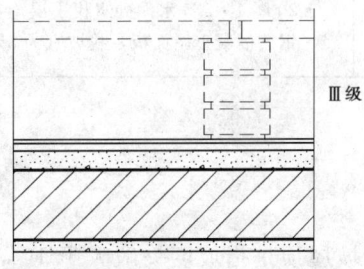 Ⅲ级 • 35 厚配筋细石混凝土板，条砖架空 180mm • 3 厚再生橡胶沥青防水涂料（JG 型） • 刷基层处理剂一遍 • 20 厚 1∶2.5 水泥砂浆找平层 • 钢筋混凝土屋面板，找坡宜为 2%～3%

续表

刚性防水	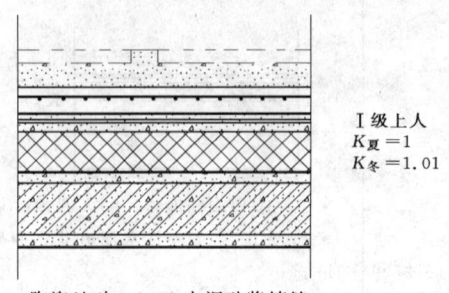 Ⅰ级上人 $K_夏=1$ $K_冬=1.01$ • 陶瓷地砖，1∶1 水泥砂浆填缝 • 30 厚 1∶4 干硬性水泥砂浆，面撒素水泥一道 • 40 厚 C30 细石防水混凝土（双向 $\phi 4@150$） • 10 厚纸筋灰 • 2 层 1.5 厚三元乙丙橡胶防水材料 • 20 厚 1∶2.5 水泥砂浆找平层，刷基层处理剂一遍 • 保温层见说明 • 钢筋混凝土屋面板，找坡宜为 3% 或保温层找坡	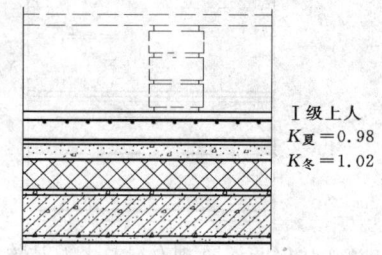 Ⅰ级上人 $K_夏=0.98$ $K_冬=1.02$ • 35 厚配筋细石混凝土板，条砖架空 180mm（同⑥） • 40 厚 C30 细石防水混凝土（双向 $\phi 4@150$） • 10 厚麻刀灰 • 2 层 1.5 厚氯化聚乙烯橡胶卷材 • 刷基层处理剂一遍 • 20 厚 1∶2.5 防水水泥砂浆找平层 • 保温层见说明 • 钢筋混凝土屋面板，找坡宜为 3% 或保温层找坡
	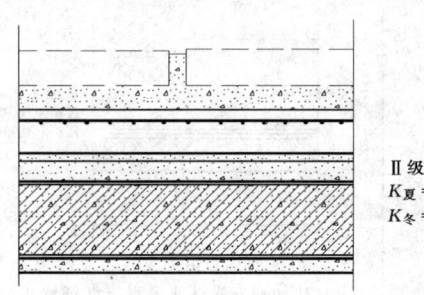 Ⅱ级上人 $K_夏=1.24$ $K_冬=1.25$ • 40 厚 370×370 大阶砖，1∶2 水泥砂浆填缝 • 25 厚中砂 • 40 厚 C30 细石防水混凝土（双向 $\phi 4@150$） • 0.15 厚塑料薄膜 • 3 厚改性沥青防水卷材 • 刷基层处理剂一遍 • 20 厚 1∶2.5 水泥砂浆找平层 • 钢筋混凝土屋面板，找坡宜为 3% 或保温层找坡	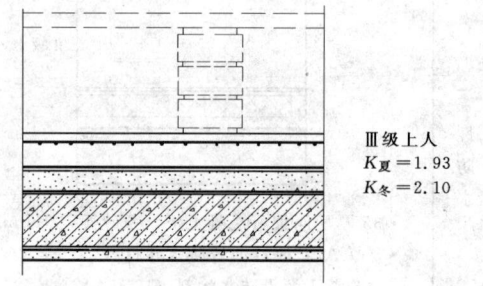 Ⅲ级上人 $K_夏=1.93$ $K_冬=2.10$ • 90×490×35 细石混凝土板，混凝土 C20，双向 $\phi 4@150$，1∶2 水泥砂浆填缝，顺水方向砌 120 厚条砖高 180mm • 40 厚 C30 细石防水混凝土（双向 $\phi 4@150$） • 10 厚黄砂，干铺沥青油毡一层 • 20 厚 1∶2.5 水泥砂浆找平层 • 素水泥结合层一遍 • 钢筋混凝土屋面板，找坡宜为 3% 或保温层找坡

*5.3 坡 屋 顶

坡屋顶是指坡度一般大于 10°，通常取 30°左右的屋顶。

5.3.1 坡屋顶的组成

坡屋顶一般由承重结构和屋面两部分所组成，必要时还有保温层、隔热层及顶棚等，如图 5.34 所示。承重结构一般有椽子、檩条、屋架或梁等。屋面包括屋面盖料和基层，

5.3 坡 屋 顶

如挂瓦条、顺水条和屋面板等。保温层或隔热层可设在屋面层或顶棚层，由具体情况决定。

5.3.2 坡屋顶的承重结构

坡屋顶承重结构系统分砖墙承重、屋架承重和梁架承重等。

1. 砖墙承重（硬山搁檩）

横墙间距较小（不大于4m）且具有分隔和承重功能的房屋，可将横墙顶部做成坡形以支承檩条，即为砖墙承重。这类结构形式亦叫做硬山搁檩［图5.35（a）］。

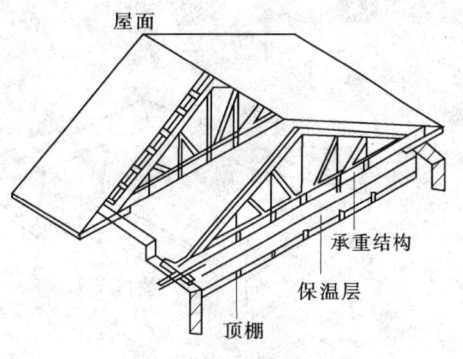

图5.34 坡屋顶的组成

2. 屋架承重

屋架可根据排水坡度和空间要求，组成三角形［图5.35（b）］、梯形、矩形、多边形屋架。木制屋架跨度可达18m，钢筋混凝土屋架跨度可达24m，钢屋架跨度可达36m以上。当房屋顶为平台转角、纵横交接、四面坡和歇山屋顶时，可制成异型屋架。

3. 梁架承重

由柱和梁组成排架，檩条置于梁间承受屋面荷载并将各排架联系成为一完整骨架［图5.35（c）］。内、外墙体均填充在骨架之间，不承受荷载，仅起分隔和围护作用。

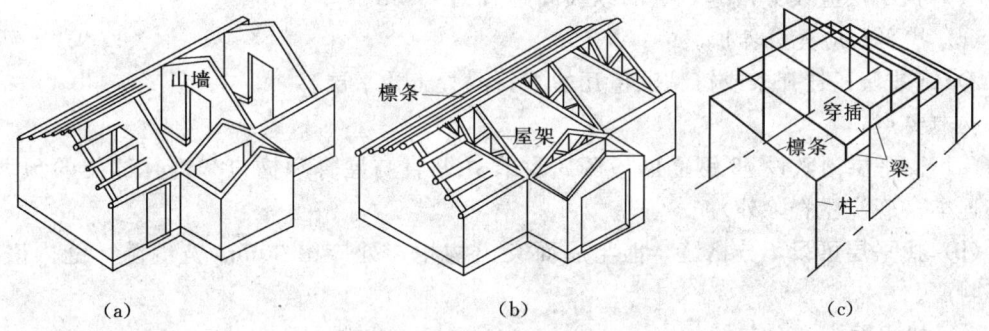

图5.35 坡屋顶承重结构形式
(a) 横墙承重；(b) 屋架承重；(c) 梁架承檩式屋架

5.3.3 坡屋顶的屋面

5.3.3.1 坡屋顶屋面的名称

坡屋顶屋面的名称如图5.36所示。

5.3.3.2 坡屋顶屋面

近些年来坡屋面较常采用钢筋混凝土材料作基层，用防水材料防水的坡屋面。坡屋顶屋面过去还采用各种瓦材，如平瓦、波形瓦、小青瓦等作为屋面防水材料。也有不少采用金属瓦屋面、彩色压型钢板屋面等。

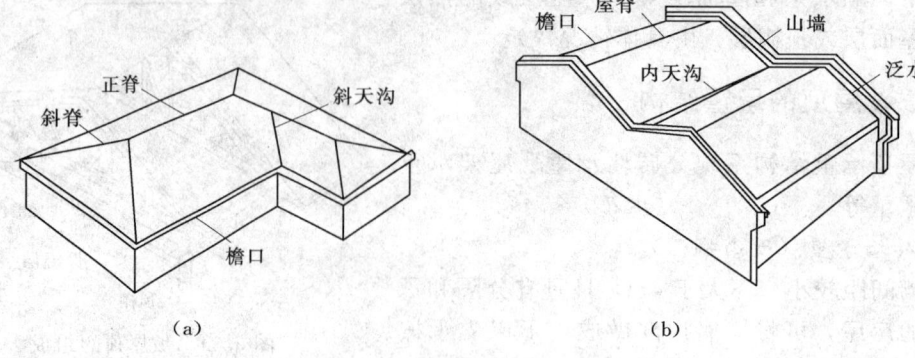

图 5.36 坡屋顶屋面的名称
(a) 四坡屋顶；(b) 并立双坡屋顶

1. 基层为钢筋混凝土坡屋面的构造组成及材料

(1) 基层。采用现浇钢筋混凝土板基层，由单项工程结构设计确定。并直注意现浇屋面温度应力对下部结构特别是砖混结构的影响，采用相应的构造措施防止裂缝产生。

(2) 找平层。

1) 铺设卷材或涂膜防水层的水泥砂浆找平层。

构造要点：

(a) 在水泥砂浆中掺入聚丙烯或尼龙—6 纤维 0.75～0.90kg/m³。

(b) 找平层应设分格缝，缝的纵横间距宜大于 6m。

(c) 找平层应充分养护。

2) 钉铺块瓦挂瓦条或钉粘油毡瓦的细石混凝土找平层。

构造要点：

(a) 找平层内敷设 $\phi 6$ 钢筋网应骑跨屋脊并绷直与屋脊和檐口（沟）部位的预埋 $\phi 10$ 锚筋连牢（现浇屋脊除外）。

(b) 找平层可设不分格缝，但与屋面突出物相连处应留 30mm 宽缝隙，缝内嵌填密封膏封严。

(c) 找平层应充分养护。

(3) 防水层。

1) 卷材防水层。

(a) 合成高分子防水卷材。常用材料有聚氯乙烯防水卷材、氯化聚乙烯防水卷材、氯化聚乙烯—橡胶共混防水卷材、氯磺化聚乙烯防水卷材。材料厚度不应小于 1.2mm。

(b) 高聚物改性沥青卷材。常用材料有 SBS 改性沥青防水卷材、APP 改性沥青防水卷材、自粘聚酯胎改性沥青防水卷材。材料厚度不应小于 3.0mm（自粘聚酯胎改性沥青防水卷材厚度不应小于 2.0mm）。

2) 涂膜防水层。

(a) 合成高分子防水涂料。常用材料有聚氨酯防水涂料（非焦油类）、丙烯酸酯类防水涂料、硅橡胶防水涂料、聚合物水泥防水涂料。材料厚度不应小于 1.5mm。

5.3 坡 屋 顶

（b）高聚物改性沥青防水涂料。常用材料有氯丁橡胶防水涂料、SBS改性沥青防水涂料、再生橡胶改性沥青防水涂料。材料厚度不应小于3.0mm。

3）用作涂膜防水层附加层的胎体增强材料，采用无纺聚酯纤维布。

4）密封膏：可选用聚氨酯密封膏、丙烯酸酯密封膏、聚氯乙烯（非焦油类）密封膏。

（4）保温隔热层和隔气层。

基层为钢筋混凝土坡屋顶防水方案设计表见表5.7。

表5.7　　　　　　　　基层为钢筋混凝土坡屋顶防水方案设计表

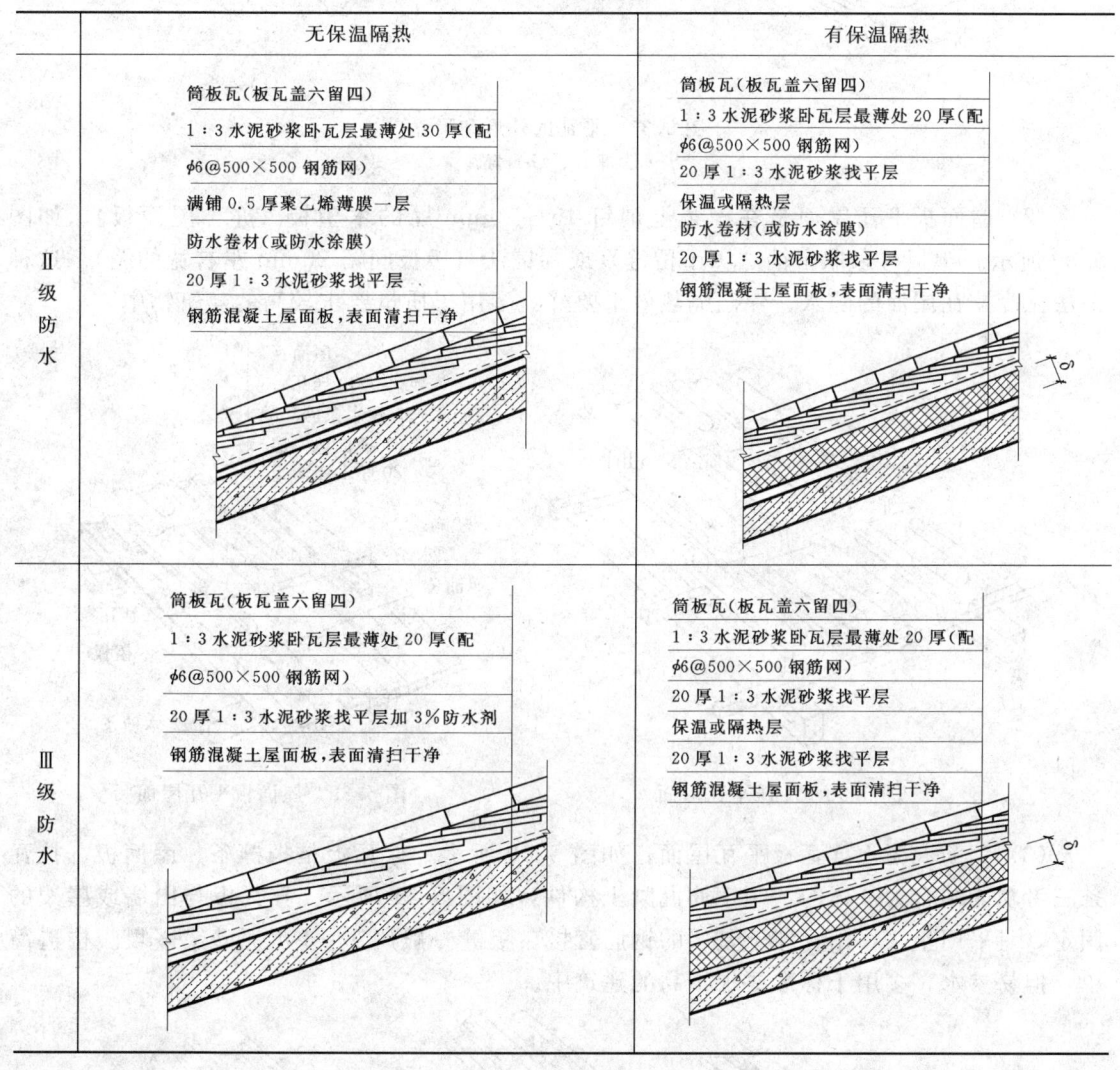

2. 平瓦屋面

平瓦有黏土平瓦和水泥平瓦之分。黏土平瓦即黏土瓦又称机制平瓦，由黏土焙烧而成，如图5.37所示。

平瓦屋面根据使用要求和用材不同，一般有以下几种铺法。

（1）冷摊瓦屋面，即在椽条上钉挂瓦条后直接挂瓦，如图5.38所示。冷摊瓦屋面构造简单、经济，但雨雪容易飘入，保温效果差，故北方应用较少。

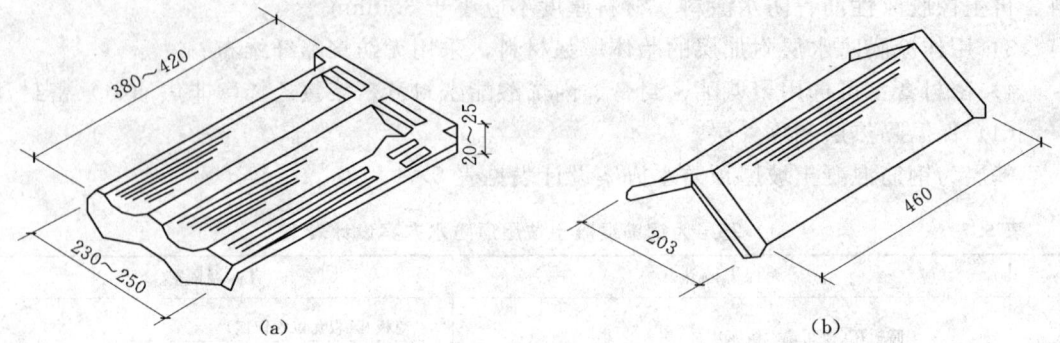

图 5.37 平瓦的外形和尺寸
(a) 平瓦；(b) 脊瓦

(2) 屋面板平瓦屋面是在檩条上铺钉 15～20mm 厚的木望板（亦称屋面板），如图 5.39 所示。望板可采取密铺法（不留缝）或稀铺法（望板间留 20mm 左右宽的缝）。这种做法比冷摊瓦屋面的防水、保温隔热效果要好，多用于质量要求较高的建筑物中。

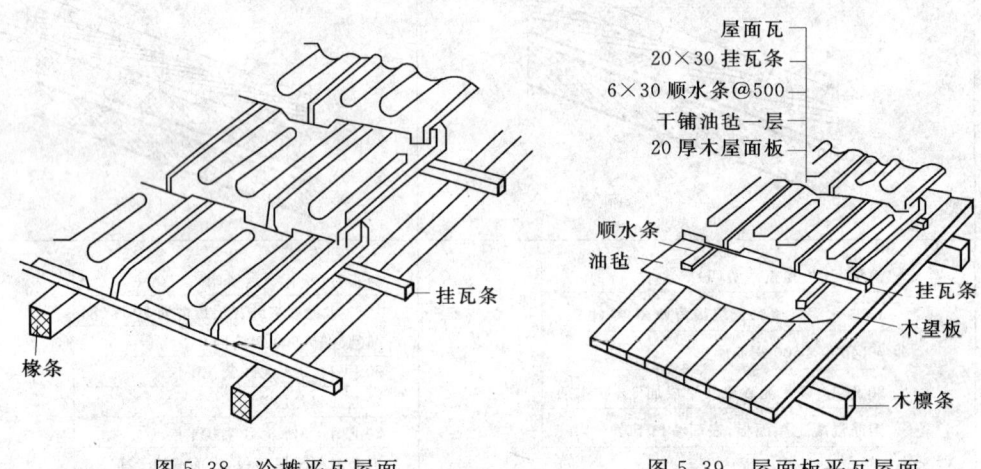

图 5.38 冷摊平瓦屋面　　　　　图 5.39 屋面板平瓦屋面

(3) 钢筋混凝土挂瓦板平瓦屋面，如图 5.40 所示。挂瓦板是把檩条、屋面板、挂瓦条三者功能结合为一体的预制钢筋混凝土构件，如图 5.41 所示。挂瓦板与山墙或屋架的固定，可采用坐浆，用预埋于基层的钢筋套接。板缝一般用 1∶3 水泥砂浆嵌填。构造简单，但易渗水，多用于标准要求不高的建筑中。

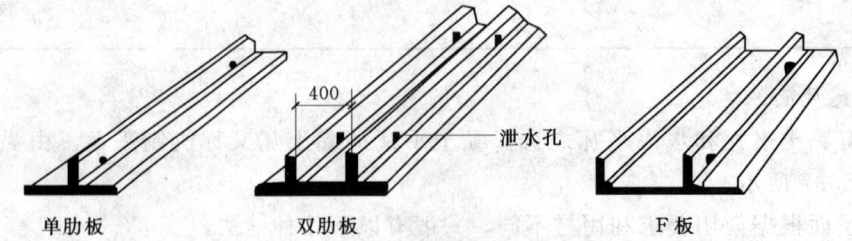

图 5.40 钢筋混凝土挂瓦板断面形式和构造

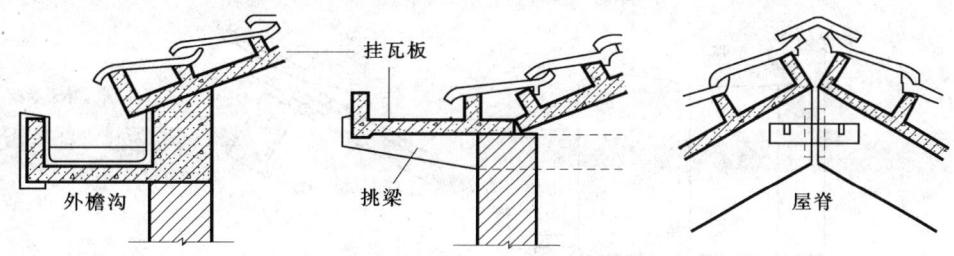

图 5.41 钢筋混凝土挂瓦板平瓦屋面

3. 钢筋混凝土板瓦屋面

预制钢筋混凝土空心板或现浇平板作为瓦屋面的基层。盖瓦的方式有两种：在找平层上铺油毡一层，用压毡条钉在嵌于板缝内的木楔上，再钉挂瓦条挂瓦；在屋面板上直接粉刷防水水泥砂浆并贴瓦或陶瓷面砖或平瓦。在仿古建筑中常常采用钢筋混凝土板瓦屋面，如图 5.42 所示。

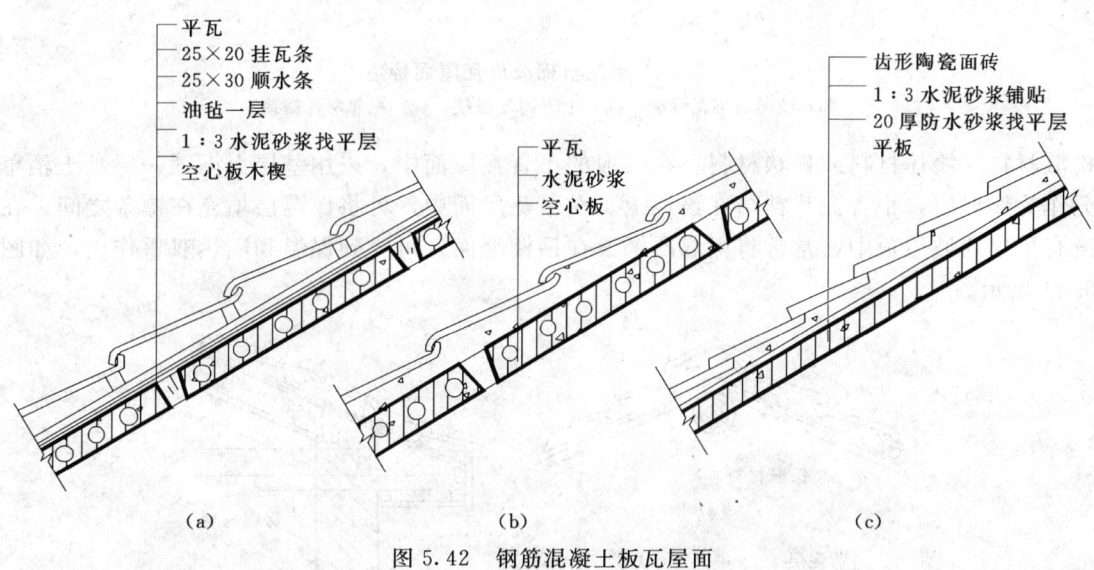

图 5.42 钢筋混凝土板瓦屋面
(a) 木条挂瓦；(b) 砂浆贴瓦；(c) 砂浆贴面砖

4. 波形瓦屋面

常见波形瓦有石棉水泥波形瓦、塑料波形瓦、玻璃钢波形瓦以及彩色压型钢板瓦等，有大波瓦、中波瓦和小板瓦 3 种规格。波形瓦具有一定刚度，可直接铺钉在檩条上，檩条的间距要保证每张瓦至少有 3 个支承点。瓦的上下搭接长度不小于 100mm，左右方向也应满足一定的搭接要求，并应在适当部位去角，以保证搭接处瓦的层数不致过多，如图 5.43 所示。

5.3.4 坡屋顶的保温和隔热

1. 坡屋顶的保温

保温层一般布置在瓦材与檩条之间或吊顶棚上面。保温材料可根据工程具体要求选用

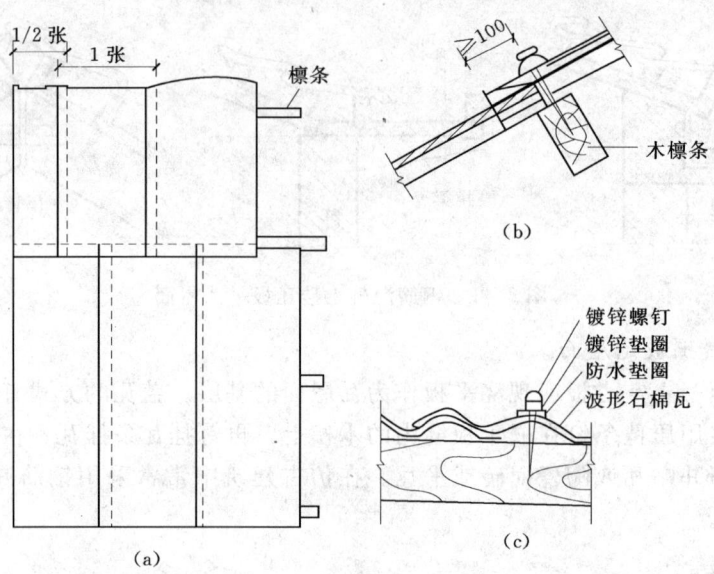

图 5.43 水泥石棉波形瓦屋面构造
(a) 波形石棉瓦铺法；(b) 上下两瓦搭接；(c) 相邻两瓦搭接

松散材料、块体材料或板状材料。在一般的小青瓦屋面中，采用基层上满铺一层黏土稻草泥作为保温层，小青瓦片粘结在该层上。在平瓦屋面中，可将保温层填充在檩条之间。在设有吊顶的坡屋顶中，常常将保温层铺设在顶棚上面，可收到保温和隔热双重作用，如图5.44 所示。

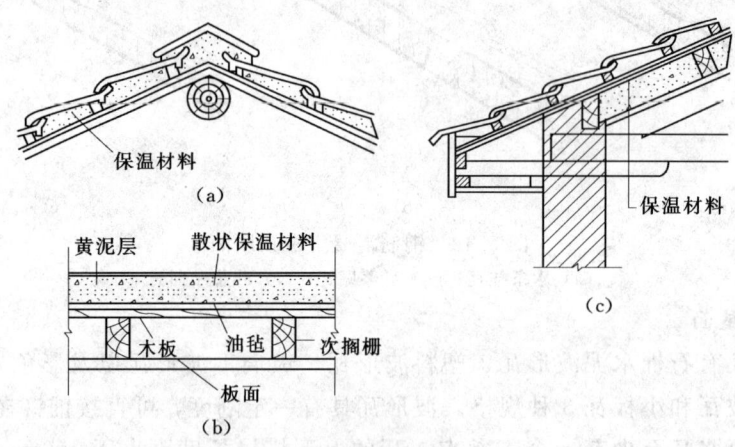

图 5.44 坡屋顶的保温构造
(a) 瓦材下面设保温层；(b) 檩条间设保温层；(c) 顶棚上设保温层

2. 坡屋顶的隔热与通风

坡屋面的隔热与通风有以下几种方法。

(1) 通风屋面。把屋面做成双层，从檐口处进风，屋背处排风，利用空气的流动，带走屋面的热量，以降低屋面的温度，其原理与平屋顶的架空隔热板的隔热原理类似，如图

5.45（a）、(b) 所示。

(2) 吊顶隔热通风。吊顶层与屋面之间有较大的空间，通过在坡屋面的檐口下、山墙处设置通风孔［见图 5.45（c）、(d)］或屋面上设置通气窗（见图 5.46），使吊顶层内空气有效流通，带走热量，不但能降低室内温度，还能起到驱潮防腐作用。

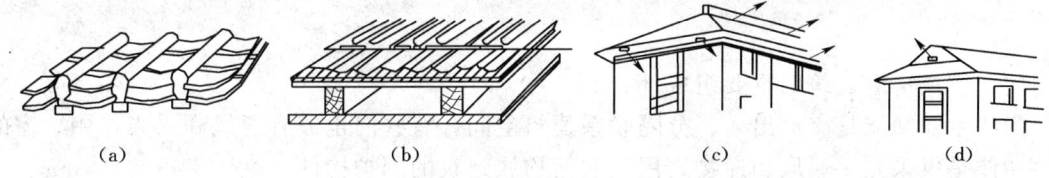

图 5.45 坡屋顶通风隔热示意图
(a) 屋面通风层；(b) 屋面通风层；(c) 檐口通风口；(d) 山墙通风口

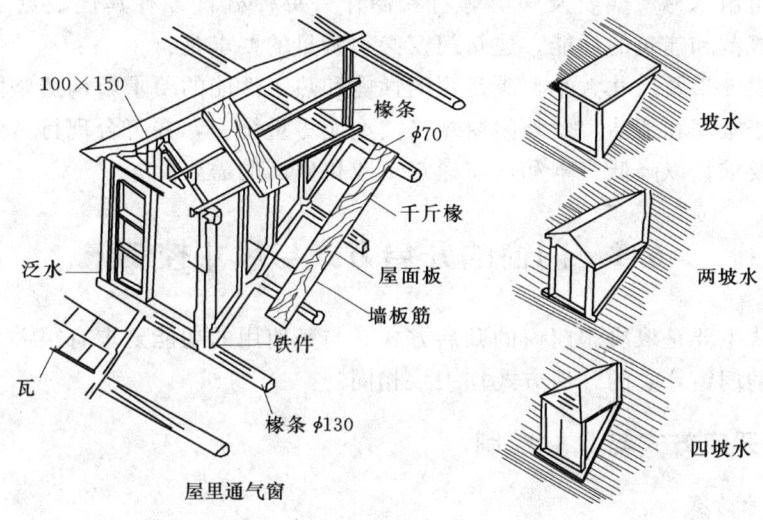

图 5.46 设置老虎窗采光与通风

复 习 思 考 题

1. 屋顶的功能作用有哪些？屋顶的形式有哪几种？
2. 简述平屋顶坡度的形成方式。平屋顶排水形式和排水方案有哪些？排水组织如何设计？
3. 柔性防水、刚性防水的构造层次和细部构造要求及其关系如何？
4. 简述防水等级的划分和防水设计。
5. 平屋顶的保温隔热构造是怎样的？
6. 简述坡屋顶的组成和坡屋顶的承重结构。
7. 坡屋顶的屋面形式有哪些？构造层次有什么特点？
8. 坡屋顶的保温和隔热构造方式是怎样的？

第6章 门 和 窗

门和窗是房屋建筑的重要组成部分。

门的主要功能是交通出入、分隔联系建筑空间,有些门也兼有通风和采光作用。窗的主要功能是供采光、通风和递物之用,它们均属建筑的围护构件。

目前,随着社会经济与建筑技术的发展,有些门窗还具有的保温、隔热、隔声、防水、防火及防辐射等重要功能也越来越得到广泛地应用。

门窗通常可由木材、金属及塑料等材料制作,每种材料各有其优缺点。在设计门窗时,根据有关规范和建筑的功能,建筑门窗必须满足的要求是:

适宜的视觉效果及尺寸大小,满足密闭性能和热工性能的要求,构造坚固耐久,开关灵活紧严,便于维修和清洁。此外门窗规格类型应尽量统一,并符合现行《建筑模数协调统一标准》的要求,以降低成本和适应建筑工业化生产的需要。

6.1 门窗的开启方式与尺寸控制

门窗的形式主要是取决于门窗的开启方式,与其使用的功能要求有很大关系。无论用何种材料做成的门窗,它的开启方式均大致相同。

6.1.1 门的开启方式与尺寸控制

1. 门的开启方式

门按其开启方式,其形式通常有:平开门、弹簧门、推拉门、折叠门、转门等。

(1)平开门。平开门是水平开启的门,它的铰链装于门扇的一侧与门框相连,使门扇围绕铰链轴转动。其门扇有单扇、双扇,向内开和向外开之分。平开门构造简单,开启灵活,加工制作简便,易于维修,是建筑中最常见、使用最广泛的门,如图6.1所示。

平开门的门扇受力状态较差,易产生下垂或扭曲变形,所以门洞一般不大于3.6m×3.6m。门扇一般由木、钢或钢木组合而成。门的面积大于5m²时,例如用于工业建筑时,宜采用角钢骨架,而且最好在洞口两侧做钢筋混凝土壁柱,或者在砌体墙中砌钢筋混凝土砌块,使之与门扇上的铰链对应安装。

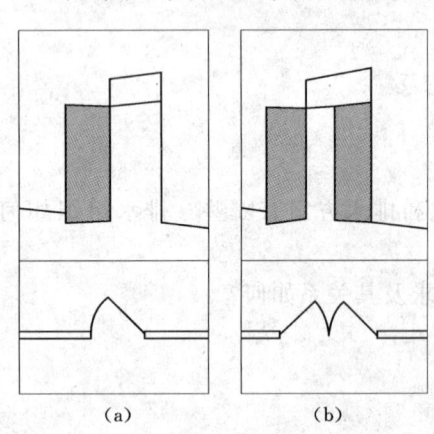

图 6.1 平开门
(a) 单扇平开门;(b) 双扇平开门

(2) 弹簧门。弹簧门的开启方式与普通平开门相同，所不同处是以弹簧铰链代替普通铰链，借助弹簧的力量使门扇能向内、向外开启并可经常保持关闭。它使用方便，美观大方，广泛用于商店、学校、医院、办公和商业大厦，如图 6.2 所示。

考虑到使用安全，门扇或门扇上部应镶嵌玻璃，门扇两边的人可以互相观察到对方，以避免人流相撞。但幼儿园、中小学等建筑不得使用弹簧门，以保证安全。

(3) 推拉门。推拉门开启时门扇沿轨道向左右滑行。通常为单扇或双扇，也可做成双轨多扇或多轨多扇，开启时门扇可隐藏于墙内或悬于墙外。根据轨道的位置，推拉门可为上挂式或下滑式。当门

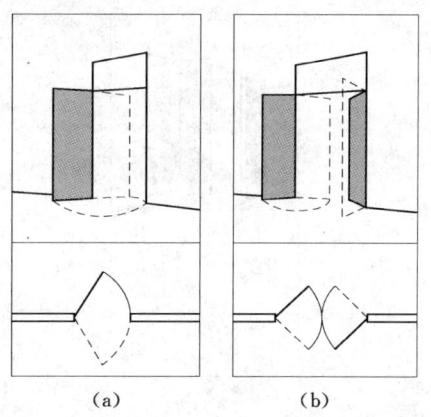

图 6.2　弹簧门
(a) 单扇弹簧门；(b) 双扇弹簧门

扇高度小于 4m 时，一般作为上挂式推拉门。即在门扇的上部装置滑轮，滑轮吊在门过梁之预埋上导轨上。当门扇高度大于 4m 时，一般采用下滑式推拉门。即在门扇下部装滑轮，将滑轮置于预埋在地面的下导轨上。为使门保持垂直状态下稳定运行，导轨必须平直，并有一定刚度。下滑式推拉门的上部应设导向装置，较重型的上挂式推拉门则在门的下部设导向装置。

推拉门开启时不占空间，受力合理，不易变形，但在关闭时难于严密，构造亦较复杂，多在工业建筑中，用作仓库和车间大门。在民用建筑中，一般采用轻便推拉门分隔内部空间，如图 6.3 所示。

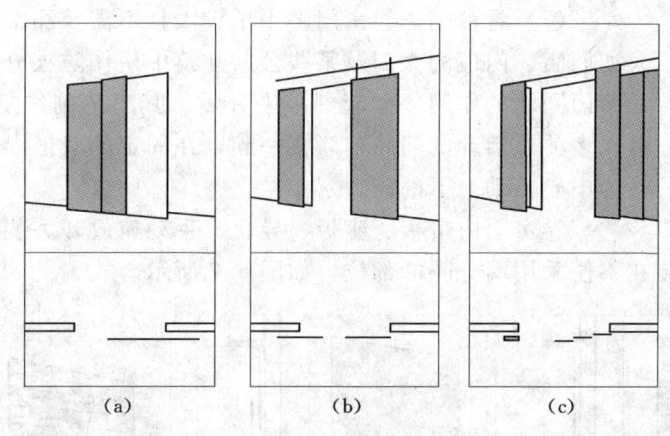

图 6.3　推拉门
(a) 单扇推拉门；(b) 双扇推拉门；(c) 多扇推拉门

(4) 折叠门。折叠门可分为侧挂式折叠门和推拉式折叠门两种。由多扇门构成，每扇门宽度 500~1000mm，一般以 600mm 为宜，适用于宽度较大的洞口。侧挂式折叠门与普通平开门相似，只是门扇之间用铰链相连而成。当用铰链时，一般只能挂两扇门，不适用于宽大洞口。如侧挂门扇超过两扇时，则需使用特制铰链，如图 6.4 所示。

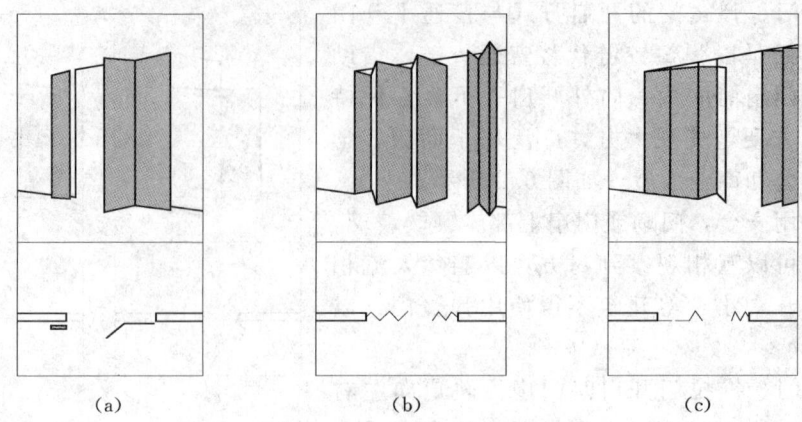

(a)   (b)   (c)

图 6.4 折叠门

(a) 侧挂折叠门；(b) 中悬折叠门；(c) 侧悬折叠门

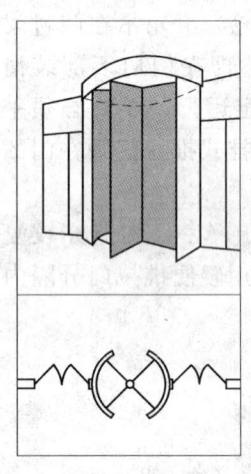

图 6.5 转门（两边为疏散门）

折叠门开启时占空间少，但构造较复杂，一般用在公共建筑或住宅中作灵活分隔空间用。

(5) 转门。转门是由两个固定的弧形门套和垂直旋转的门扇构成。门扇可分为三扇或四扇，绕竖轴旋转。转门对隔绝室外气流有一定作用，可作为寒冷地区公共建筑的外门，但不能作为疏散门。当设置在疏散口时，需在转门两旁另设疏散用门，如图 6.5 所示。

(6) 升降门。升降门多用于工业建筑，一般不经常开关，需要设置传动装置及导轨，如图 6.6 所示。

(7) 卷帘门。卷帘门多用于较大且不需要经常开关的门洞，例如商店、门市的大门及某些公共建筑中用作防火分区的设备等。卷帘门同墙的作用一样起到水平分隔，其工艺制作复杂，造价较高，以多关节活动的门片串联在一起，在固定的滑道内，以门上方卷轴为中心转动上下的门。

卷帘门由帘板、座板、导轨、手动速放开关装置、按钮开关等部分组成，一般安装在不便采用墙分隔的部位，如图 6.7 所示。

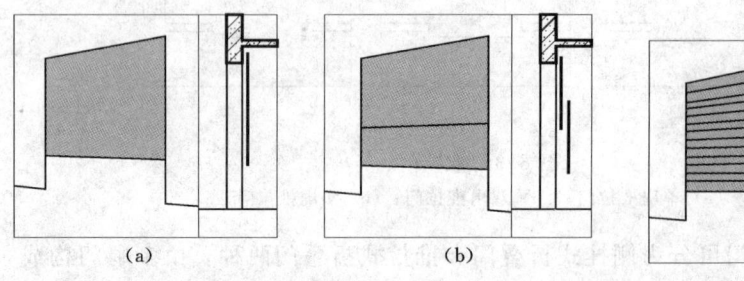 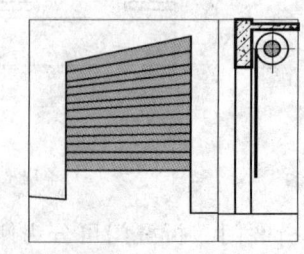

(a)   (b)

图 6.6 升降门   图 6.7 卷帘门

(a) 单扇升降门；(b) 多扇升降门

2. 门的尺寸确定

门的尺寸通常是指门洞的高宽尺寸。门作为交通疏散，其尺寸控制取决于人的通行要求，家具器械的搬运及与建筑物的比例关系等，并要符合现行《建筑模数协调统一标准》的规定。

一般民用建筑门的高度不宜小于 2100mm。如门设有亮子时，亮子高度一般为 300～600mm，则门洞高度为门扇高加亮子高，再加门框及门框与墙间的缝隙尺寸，即门洞高度一般为 2400～3000mm。公共建筑大门高度可视需要适当提高。

门的宽度取值一般为：单扇门为 700～1000mm，双扇门为 1200～1800mm；宽度在 2100mm 以上时，则多做成三扇、四扇门或双扇带固定扇的门。因为门扇过宽易产生翘曲变形，同时也不利于开启。辅助房间（如浴厕、储藏室等），门的宽度可窄些，一般为 700～800mm。国家对各类建筑中门洞尺寸均有严格的规定。

例如 GB 50096—1999《住宅设计规范》对住宅建筑各部位门洞的最小尺寸见表 6.1。

表 6.1　　　　　　　　　住宅建筑各部位门洞最小尺寸　　　　　　　　　单位：m

类　别	洞口宽度	洞口高度
公用外门	1.20	2.00
户（套）门	0.90	2.00
起居室（厅）门	0.90	2.00
卧室门	0.90	2.00
厨房门	0.80	2.00
卫生间门	0.70	2.00
阳台门（单扇）	0.70	2.00

注　1. 表中门洞口的高度不包括亮子的高度。
　　2. 洞口两侧地面有高低差时，以高地面起计算高度。

为了使用方便，一般民用建筑门（木门、铝合金门、塑料门）均编制成标准图，在图上注明类型及有关尺寸，设计时可按需要直接选用。

6.1.2　窗的形式与尺寸确定

1. 窗的形式

窗的形式一般按开启方式定。而窗的开启方式主要取决于窗扇铰链安装的位置和转动方式。通常窗的开启方式有以下几种：

(1) 平开窗。铰链安装在窗扇一侧与窗框相连，向外或向内水平开启。平开窗有单扇、双扇、多扇及向内开与向外开之分。平开窗构造简单，开启灵活，造价低廉，制作维修均方便，便于安装纱窗，是民用建筑中使用最广泛的窗，如图 6.8 所示。

(2) 固定窗。无窗扇、不能开启的窗为固定窗。固定窗的玻璃直接安装在窗框上，可供采光和眺望之用，不能通风。固定窗构造简单，密闭性好，多与门亮子和开启窗配合使用，如图 6.9 所示。

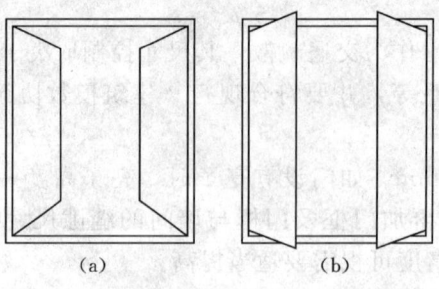
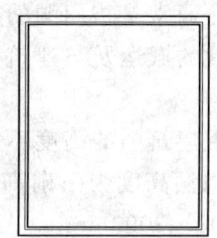

图 6.8 平开窗　　　　　　　　　图 6.9 固定窗
(a) 外平开窗；(b) 内平开窗

(3) 悬窗。根据铰链和转轴位置的不同，可分为上悬窗、中悬窗和下悬窗，如图 6.10 所示。

上悬窗铰链安装在窗扇的上边，一般向外开防雨好，多采用作外门和门上的亮子。

下悬窗铰链安在窗扇的下边，一般向外开，通风较好，不防雨，不宜用作外窗，一般用于内门上的亮子。

中悬窗是在窗扇两边中部装水平转轴，开启时窗扇绕水平轴旋转，开启时窗扇上部向内，下部向外，对挡雨、通风均有利，并且开启易于机械化。故常用作大空间建筑的高侧窗，也可用于外窗或用于靠外廊的窗。

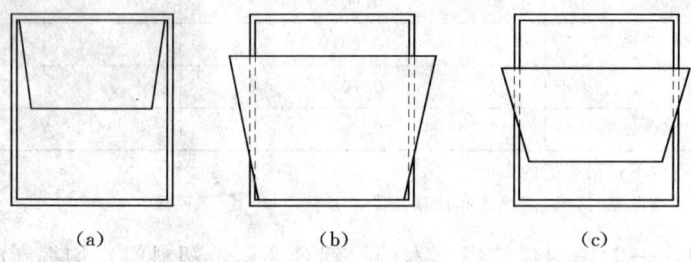

图 6.10 悬窗
(a) 上悬窗；(b) 中悬窗；(c) 下悬窗

(4) 立转窗。立转窗在窗扇上下冒头中部设转轴，立向转动。有利于采光和通风，但安装纱窗不便，密闭和防雨性能较差，如图 6.11 所示，多用于低侧窗。

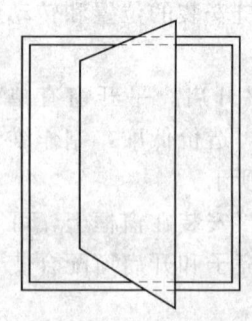

图 6.11 立转窗

(5) 推拉窗。推拉窗（图 6.12）目前在我国应用非常广泛，有代替平开窗的趋势。推拉窗分左右、上下推拉两种，不占据室内空间，外观美丽、价格经济、密封性较好。一般在窗扇上设滑轨槽，开启灵活，窗扇受力状态好、不易损坏。开窗面积较平开窗大，既增加室内的采光，又改善建筑物的整体形貌，但通气面积受一定限制，五金及安装也较复杂。一般适用于铝合金及塑料窗。

(6) 百叶窗。百叶窗的百叶板有活动和固定两种。活动百叶板常作遮阳和通风之用，易于调整。固定百叶窗常用作建筑山墙闷顶处的通风之用，如图 6.13 所示。

6.1 门窗的开启方式与尺寸控制

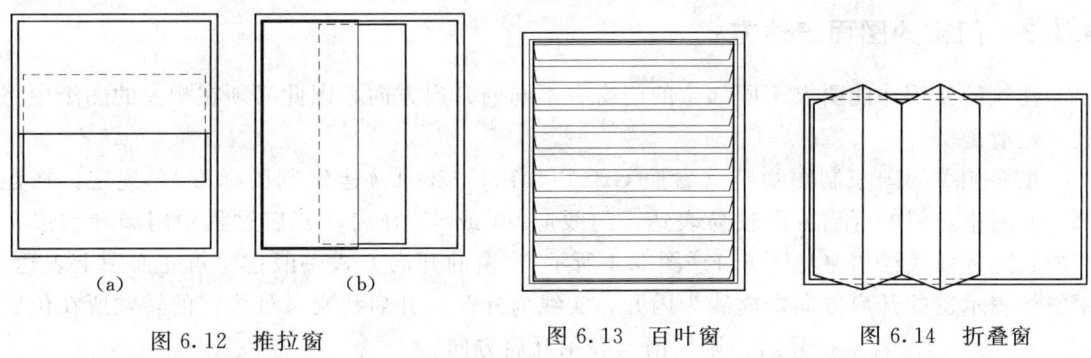

图 6.12 推拉窗
(a) 垂直推拉窗；(b) 水平推拉窗

图 6.13 百叶窗

图 6.14 折叠窗

(7) 折叠窗。折叠窗基本上能全开全闭，视野开阔，通风效果好。但需要特殊的五金件，安装复杂，如图 6.14 所示。

2. 窗的尺寸控制

窗的尺寸控制主要取决于窗洞的高度、宽度及窗洞面积的确定。

窗洞的高度、宽度主要取决于房间的采用通风、构造做法和建筑造型等要求，并要符合现行 GB 50003—2001《建筑模数协调统一标准》的规定。为使窗坚固耐久，一般平开木窗的窗扇高度为 800～1200mm，宽度不宜大于 500mm。上下悬窗的窗扇高度为 300～600mm，中悬窗窗扇高不宜大于 1200mm，宽度不宜大于 1000mm。推拉窗高宽均不宜大于 1500mm。

对一般民用建筑用窗，各地均有通用图，各类窗洞的高度与宽度尺寸通常采用扩大模数 3M 数列作为洞口的标志尺寸，需要时只要按所需类型及尺度大小直接选用。

窗洞口大小的确定主要考虑采光的效果，按照国家相应的规范要求，主要通过房间的窗地比来量化，即窗洞口与房间净面积之比，也称采光系数。我国主要类别建筑的窗地比最低值详见表 6.2。

表 6.2　　　　　　　　　　　主要建筑的窗地比最低值

建筑类别	房间或部位名称	窗地比
宿 舍	居室、管理室、公共活动室、公用厨房	1/7
住 宅	卧室、起居室、厨房 厕所、卫生间、过厅 楼梯间、走廊	1/7 1/10 1/14
托 幼	音体活动室、活动室、乳儿室 寝室、喂奶室、医务室、保健室、隔离室其他房间	1/7 1/6
文化馆	阅览、书法、美术 游艺、文艺、音乐、舞蹈、戏曲、排练、教室	1/4 1/5
图书馆	展览室、装裱间 陈列室、报告厅、会议室、开架书库、视听室 闭架书库、走廊、门厅、楼梯、厕所	1/4 1/6 1/10
办 公	办公、研究、接待、打字、陈列、复印、 设计绘图、阅览室	1/6

6.1.3 门窗的图面表达方式

建筑的使用功能要求不同部位的门窗有不同的开启方向,因此必须在相关的图纸中将其表达清楚。

按照相关的国家制图规范(参照 GB/T 50104—2001《建筑制图标准》)规定,在建筑平面图中,门的开启方向较易表达,门线应 90°或 45°开启,开启过程中门扇转动或平移的轨迹宜弧线绘出(见图 6.1～图 6.4 所示)。窗的开启方式一般在建筑立面图上表达,用斜线表示窗的开启方向,虚线为内开,实线为外开,开启线交叉处为窗的转轴所在位置(图 6.15)。门窗若推拉开启,则用箭头表示开启方向。

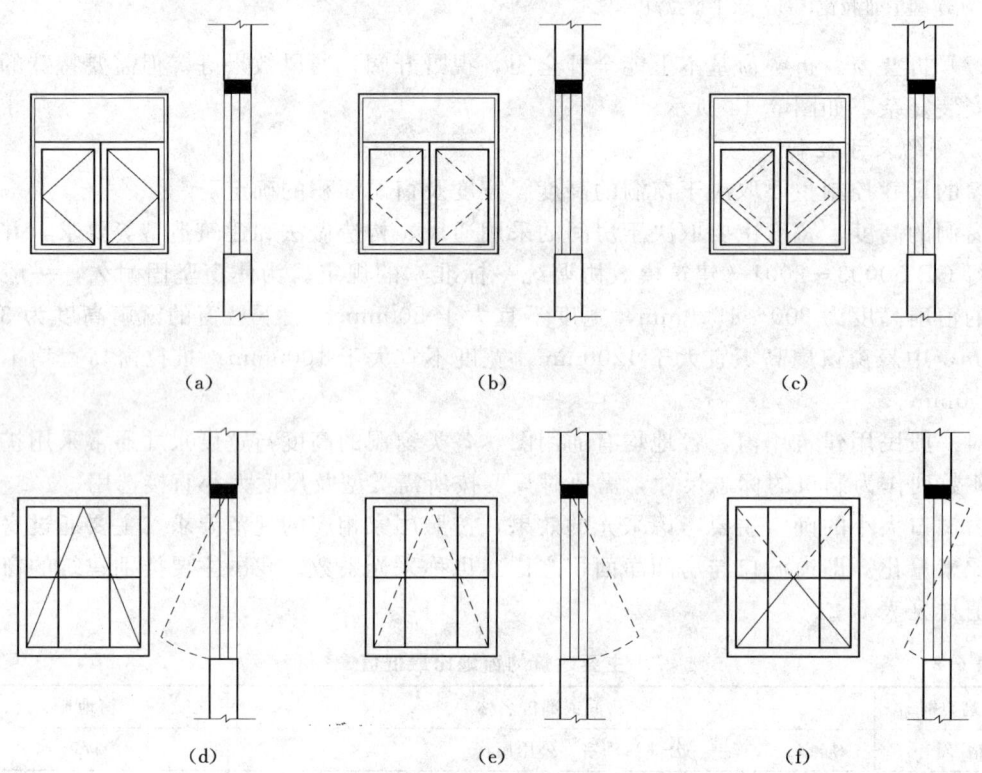

图 6.15 门窗的开启表达方式
(a) 单层外开平开窗;(b) 单层内开平开窗;(c) 单层内外开平开窗
(d) 单层外开上悬窗;(e) 单层内开上悬窗;(f) 单层中悬窗

6.2 木门窗构造

6.2.1 木门构造

1. 平开木门的组成

门一般由门框、门扇、亮子、五金零件及其附件组成见图 6.16。

6.2 木门窗构造

门扇按其构造方式不同,有镶板门、夹板门、拼板门、玻璃门和纱门等类型。亮子又称腰头窗,在门上方,为辅助采光和通风之用,有平开、固定及上中下悬几种。

门框是门扇、亮子与墙的联系构件。

五金零件一般有铰链、插销、门锁、拉手、闭门器和门挡等。

附件有贴脸板、筒子板等。

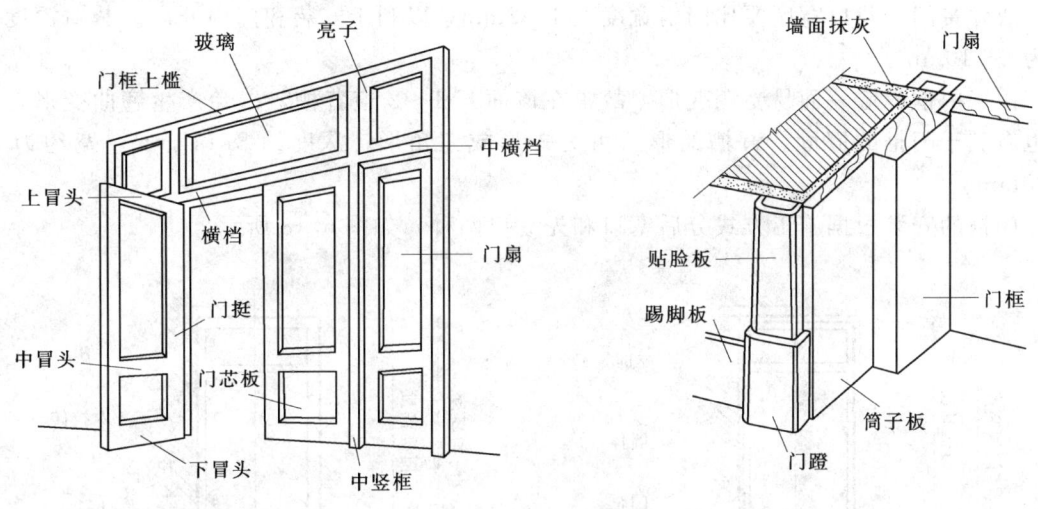

图 6.16 木门的组成

2. 门框

门框又称门樘,一般由两根竖直的边框和上框组成。当门带有亮子时,还有中横框。多扇门则还有中竖框,如图 6.17 所示。

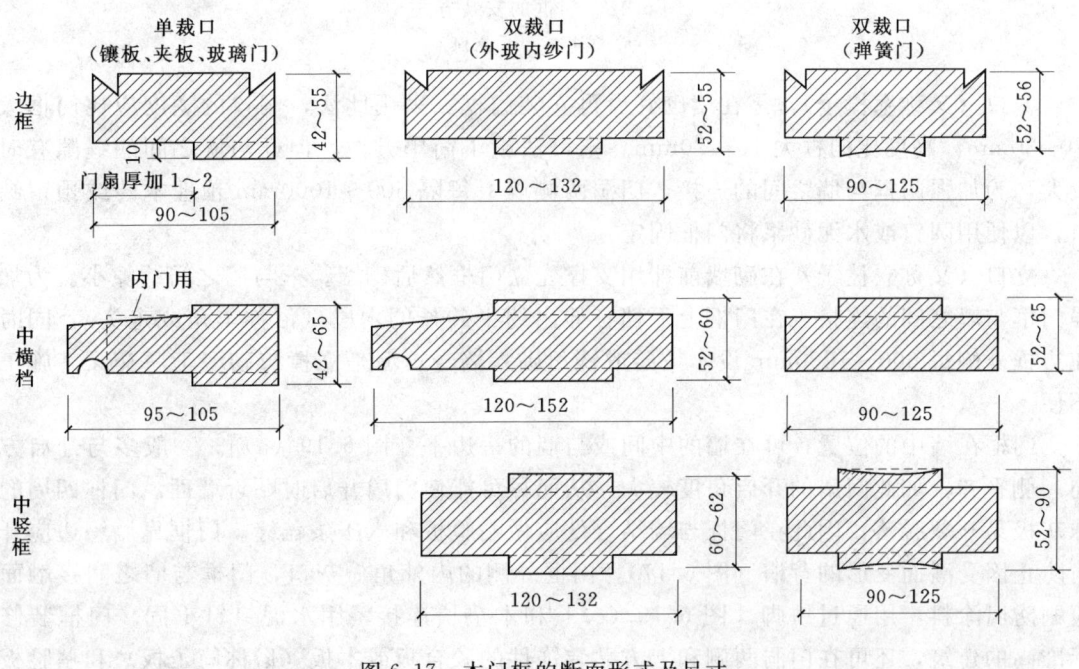

图 6.17 木门框的断面形式及尺寸

门框的断面形式与门的类型、层数有关,同时应利于门的安装,并具有一定的密闭性,如图 6.17 所示。门框的断面尺寸主要考虑接榫牢固与门的类型,还要考虑制作时刨光损耗。毛断面尺寸应比净断面尺寸大些,一般单面刨光加 3mm,双面刨光则加 5mm。

为便于门扇密闭,门框上要有裁口(或铲口)。根据门扇数与开启方式的不同,裁口的形式可分为单裁口与双裁口两种,如图 6.17 所示。单裁口用于单层门,双裁口用于双层门或弹簧门。裁口宽度要比门扇宽度大 1~2mm,以利于安装和门扇开启。裁口深度一般为 8~10mm。

由于门框靠墙一面易受潮变形,故常在该面开 1~2 道背槽,以免产生翘曲变形,同时也有利于门框的嵌固。背槽的形状可为矩形或三角形,深度约 8~10mm,宽约为 12~20mm。

门框的安装根据施工方式分后塞口和先立口两种,如图 6.18 所示。

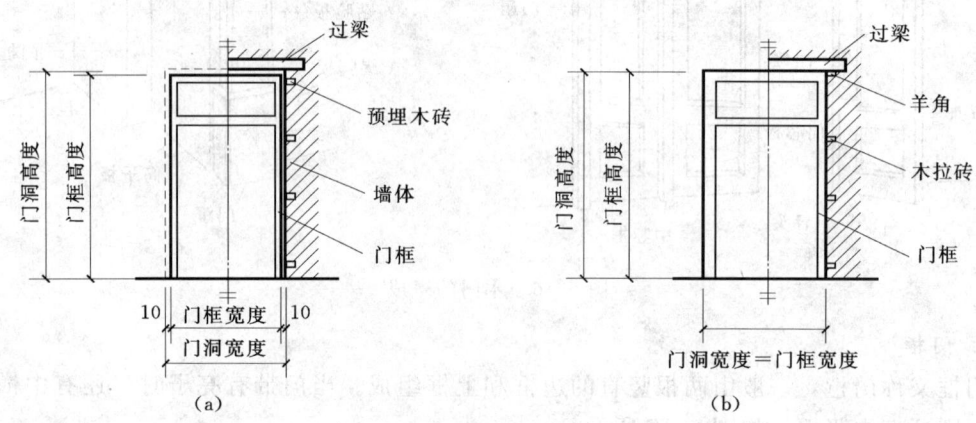

图 6.18 门框的安装方式
(a) 塞口;(b) 立口

塞口(又称塞樘子),是在墙砌好后再安装门框。采用此法,洞口的宽度应比门框大 20~30mm,高度比门框大 10~20mm。塞口法施工简单方便,但框与墙之间的缝隙有时较大,为加强门框与墙之间的连接,门洞两侧墙上每隔 600~1000mm 预埋木砖或预留缺口,以便用圆钉或水泥砂浆将门框固定。

立口(又称立樘子)在砌墙前即用支撑先立门框然后砌墙。框与墙之间缝隙小。为加强门框与墙之间的连接,在门框上下档各伸出约半砖长的木段(俗称羊角或走头),同时在边框外侧每 600~1000mm 设木拉砖或铁角砌入墙身。但是立樘与砌墙工序交叉,施工不便。

门框在墙中的位置,可在墙的中间或与墙的一边平[图 6.19 (a)]。一般多与开启方向一侧平齐,如此门扇的开启角度较大,从而尽可能使门扇开启时贴近墙面。门框四周的抹灰极易开裂脱落,因此在门框与墙结合处应做贴脸板和木压条盖缝。门框靠墙一边应开凿防止因受潮而变形的背槽(图 6.17),门框外侧的内外角做灰口,门框与墙之间接触面应刷防腐涂料,用通过铁脚[图 6.19 (c)]和木垫块连接,用水泥钉钉牢固。门框装修标准高的建筑,还可在门洞两侧和上方贴装饰性的胶合板或木板(俗称筒子板)和贴脸板

6.2 木门窗构造

[图 6.19 (b)]。

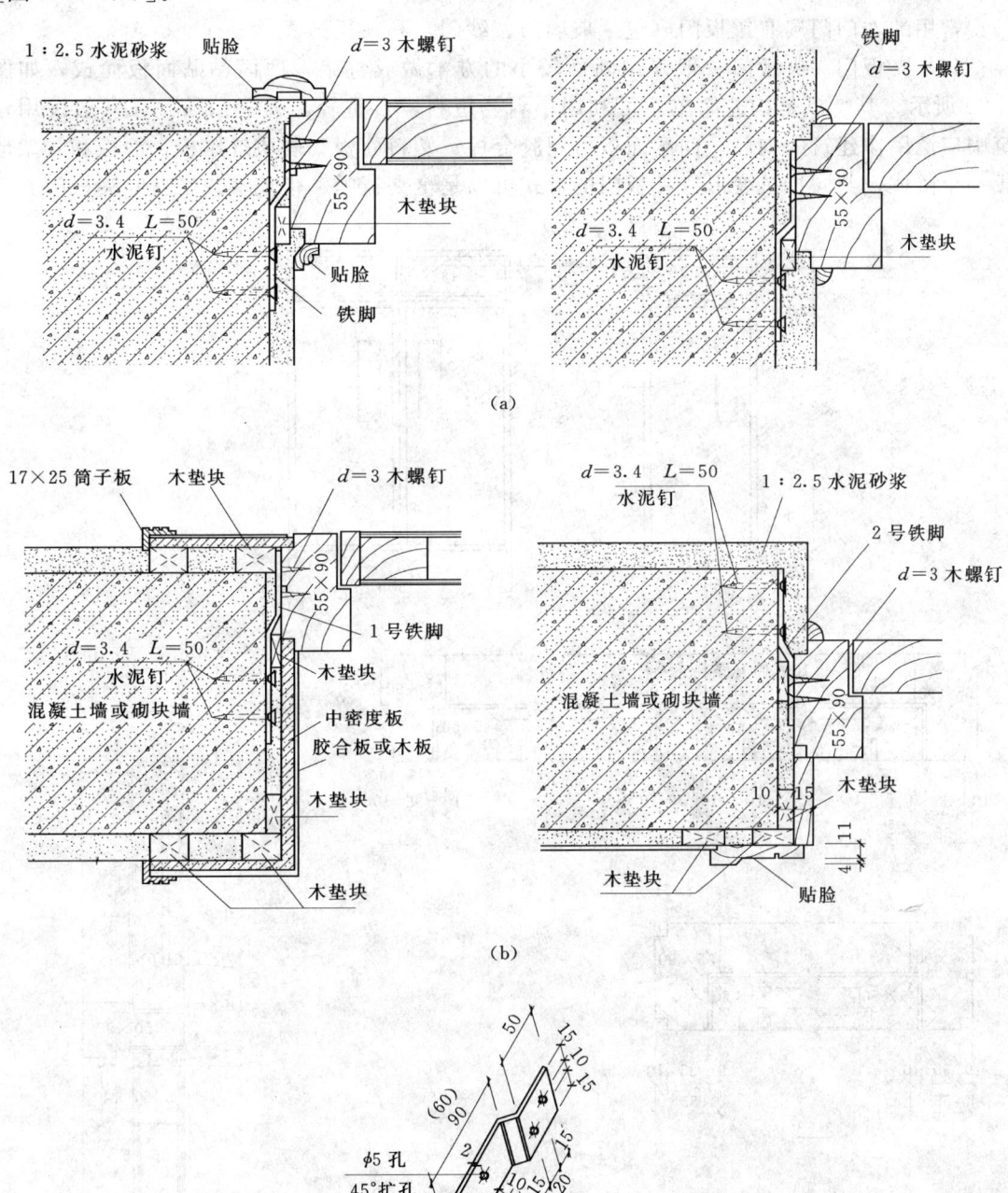

图 6.19 门框在墙洞边的安装位置
(a) 居中和内、外平；(b) 贴脸板及筒子板；(c) 铁脚

3. 门扇

常用的木门门扇有镶板门（包括玻璃门、纱门）和夹板门。

(1) 夹板门。夹板门一般是用断面较小的方木做成骨架，两面粘贴面板而成，如图 6.20 所示。其特点是构造简单，可利用小料、短料，自重轻，外形简洁。在一般民用建筑中广泛用作建筑的内门。门扇面板可用胶合板、塑料面板和硬质纤维板。面板和骨架形成一个整体，共同抵抗变形。夹板门的形式可以是全夹板门、带玻璃或带百叶夹板门。

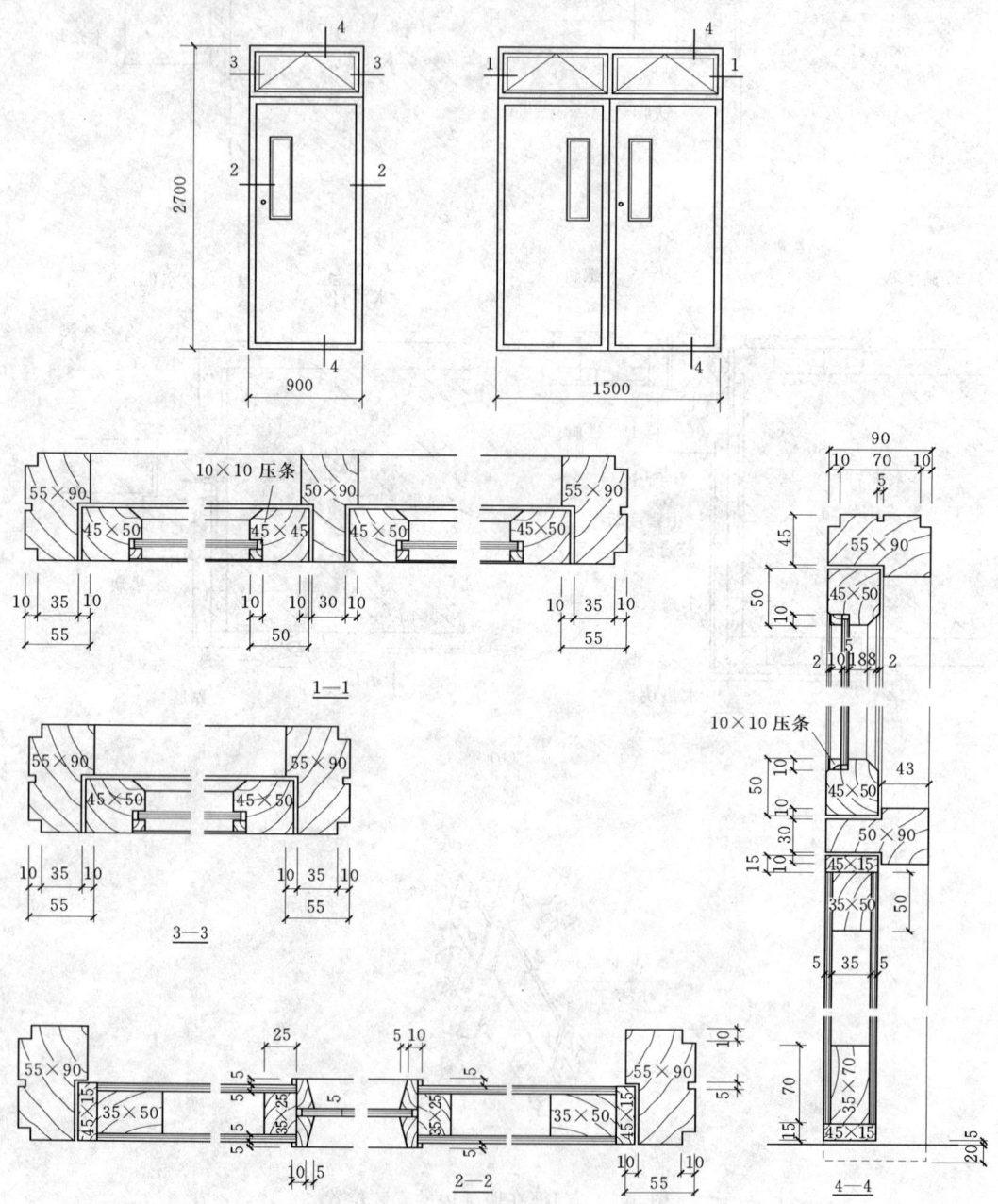

图 6.20 夹板门的构造（单位：mm）

6.2 木门窗构造

夹板门的骨架一般用厚约 30～35mm、宽 33～60mm 的木料做边框，中间的肋条用厚约 10～25mm，宽 30～60mm 的木条，可以是单向排列、双向纵横排列或密肋形式，间距一般为 200～400mm，安门锁处需另加上锁木（图 6.21）。为使门扇内通风干燥，避免因内外温湿度差产生变形，在骨架上需设通气孔。为节约木材，也有用蜂窝形成浸塑纸来代替肋条的。另外，门的四周可用 15～20mm 的木条镶边，以取得整齐美观的效果。

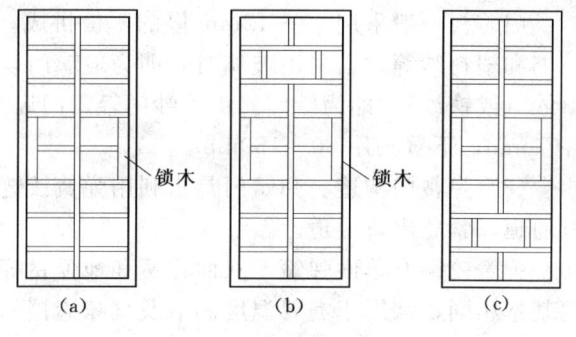

图 6.21 夹板门骨架
(a) 普通门扇骨架；(b) 带玻璃窗骨架；(c) 带百叶窗骨架

（2）镶板门。镶板门门扇由边梃、上冒头、中冒头（可作数根）和下冒头组成骨架，内装门芯板而构成，如图 6.22 所示。构造简单，造型美观，易于与玻璃、纱料或百叶结合制作，适用于一般民用建筑作内门和外门。

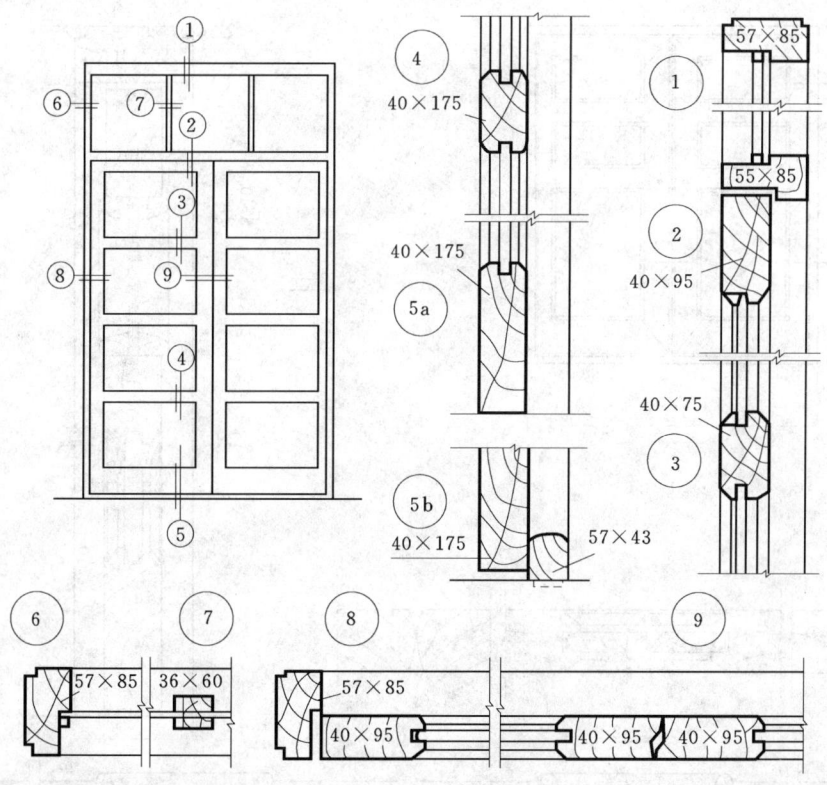

图 6.22 镶板门的构造（单位：mm）

镶板门门扇的边梃与上、中冒头的断面尺寸一般相同，厚度为 40～45mm，宽度为 100～120mm。为了减少门扇的变形，下冒头的宽度一般加大至 160～250mm，并与边梃采用双榫结合。

门芯板一般采用10~12mm厚的木板拼成,也可采用胶合板、硬质纤维板、塑料板、玻璃和塑料纱等。当采用玻璃时,即为玻璃门,可以是半玻门或全玻门。若门芯板换成塑料纱(或铁纱),即为纱门。由于纱门轻,门扇骨架用料可小些,边框与上冒头可采用30~70mm,下冒头用30~150mm。

(3)弹簧门构造。弹簧门是指利用弹簧铰链,开启后能自动关闭的门。多用于公共场所通道、紧急出口通道。

弹簧铰链有单面弹簧、双面弹簧和地弹簧等形式。单面弹簧门多为单扇,与普通平开门基本相同,常用于需要温度调节及气味遮挡的房间,如厨房、厕所。双向弹簧门通常为双扇门,适用于公共建筑的大厅、走廊及人流较大的房间的门。为避免人流出入相撞,一般门上需装玻璃。

弹簧门中特别是双面弹簧门人流通过量大,需用硬木,其用料尺寸比一般镶板门稍大一些(如图6.23所示)。门扇厚度为42~50mm,上冒头及边框宽度为100~120mm,下冒头宽为200~300mm,中冒头视情况而定。为了避免门扇的碰撞而又不使其有过大的留缝,通常上下冒头做平逢,边框做圆弧形断面,其弧面半径约为门厚的1~1.2倍左右,

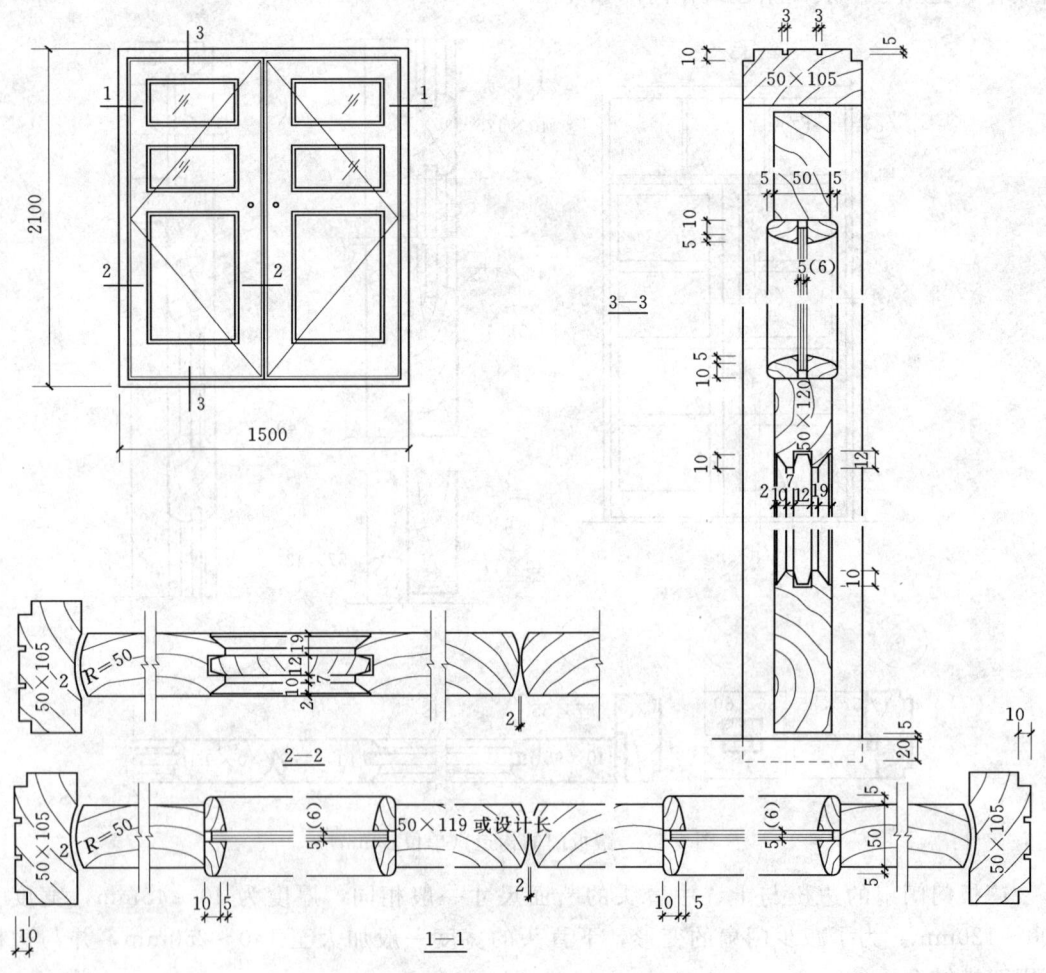

图6.23 弹簧门的构造(单位:mm)

如图 6.23 所示。

（4）成品装饰木门。在酒店、宾馆、办公大楼、中高档住宅等民用建筑中广泛采用成品装饰木门，该门采用标准化、工厂化生产，组装成形的新工艺，同时有很好的装饰效果，如图 6.24 所示。

木门为无钉胶接固定施工，工期短，施工现场无噪声、垃圾、污染等。木门的木材为松木、榉木或其他优良材种，内框骨架采用指接工艺，榫接胶合严密，填充芯料选用电热拉伸定型蜂窝芯。

门套基材一般选用优质密度板，背面覆防潮层。面层饰面选用 0.6mm 优质天然实木单板或仿真饰面膜，常用品种有枫木、红榉、樱桃和黑胡桃等。

门窗配套用合页、锁具、滑轨、门上五金，可按订货合同规定由工厂提供，相关的锁孔、滑轨开槽均可在工厂预制加工。

图 6.24 装饰木门外观效果

6.2.2 木窗的构造

木窗的构造应综合考虑以下几个方面：

采光、使用、节能、符合窗洞尺寸系列、结构、美观。

木窗是由窗框、窗扇（玻璃扇、纱扇）、五金（铰链、风钩、插销）及附件（窗帘盒、窗台板、贴脸板）等组成。

1. 窗框

（1）窗框的断面形式与尺寸。窗框的断面形式与门框类似。窗框的断面尺寸主要按材料的强度和接榫的牢固需要确定，一般多为经验尺寸，如图 6.25 所示。中横框如加披水，其宽度还需增加 20mm。

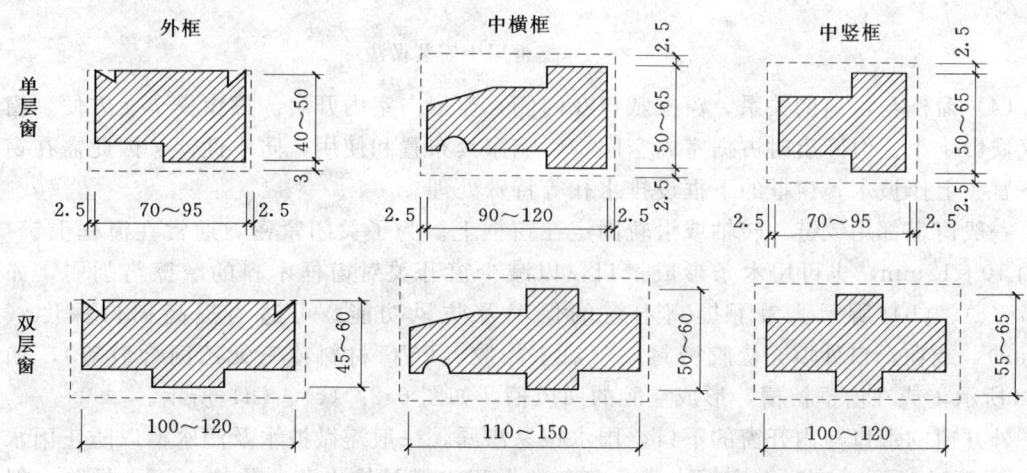

图 6.25 木窗框的断面形式及尺寸

(2) 窗框的安装。窗框的安装与门框基本相同,也分立口与塞口两种施工方法。

(3) 窗框与墙的关系。窗框在墙洞中的位置同门框一样,有窗框内平、窗框居中和窗框外平 3 种情况,窗框与墙之间的缝隙处理与门框相同。考虑到采光与躲避雨水,窗框居中的情况较为普遍一点,其安装构造如图 6.26 所示。

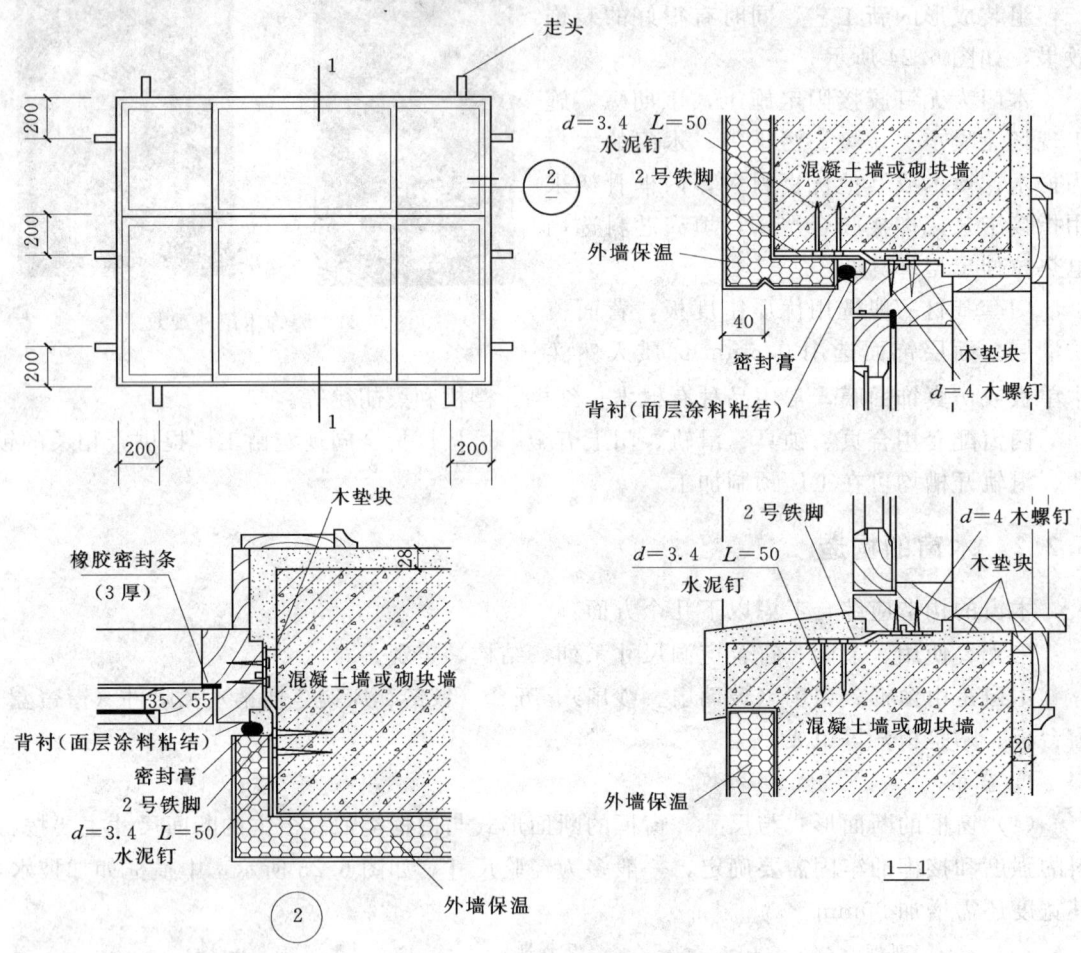

图 6.26 木窗框居中安装做法

(4) 窗框与窗扇的关系。窗框裁口在内侧,窗扇向室内开启。擦窗安全、方便、窗扇受气候影响小。但开启时占据室内空间,影响家具布置和使用,防水性差,因此需在窗扇的下冒头上作披水,窗框的下框设排水孔等特殊处理。

一般窗扇都用铰链、转轴或滑轨固定在窗框上。为了关闭紧密,通常在窗框上铲口,深约 10~12mm,也可用木条形成铲口,以减少窗开关对窗框木料的摩擦与削弱,如图 6.27 (a)、(b) 所示。为了提高木窗的保温及防风功能,可适当提高铲口深度(约 15mm),或在铲口处填充橡胶密封条(氯丁橡胶、PVC 材料或三元乙丙橡胶等),如图 6.28 所示,或在窗框留槽,形成空腔的回风槽,如图 6.27 (c)、(d) 所示。

外开窗的上口与内开窗的下口,雨水很易渗漏,一般需做披水及滴水槽以防止雨水内渗如图 6.28 所示。有时在窗框内槽及窗盘处做积水槽及排水孔,将渗入雨水排除,但现

6.2 木门窗构造

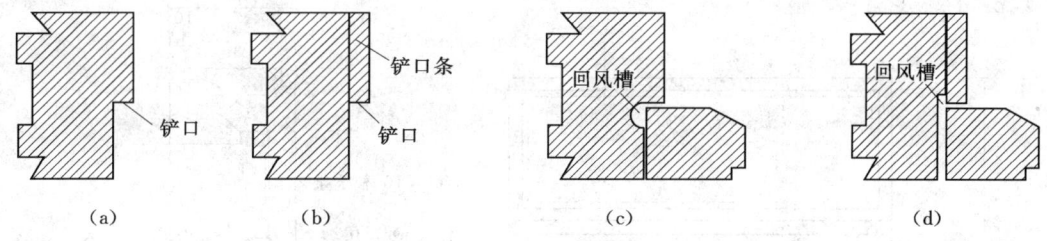

图 6.27 木窗框与窗扇间铲口的处理方式

已不多见，如图 6.30 所示。

2. 窗扇

窗扇的厚度约为 35～42mm，一般为 35mm；上下冒头及边梃的宽度视木料材质和窗扇的大小而定，一般为 50～60mm；下冒头若加做滴水槽或披水板，可较上冒头适当加宽 10～25mm。为镶嵌玻璃，在冒头、边梃上，做 8～12mm 宽的铲口。铲口深度视玻璃厚度而定，一般为 12～15mm，不超过窗扇厚度的 1/3。为减少木料的挡光及美观要求，冒头及边梃还可做线脚。窗扇的构造及与窗框的关系如图 6.29 所示。

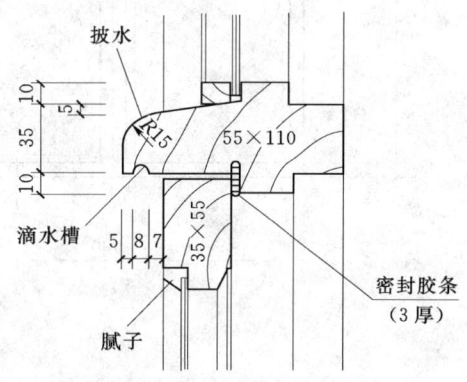

图 6.28 木窗的排水处理方式

玻璃厚薄的选用与窗扇分格的大小有关。窗的分格大小则由使用要求而定，一般情况常用玻璃的厚度为 3mm。如考虑较大面积的窗分格，则可采用 5mm 或 6mm 厚的玻璃。为了隔声保温等需要可采用双层中空玻璃。如需遮挡或模糊视线要求的，可选用磨砂玻璃或压花玻璃。为了安全还可采用夹丝玻璃、钢化玻璃以及有机玻璃等。为了防晒可采用有色、吸热和涂层、变色等特种类型的玻璃。

玻璃的安装，一般先用小铁钉固定在窗扇上，然后用桐油与石灰调和而成的油灰（腻子）抹成斜角形（图 6.29），必要时也可采用小木条镶钉。

3. 双层窗

为适应保温、隔声、洁净及防蚊虫等要求，双层窗也广泛用于各类建筑中。常用双层窗有内外开窗、双层内开窗等。双层窗依其窗扇与窗框的构造以及开窗方向不同，可分为以下几种：

（1）子母窗扇。子母窗扇是单框双层窗扇的一种比较特殊的形式，如图 6.30（a）所示。子扇约小于母扇，但玻璃尺寸相同，窗扇以铰链与窗框相连，子扇与母扇相连，为便于清洁玻璃，两扇一般都内开。这种窗较其他双层窗省料，透光面积大，有一定的密闭保温效果。

（2）内外开窗。内外开窗的形式是在一个窗框上内外双裁口，一扇外开，一扇内开，也是单框双层窗的一种特殊形式，如图 6.30（b）所示。这种窗内外扇的形式、尺寸基本相同，构造简单。

（3）分框双层窗。这种窗的窗扇可以内外开，但为了清洁玻璃，通常都内开。寒冷地

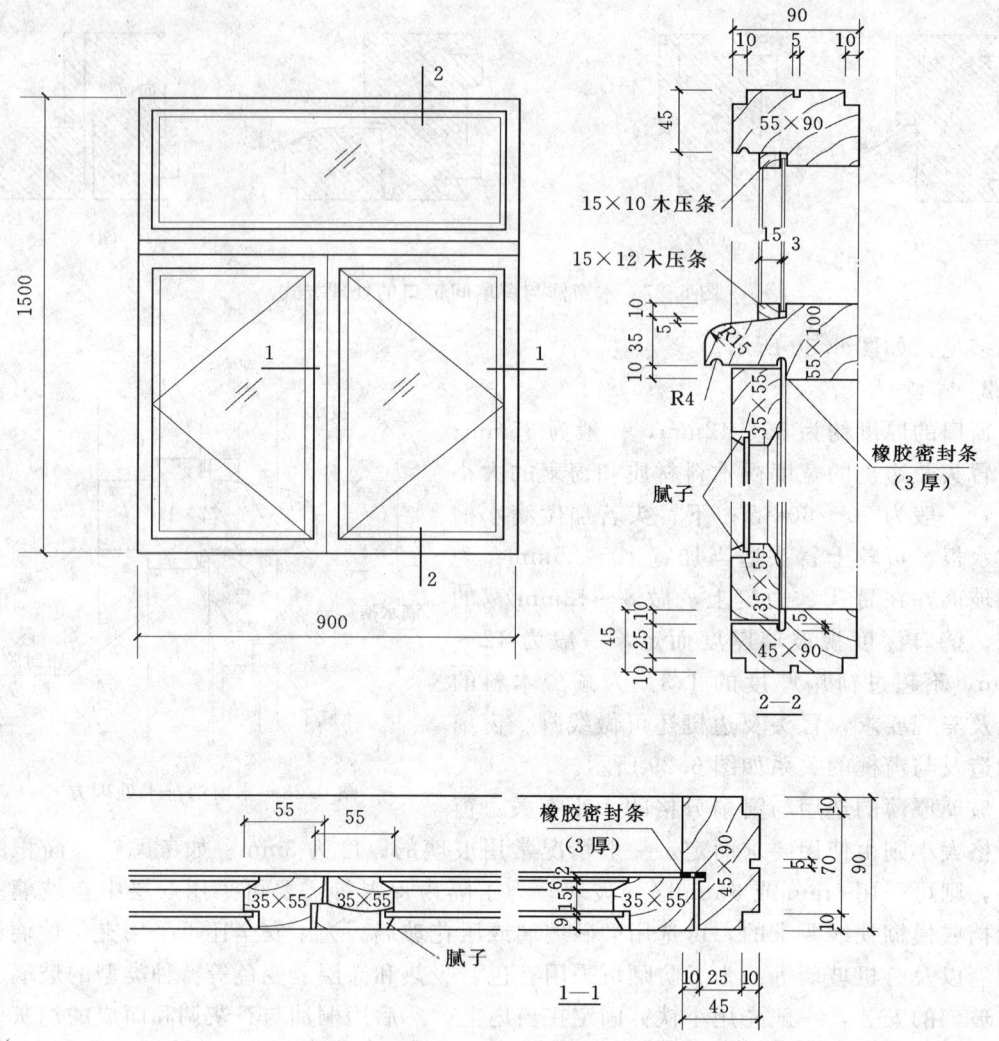

图 6.29 窗扇与窗框的构造关系

区的墙体较厚，宜采用这种双层窗。内外窗扇净距一般在 100mm 左右，不宜过大，以免形成空气对流，影响保温，如图 6.30（c）所示。

由于寒冷地区的通风要求不如炎热地区高，较大面积的窗子可设置一些固定窗扇，既能满足通风要求，又能利用固定窗扇而省去一些中横框或中竖框。另外，在冬季为了通风换气，又不至于散热过多，常在窗扇上加小气窗，如图 6.30（c）所示。

（4）双层玻璃窗、中空玻璃窗及带纱窗玻璃窗。双层玻璃窗即在一个窗扇上安装两层玻璃，增加玻璃的层数主要利用玻璃间的空气层来提高保温和隔声能力。其间层宜控制在 10～15mm 之间，一般不宜密闭，在窗扇的上下冒头须做通气孔，如图 6.31（a）所示。

中空玻璃是有两层或三层平板玻璃四周用夹条粘结密闭而成，中间抽换干燥空气或惰性气体，并在边缘夹干燥剂，以保证在低温下不产生凝结水。中空玻璃所用平板玻璃的厚

6.2 木门窗构造

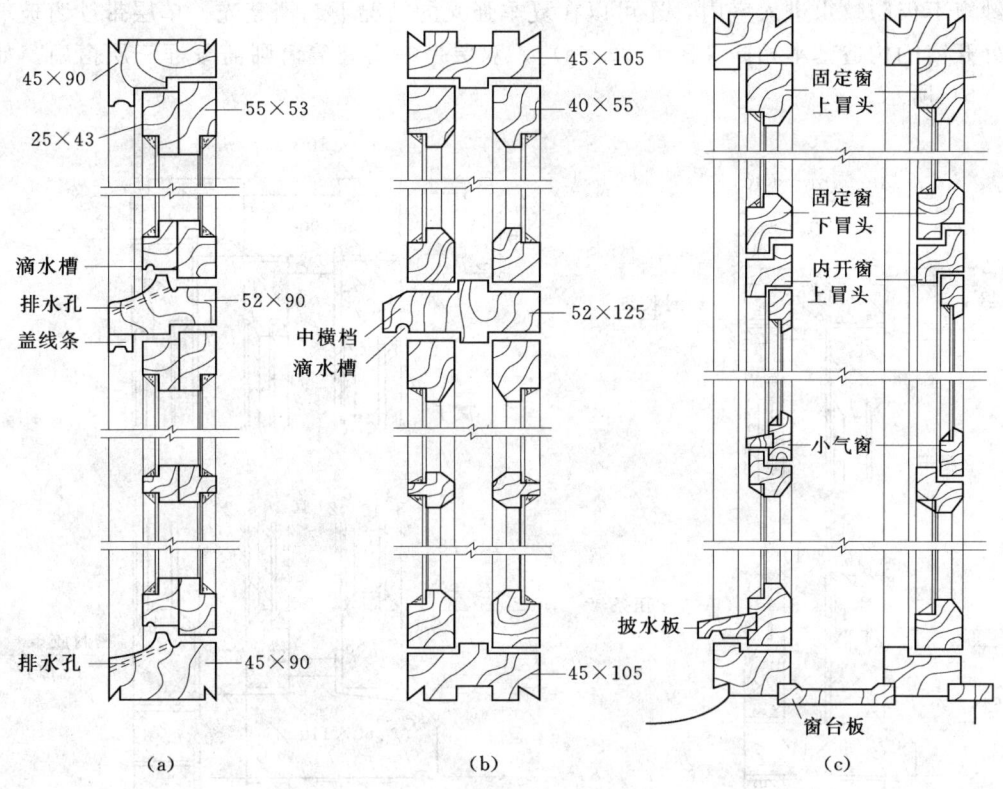

图 6.30 木双层窗的断面构造形式
(a) 内外子母窗扇；(b) 内外开窗扇；(c) 双层内开窗

度一般为 3~5mm，其间层多为 5~15mm，如图 6.31（b）所示。它是保温窗的发展方向之一，但生产工艺复杂，成本较高，目前在我国局部经济较发达地区已逐渐采用。

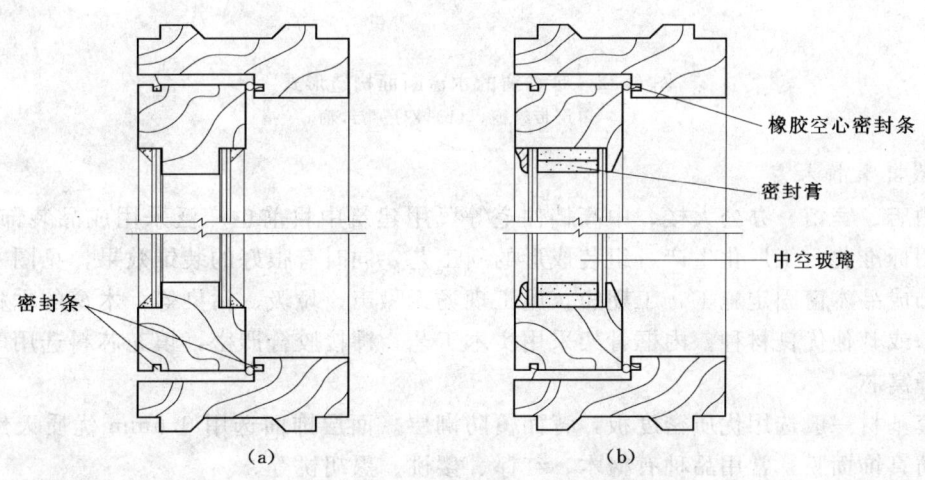

图 6.31 木双层窗的断面构造形式
(a) 双层玻璃窗；(b) 中空密闭玻璃窗

纱窗不仅防蚊虫进入室内，还可以在夏季强光的情况下遮挡亮光。单层带纱窗玻璃窗与内外开窗的构造基本相同[图6.32（a）]，双层带纱窗玻璃窗则需分框三层窗扇，如图6.32（b）所示。

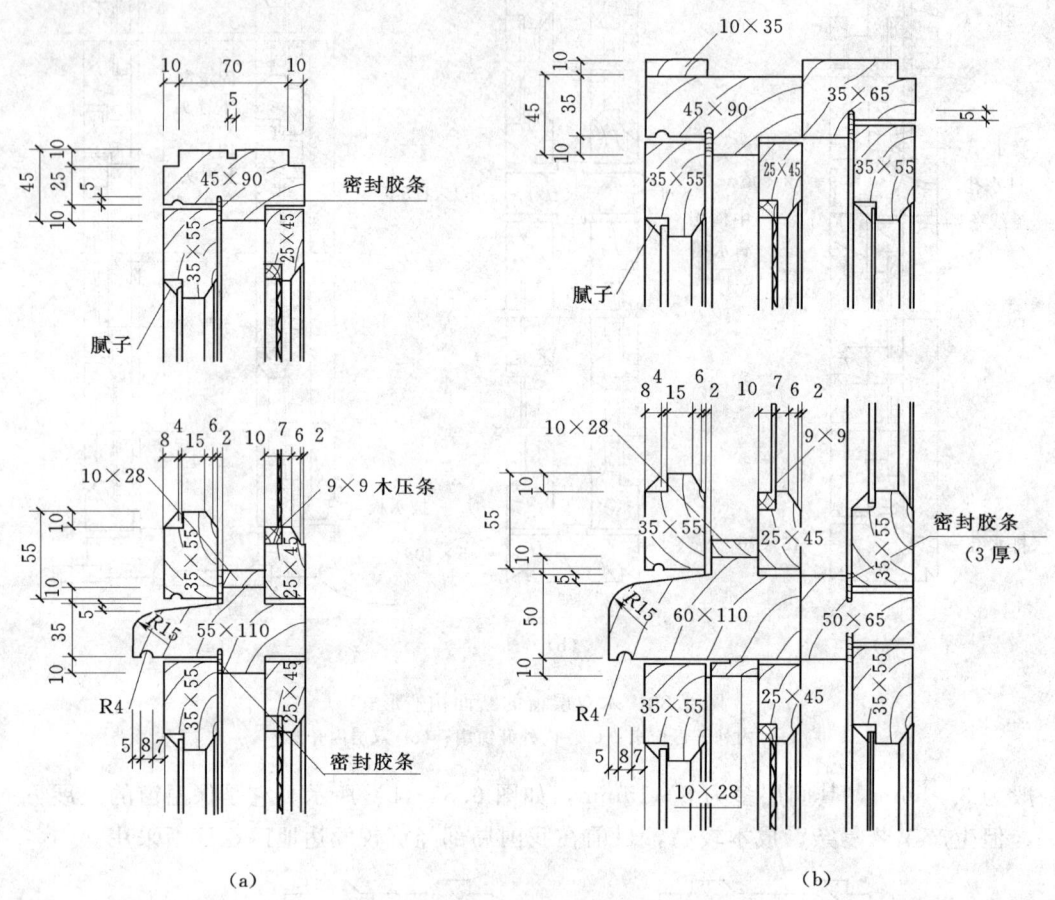

图 6.32 带纱窗的木窗断面构造形式
(a) 单层带纱窗；(b) 双层带纱窗

4. 成品装饰木窗

在酒店、宾馆、办公大楼、中高档住宅等民用建筑中目前也广泛采用成品装饰木窗。该窗采用标准化、工厂化生产，组装成形的新工艺，同时有很好的装饰效果，见图6.33。

装饰成品木窗固定施工，工期短，施工现场无噪声、垃圾、污染等。木窗的木材为松木、榉木或其他优良材种。内框骨架采用实木工艺，榫接胶合严密，填充芯料选用电热拉伸定型蜂窝芯。

窗套基材一般选用优质密度板，背面覆防潮层。面层饰面选用0.6mm优质天然实木单板或仿真饰面膜，常用品种有枫木、红榉、樱桃、黑胡桃等。

窗配套使用的合页、锁具、滑轨、门上五金，可按订货合同规定由工厂提供。相关的锁孔、滑轨开槽均可在工厂预制加工，一般以推拉木窗为主，此外门连推拉装饰效果也很好。

(a) (b)

图 6.33 成品装饰木窗
(a) 成品百叶窗；(b) 成品下悬木窗

6.3 金属门窗及塑料门窗

随着现代建筑技术的不断发展，建筑对门窗的要求越来越高。木门窗已远远不能适应大面积、高质量的保温、隔热、隔声、防火、防尘、防盗等要求。目前金属门窗和塑料门窗因其轻质高强、节约木材、耐腐蚀及密闭性能好、外观亮丽、长期维护费用低廉等优点，已得到广泛的应用。

金属门窗主要包括普通钢门窗、铝合金门窗及彩板门窗等。

6.3.1 普通钢门窗

钢门窗具有透光系数大，质地坚固、耐久、防火、防水等方面均优于木门窗。外观整洁、现代感强等特点。但是由于钢门窗的气密闭性较差，且钢材的导热系数大，故钢门窗的热损耗也较多。因此钢门窗只能用在一般的工业建筑及辅助建筑物中，很少在较高等级的建筑物中使用。目前钢门窗在我国已经处于趋于淘汰的状况，本节仅简单介绍其构造状况。

1. 普通钢门窗的分类

根据钢门窗加工制作材料的不同，分为空腹式和实腹式两种类型。

(1) 实腹式钢门窗。实腹式钢门窗料主要采用热轧门窗框和少量的冷轧或热轧型钢，框料高度一般为 25mm、32mm 和 40mm 3 类，见表 6.3。

(2) 空腹式钢门窗。空腹式钢门窗料是用低碳钢经冷轧、焊接而成的异形管状薄壁钢材。壁厚 1.2~1.5mm，故空腹式钢门窗主料薄壁，重量轻，节约钢材，但不耐腐蚀。一般在成型后，内外表面需做防锈处理。

2. 钢门窗的基本单元

为了避免钢门窗产生过大的变形而影响使用，每扇门窗的宽度及高度均不能过大。为了使用上的灵活性及组合和制作安装及运输的方便，通常由工厂将钢门窗制作成标准化的基本门窗单元，大面积钢门窗可用基本门窗单元进行组合安装。表 6.3 是实腹式钢门窗本

第6章 门和窗

单元尺寸。

表6.3　　　　　　　　　　　实腹式钢门窗基本单元　　　　　　　　　　单位：mm

高＼宽		600	900 1200	1500 1800
平开窗	600		▭	
	900 1200 1500	▭	▭	▭
	1500 1800 2100	▭	▭	▭

高＼宽		900	1200	1500 1800
门	2100 2400	▭	▭	▭

184

3. 钢门窗的安装与构造

钢门窗的安装较木门窗复杂一些，一般都用塞口法，如图 6.34 和图 6.35 所示为实腹式钢门的铁脚安装图。从图中，可以看出钢门窗与墙的连接通过框四周固定的铁脚与预埋件焊接或埋入预留洞口的方法来固定。铁脚每隔 500～700mm 一个，铁脚与预埋件焊接应该牢固可靠，如图 6.34、图 6.35 所示中的①。铁脚若埋入预留洞内，需用 1:2 水泥砂浆（或细石混凝土）填塞严实。如图 6.35 所示中的②。

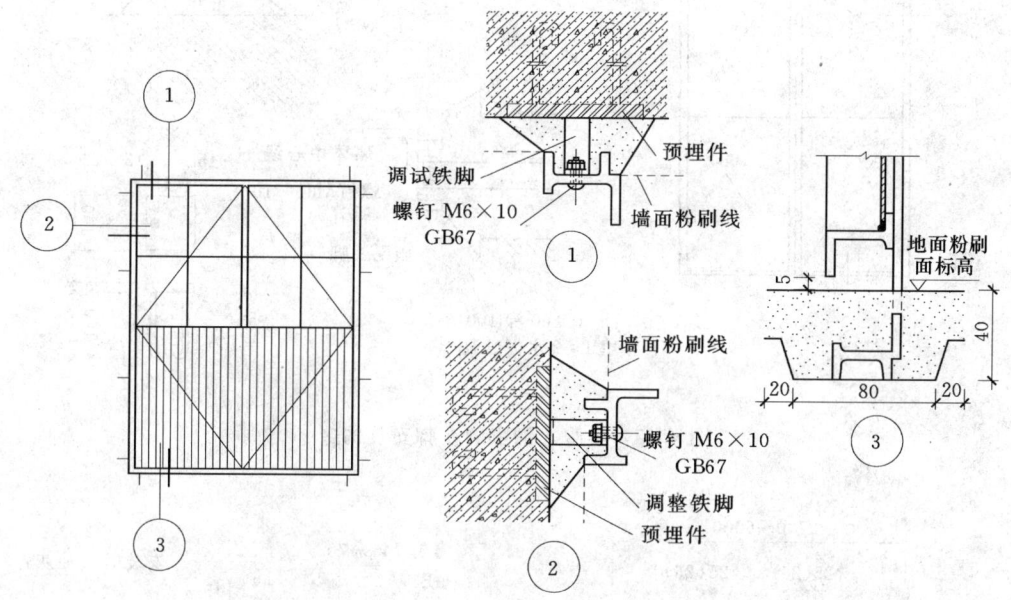

图 6.34 实腹式钢门的铁脚安装构造

大面积钢门窗可由基本门窗单元（表 6.3）进行组合。组合时，须插入 T 型钢、管钢、角钢或槽钢等支撑、联系构件。这些构件须与墙、柱、梁等建筑部位牢固连接，然后各门窗基本单元再和它们用螺栓拧紧，缝隙用油灰填实，如图 6.36 所示。

6.3.2 彩板门窗

该类门窗是用涂色镀锌钢板制作的一种彩色金属门窗。由于门窗重量轻，强度高，又有防尘、隔声、保温、防腐蚀、与基材粘结能力强等性能，且色彩鲜艳，使用过程中不需要保养，国外已广泛使用。

彩板门窗断面样式复杂，种类繁多，在设计时可根据标准图选用或提供立面组合方式委托加工。彩板内存在出厂前，大多已将玻璃以及五金件安装到位，在施工现场仅需进行成品安装。

彩板门窗的安装也采用塞口法。由于彩板门窗尺寸的加工精度高，而墙体洞口施工后精度低，为此在门窗框与洞口之间根据需要可设过渡门窗框，成为副框。所以一般情况彩板门窗有两种类型，即带副框和不带副框的两种。当外墙面为花岗石、大理石等高档装修的贴面材料时，常采用带副框的门窗。安装时，先用自攻螺钉将连接件固定在副框上，并

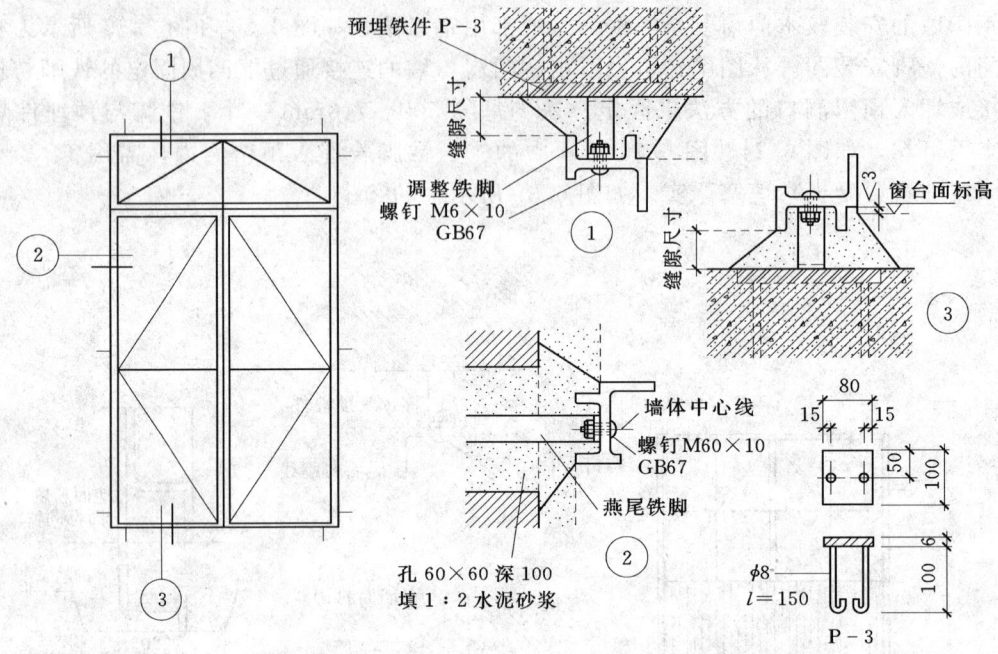

图 6.35 实腹式钢窗的铁脚安装构造

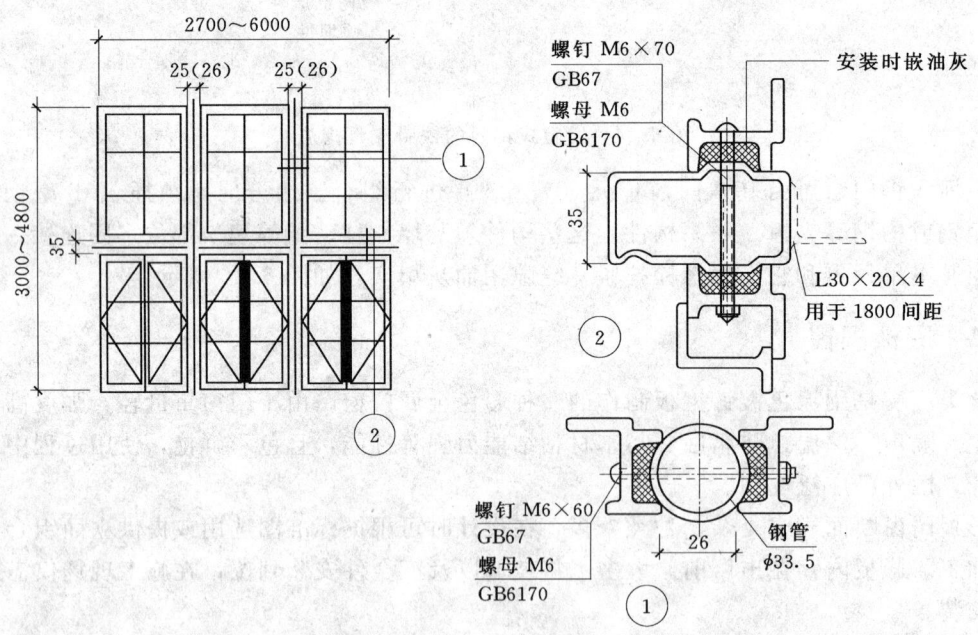

图 6.36 实腹式钢门窗单元组合拼装构造

用密封胶将洞口与副框及副框与窗樘之间的缝隙进行密封 [图 6.37 (a)]。当外墙装修为普通粉刷时，常用不带副框的做法，即直接用膨胀螺钉将门窗樘子固定在墙上 [图 6.37

(b)]，但洞口粉刷成型尺寸依然必须准确。

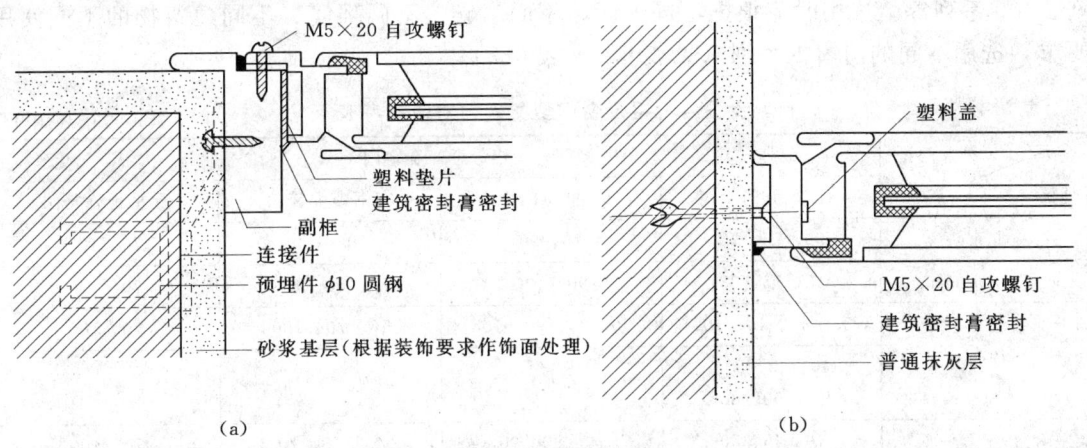

图 6.37 成品装饰木窗
(a) 带副框彩板门窗安装节点；(b) 不带副框彩板门窗安装节点

6.3.3 铝合金门窗

1. 铝合金门、窗的特点

铝合金门、窗用料省、质量轻，其强度高，刚性好，坚固耐用，开闭轻便灵活，无噪声。施工时安装快，门窗密封性好，气密性、水密性、隔声性、隔热性都较木门窗有显著的提高。在设空调设备的建筑中，以及防潮、隔声、保温、隔热有特殊要求的建筑中使用广泛，在多腐蚀性气体、多暴雨、多风砂地区的建筑也非常适用。此外，铝合金门窗不需要涂涂料，氧化层不褪色、不脱落，表面不需要维修。

铝合金门窗框料型材，表面经过氧化着色处理，既可保持铝材的银白色，也可以制成各种柔和的颜色或带色的花纹，如古铜色、暗红色、黑色等。还可以在铝材表面涂刷一层聚丙烯酸树脂保护装饰膜，制成的铝合金门窗造型新颖大方，表面光洁，外观美观、色泽牢固，增加了建筑立面和内部的美观。

2. 铝合金门窗的设计要求

(1) 应根据使用和安全要求确定铝合金门窗的风压强度性能、雨水渗漏性能、空气渗透性能综合指标。

(2) 组合门窗设计宜采用定型产品门窗作为组合单元。非定型产品的设计应考虑洞口最大尺寸和开启门扇最大尺寸的选择和控制。

(3) 外墙门窗的安装高度应有限制。例如广东地区规定，外墙铝合金门窗安装高度小于等于 60m（不包括玻璃幕墙）、层数小于等于 20 层；若高度大于 60m 或层数大于 20 层则应进行更细致的设计。必要时，应进行风洞模型试验。

3. 铝合金门窗框料系列

系列名称是以铝合金门窗框的厚度构造尺寸来区别各种铝合金门窗的称谓。如平开门门框厚度构造尺寸为 50mm 宽，即称为 50 系列铝合金平开门，推拉窗窗框厚度构造尺寸 90mm 宽，即为 90 系列铝合金推拉窗等。

铝合金门窗设计通常采用定型产品，常用的还有 38 系列、55 系列、60 系列、70 系列、100 系列等。选用时应根据不同地区、不同气候、不同环境、不同建筑物的不同使用要求，选用不同的门窗框系列（见表6.4、表6.5）。

表6.4　　　　　我国各地铝合金门型材系列对照参考表　　　　　单位：mm

地区 \ 系列及门型	铝合金门			
	平开门	推拉门	有框地弹簧门	无框地弹簧门
北京	50、55、70	70、90	70、100	70、100
华东	45、53、38	90、100	50、55、100	70、100
	38、45、45、100	70、73、90、108	46、70、100	70、100
广州	40、45、50、55、60、80			
深圳	40、45、50、55、60、70、80	70、80、90	45、55、70、80、100	70、100

表6.5　　　　　我国各地铝合金窗型材系列对照参考表　　　　　单位：mm

地区 \ 窗型	铝合金窗				
	固定窗	平开、滑轴	推拉窗	立轴、上悬	百叶
北京	40、45、50、55、70	40、50、70	50、60、45、70、90、90—1	40、50、70	70、80
上海	38、45、50	38、45、50	60、70、75	50、70	70、80
华东	53、90		90		
广州	38、40、70	38、40、46	70、70B、73、90	50、70	70、80
深圳	38、55、60、70、90	40、45、50、55、60、65、70	40、55、60、70、80、90	50、60	70、80

4. 铝合金门窗安装与构造

铝合金门窗是表面处理过的铝材经下料、打孔、铣槽、攻丝等加工，制作成门窗框料的构件，然后与连接件、密封件、开闭五金件一起组合装配成门窗。门窗框固定好后与门窗洞四周的缝隙，一般采用软质保温材料填塞。如泡沫塑料条、泡沫聚氨酯条、矿棉毡条和玻璃丝毡条等，分层填实，外表留 5～8mm 深的槽口用密封胶密封。这种做法主要是为了防止门、窗框四周形成冷热交换区产生结露，影响防寒、防风的正常功能和墙体的寿命，也影响了建筑物的隔声、保温等功能。同时，避免了门窗框直接与混凝土、水泥砂浆接触，消除了碱对门、窗框的腐蚀，如图 6.38 所示。

门窗安装时，将门、窗框在抹灰前立于门窗洞处，与墙内预埋件对正，然后用木楔将三边固定。经检验确定门、窗框水平、垂直、无挠曲后，用连接件将铝合金框固定在墙（柱、梁）上。连接件固定可采用预埋件焊接、燕尾铁脚螺钉联结、膨胀螺栓或射钉等方法，如图 6.39 所示。

6.3 金属门窗及塑料门窗

铝合金门、窗装入洞口应横平竖直，外框与洞口应弹性连接牢固，不得将门、窗外框直接埋入墙体，防止碱对门、窗框的腐蚀。门窗框与墙体等的连接固定点，每边不得少于两点，且间距不得大于700mm。在基本风压值大于等于0.7kPa的地区，间距不得大于500mm，边框端部的第一固定点与端部的距离不得大于200mm。

铝合金门窗玻璃视玻璃面积大小和抗风等强度要求及隔声、遮光、热工等要求可选用3～8mm厚度的平板玻璃、镀膜玻璃、钢化玻璃或中空玻璃。玻璃的安装要求各边加弹性垫块，不允许玻璃与铝合金门窗框料直接接触，防止相互间摩擦及产生其他化学腐蚀反应。玻璃安上后，要用橡胶密封条或密封胶将四周压牢或填满。

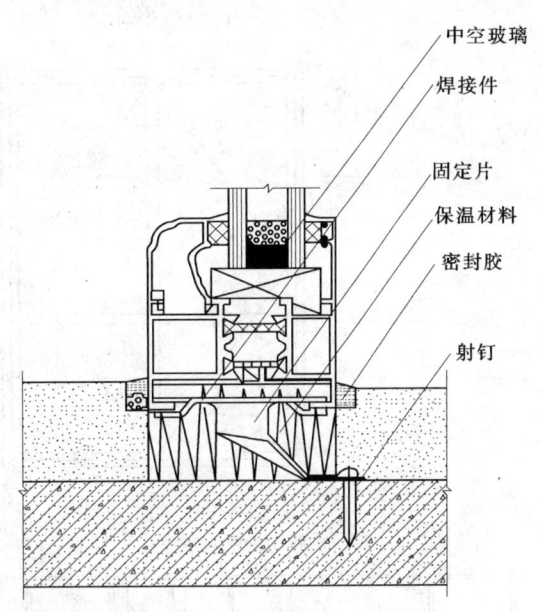

图 6.38 铝合金门窗安装节点

常用铝合金门窗有平开窗、平开门、推拉窗及地弹簧门，其构造有相似之处。如图6.40所示为铝合金（65系列）内平开门断面构造示意，如图6.41所示为铝合金（80系列）推拉窗断面构造示意，两例设计时均考虑了热工节能的要求。

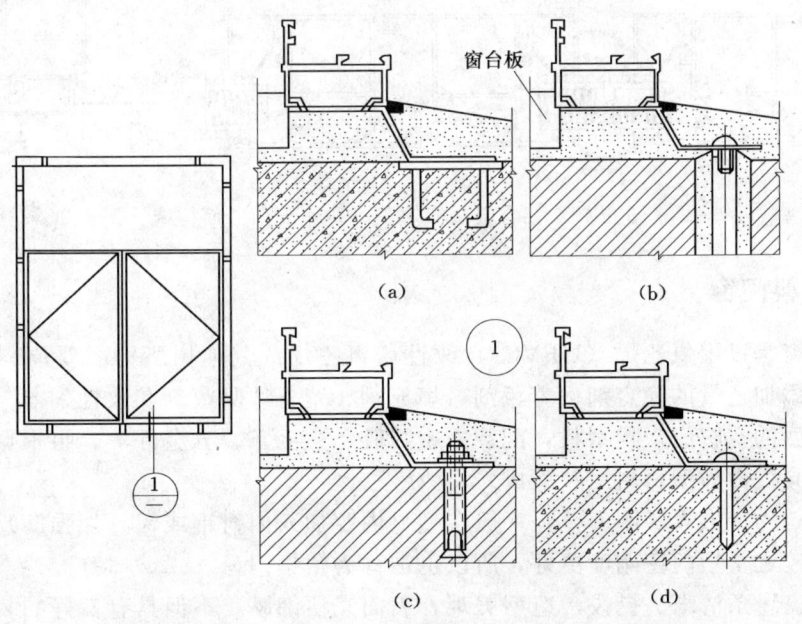

图 6.39 铝合金门窗框与墙体的连接方式
(a) 预埋件焊接；(b) 燕尾铁脚螺钉连接；(c) 金属胀锚螺栓连接；(d) 射钉连接

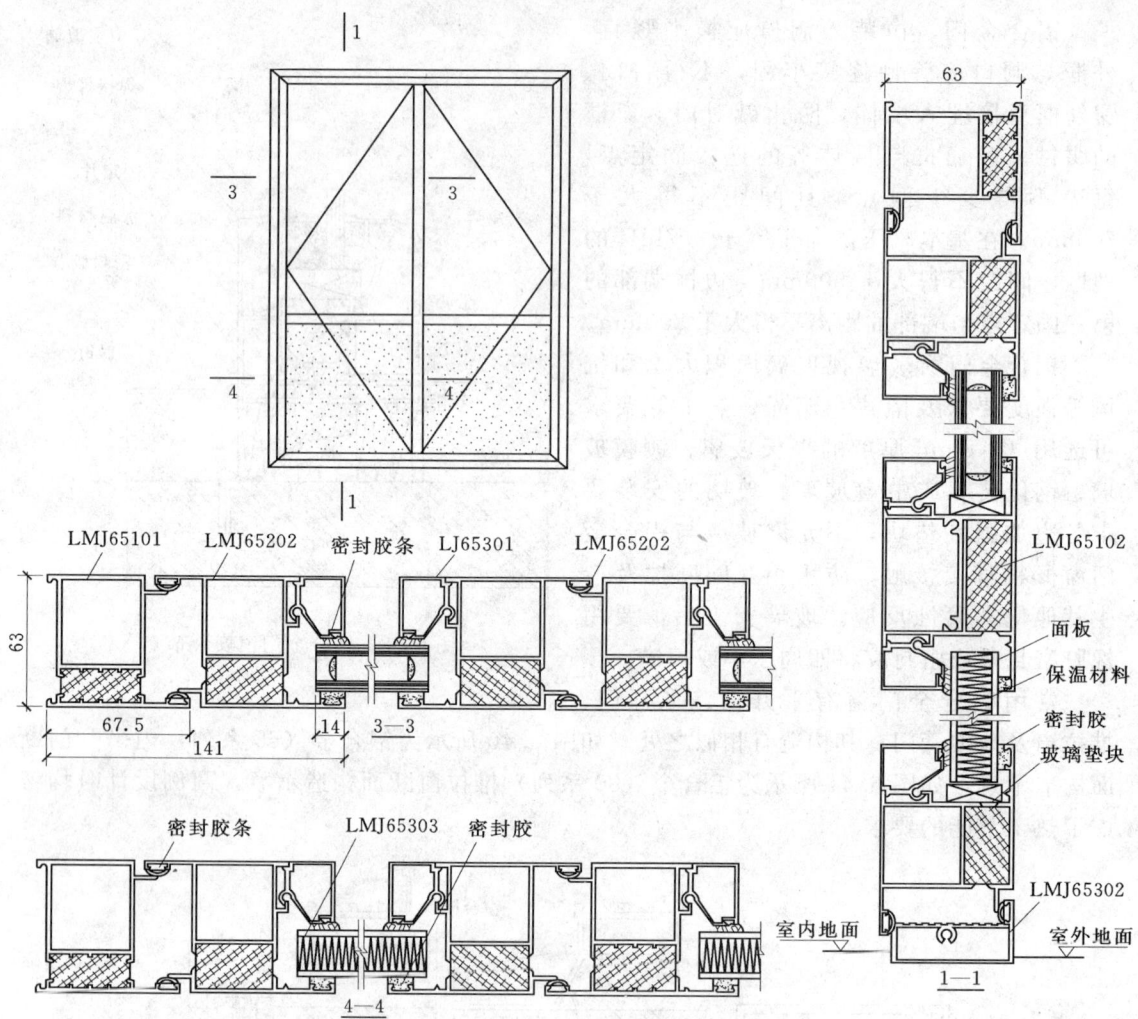

图 6.40 铝合金（65 系列）内平开门断面构造

6.3.4 塑料门窗

塑料门窗是以聚氯乙烯（UPVC）、改性聚氯乙烯或其他树脂为主要原料，轻质碳酸钙为填料，添加适量的稳定剂、着色剂、填充剂、紫外线吸收剂和改性剂等，经挤压机挤出成各种截面的空腹门窗异型材，配装上密封胶条、毛条、五金件等，再根据不同的品种规格选用不同截面异型材料组装而成。

由于塑料的变形大、刚度差，一般在型材内腔加入内衬钢或铝（加强筋）等，以增加抗弯能力，较之全塑门窗刚度更好，所以也被称为塑钢门窗。

塑料门窗线条清晰、挺拔，造型美观，表面光洁细腻，不但具有良好的装饰性，而且有良好的隔热性和密封性。其气密性为木窗的 3 倍，铝窗的 1.5 倍；热损耗为金属窗的 1/1000；隔声效果比铝窗高 30dB 以上。同时，塑料本身具有耐腐蚀等功能，不用涂涂料，可节约施工时间及费用。因此，塑料门窗目前在我国发展很快，在建筑上得到大量

6.3 金属门窗及塑料门窗

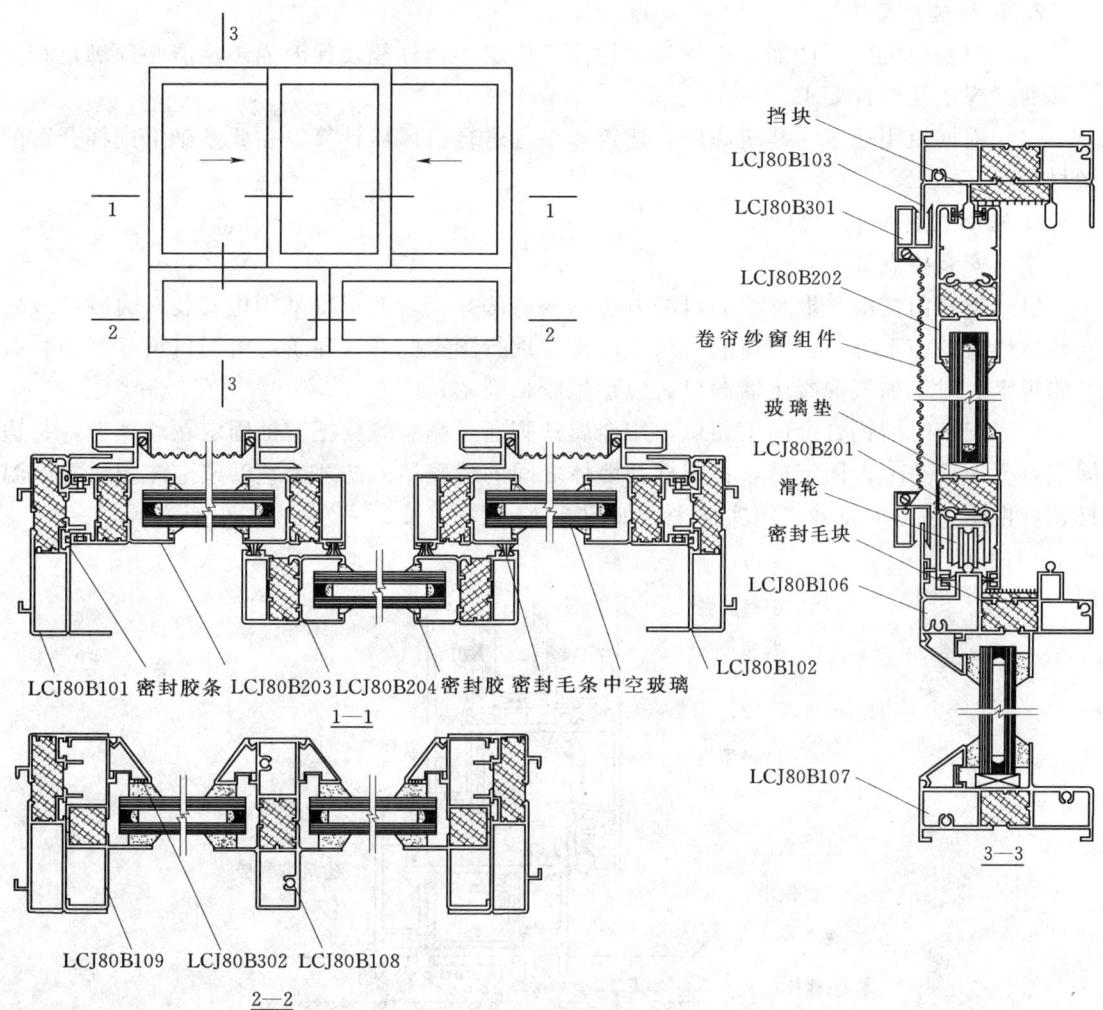

图 6.41 铝合金（80 系列）推拉窗断面构造

应用。

1. 塑料门窗类型

按其塑料门窗型材断面分为若干系列。常用的有 60 系列、80 系列、88 系列推拉窗和 60 系列平开窗、平开门系列，见表 6.6。

表 6.6　　　　　　　　　　塑料门窗类型（按型材断面分类）

型材系列名称	适用范围及选用要点
60 系列	主型材为三腔，可制作固定窗、普通内外平开窗、内开下悬窗；单窗。可安装纱窗。内开可用于高层，外开不适于高层
80 系列	主型材为三腔，可安装纱窗。窗型不宜过大，适合用于 7～8 住宅层
88 系列	主型材为三腔，可安装纱窗。适用于 7～8 层以下建筑。只有单玻设计，适合南方地区

2. 设计选用要点

(1) 门窗的抗风压性能、空气渗透性能、雨水渗透性能及保温隔声性能必须满足相关的标准、规定及设计要求。

(2) 根据使用地区、建筑高度、建筑体型等进行抗风压计算,在此基础上选择合适的型材系列。

3. 塑料门窗安装及构造

施工安装要点如下:

(1) 塑钢门窗应采取预留洞口的方法(塞口法)安装,不得采用边安装、边砌口或先安装后砌口的施工方法。门窗洞口尺寸应符合现行国家标准《建筑门窗洞口尺寸系列》有关的规定。对于加气混凝土墙洞口,应预埋胶粘圆木。

(2) 安装时同铝合金门窗相似,用金属铁脚通过膨胀螺栓把窗框固定在墙体上,每边固定点不少于3个。固定后,在窗框与墙体之间的缝隙填入防寒毛毡卷或泡沫塑料等保温材料,再用1:2水泥砂浆填实抹平,如图6.42所示。

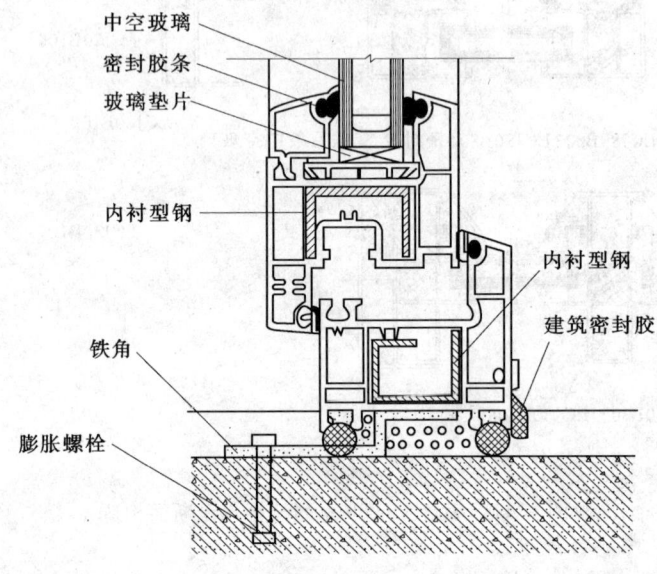

图 6.42 塑料门窗安装节点

(3) 门窗及玻璃的安装应在墙体湿作业完工且硬化后进行。当需要在湿作业前进行时,应采取保护措施。安装玻璃时,先在窗扇异型材一侧凹槽内嵌入密封条,并在玻璃四周安装橡胶垫块或底座,待玻璃安装到位,再将已镶好密封条的塑料压玻璃条嵌装固定并压紧。

(4) 当门窗采用预埋木砖法与墙体连接时,其木砖应进行防腐处理。

(5) 施工时,应采取保护措施。

常用塑料门窗有平开窗、平开门、推拉窗、推拉门等。其构造与铝合金门窗也较相似,图6.43所示塑钢(80系列)推拉窗断面构造示意,设计时均考虑了保温节能的功能。

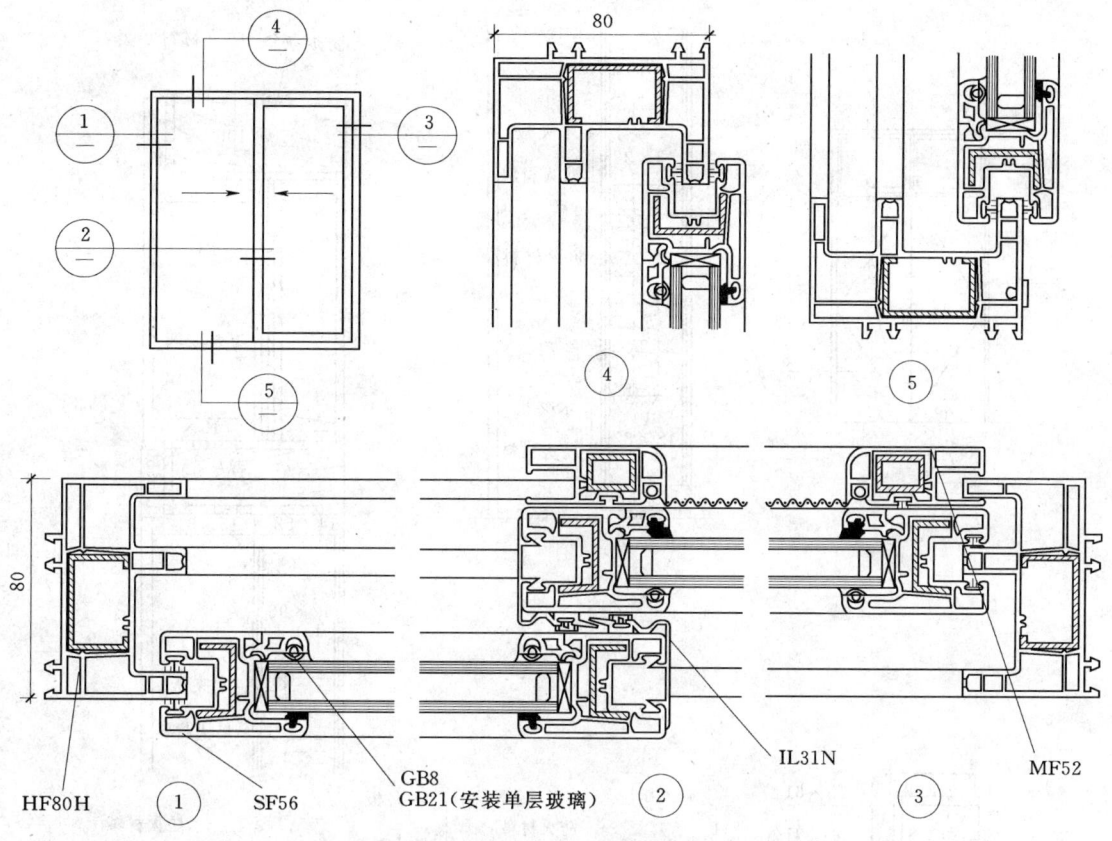

图 6.43 80 系列塑料推拉窗节点图

6.4 特殊门窗构造

特殊门窗包括防火、隔声、防射线等类别的门窗。

6.4.1 防火门窗构造

在建筑设计中出于安全方面的考虑，必须按照建筑设计防火规范的要求划定防火分区，即采用防火分隔措施划分出的、能在一定时间内防止火灾向同一建筑的其余部分蔓延的局部区域（空间单元）。如此建筑物一旦发生火灾时，有效地把火势控制在一定的范围内，减少火灾损失，同时可以为人员安全疏散、消防扑救提供有利条件。但是建筑的使用功能决定了这种划分一般不可能完全由墙体分隔，否则内部空间就无法形成交通联系，影响使用。

因此需要设置既能保证通行、采光又可分隔不同防火分区的门窗，且这种门窗必须满足防火的要求，这就是防火门窗。

防火门具有表面光滑平整、美观大方、开启灵活、坚固耐用、使用方便、安全可靠等特点。防火门的规格有多种，除按国家建筑门窗洞口统一模数制规定的门洞口尺寸（GBJ 2—73）《建筑统一模数制》外，还可依具体建筑设计的具体要求而订制。

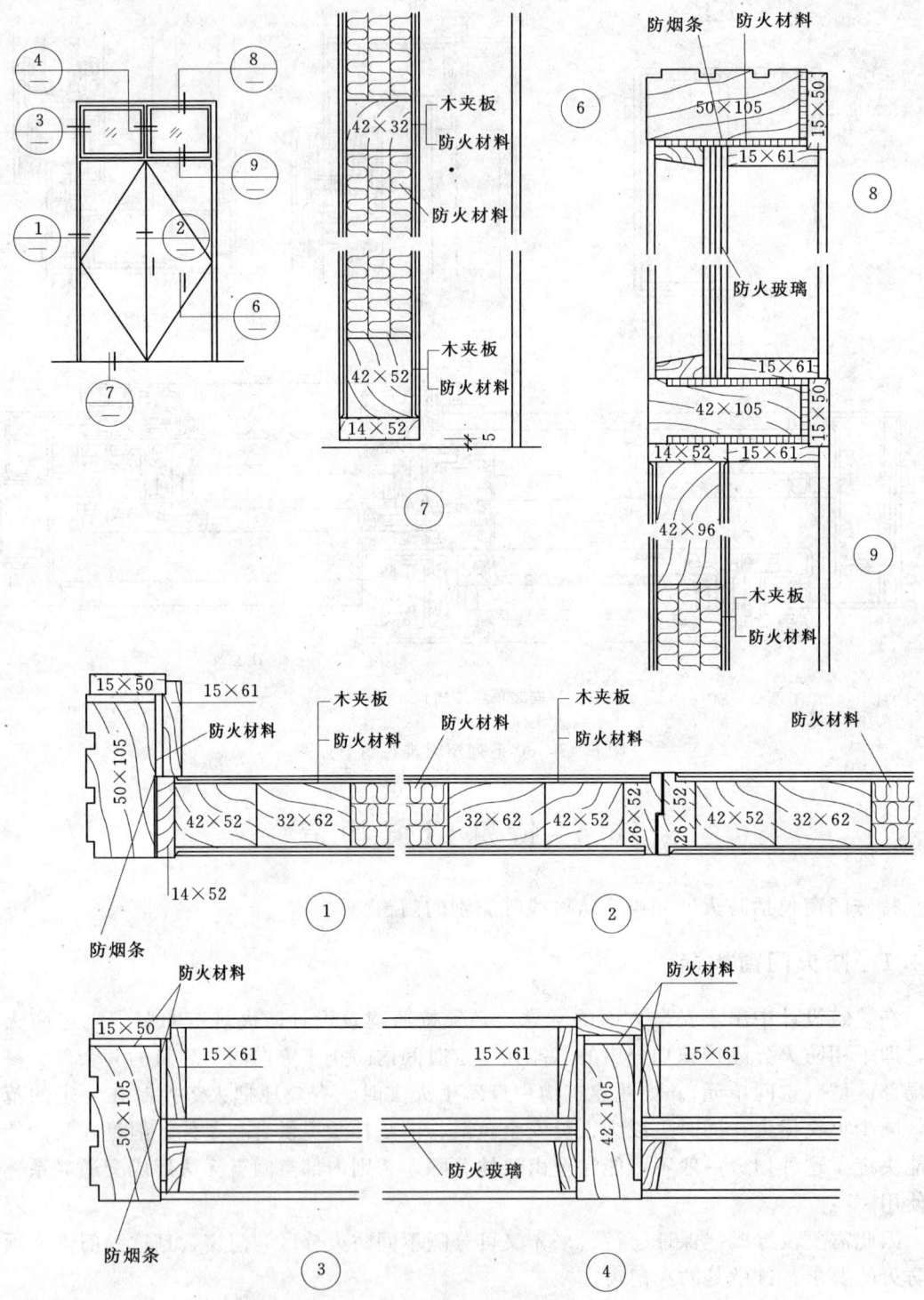

图 6.44 木夹板防火门详图示意

6.4 特殊门窗构造

防火门防火要求主要控制的环节是材料的耐火性能及节点的密闭性能。防火门分为甲、乙、丙三级，耐火极限分别应大于1.2h、0.9h、0.6h。常见的防火门有木质和钢质两种。

木质防火门选用优质杉木制做门框及门扇骨架，材料均经过难燃浸渍处理。门扇内腔填充高级硅酸铝耐火纤维材料，双面衬硅钙防火板。门扇及门框外表面可根据用户要求贴镶各种高级木料饰面板。门扇可单面或双面造型，制成凹凸线条门、平板线条门、铣形门、拼花实木门等系列产品，如图6.44所示。

钢质防火门门框及门扇面板可采用优质冷轧薄钢板，内填耐火隔热材料。门扇也可采用无机耐火材料，如图6.45所示。用于消防楼梯等关键部位的防火门应安装闭门器，在门窗框与门窗扇的缝隙中应嵌有防火材料做的密封条或在受热时膨胀的嵌条。

此外，还有自动防火门。此门常悬挂在倾斜的导轨上，温度升高到一定程度时易熔合金片熔断后门扇依靠自重下滑关闭。在地下室或某些特殊场所处还可以用钢筋混凝土做成的密闭防火门。在大面积的建筑中则经常使用防火卷帘门，这样平时可以不影响交通，而在发生火灾的情况下，可以有效地隔离各防火分区。

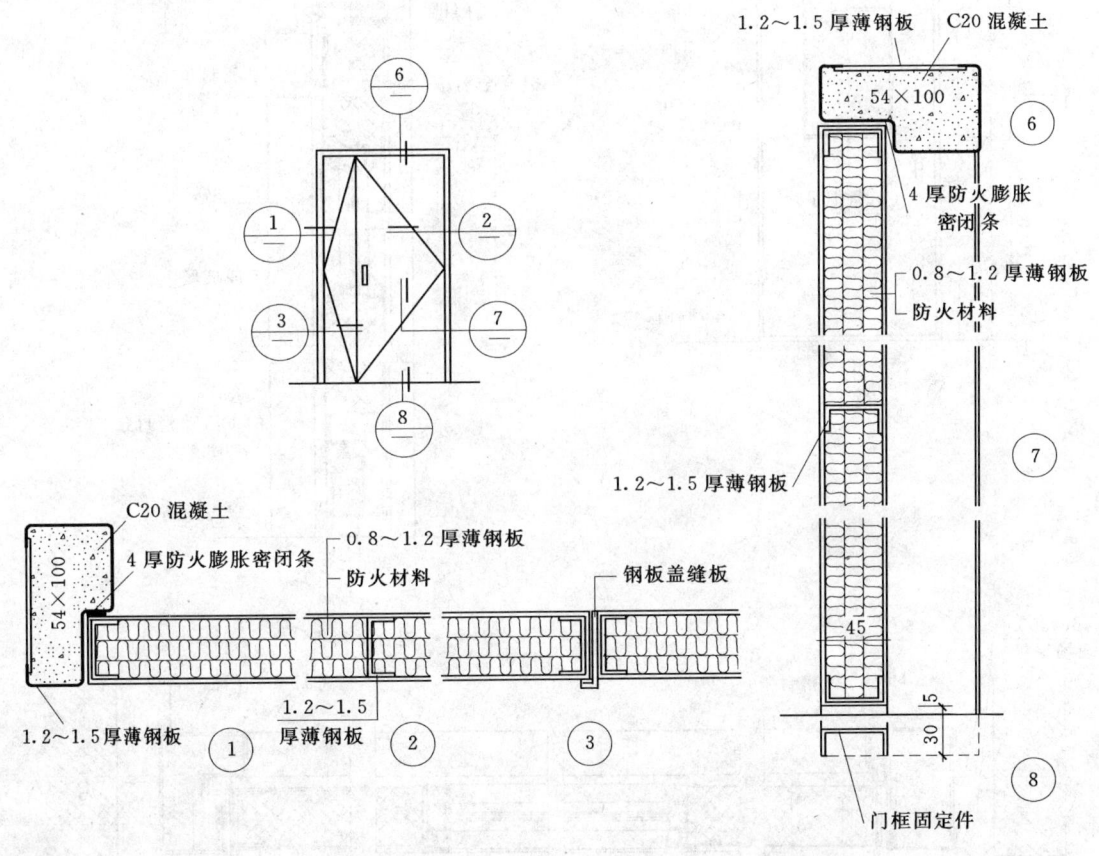

图6.45 钢防火门详图示意

防火窗是指用钢窗框、钢窗扇、防火玻璃组成的，能起隔离和阻止火势蔓延的窗。一般情况必须采用钢窗，镶嵌铅丝玻璃以免破裂后掉下，并防止火焰窜入室内或窜出窗外。

6.4.2 隔声门窗构造

室内噪声允许级较低的房间，如播音室、录音室、办公室、会议室等以及某些需要防止声响干扰的娱乐场所，如歌剧院、音乐厅等，要安装隔声门窗。门窗的隔声能力与材料的密度、构造形式及声波的频率有关。一般门扇越重隔声效果越好，但过重则开关不便，五金件容易损坏。所以隔声门常采用多层复合结构，即在两层面板之间填吸声材料（玻璃棉、玻璃纤维板等）。隔声门窗缝隙处的密闭情况也很重要，可采用与保温门窗相似的方法，但也可用干燥的毛毡或厚绒布作为缝隙间的密封条，如图6.46所示。

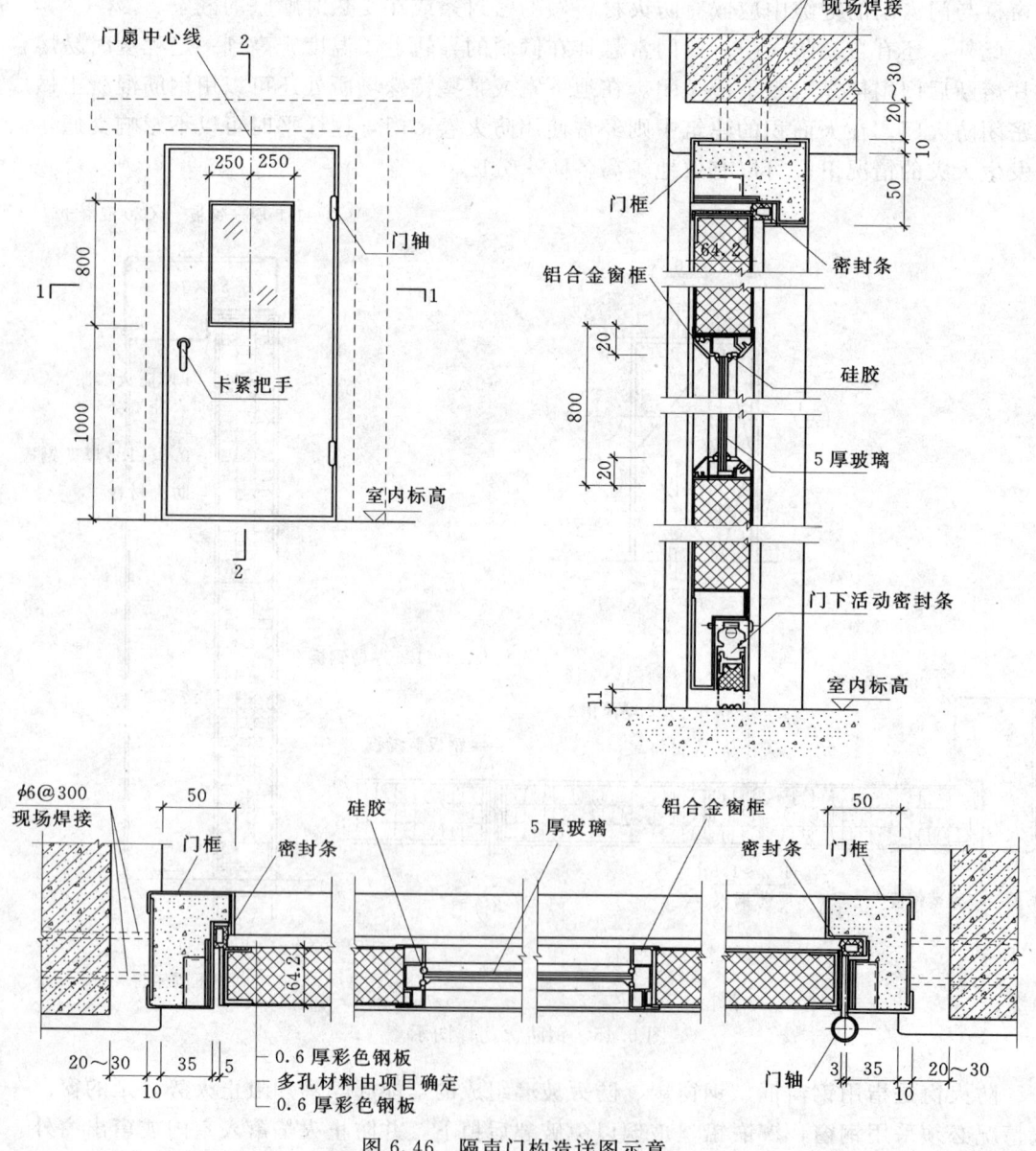

图6.46 隔声门构造详图示意

6.4.3 防射线门窗

放射线对人体有一定程度损害,因此对放射室要做防护处理。放射室的内墙均须装置X光线防护门,主要镶钉铅板。铅板既可以包钉于门板外,也可以夹钉于门板内,如图6.47所示。

医院的X光治疗室和摄片室的观察窗,均需镶嵌铅玻璃,呈黄色或紫红色。铅玻璃系固定装置,但亦需注意铅板防护,四周均须交叉叠过。

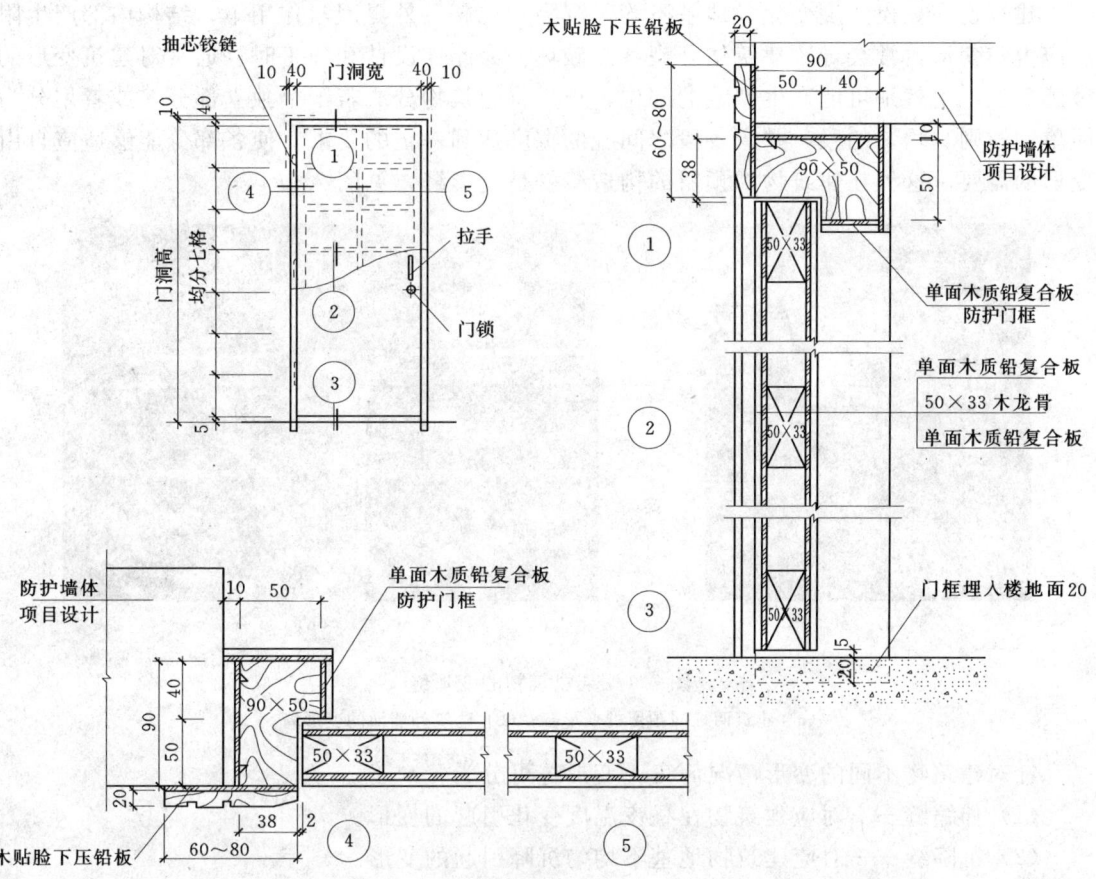

图6.47 防射线门构造详图示意

复 习 思 考 题

1. 门窗的作用和要求是什么?
2. 门的形式有哪几种?各自的特点和适用范围是什么?
3. 窗的形式有哪几种?各自的特点和适用范围是什么?
4. 平开门、平开窗的组成和门窗框的安装方式是什么?
5. 简述金属门窗的类型和特点。
6. 特殊门窗有哪些?其构造要点及适用范围如何?
7. 遮阳的几种类型及特点?并简述水平遮阳板的构造要求。

第7章 变 形 缝

建筑物在昼夜温度变化、地基不均匀沉降和地震等外界因素作用下，结构内部产生附加应力和变形，常会导致建筑体开裂甚至破坏。为此在设计和施工时，通常对建筑变形的敏感部位，也就是可能产生裂缝的部位，预先将建筑物分成若干个独立部分，或者划分为简单、规则、均匀的段，并令各段之间缝的宽度达到一定的要求，使各部分能够适应自由变形的需要。这种在建筑物中预留的构造缝就是变形缝，见图 7.1。

(a)

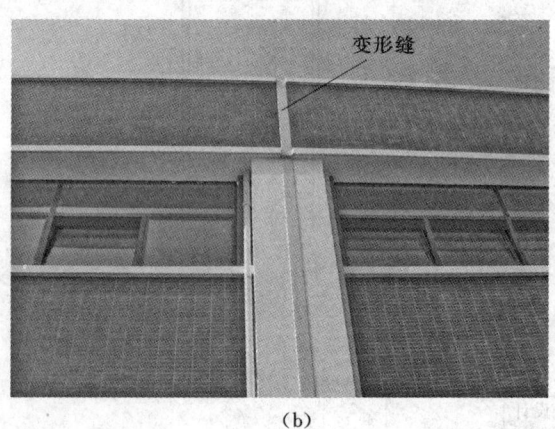
(b)

图 7.1 某建筑物的变形缝
(a) 建筑两柱间预留的变形缝；(b) 建筑外墙面的变形缝

针对建筑物不同的变形情况而言，变形缝可分为：
(1) 伸缩缝——对应建筑物在昼夜温度变化引起的变形。
(2) 沉降缝——对应建筑物地基不均匀沉降引起的变形。
(3) 防震缝——对应建筑物在地震的情况下可能引起的变形。

7.1 伸 缩 缝

建筑物因温度和湿度等外界因素的变化，使结构内部产生附加应力和胀缩变形。当建筑物长度超过一定限度时，会因变形过大而产生裂缝甚至破坏。因此，常在较长的建筑物的适当部位预留缝隙，将其分离成独立的区段，使各区段有伸缩的余地。这种主要考虑温度变化而预留的构造缝叫伸缩缝，又称温度缝。

7.1.1 伸缩缝的设置要求

伸缩缝的设置，需要根据建筑物的长度、结构类型和屋盖刚度以及屋面有否保温层或

7.1 伸 缩 缝

隔热层来通盘考虑。其中，建筑物的长度主要关系到温度应力累积的大小；结构类型和屋面刚度主要关系到温度应力是否容易传递并对结构的其他部分造成影响；有否设保温层或隔热层则关系到结构直接受温度应力影响的程度。

伸缩缝的最大间距，即建筑物的容许连续长度，应根据建筑材料、结构形式、施工方式等因素确定。在 GB 50003—2001《砌体结构设计规范》和 GB 50010—2002《混凝土结构设计规范》中，分别对砌体房屋和钢筋混凝土结构伸缩缝的最大间距做了规定，见表7.1、表 7.2。

表 7.1　　　　　　　　　砌体房屋伸缩缝的最大间距　　　　　　　　单位：m

屋盖或楼盖类别		间距
整体式或装配整体式钢筋混凝土结构	有保温层或隔热层的屋盖、楼盖	50
	无保温层或隔热层的屋盖	40
装配式无檩体系钢筋混凝土结构	有保温层或隔热层的屋盖、楼盖	60
	无保温层或隔热层的屋盖	50
装配式有檩体系钢筋混凝土结构	有保温层或隔热层的屋盖	75
	无保温层或隔热层的屋盖	60
瓦材屋盖、木屋盖或楼盖、轻钢屋盖		100

注 1. 对烧结普通砖、多孔砖、配筋砌块砌体房屋取表中数值；对石砌体、蒸压灰砂砖、蒸压粉煤灰砖和混凝土砌块房屋取表中数值乘以 0.8 的系数。当有实践经验并采取有效措施时，可不遵守本表规定。
　　2. 在钢筋混凝土屋面上挂瓦的屋盖，应按钢筋混凝土屋盖采用。
　　3. 按本表设置的墙体伸缩缝，一般不能同时防止由于钢筋混凝土屋盖的温度变形和砌体干缩变形引起的墙体局部裂缝。
　　4. 层高大于 5m 的烧结普通砖、多空砖、配筋砌块砌体结构单层房屋，其伸缩缝间距可按表中数值乘以 1.33。
　　5. 温差较大且变化频繁地区和严寒地区不采暖的房屋及构筑物墙体的伸缩缝的最大间距，应按表中数值予以适当减小。
　　6. 墙体的伸缩缝应与结构的其他变形缝相重合，在进行立面处理时，必须保证缝隙的伸缩作用。

表 7.2　　　　　　　　钢筋混凝土结构伸缩缝的最大间距　　　　　　　　单位：m

结　构　类　别		室内或土中	露　天
排架结构	装配式	100	70
框架结构	装配式	75	50
	现浇式	55	35
框架结构	装配式	65	40
	现浇式	45	30
挡土墙、地下室墙壁等类结构	装配式	40	30
	现浇式	30	20

注 1. 装配整体式结构房屋的伸缩缝间距宜按表中现浇式的数值取用。
　　2. 框架—剪力墙结构或框架—核心筒结构房屋的伸缩缝间距可根据结构的具体布置情况，取表中框架结构与剪力墙结构之间的数值。
　　3. 当屋面无保温或隔热措施时，框架结构、剪力墙结构的伸缩缝间距宜按表中露天栏的数值取用。
　　4. 现浇挑檐、雨罩等外露结构的伸缩缝间距不宜大于 12m。

这里必须指出的是，因为建筑物受昼夜温差引起的温度应力影响最大的是建筑物的屋面，越向地面越小。而建筑的基础部分埋于地面以下，温度一般比较恒定，受昼夜温差变化的影响较小。所以在设置伸缩缝时，应从基础以上将建筑物的墙体、楼地层、屋顶等构件全部断开，而建筑物的基础不断开，这不会影响缝两侧的其他构件变形。伸缩缝的宽度一般为 20～30mm。

7.1.2 伸缩缝构造

1. 墙体伸缩缝

对应于墙体的不同位置，墙体伸缩缝有外墙伸缩缝和内墙伸缩缝。墙体伸缩缝的形式根据墙的布置及墙厚不同，可做成平缝、错口缝和企口缝等，如图 7.2 所示。

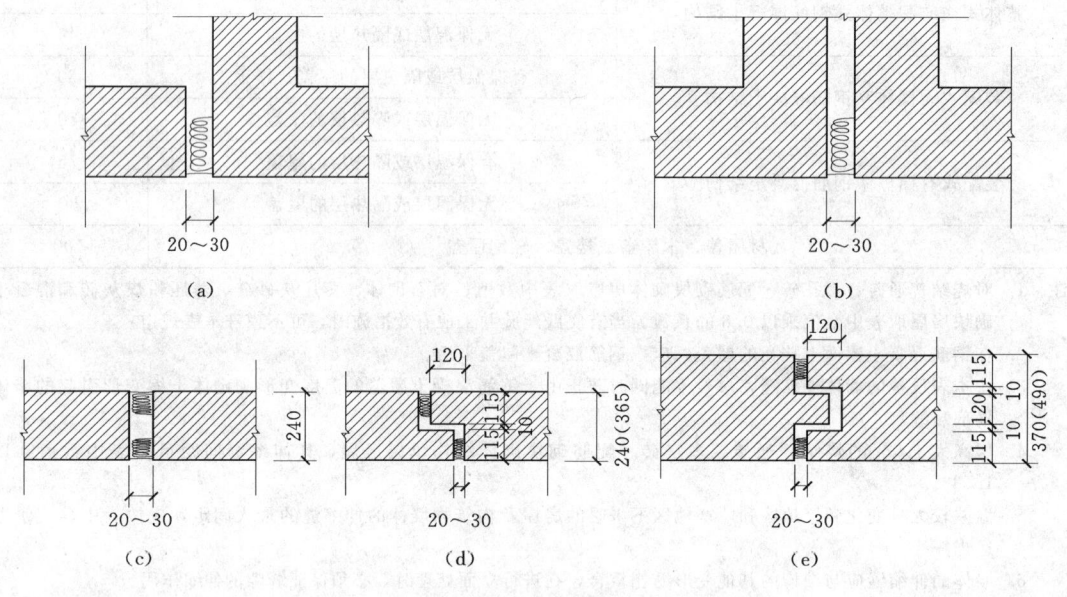

图 7.2 砖墙伸缩缝形式
(a)、(b)、(c) 平缝；(d) 错口缝；(e) 企口缝

外墙上的伸缩缝，为防止风雨侵入室内，并保证缝两侧的构件在水平方向能自由伸缩，应采用防水且不易被挤出的弹性材料填塞缝隙。常用的材料有泡沫塑料、沥青麻丝、橡胶条等。内墙伸缩缝位于室内，外墙外侧的缝口可钉金属、塑料盖缝片，如图 7.3 所示。

外墙内侧或内墙伸缩缝口应结合室内装修做好盖缝处理，可采用金属、塑料等盖缝片，也可采用木制盖缝板或盖缝条（但由于防火及耐久性等原因，目前已不多见）。如图 7.4 所示。不过应当注意，对于高层建筑及防火性能要求较高的建筑物，内墙伸缩缝四周的基层，应采用不燃烧材料，表面装饰层也应采用不燃或难燃材料，缝内装置阻火带，以满足建筑防火的要求，如图 7.5 所示。

2. 楼（地）层伸缩缝

楼（地）层伸缩缝的位置和宽度应与墙体伸缩缝一致。在构造上，要求面层、结构层

7.1 伸 缩 缝

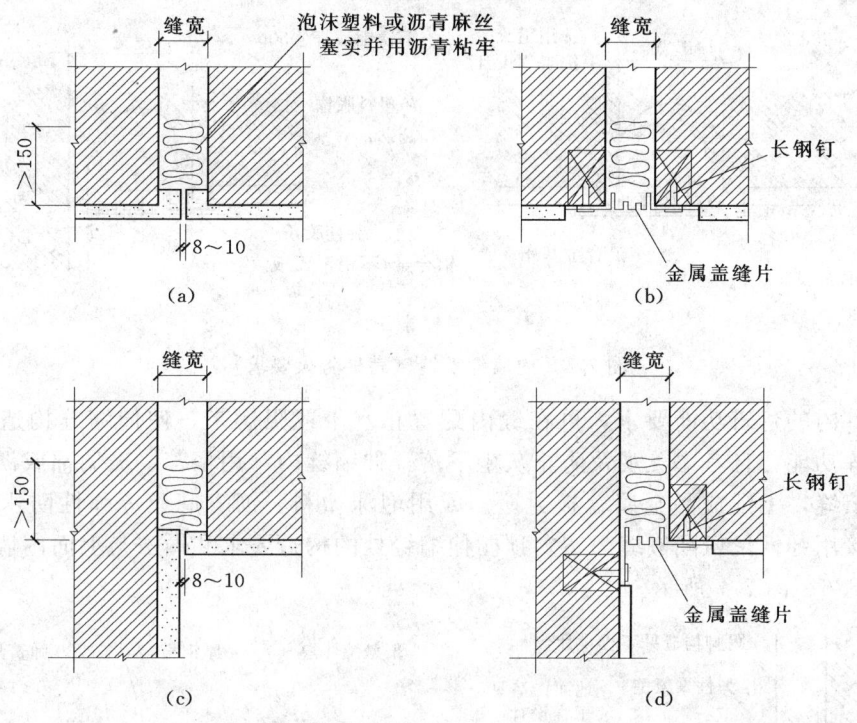

图 7.3 外墙伸缩缝构造

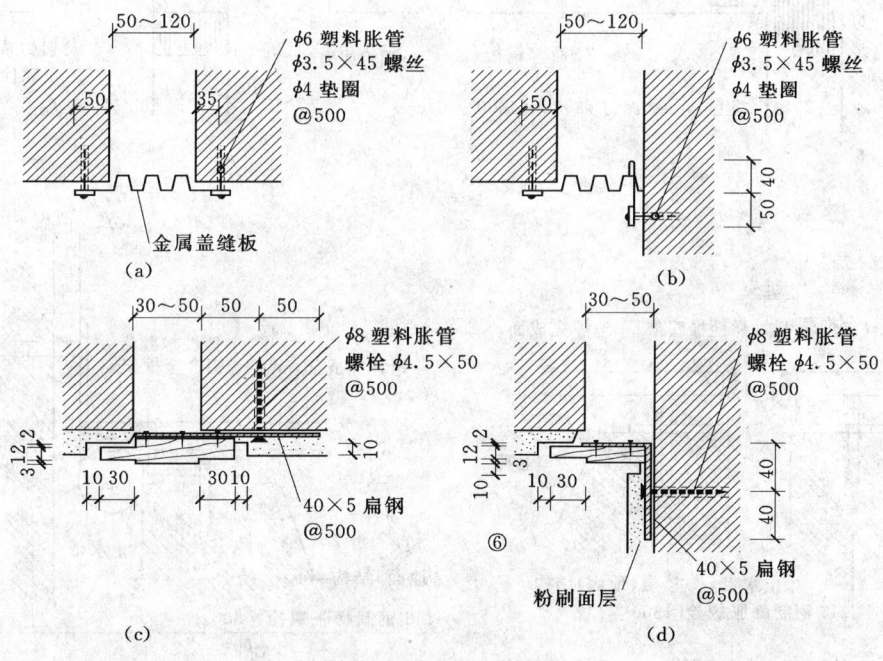

图 7.4 内墙伸缩缝构造

等在接缝处全部断开。对于沥青材料的整体面层和铺在砂、沥青胶结合层上的块材面层，可只在混凝土层或楼板结构层中设置伸缩缝。

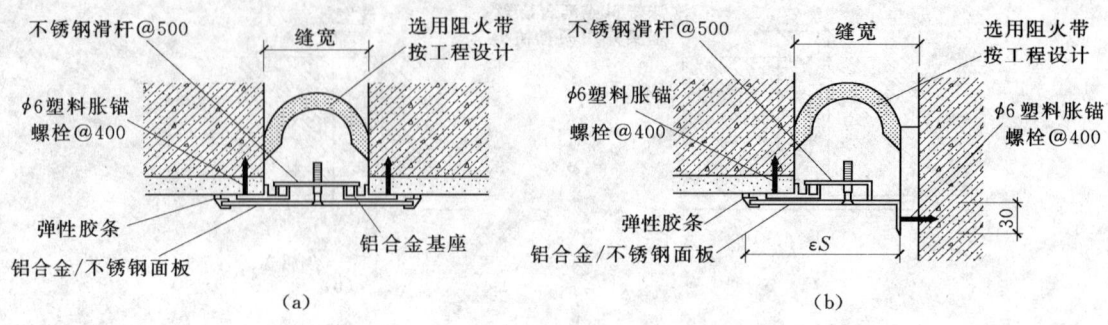

图 7.5 内墙伸缩缝（满足防火要求）

为了室内的建筑功能要求，可在缝内配置止水带或阻燃带，使伸缩缝构造上具备防水、防火等功能，且考虑美观及防止灰尘下落，伸缩缝内常用聚苯、玻璃棉或沥青麻丝等柔性材料填缝，上铺成品金属盖板封缝。或用泡沫塑料、沥青麻丝等弹性防水材料填缝后，再直接用弹性聚氨酯嵌缝，室内顶棚伸缩缝处的构造要求和做法与上面内墙伸缩缝相同，如图7.6、图7.7所示。

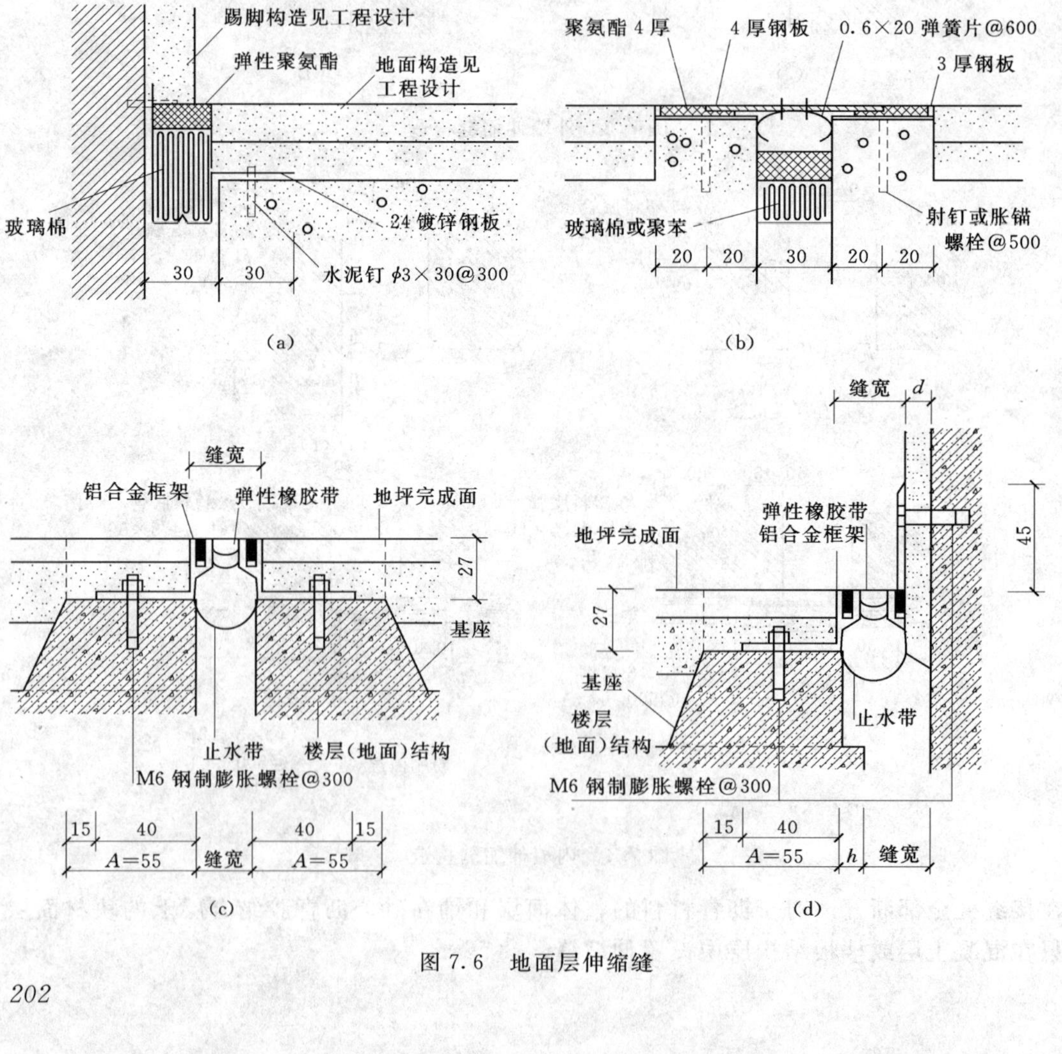

图 7.6 地面层伸缩缝

7.1 伸　缩　缝

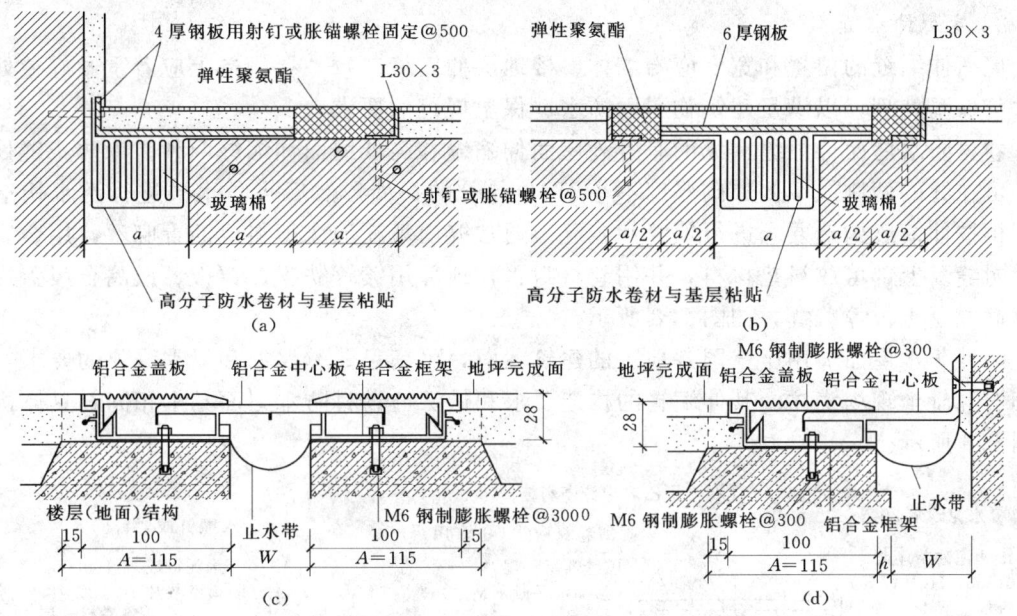

图 7.7　楼面层伸缩缝

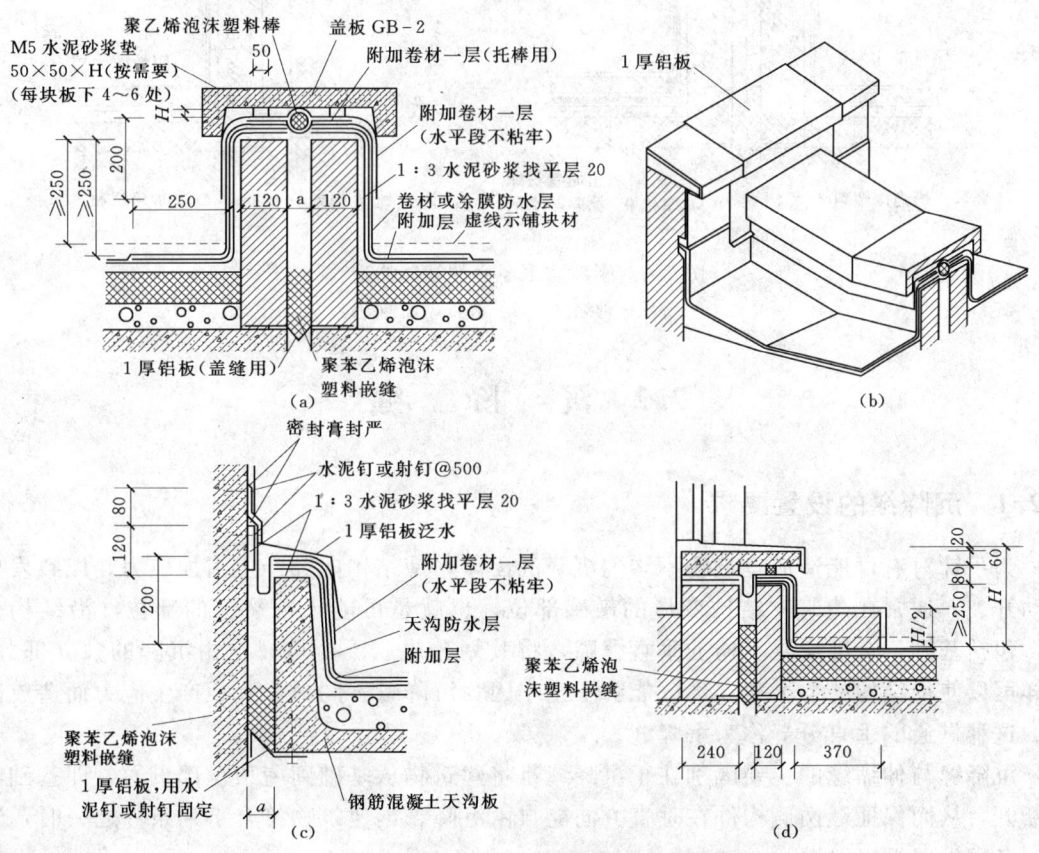

图 7.8　卷材防水屋面伸缩缝构造
(a) 等屋面伸缩缝；(b) 伸缩缝透视；(c) 高低屋面伸缩缝；(d) 屋面出入口处伸缩缝

3. 屋面伸缩缝

屋面伸缩缝的位置和宽度应与墙体、楼地层伸缩缝一致，在构造上应着重做好缝处的防水与保温处理，以满足建筑物屋面防水、保温规范的要求。

卷材防水屋面伸缩缝常见的有等高屋面伸缩缝和高低屋面伸缩缝两种。为防止缝处渗水，可在缝的两侧或一侧加砌厚度不小于 120mm 的护墙，然后将防水层进行泛水构造处理，再按伸缩缝构造要求进行填缝和盖缝。通常缝内填充泡沫塑料或沥青麻丝，用金属调节片封缝。上部填放衬垫材料，并用卷材封盖，顶部用镀锌铁皮、铝板、成品金属盖或预制钢筋混凝土板等盖缝，如图 7.8 所示。

刚性防水屋面适用于全国各地区的建筑屋面，可满足冬季保温和夏季隔热的要求，采用细石混凝土现场浇注。其伸缩缝的构造要求和做法与卷材防水屋面基本相同，具体构造如图 7.9 所示。

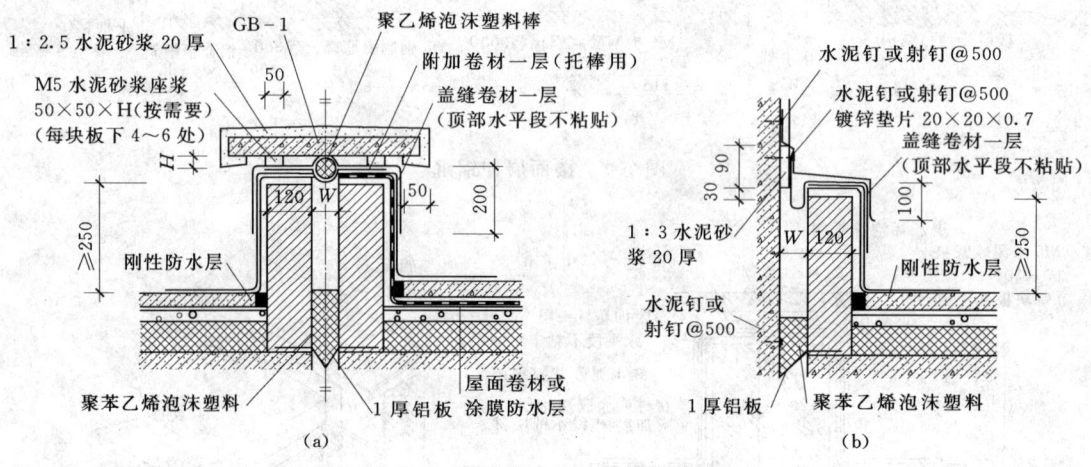

图 7.9 刚性防水屋面伸缩缝构造
（a）等屋面伸缩缝；（b）高低屋面伸缩缝

7.2 沉 降 缝

7.2.1 沉降缝的设置要求

为了针对有可能造成建筑物不均匀沉降的因素，使结构内部产生附加应力，以致发生错动开裂，通常在建筑物结构变形的敏感部位，也就是可能出现裂缝的部位，沿结构全高，包括基础，全部设置贯通的垂直缝隙，将其划分成若干个可以自由沉降的独立部分。这样可以使得结构的各个独立部分能够不至于因为沉降量不同，又互相产生应力而造成破坏。这种贯通的垂直分缝称为沉降缝。

沉降缝与伸缩缝的主要区别在于沉降缝是将建筑物从基础到屋顶全部贯通，即基础必须断开，从而保证缝两侧构件在垂直方向能自由沉降。当建筑物符合下列条件之一时，通常应考虑设置沉降缝：

（1）建筑物建造在不同土质，且性质差别较大的地基上。

7.2 沉 降 缝

(2) 建筑物相邻部分的高度、荷载或结构形式差别较大。
(3) 建筑物相邻部分的基础埋深和宽度等相差悬殊。
(4) 新建建筑物与原有建筑物相毗连。
(5) 建筑物平面形状复杂且连接部位较薄弱。

沉降缝的宽度根据地基性质、建筑物的高度或层数确定，见表 7.3。由于沉降缝的宽度和缝的设置范围能同时满足伸缩缝的要求，所以可两缝合并设置。沉降缝能兼起伸缩缝的作用，但伸缩缝不能代替沉降缝。

表 7.3　　　　　　　　　　沉 降 缝 的 宽 度

地 基 情 况	建筑物高度（片）或层数	沉降缝宽度（mm）
一般地基	$H<5m$	30
	$H=5\sim10m$	50
	$H=10\sim15m$	70
软弱地基	二～三层	50～80
	四～五层	80～120
	五层以上	≥120
湿陷性黄土地基		≥30～70

除了设置沉降缝以外，不属于扩建的工程还可以用加强建筑物的整体性等方法来避免不均匀沉降；或者在施工时采用所谓的后浇板带法，即先将建筑物分段施工，中间留出约 2m 的后浇板带位置及连接钢筋，待各分段结构封顶并达到基本沉降量后再浇注中间的后浇板带部分，以此来避免不均匀沉降有可能造成的影响。但是，这样做必然使施工时间延长，且有一定风险。因为必须对沉降量有把握，或者在建筑的某些部位因特殊处理而需要较高的投资，如图 7.10 所示，所以目前大量的建筑还是选择设置沉降缝的方法来避免不均匀沉降。

7.2.2 沉降缝构造

墙体、楼地层、屋面等部位的沉降缝构造与伸缩缝基本相同，但盖缝的做法必须保证缝两侧在垂直方向能自由沉降。如墙体伸缩缝中使用的 V 形金属盖缝片就不适用于沉降缝，需

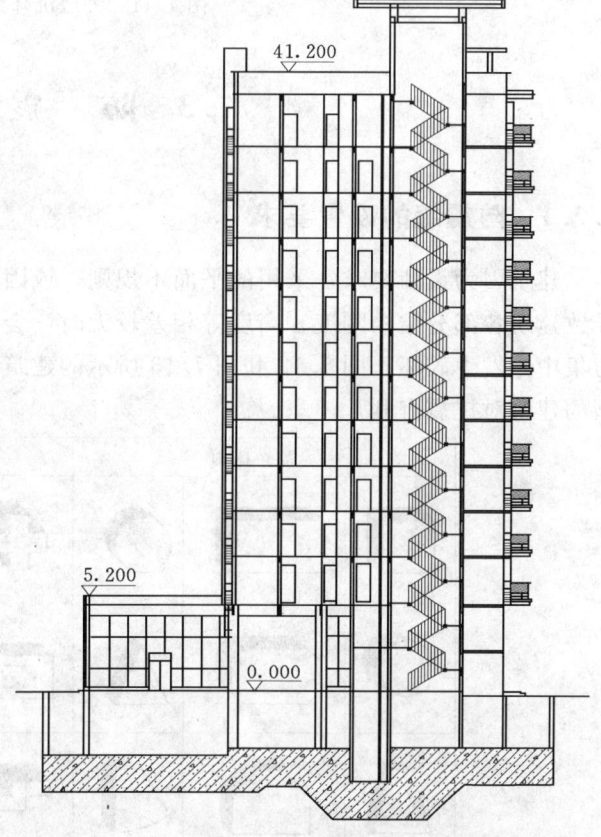

图 7.10　某建筑以 2.5m 厚的地下室地板来解决高层和裙房之间不设缝的问题

要换成如图7.11所示的金属调节片。

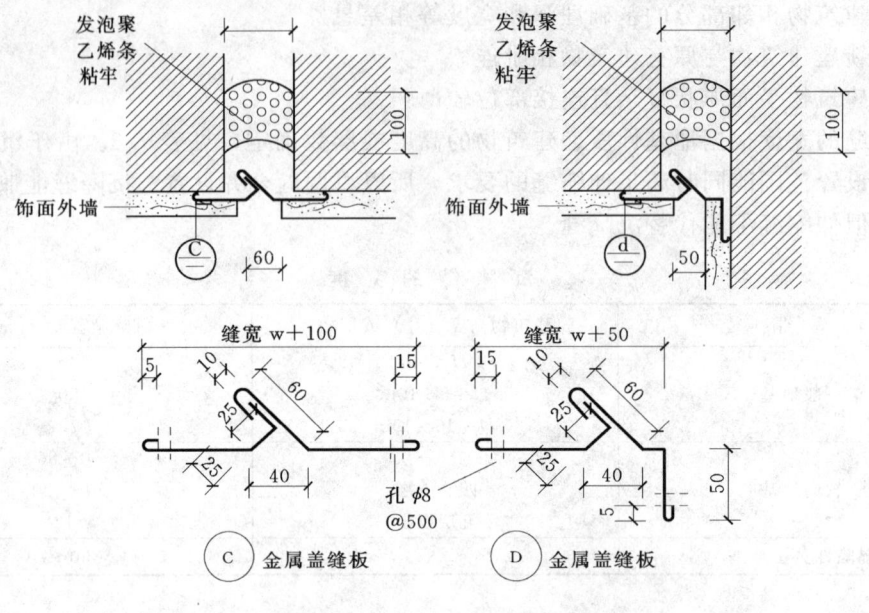

图7.11 外墙沉降缝构造

7.3 防 震 缝

7.3.1 防震缝的设置要求

建筑因为设计要求，采用的平面不规则，或因造型的需要而在纵向为复杂体型，从而导致建筑各部分结构刚度、高度等相差较大时，会在地震时相互挤压、拉伸而产生局部应力集中，发生破坏。图7.12和图7.13所示的建筑立面与平面比较而言，简单的平面与造型的建筑对抗震有利。

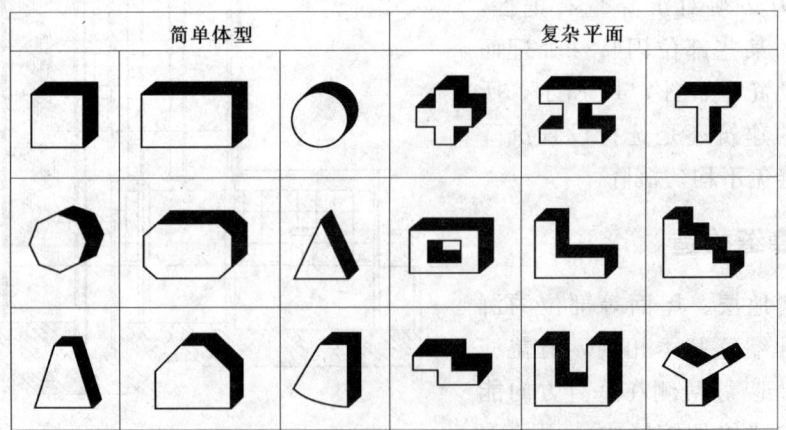

图7.12 简单平面的建筑与复杂平面的建筑对比

7.3 防 震 缝

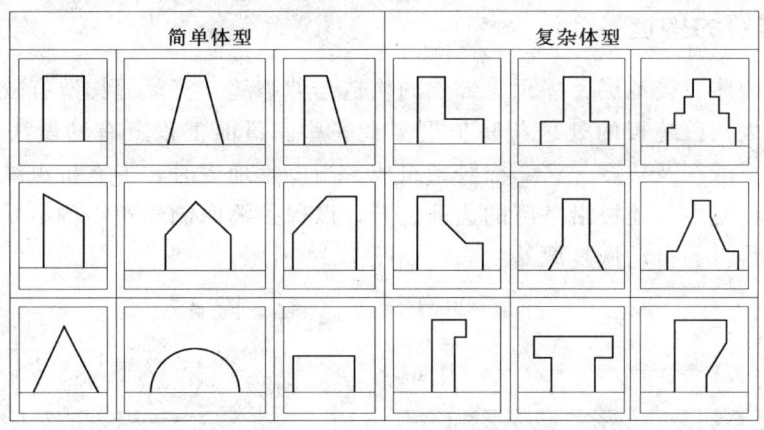

图 7.13 简单造型的建筑与复杂造型的建筑对比

为此在建筑变形敏感部位设置竖缝，将建筑分成若干体形简单规则、结构刚度和质量分布均匀的独立单元。这种考虑地震影响而设置的构造缝隙称为防震缝。

对多层砌体房屋有下列情况之一时宜设置防震缝：

(1) 建筑物立面高差在 6m 以上。

(2) 建筑物有错层，且楼板高差较大。

(3) 建筑物各部分结构刚度、质量截然不同。

对钢筋混凝土结构房屋，宜调整平面形状和结构布置，避免结构不规则，则可以不设防震缝。当建筑物平面形状复杂而又无法调整其平面形状和结构布置使之成为较规则的结构时，宜设置防震缝，将其划分为较简单的几个结构单元。

防震缝必须将建筑物的墙体、楼地层、屋顶等构件全部断开，且在缝的两侧均应设置墙体或柱，形成双墙、双柱或一墙一柱，使各部分结构封闭连接，提高其整体刚度。一般情况下，基础可不设防震缝。但在平面复杂的建筑中，各相连部分的刚度差别很大时，以及防震缝与沉降缝合并设置时，基础也应该设缝分开。

防震缝应根据设防烈度、结构类型和建筑物的高度等留有足够的宽度。在多层砌体建筑中，防震缝的宽度取 50～100mm。在钢筋混凝土房屋中，防震缝最小宽度应符合下列要求：

(1) 框架结构房屋，当高度不超过 15m 时可采用 70mm；超过 15m 时，抗震 6 度、7 度、8 度和 9 度设防时，相应每增加高度 5m、4m、3m 和 2m，宜加宽 20mm。

(2) 框架-剪力墙结构房屋可按第 (1) 项规定数值的 70% 采用，剪力墙结构房屋可按第 (1) 项规定数值的 50% 采用，但二者均不宜小于 70mm。

(3) 防震缝两侧结构类型不同时，应按需要较宽防震缝的结构类型确定。防震缝两侧的房屋高度不同时，应按较低的房屋高度确定。当相邻结构的基础存在较大沉降差时，宜增大防震缝的宽度。

在地震区凡设置伸缩缝和沉降缝，均应符合防震缝的要求，防震缝应与伸缩缝、沉降缝结合布置。

7.3.2 防震缝的构造

防震缝在墙体、楼地层、屋顶等部位的构造与伸缩缝、沉降缝构造有较小的差别，只是缝的宽度加大，盖缝板的处理与防护更复杂一些。目前工程上有的做法为由铝合金基座、中心盖板、滑杆及抗震弹簧、橡胶条组成。当发生地震时，带有抗震弹簧装置的滑杆受力后变形，可使中心盖板沿基座的边框上升，以保护缝两侧建筑结构不受损坏。当受力消除后，中心盖板会自动恢复原始状态，如图 7.14 所示。

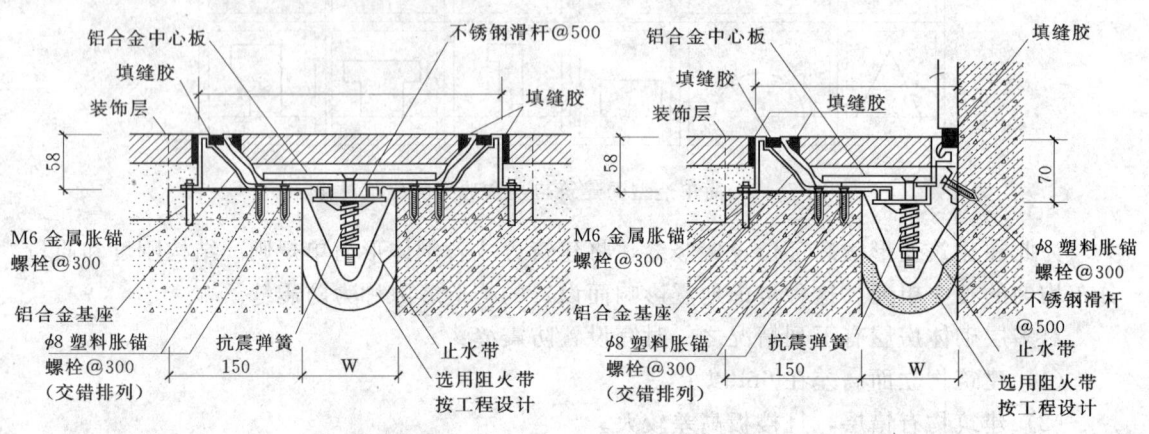

(a)

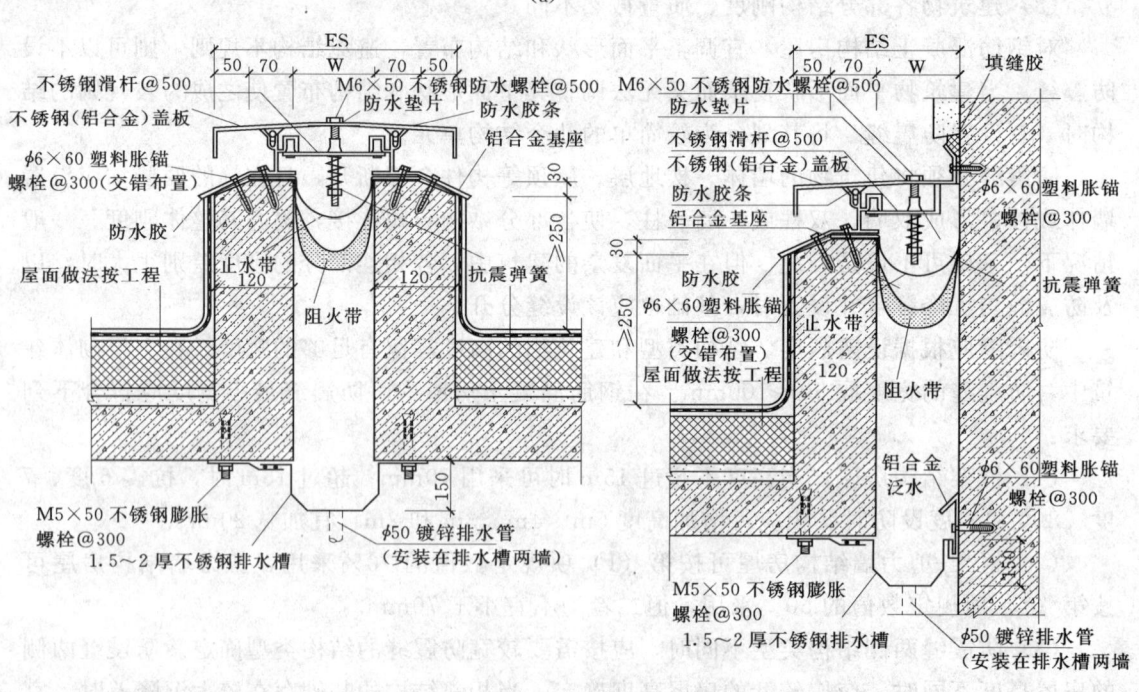

(b)

图 7.14（一） 防震缝的构造
(a) 楼地面防震缝；(b) 屋面防震缝

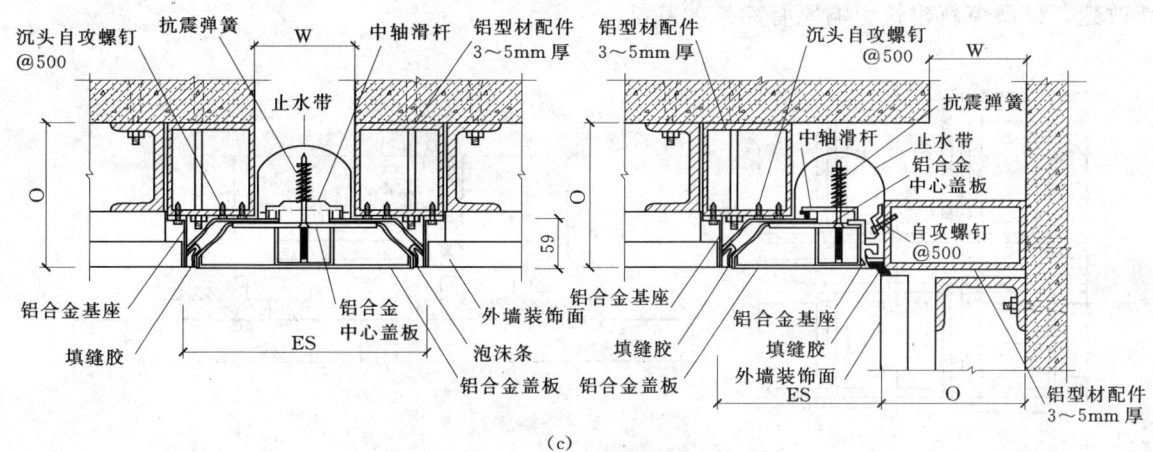

图 7.14（二） 防震缝的构造
（c）外墙防震缝

7.4 建筑物变形缝两侧的结构处理

在建筑物设变形缝的部位，断开的两边结构要满足变形的要求，又互不影响，其对基础的处理要更加注意。主要处理的措施如下：

(1) 按照建筑物的结构类型，在变形缝的两侧设双墙或双柱方案，如图 7.1 所示。这种方法简单明了，可以保证每个独立沉降单元都有纵横墙封闭连接，使建筑物的整体性好。但当两承重墙间距较小时，容易使缝两边的结构基础产生偏心受压，如图 7.15 所示。用于伸缩缝时，则基础不必断开，处理就更简单，如图 7.16 所示。

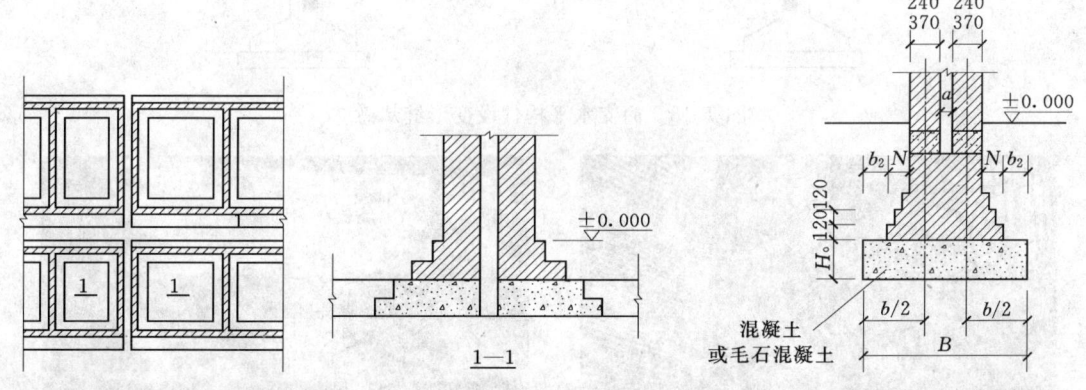

图 7.15 双墙成缝方案易使基础偏心受压

图 7.16 基础伸缩缝的构造处理
a—伸缩缝宽度，工程设计确定

(2) 为使沉降缝两侧的基础能自由沉降又互不影响，通常将沉降缝一侧的墙和基础按正常设置，另一侧的纵墙下可局部设挑梁基础。若需另设横墙，可在挑梁端部设基础梁，将横墙支承其上，横墙尽量用轻质墙，如图 7.17 所示。此种方法特别适用建筑的扩建及改建，以避免新建筑影响原有建筑的基础。

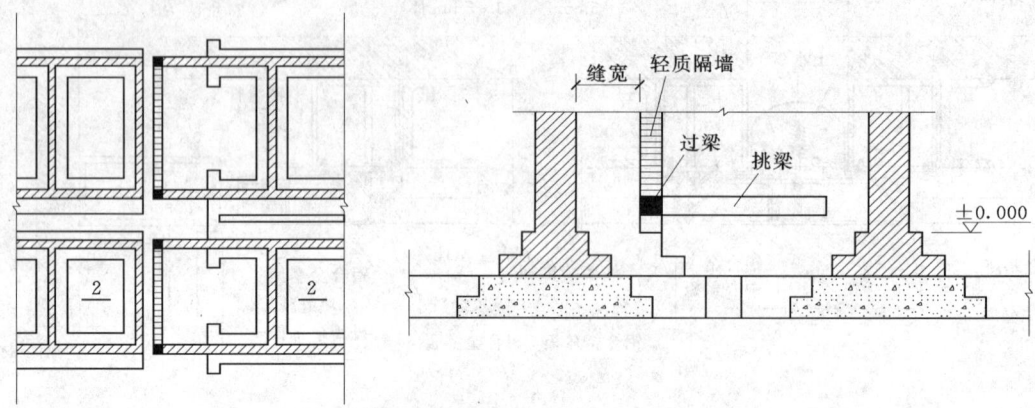

图 7.17 悬挑式方案形成变形缝

（3）用一段简支的水平构件代替变形缝来做过渡处理，即在两个独立单元相对的两侧各伸出悬臂构件来支撑中间一段水平构件。这种方法多用于连接两个建筑主体的架空外廊或走道等，但在抗震设防要求较高时需谨慎使用，如图 7.18、图 7.19 所示。

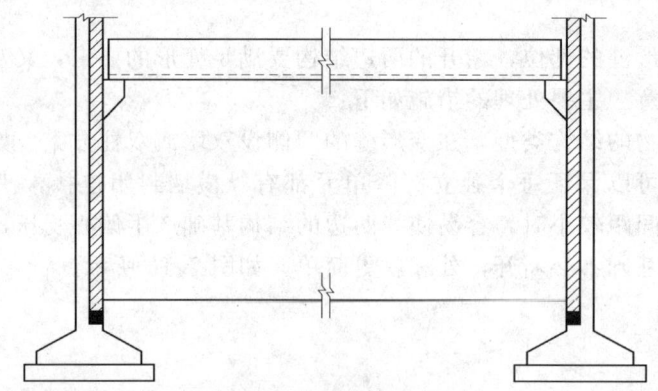

图 7.18 简支水平构件设变形缝示意

图 7.19 某建筑的柱廊部分用简支水平构件来代替变形缝
(a) 某建筑悬臂挑梁；(b) 简支水平构件搁置状况

复 习 思 考 题

1. 变形缝的作用是什么？房屋的变形缝分为哪几类？相互关系如何？
2. 在什么情况下设置伸缩缝？一般砖混结构伸缩缝的最大间距是多少？
3. 什么情况下需设置沉降缝？
4. 什么情况下需设置防震缝？各种结构的防震缝宽度如何确定？
5. 基础沉降缝有几种处理方案？各适用于什么情况？

第8章 民用建筑设计概述

8.1 建筑设计的内容及建筑的构成要素

建筑设计的任务是根据功能、技术、经济和美观等要求,赋予各种空间一定尺寸的形式,并把它们按照一定的关系组合在一起,形成一套切实可行的图纸和文件,为施工建造提供依据。每一项建筑工程从拟定计划到建成使用都要经过下列几个环节:编制设计任务书、设计指标及方案审定、选址及场地勘测、建筑工程设计、施工招标与组织、配套及装修工程、试运行及交付使用和回访总结。

8.1.1 建筑设计的内容

建筑工程设计是指设计一幢建筑物或建筑群所要做的全部工作,包括建筑设计、结构设计、设备设计等3个方面的内容。人们习惯上将这三部分统称为建筑设计。从专业分工的角度确切地说,建筑设计是指建筑工程设计中由建筑师承担的那一部分设计工作。

1. 建筑设计

建筑设计包括总体和个体设计两方面,一般是由注册建筑师来完成。

(1) 建筑空间环境的组合设计。通过建筑空间的规定、塑造和组合,综合解决建筑物的功能、技术、经济和美观等问题。主要通过建筑总平面设计、建筑平面设计、建筑剖面设计、建筑体型与立面设计来完成。

(2) 建筑空间环境的构造设计。主要是确定建筑物各构造组成部分的材料及构造方式。包括对基础、墙体、楼地层、楼梯、屋顶、门窗等构配件进行详细的构造设计,也是建筑空间环境组合设计的继续和深入。

2. 结构设计

结构设计是根据建筑设计选择切实可行的结构布置方案,进行结构计算及构件设计,一般由结构工程师完成。

3. 设备设计

设备设计主要包括给水排水、电气照明、采暖通风空调、动力等方面的设计,由有关专业的工程师配合建筑设计来完成。

8.1.2 建筑的构成要素

作为建筑工程师,从建筑的起源与历史沿革的分析中认为:建筑的构成要素是指建筑功能、建筑的物质技术条件和建筑形象。

1. 建筑功能

建筑功能是指建筑的用途和使用要求。建筑功能的要求是随社会生产和生活的发展而

8.1 建筑设计的内容及建筑的构成要素

发展的,不同的功能要求产生不同的建筑类型,不同的建筑类型就有不同的建筑特点。

(1) 满足使用上的功能。根据人们对建筑物在使用需要上的不同,不同性质的建筑物在使用上有不同的特点。例如火车站要求人流、货流畅通;影剧院要求听得清、看得见和疏散快;工业厂房要求符合产品的生产工艺流程;某些实验室对温度、湿度的要求等,都直接影响着建筑物的使用功能。

(2) 满足空间上的功能。是指建筑物应满足人在使用中应满足的人体尺度和人体活动所需的空间尺度。

(3) 满足环境上的功能。是指建筑物应具有良好的朝向、保温、隔声、防潮、防水、采光及通风的性能,这也是人们进行生产和生活活动所必须的条件。

满足建筑功能上的要求,是建筑的主要目的,它在建筑设计中起主导作用。

2. 物质技术条件

从原始社会至今,人类对建筑的实践和探索走过了漫长的路程,营造建筑的技术手段也有了突飞猛进的变化。今天,大工业生产的介入使得规模宏大的建筑由梦想变为现实,时间比封建社会、奴隶社会缩短将近90%,有的甚至更多。建筑的建造技术在古代包括组织、分工、简易的机械设施等。现代则包括施工组织、工种配备、机械设备组织、产品厂家的构件及五金等生产,还包括运输和安装等。建筑的性质发生了改变,建造技术为了适应这种变化也在不断推陈出新。

而人类的建筑梦想也在一定程度上取决于建造技术手段的先进与否。人类对建筑的高度、建筑内部的空间大小及建筑室内环境的智能化不断产生着幻想,这种幻想的实现一方面依赖于结构概念的进步和新材料的产生,另一方面也依赖于建筑技术。如上海环球金融中心,如图 8.1 所示,世界第一高楼主体建筑设计高度为 492m,共 104 层,地上 101 层,地下 3 层,2008 年初竣工,成为上海浦东的新地标。由于建造的活动是为平民和城市在创造新的现实生活,因此建造技术就要考虑成本和可操作性,包括材料和设备的投入,要使大多数建筑能为平民所承受。

图 8.1 上海环球金融中心

3. 建筑形象

建筑的形象,即是一种建筑的型,也是一种实在的体现。它既有雕塑性的型,也有结构性的型。

在具体形象上,主要体现在:

(1) 建筑形体形象。包括建筑的体形或体态、立面形式、细部构造与重点部位的点缀等。

(2) 建筑色彩形象。包括建筑的外观色彩、使用的材料色彩、质感、光影和装饰色彩搭配等。

(3) 建筑所体现的历史和文化形象。不同的社会、不同的时代、不同的地域和不同的民族，由于其历史文化的背景不同，在建筑构成上体现的建筑形象也不同。如中国古代的宫殿、城池与外国的皇宫、城堡；中国的庙宇、道观与西方的神庙、教堂等。

建筑形象是建筑功能与物质技术条件的综合反映。建筑形象处理得当，它能产生良好的艺术效果，给人以美的享受和历史文化的熏陶与感染。同样，在一定的功能和物质技术条件下，充分发挥设计人员的想象力，可以使建筑形象在形态上更加美观，在文化底蕴上更加厚重。

因此，在上述3个基本构成要素中，建筑功能是建筑的目的，建筑技术是实现建筑目的的手段，而建筑形象则是建筑功能、建筑技术和审美要求的综合表现。三者之中，功能常常是主导的，对技术和建筑形象起决定作用；建筑技术是建筑的手段，因而建筑功能和建筑形象受其一定制约；建筑形象也不是完全被动的，在同样的条件下，有同样的功能，采用同样的技术，也可创造出不同的建筑形象，达到不同的审美要求。优秀的建筑作品应实现三者的辩证统一。

8.2 建筑设计的依据

8.2.1 使用功能

1. 人体工程学

人在建筑所形成的空间中活动，人体的各种活动尺度与建筑空间具有十分密切相连的关系。为了满足使用活动的需要，首先应该熟悉人体活动的一些基本尺度。

人体工程学为建筑设计提供了大量的科学依据，并使建筑的空间环境设计进一步精确化，比较突出的有以下四个方面。

（1）根据人体工程学，对家具进行科学分类，并合理确定家具的各部分尺寸，使其既具有实用性，又能节省材料。

（2）人体工程学对人体尺度、动作范围的精密测定，为确定室内空间尺度、室内家具设备布置提供了定量依据，增强了室内空间设计的科学性。

（3）室内环境要素参数的测定，有利于合理地选择建筑设备和确定房屋的构造做法。

（4）由于建筑艺术要求真、善、美统一，建筑空间环境引起的美感常常和实用舒适分不开，所以人体工程学也在一定程度上影响了建筑美学。建筑师柯布西耶研究了人的各部分尺度，认为它符合黄金分割等数学规律，从而建立了他的模数制，并运用于建筑设计中，如图8.2所示便是实例。

2. 家具设备尺寸及使用空间

在建筑设计时，必然要考虑室内空间、家具陈设等与人体尺度的关系问题，人体在各种动态中的尺度与解剖学和生理机能有关。为了便于设计时选用，可以将测量数据制成图表，也可以采用比例法进行估算（如图8.3～图8.5所示）。

人在社会活动中不仅要着衣，有时还要携带物品，并与一定的家具设备发生关系，见图8.4。因此，还应测量人在各种社会活动中的尺度。

家具尺寸反映出人体的基本尺度——同学们应该知道这些尺寸，如图8.5所示。

8.2 建筑设计的依据

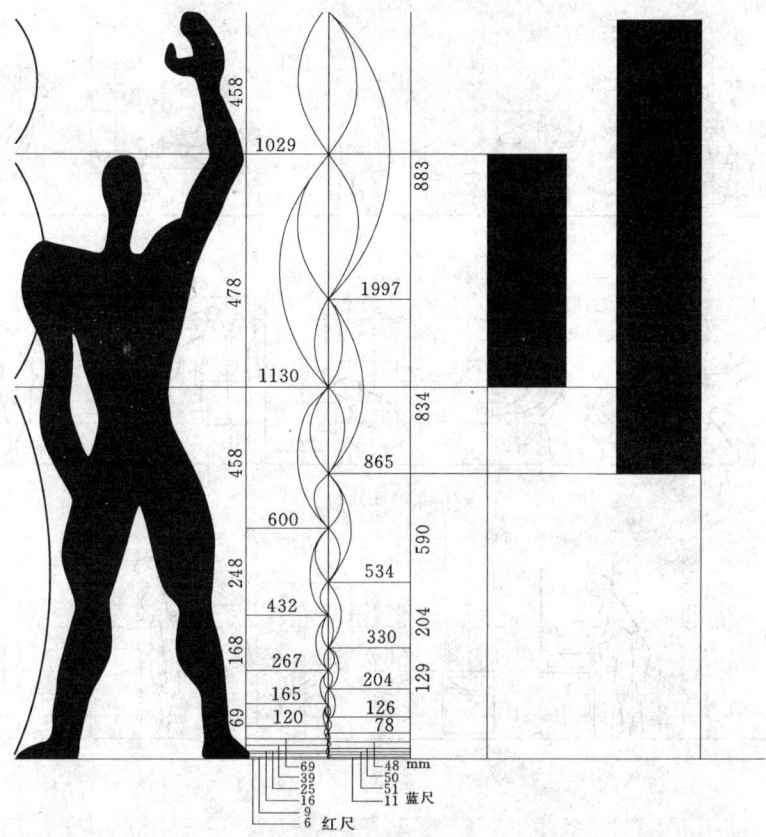

图 8.2 柯布西耶模数尺

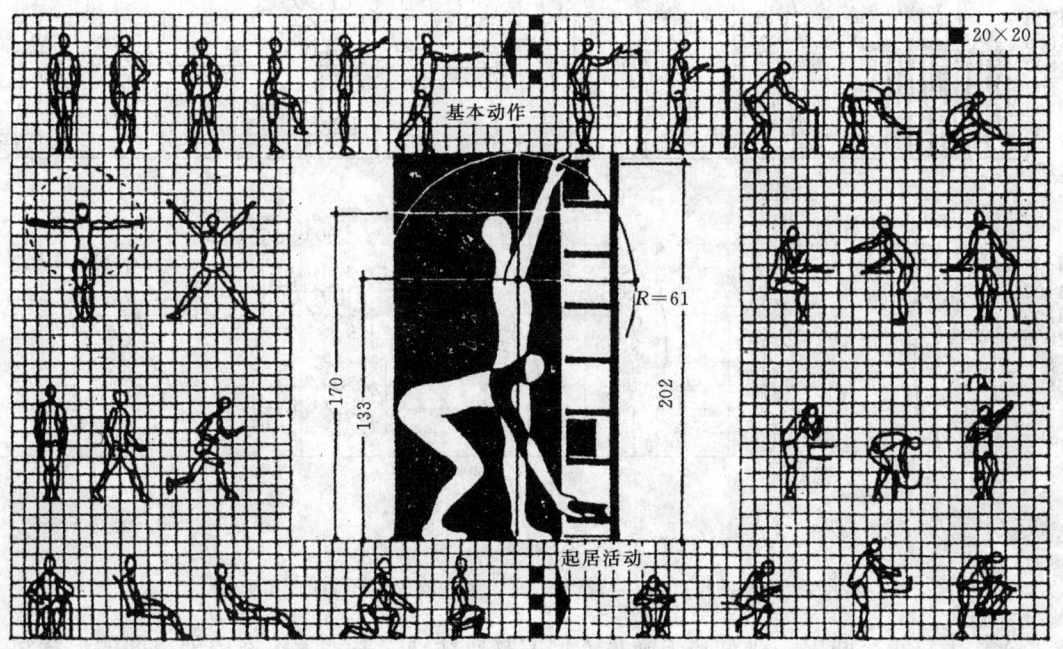

图 8.3 人体活动基本尺度

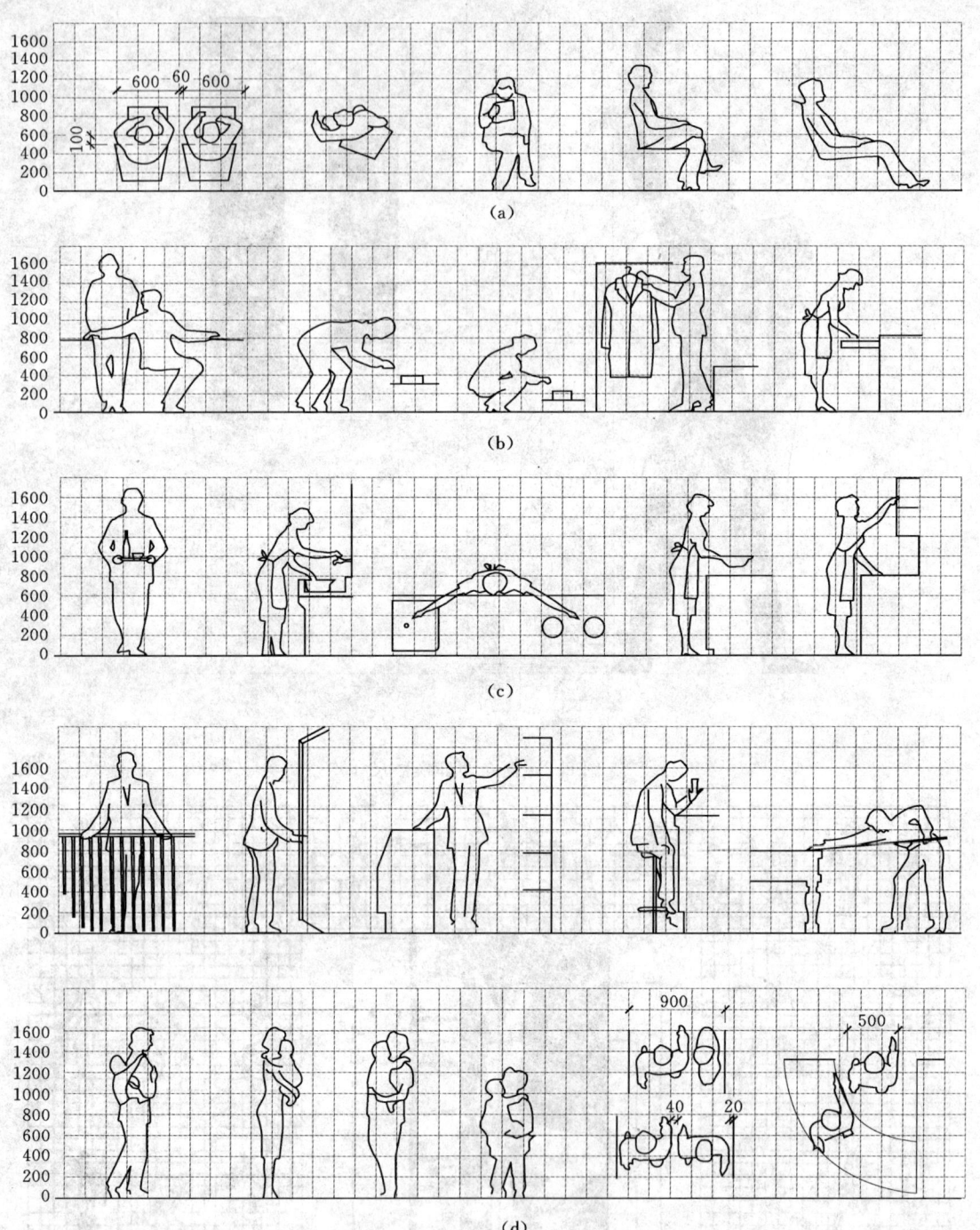

图 8.4
(a) 生活起居动作；(b) 存取动作；(c) 厨房操作动作；(d) 其他动作

人处于建筑空间中，建筑必须满足人们的物质活动需要。无论室内外空间的形状和大小，无论门窗的位置和尺寸，无论家具及其他部件的布局与大小，都应当考虑人体尺度和

8.2 建筑设计的依据

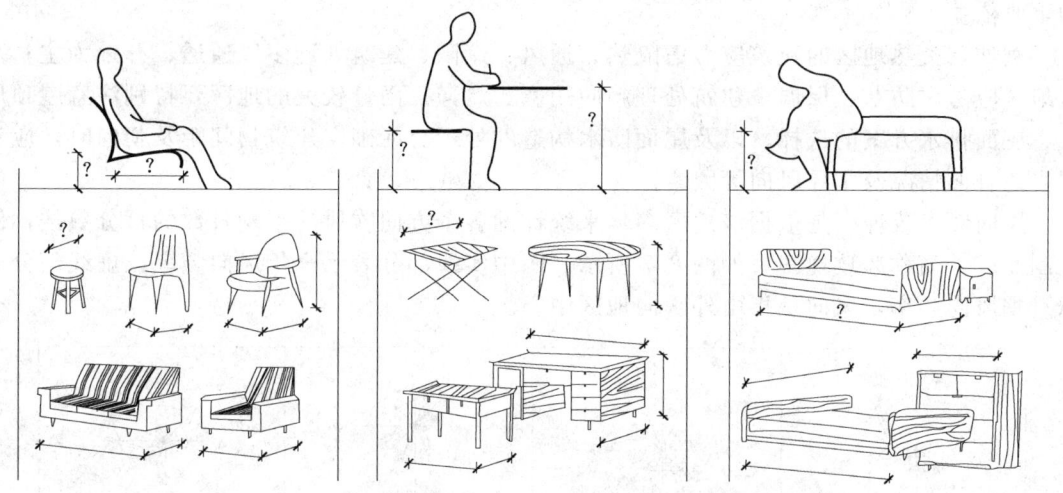

图 8.5 常用家具尺寸

行为特点。以设计小学生教室为例（如图 8.6 所示），所要考虑的问题必须重视"以人为本"，为人服务的宗旨。小学设计应该强调从小学生自身出发，在以小学生为主体的前提下研究小学生的衣、食、住、行以及一切生活、生产活动中综合分析。

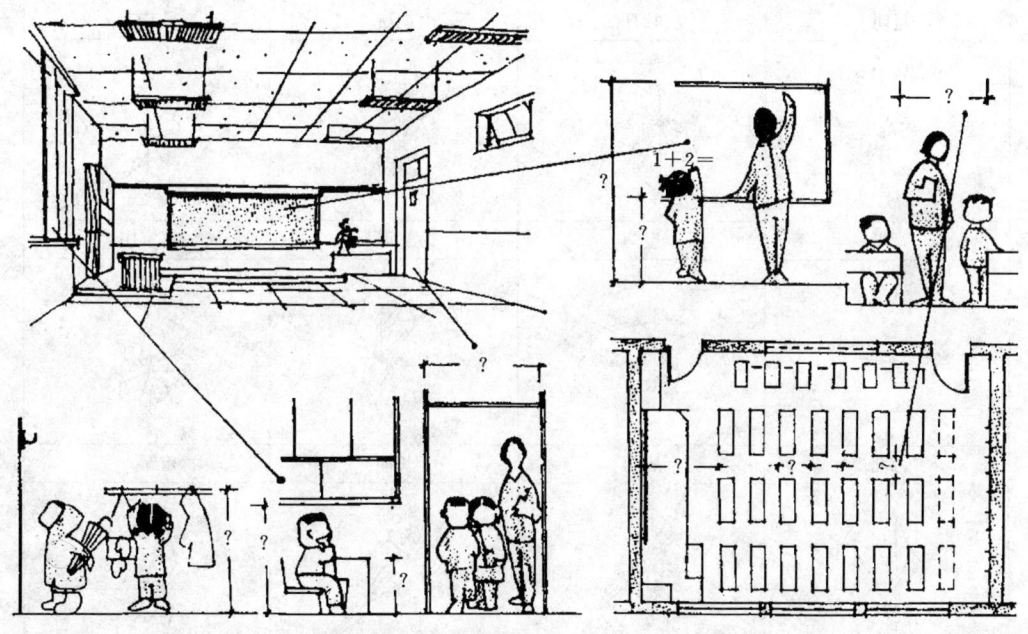

图 8.6 中小学教室尺寸

8.2.2 自然条件

1. 气象条件

气候条件一般包括建设地区的温度、湿度、日照、雨雪、风向、风速等，是建筑设计的重要依据。

例如，炎热地区的建筑应考虑隔热、通风、遮阳、建筑处理多以通透、开敞为主；寒冷地区应考虑防寒、保温，建筑处理趋向闭塞、严谨。雨量较大的地区要特别注意屋顶形式、屋面排水方案的选择，以及屋面防水构造的处理。在确定建筑物间距及朝向时，应考虑当地日照情况及主导风向等因素。

风向频率玫瑰图是依据该地区多年来统计的各个方向吹风的平均日数的百分数按比例绘制而成，简称风玫瑰图，如图 8.7 所示。图中实线部分表示全年风向频率，虚线部分表示夏季风向频率，风向是指由外吹向地区中心。

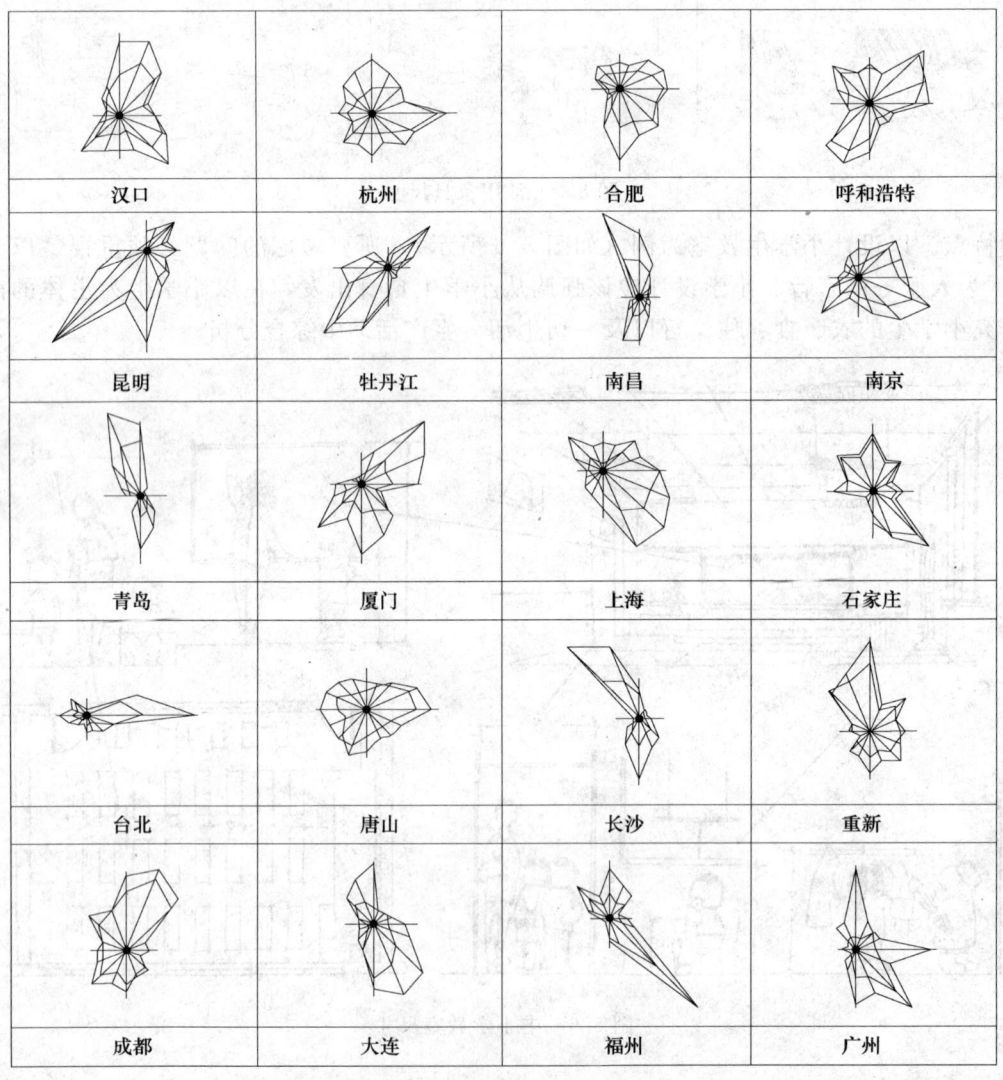

图 8.7 部分城市的风玫瑰图

2. 地形、地质及地震烈度

基地的平缓起伏、地质构成、土壤特性与承载力的大小，直接影响到房屋的平面空间组织、结构选型、建筑构造处理及建筑体型设计等。

例如，位于山坡地的建筑常根据地形高低起伏变化采用错层、吊脚楼或依山就势成为较为自由的组合方式。位于岩石、软土或复杂地质条件上的建筑，要求基础采用不同的结构和构造处理。

地震烈度表示当地震发生时，地面及建筑物遭受破坏的程度。地震对建筑的破坏作用也很大，有时是毁灭性的。烈度在 6 度以下时，地震对建筑物影响较小，一般可不考虑抗震措施。9 度以上地区，地震破坏力很大，一般应尽量避免在该地区建筑房屋。这就要求我们无论是从建筑的体形组合到细部构造设计必须考虑抗震措施，才能保证建筑的使用年限与坚固性。坡地建筑常结合地形错层建造，复杂的地质条件要求基础采用不同的结构和构造处理等。

3. 水文

水文条件是指地下水位的高低及地下水的性质，直接影响到建筑物的基础及地下室。一般应根据地下水位的高低及地下水性质确定是否在建造房屋或采取相应的防水和防腐蚀措施。

8.3 建筑设计的程序

8.3.1 设计前的准备工作

1. 落实设计任务

（1）掌握必要的批文。掌握必要的批文，包括主管部门的批文和城市建设部门统一设计的批文。此项工作一般由甲方即建设单位负责完成。

1）主管部门的批文。上级主管部门对建设项目的批准文件，包括建设项目的使用要求、建筑面积、单方造价和总投资等。

2）城市建设部门同意设计的批文。为了加强城市的管理及进行统一规划，一切设计都必须事先得到城市建设部门的批准。批文必须明确指出用地范围（常用红色线划定），以及有关规划、环境及个体建筑的要求。

（2）熟悉设计任务书。设计任务书是由甲方提供的经上级主管部门批准的依据性文件。在熟悉的同时，也可以对任务书中的某些内容提出补充和修改，但必须征得建设单位的同意。一般包括以下内容：

1）建设项目总的要求、用途、规模及一般说明。

2）建设项目的组成、单项工程的面积，房间组成、面积分配及使用要求。

3）建设项目的投资及单方造价、土建设备及室外工程的投资分配。

4）建设基地大小、形状、地形，原有建筑及道路现状，并附地形测量图。

5）供电、供水、采暖及空调等设备方面的要求，并附有水源、电源的使用许可文件。

6）设计期限及项目建设进度计划安排要求。

2. 调查研究、收集资料

除设计任务书提供的资料外，还应当收集必要的设计资料和原始数据。

(1) 收集的资料有：

1) 气象资料。包括项目所在地区的温度、湿度、日照、雨雪、风以及冻土深度等。

2) 基地地形及地质水文资料。包括基地地形、标高、土壤种类及承载力、地下水位及地震烈度等。

3) 水电等设备管线资料。包括基地地下的给水、排水、电缆等管线布置，以及基地上架空线等供电情况。

4) 设计项目的国家有关定额指标。包括定额指标、用地指标、用材定额指标等。

(2) 调查研究的内容：

1) 建筑物的使用要求。在了解建设单位对建筑物使用要求的基础上，以走访、参观、查阅资料等形式，调查同类建筑物在使用中出现的情况，通过分析和研究，总结并吸取经验，接受教训，使设计更加合理与完善。

2) 建筑材料供应与结构、施工等技术条件。了解当地建筑材料的特性、价格、品种、规格和施工单位的技术力量、起重运输条件等。

3) 基地踏勘。根据城建部门划定的设计项目所在地的位置，进行现场踏勘，深入了解基地和周围环境的现状及历史沿革，核对已有资料与基地现状是否符合。通过建设基地的形状、方位、面积以及周围建筑、道路、绿化等多方面因素，考虑建筑的位置、形状和总平面布局。

4) 当地传统的风俗习惯。通过了解当地传统建筑的形式、文化传统、生活习惯、风土人情以及建筑上的习惯做法，作为建筑设计的参考和借鉴，创造当地群众喜闻乐见的建筑形式。以云南香格里拉藏区居民的建筑为例，一般是三层。第一层以前是关养鸡鸭牛羊猪。第二层是客厅和厨房。第三层是卧室和储藏粮食的。门口有一个高大的木架子是用来晒青稞等粮食的，也有的用来晒草喂牲口。建筑以柱子的粗细和客厅内的装饰作为好坏的鉴别标准。屋顶上一般会插一面旗，以表示保佑一家平安、五谷丰登。但有的屋顶上会插3面旗，表示这家人家里有儿子被送到寺庙当喇嘛，或是家里有活佛，是荣耀的象征。

8.3.2 设计阶段的划分

建筑设计过程按工程复杂程度、规模大小及审批要求，划分为不同的设计阶段。一般分两阶段设计或三阶段设计。

两阶段设计是指初步设计和施工图设计两个阶段，一般的工程多采用两阶段设计。对于大型民用建筑工程或技术复杂的项目，采用三阶段设计，即初步设计、技术设计和施工图设计。

1. 初步设计阶段

初步设计阶段的任务是提出设计方案。即根据设计任务书的要求和收集到的必要基础资料，结合基地环境，综合考虑技术经济条件和建筑艺术的要求，对建筑总体布置、空间组合进行可能和合理的安排，提出二个或多个方案供建设单位选择。在已经确定的方案基础上，进一步充实完善，综合成为较理想的方案并绘制成初步设计供主管部门审批。

初步设计的内容一般包括设计说明书、设计图纸、主要设备材料表和工程概算等四部分。具体的图纸和文件有：

8.3 建筑设计的程序

(1) 设计总说明。设计指导思想及主要依据；设计意图及方案特点；建筑结构方案及构造特点；建筑材料及装修标准；主要技术经济指标以及结构、设备等系统的说明。

(2) 建筑总平面图。比例 1:500、1:1000，应表示用地范围；建筑物位置、大小、层数及设计标高；道路及绿化布置；技术经济指标。

(3) 各层平面图、剖面图及建筑物的主要立面图。比例 1:100、1:200，应表示建筑物各主要控制尺寸，如总尺寸、开间、进深、层高等。同时应表示标高，门窗位置，室内固定设备及有特殊要求的厅、室的具体布置，立面处理，结构方案及材料选用等。

(4) 工程概算书。建筑物投资估算；主要材料用量及单位消耗量。

(5) 大型民用建筑及其他重要工程，必要时可绘制透视图、鸟瞰图或制作模型。

2. 技术设计阶段

主要任务是在初步设计的基础上进一步解决各种技术问题，协调各工种之间技术上的矛盾。经批准后的技术图纸和说明书即为编制施工图、主要技术设备材料订货及工程拨款的依据文件。

技术设计的图纸和文件与初步设计大致相同，但更详细些。具体内容包括整个建筑物和各个局部的具体做法。各部分确切的尺寸关系；内外装修的设计；结构方案的计算和具体内容；各种构造和用料的确定等。

对于不太复杂的建筑，可以将技术设计阶段划进初步设计阶段，称之为扩大初步设计阶段。

3. 施工图设计阶段

施工图设计是建筑设计的最后阶段，是提交施工单位进行施工的设计文件。必须根据上级主管部门审批同意的初步设计（或技术设计）进行施工图设计。施工图设计的主要任务是满足施工要求，解决施工中的技术措施、用料及具体做法。

施工图设计的内容包括建筑、结构、水电、采暖通风等工种的设计图纸；工程说明书，结构及设备计算书和概算书。具体图纸和文件有：

(1) 建筑总平面图。与初步设计基本相同。

(2) 建筑物各层平面图、剖面图、立面图。比例 1:50、1:100、1:200。除表达初步设计或技术设计内容以外，还应详细标出门窗洞口、墙段尺寸及必要的细部尺寸、详图索引。

(3) 建筑构造详图。应详细表示各部分构件关系、材料尺寸及做法、必要的文字说明。根据节点需要，比例可分别选用 1:20、1:10、1:5、1:2、1:1 等。

(4) 各工种相应配套的施工图纸。如基础平面图、结构布置图、钢筋混凝土构件详图、水电平面图及系统图、建筑防雷接地平面图等。

(5) 设计说明书。包括施工图设计依据、设计规模、面积、标高定位、用料说明等。

(6) 结构和设备计算书。

(7) 工程概算书。

第 9 章 建筑空间设计

建筑空间设计是一种创造性的思维劳动。它需要创作主体有丰富的想象力和灵活开放的思维方式，而且把所有的条件、要求、可能性等，"化"成为建筑形象，安排出来。建筑的设计的主要方法，常采用"先功能后形式"的设计方法。"先功能后形式"是指由功能关系和基地形态入手，一步一步地深入，用比较的方法，反复深入，由"粗线条"到细节部分顺着从大到小的原则完成建筑方案设计。

建筑形态虽是立体的，但这种立体往往是要先有平面，然后垂直地向上或向下，上下之间的变化不及水平面上的变化多。所以，必须抓住平面形态。即先平面后立面，体量。此方法对初学者来说易于掌握而且功能比较合理，但是由于空间形象设计处于滞后被动位置，可能会在一定程度上制约了对建筑形象的创造性发挥。

一般而言，一幢建筑物是由若干单体空间有机地组合起来的整体空间，任何空间都具有三度性。因此，在进行建筑设计的过程中，人们常从平面、剖面、立面三个不同方向的投影来综合分析建筑物的各种特征，并通过相应的图示来表达其设计意图。

9.1 建筑平面设计

建筑平面设计是建筑设计的重要阶段，通过二维图形来组织空间分析建筑内部功能，完善建筑内部使用功能。建筑的功能主要是平面的功能，因为人在其中的许多行为，几乎都是平面性的，垂直行为只是交通问题。建筑平面设计包括单一功能房间平面设计及平面组合设计。不同建筑的功能可分为主要使用功能空间、辅助使用功能空间和交通联系功能空间三种。这三种功能既相互独立，又相互联系，并具有一定的兼容性。单一功能房间平面设计是在整体建筑合理而适用的基础上，确定房间的面积、形状、尺寸以及门窗的大小和位置。平面组合设计是根据各类建筑功能要求，抓住主要使用功能空间、辅助使用功能空间和交通联系功能空间的相互关系，结合基地环境及其他条件，采取不同的组合方式将各单个房间合理地组合起来。

9.1.1 单一功能房间平面设计

单一功能房间是构成建筑最基本的单位，在分析功能与空间的关系时就是从单一功能房间入手的，现在我们还是从这里入手来研究它的形式处理与人的精神感受方面的联系。

在一般情况下，室内空间的体量大小主要是根据房间的功能使用要求确定的，室内空间的尺度感应与房间的功能性质一致。例如住宅中的居室，过大的空间将难以造成亲切、宁静的气氛。为此，居室的空间只要能保证功能的合理性，即可获得恰当的尺度感。

对于公共活动来讲，过小或过低的空间将会使人感到局促或压抑，这样的尺度感也会有损于它的公共性。而出于功能要求，公共活动空间一般都具有较大的面积和高度。这就是说，只要实事求是地按照功能要求来确定空间的大小和尺寸，一般都可以获得与功能性质相适应的尺度感，如图9.1所示。

1. 主要使用空间的面积、平面形状和尺寸

主要使用功能空间是指最能反映建筑物功能特征的房间。例如居住建筑的卧室、学校的教室、商业建筑的营业厅、宾馆、饭店的标准房、影剧院的观众厅等。

建筑使用空间犹如一种容器，不过这种容器所容纳的不是具体的物，而是人的活动。为此，它的体量大小必然因活动的情况（功能）不同而设计方法千差万别。这种差别主要体现在主要使用空间的面积、平面形状和尺寸。

（1）房间的面积。房间面积的大小主要取决于功能。由家具和设备所占用的面积、人们使用家具设备及活动所需的面积以及房间内部的交通面积组成。

对于一般的使用房间来说，以上所说的三部分建筑面积中最活跃、使用价值最高的是人们使用家具设备及活动所需的面积。因为这一部分是最直接为使用者服务的，如果设计条件许可，应适当加大这一部分面积所占的比例。与此相反的是"房间内部的交通面积"，这部分面积一般被认为是"不利的"，或者说是"浪费的"，但又是不可缺少的。在多数情况下，这一部分的面积应当受到控制，

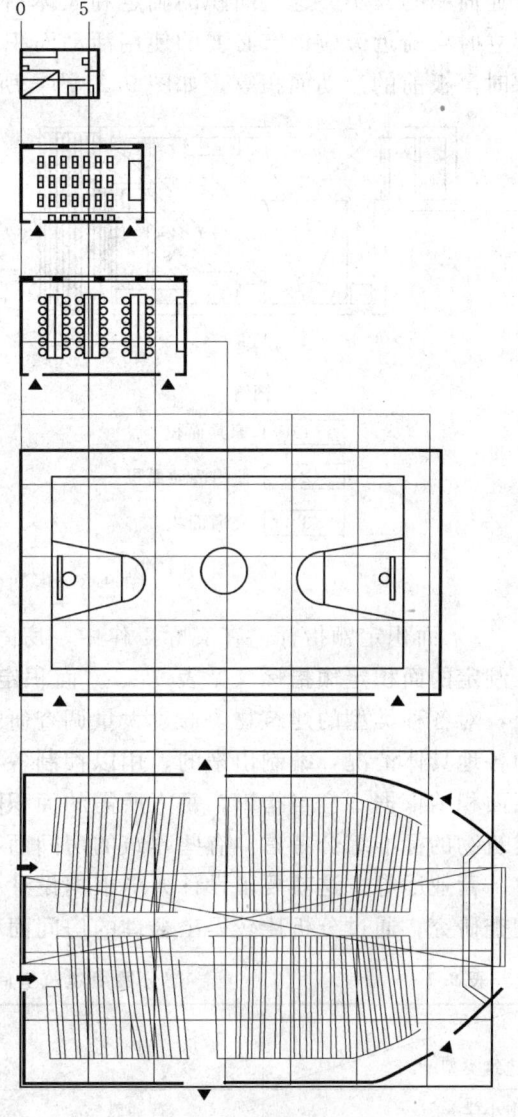

图9.1 功能与面积的关系

也就是说在满足正常使用情况和紧急情况下的交通要求后，就不应再扩大它的比例。关于"家具及设备所占用的面积"，它经常是由所设计房间的使用性质决定的，它的数量和平面投影面积几乎是确定的，比如电影院观众厅中的坐椅，在设计时只要考虑合理布置就可以了。这一部分的面积在设计中应以所使用的家具及设备自身的情况以及它们的使用情况作为面积分配的依据。

在设计中，房间面积的确定一般采取下列方式。

1）人体活动与房间面积。房间面积与人体尺度相适应。当人站立或静坐时形成静态尺寸；当人行走或使用家具设备时将产生功能尺寸，它是动态的。由此为了确定房间使用面积的大小，除了需要掌握室内家具，设备的数量和尺寸外，还需要了解人的室内活动和

交通面积的大小。这些面积的确定和人体活动的基本尺度有关。例如教室中，学生就座、起立时桌椅近旁应该有必要的使用活动面积，入座，离座时通行的最小宽度，以及教师讲课时黑板前的活动面积等，如图 9.2（b）所示。

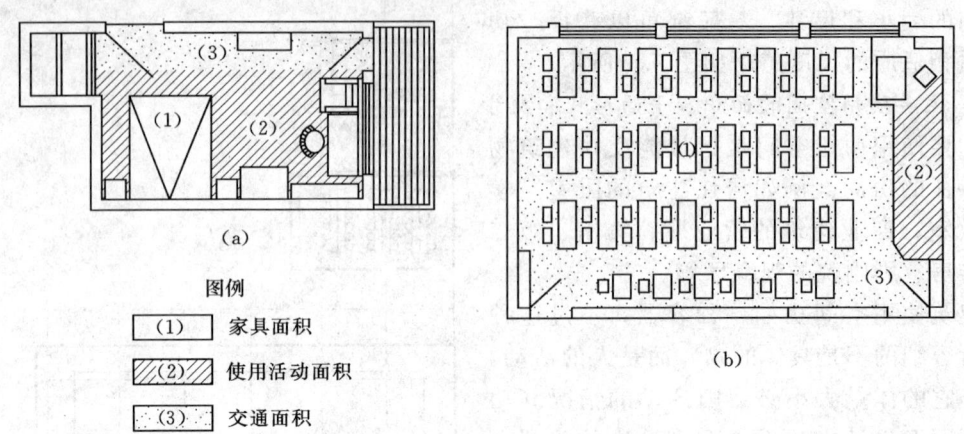

图 9.2 房间使用面积分析图

2）面积定额指标。在实际工作中，房间面积的确定主要是依据我国有关部门及各地区制定的面积定额指标（见表 9.1）。面积定额指标的编制国家或所在地区设计的主管部门，对各种类型的建筑物，通过大量调查研究和积累的设计资料，结合中国现有经济条件和各地具体情况，编制出来的，用以控制各类建筑中使用面积的限额，并作为确定房间使用面积的依据。应当指出，每人所需的面积除面积定额指标外，还需通过调查研究并结合建筑物的标准综合考虑。有些建筑的房间面积指标未作规定，使用人数也不固定，如展览室、营业厅等。这就要求设计人员根据设计任务书的要求，对同类型、规模相近的建筑物调查研究，通过分析比较得出合理的房间面积。

表 9.1 部分民用建筑房间面积定额参考指标

建筑类型	项目 房间名称	面积定额 (m²/人)	备注
中小学	普通教室	1~1.2	小学取下限
办公楼	一般办公室	3.5	不包括走道
	会议室	0.5	无会议桌
		2.3	有会议桌
铁路旅客站	普通候车室	1.1~1.3	
图书馆	普通阅览室	1.8~2.5	4~6 座双面阅览桌

（2）房间平面形状与尺寸。在使用房间面积确定之后，需要进一步确定房间的平面形状和尺寸。房间平面形状和尺寸的确定，主要是从房间内部的使用要求、家具布置方式以及采光、通风、声学方面的要求和其他技术经济条件来考虑。同时室内空间处理等美观要求、建筑物周围环境和基地大小等总体要求也是影响房间平面形状的重要因素。即在满足使用要求的同时，构成房间的经济技术条件以及人们对室内空间的观感也是确定房间平面

9.1 建筑平面设计

形状和尺寸的相关因素。

1）房间的平面形状。房间平面形状的确定应从使用功能要求、结构合理性、空间技术效果、总体组合的灵活性、房间朝向、施工便利性等多方面进行考虑。随着上述因素的改变，平面形状也应随之改变。

在大量民用建筑的房间平面形状中，常见的是以住宅为代表的沿外墙短向布置的矩形平面，这是综合考虑家具布置、房间组合、经济技术条件和在总体上节约用地等多方面因素而选择的结果。由于矩形平面通常便于家具和设备的安排、房间开间或进深调整统一、结构布置和预制构件的选用，所以住宅、宿舍、学校、办公楼等建筑房间大多采用矩形平面。

对于一些单层大空间如观众厅、杂技场、体育馆等房间，它们的使用房间面积很大，使用要求的特点突出，覆盖和围护房间的技术要求也较复杂，而且又不需要同类的多个房间进行组合，它们的形状则首先应满足这类建筑的特殊功能及视听要求。

根据房间的使用要求，一般生活、工作、学习用房常采用矩形平面。矩形平面有利于家具设备布置，功能适应性强。当然矩形不是唯一的选择，平面形状只要处理得当，完全可以做到适用而新颖。功能要求特别突出的房间，平面形状要受到这种功能要求的制约。例如，不同平面形状的教室（图9.3）和影剧院的观众厅（图9.4）。

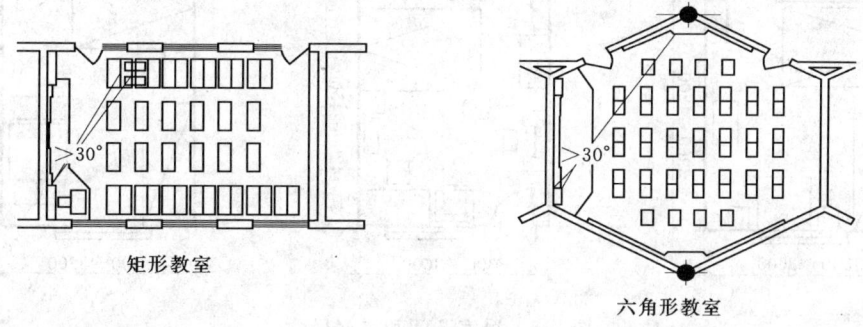

图 9.3 不同平面形状的教室

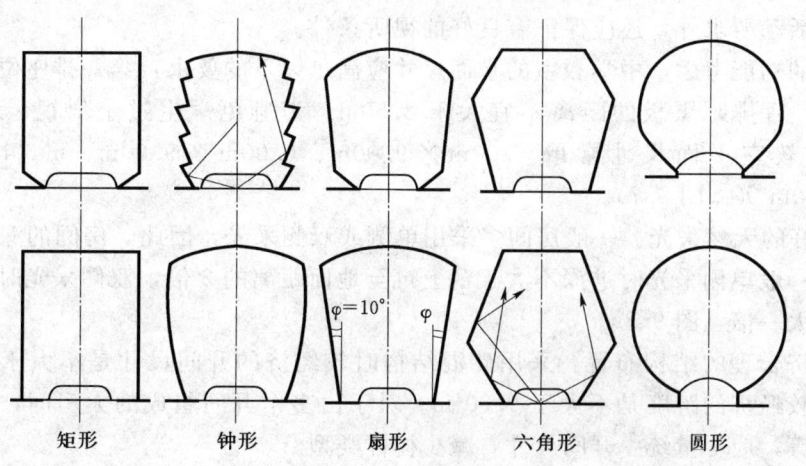

图 9.4 观众厅的平面形状

同时日照和基地条件、结构选型、建筑艺术处理等对平面形状有很大的影响。例如，华盛顿美国国家艺术博物馆东馆，结合特殊的地形形状，采用独特的构图形式，取得了成功；国家大剧院在结构选型和建筑艺术处理上有其独特的应用。

2) 房间的平面尺寸。房间平面尺寸主要依据房间的使用功能、家具和设备的尺寸及布置要求，建造的经济技术条件和使用者的心理感受等方面来确定。

房间的平面尺寸包括房间的开间和进深，而房间常常是由一个或多个开间组成。在确定了房间面积和形状之后，确定合适的房间尺寸便是一个重要问题了。一般从以下几方面进行综合考虑：

(a) 满足家具设备布置及人们活动的要求。家具尺寸、布置方式及数量对房间面积、平面形状和尺寸的确定有直接影响。家具种类很多，在确定房间平面尺寸时，应以主要家具、尺寸较大的家具为依据。

例如，主要卧室要求床能两个方向布置，因此开间尺寸常取 3.6m，进深方向常取 3.90~4.50m。小卧室开间尺寸常取 2.70~3.00m（图 9.5）。医院病房主要是满足病床的布置及医护活动的要求，3~4 人的病房开间尺寸常取 3.30~3.60m，6~8 人的病房开间尺寸常取 5.70~6.00m（图 9.6）。

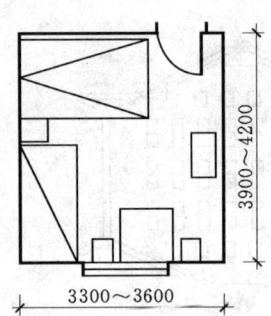 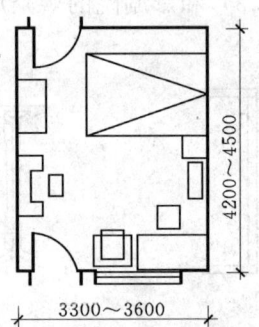 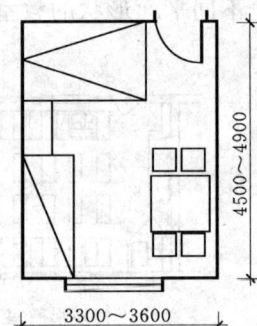

图 9.5 卧室开间和进深尺寸

(b) 满足视听要求。有的房间如教室、会堂、观众厅等的平面尺寸除满足家具设备布置及人们活动要求外，还应保证有良好的视听条件。

从视听的功能考虑，中学教室的平面尺寸应满足以下的要求：第一排座位距黑板的距离≥2.00m；后排距黑板的距离不宜大于 8.50m。为避免学生过于斜视，水平视角应≥30°。中学教室平面尺寸常取 6.00m×9.00m、6.00m×9.00m、6.60m×9.00m、6.90m×9.00m 等（图 9.7）。

(c) 良好的天然采光。一般房间多采用单侧或双侧采光，因此，房间的深度常受到采光的限制。一般单侧采光时进深不大于窗上口至地面距离的 2 倍，双侧采光时进深可较单侧采光时增大一倍（图 9.8）。

(d) 经济合理的结构布置。采用砖混结构时较经济的开间尺寸是不大于 4.00m，钢筋混凝土梁较经济的跨度是不大于 9.00m。对于由多个开间组成的大房间，如教室、会议室、餐厅等，应尽量统一开间尺寸，减少构件类型。

(3) 房间的门窗设置。在房间平面设计中，门窗的大小、数量、位置和开启方式对房

9.1 建筑平面设计

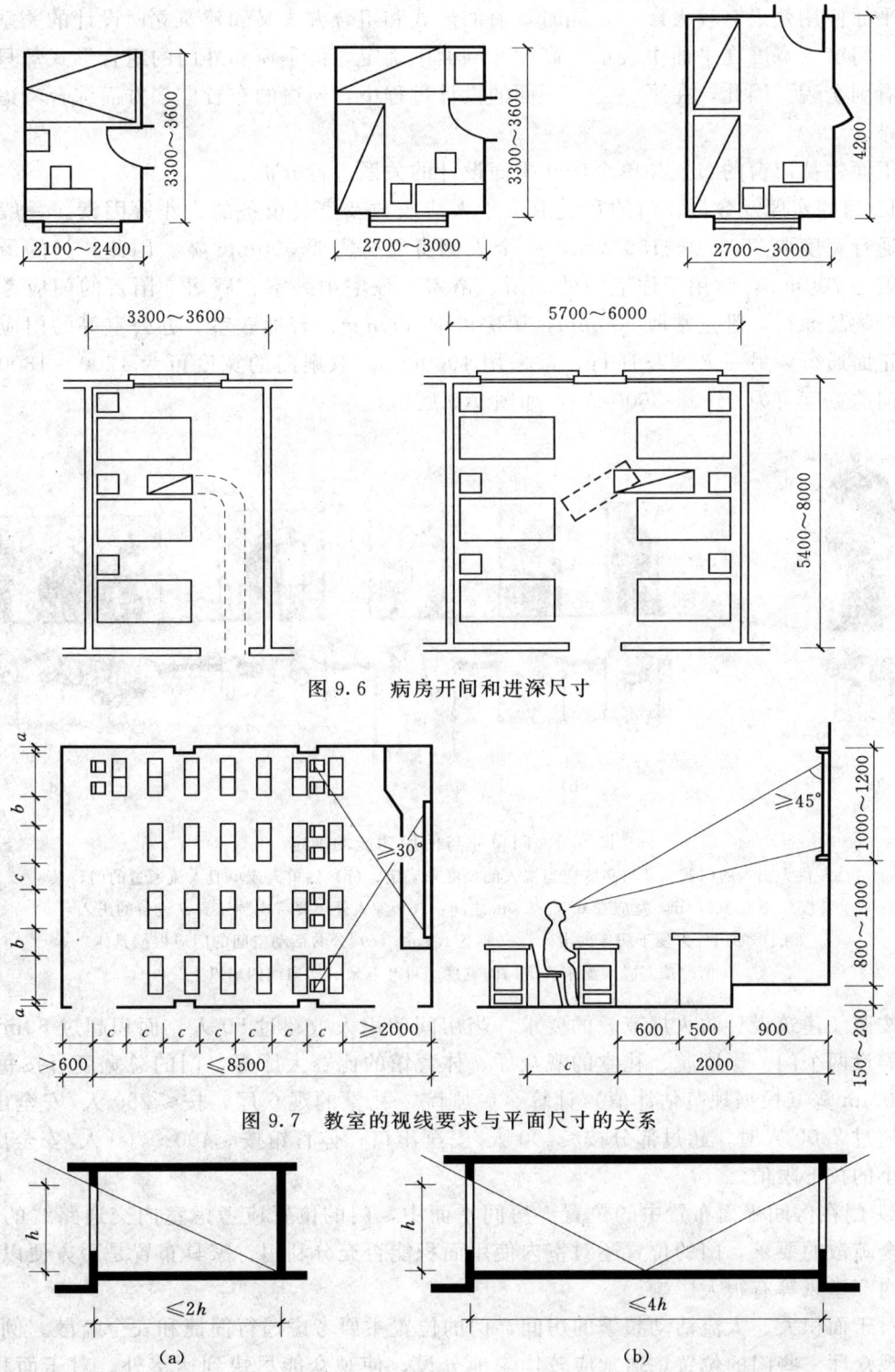

图 9.6 病房开间和进深尺寸

图 9.7 教室的视线要求与平面尺寸的关系

图 9.8 采光方式与进深的关系
(a) 单侧采光；(b) 双侧采光

间的平面使用效果有较大影响。同时，窗的形式和组合方式又和建筑立面设计的关系极为密切。门窗的宽度在平面中表示，高度在剖面中确定，但是窗和外门的组合形式却只在立面中看到全貌。因此，在平、立、剖面的设计过程中，门窗的布置应多方面综合考虑，反复推敲。

下面先从门窗的布置和单个房间平面设计的关系进行分析。

1) 门的宽度及数量。门的宽度取决于人流股数及家具设备的大小等因素。一般单股人流通行宽度取 550+0～150 mm，一个人侧身通行需要 300mm 宽。因此，门的最小宽度一般为 700mm，常用于住宅中的厕所、浴室。住宅中卧室、厨房、阳台的门应考虑一人携带物品通行，卧室常取 900mm，厨房可取 800mm。普通教室、办公室等的门应考虑一人正面通行，另一人侧身通行，常采用 1000mm。双扇门的宽度可为 1200～1800mm，四扇门的宽度可为 2400～3600mm，如图 9.9 所示。

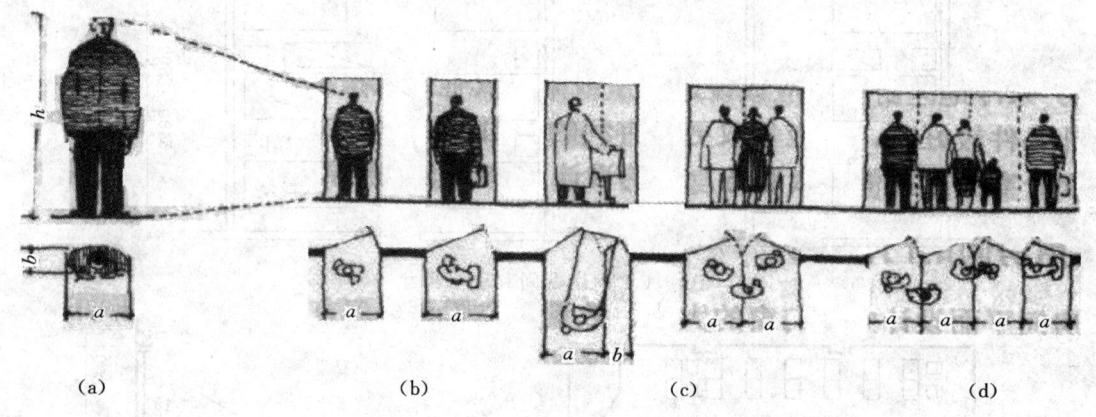

图 9.9 门尺寸与使用功能的确定

(a) 供人出入的门其宽度与高度应当视人的尺度来确定；(b) 供单人或单股人流通过的门，其高度应不低于 2.1m，宽应在 0.7～1.0m 之间；(c) 除人外还要考虑到家具、设备的出入，如病房的门应方便于病床的出入，一般宽 1.1m；(d) 公共活动空间的门应根据具体情况按多股人流来确定门的宽度。可开双扇、四扇或四扇以上

按照《建筑设计防火规范》的要求，当房间使用人数超过 50 人，面积超过 60m² 时，至少需设两个门。影剧院、礼堂的观众厅、体育馆的比赛大厅等，门的总宽度可按每 100 人 600mm 宽（根据规范估计值）计算。影剧院、礼堂的观众厅，按≤250 人/安全出口；人数超过 2000 人时，超过部分按≤400 人/安全出口；体育馆按≤400～700 人/安全出口，规模小的按下限值。

2) 门在房间平面布置中的位置。房间平面中，门的位置应考虑室内交通路线的简捷和安全疏散的要求，门的位置还对室内使用面积能否充分利用、家具布置是否方便以及组织室内穿堂风等有很大影响。

对于面积大、人流活动频繁的房间，门的位置主要考虑通行简捷和安全疏散。例如影剧院观众厅一些门的位置，通常应较均匀地分设，使观众能尽快到达室外。对于面积小、人数少、只需设一个门的房间，门的位置首先需要考虑家具的合理布置。当门的数量不止一个时，门的位置应考虑缩短室内交通路线，保留较为完整的活动面积，并尽可能留有便于布置家具的墙面。有的房间由于平面组合的需要,几个门的位置比较集中,并且经常需要同时开启,这时要注意协调几个门的开启方向,防止门扇相互碰撞和妨碍人们通行,如图9.10所示。

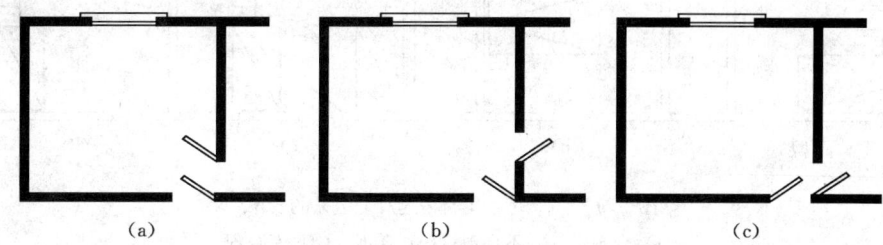

图 9.10 紧靠在一起的门的开启方向
(a) 不好;(b) 好;(c) 较好

在平面组合时,如果从整幢房屋的使用要求上考虑,房间平面中门的位置也可能需要改变。门的位置和开启方向除了要保证有效活动空间和交通需要以外,还应避免门相互"打架"。例如,有的房间需要尽可能缩短通往房间出入口或楼梯口的距离,有些房间之间联系或分隔的要求比较严密,这些要求都可能导致房间门的位置的重新调整。

3)窗的面积。窗口面积大小主要根据房间的使用要求、房间面积及当地日照情况等因素来考虑。根据不同房间的使用要求,建筑采光标准分为五级,每级规定相应的窗地面积比,即房间窗口总面积与地面积的比值,见表9.2。

表 9.2　　　　　　　　　　民用建筑采光等级表

采光等级	视觉工作特征		房间名称	窗地面积比
	工作或活动要求精确程度	要求识别的最小尺寸（mm）		
Ⅰ	极精密	0.2	绘图室、制图室、画廊、手术室	1/3～1/5
Ⅱ	精密	0.2～1	阅览室、医务室、健身房、专业实验室	1/4～1/6
Ⅲ	中精密	1～10	办公室、会议室、营业厅	1/6～1/8
Ⅳ	粗糙	>10	观众厅、居室、盥洗室、厕所	1/8～1/10
Ⅴ	极粗糙	不作规定	贮藏室、走廊、楼梯间	

4)门窗位置,如图9.11所示。

(a) 门窗位置应尽量使墙面完整,便于家具设备布置和充分利用室内有效面积。

(b) 门窗位置应有利于采光、通风。

(c) 门的位置应方便交通,利于疏散。

2.辅助使用空间

辅助使用空间是指厕所、盥洗间、浴室、通风机房、水泵房、配电间、贮藏间等。这些用房中的设备多少取决于使用人数,其具体数量见单项建筑设计规范的规定。

在建筑设计中,通常先根据各种建筑物的使用特点和使用人数的多少确定所需设备的个数,再根据计算所得的设备数量考虑在整幢建筑物中辅助房间的房间数情况,最后在建筑平面组合中,根据整幢房屋的使用要求适当调整并确定这些辅助房间的位置面积、平面

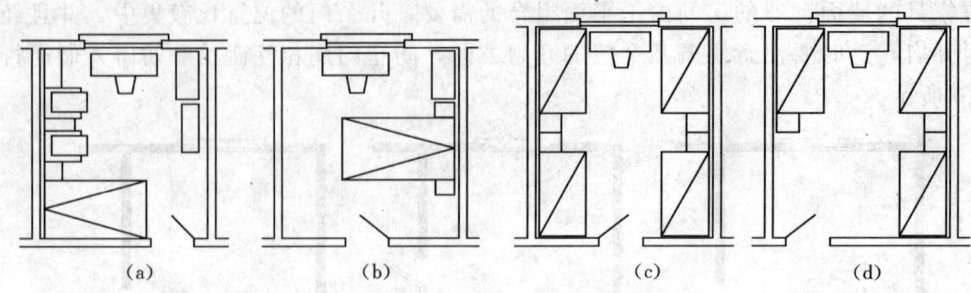

图 9.11 卧室、集体宿舍门位置的比较
(a) 合理；(b) 不合理；(c) 合理；(d) 不合理

形式和尺寸。厕所、浴室、盥洗室等辅助房间的基本布置方式和所需尺寸必须考虑设备大小和人体使用所需尺度。其中公共建筑中的厕所应设置前室，这样使用较隐蔽，也有利于改善通向厕所的走廊或过厅处的卫生条件。有盥洗室的公共服务厕所，为了节省交通面积并使管道集中，通常采用套间布置，以节省前室所需的面积。

本节重点讲解厕所、卫生间的平面设计。

建筑中不可少的辅助房间首先是厕所、卫生间。根据使用者的情况，可以将其分为公共服务性的厕所、卫生间和非公共服务性厕所、卫生间（归属于某个或某些特定使用者的住宅中的厕所、卫生间以及旅馆中归属于单个客房的卫生间）两类。

(1) 公共服务性厕所和卫生间的平面设计。在设计公共服务性厕所和卫生间时必须注意以下几点：

1) 尽量避免无直接采光和通风的暗厕所、卫生间。在建筑设计中应当尽可能地提供比较好的空间环境，以避免公共厕所、卫生间因没有直接采光和通风措施而导致昏暗、闭塞，进而加剧其环境的恶化。

2) 提供厕所、卫生间与外界联系的过渡空间。加设厕所、卫生间前室，在现代建筑中显得很重要。一方面使用起来非常方便，另一方面在增强隐蔽性的同时还提供了一个独立的、完整的空间，便于设置洗手盆等。

3) 在厕所、卫生间中设置通风装置。排除厕所、卫生间内污浊空气的最重要、最有效的途径是设置通达屋面上的通风道，使厕所、卫生间内的空气保持清新状态。同时不使污浊空气直接侵扰其他相邻的房间。设计时常常将男女厕所相邻布置，上下楼层的厕所、卫生间应相对。

(2) 非公共服务性厕所、卫生间的平面设计。在非公共服务性的厕所、卫生间的设计中必须注意以下几点：

1) 充分利用空间。充分利用可利用的面积，形成紧凑的、私密感较强的空间。

2) 尽量争取良好的空间环境。在生活水平不断提高的今天，应当争取较宽敞的面积、直接的采光和通风等良好的环境因素，避免造成阴暗、湿冷的环境形象。

3) 通过细致周到的设计提高方便和舒适度。总而言之，在厕所、卫生间的设计时应综合考虑设备水平与当时当地的设计标准、投资、使用要求等。

3. 交通联系空间

交通联系空间不仅是建筑总体空间的一个重要组成部分，而且是将主要使用空间、辅助使用空间组合起来的重要手段。建筑中的交通联系空间包括水平交通联系空间（走廊、过道等）、垂直交通联系空间（楼梯、坡道、电梯、自动扶梯等）和交通联系枢纽空间（门厅、过厅等）。

交通联系空间最基本的设计要求包括以下几点：

（1）交通路线应简洁明确，联系通行顺畅。

（2）紧急疏散时能使人流组织良好、安全迅速。

（3）满足必要的采光、通风要求。

（4）在满足使用要求的前提下，尽量减少交通联系空间的面积，以节省投资。同时还要考虑空间造型问题。

1）水平交通空间。走道（走廊）是用以连接各个房间、房间与楼梯、房间与电梯、楼梯和门厅以及楼梯之间的纽带，通常用来解决建筑中水平方向的联系和安全疏散问题。过道设计应满足人流通畅和建筑防火的要求。

走道的宽度由建筑物耐火等级、层数和通行人数决定。走道宽度的确定应符合人流、货流通畅以及紧急疏散的要求。通常单股人流通行宽度为550~600mm。在通行人数较少的情况下，考虑到两人相向通过和搬运家具等物品的需要，走道的最小净宽不宜小于1100mm，即走道最小宽度应为1100~1200mm。在确定走道宽度时，还应当根据该走道的使用情况适当做些调整。根据不同建筑类型的使用特点，走道除了交通联系外，也可以兼有其他的使用功能。例如，有的建筑物走道兼有展览、陈列的功能（如学校，办公楼等），这时其宽度除了要满足正常通行和紧急疏散的要求外，还应当适量加宽以满足展览和陈列的需要。再如医院的走道除应满足正常情况下健康人通行以及紧急疏散外，还要满足需人扶持的病人以及病人使用手推车通行的需要。另外，学校教学楼中的过道，兼有学生课间休息活动的功能，医院门诊部分的过道，兼有病人候诊的功能等。

其他类型的建筑如展览馆、画廊、浴室等，根据房屋中人流的活动和使用的特点，也可以把过道等水平交通联系面积和房间的使用面积完全结合起来，组成套间式的平面布置。

在设计通行人数较多的公共建筑时，应按各类建筑的使用特点，建筑平面组合的要求、通过人流的多少及根据调查分析或参考设计资料来确定过道宽度。设计过道的宽度，应根据建筑物的耐火等级、层数和过道中通行人数的多少进行符合防火要求最小宽度的校核。过道从房间门到楼梯间或外门的最大距离以及袋形过道的长度，从安全疏散的角度考虑也有一定的限制。

走道的长度除了涉及建筑的经济性之外，还涉及安全疏散距离问题。见表9.3为依据现行建筑防火设计规范而列出的关于限制走道长度的内容。

走道的平面设计还应满足一定的采光要求。走道部分窗地比应大于1/14。内廊式走道长度不超过20m时应有一端设采光口，超过20m时应两端设有采光口，超过40m时应增加中间采光口。一般来说，走道的通风能力应大于相邻的使用房间的通风能力。

2）垂直交通空间。水平交通是用来解决同一层中各房间交通联系的问题。除单层建筑外，各层之间还必须用竖向交通来解决各层之间的交通联系问题。综合地利用水平交通和垂直交通，就可使整个建筑内部各房间四通八达。垂直交通空间指楼梯、电梯、自动扶梯和坡道等,是沟通不同标高上各使用空间的空间形式(详见第 4 章)。

表 9.3　　　　　　　　　　低、多层建筑安全疏散距离

名　称	直接通向公共走道的房门至最近的外部出口或封闭楼梯间的最大距离(m)					
	位于两个外出口或楼梯间之间的房间			位于袋形走道两侧或尽端的房间		
	耐火等级			耐火等级		
	一、二级	三级	四级	一、二级	三级	四级
托儿所、幼儿园	25	20		20	15	
医院、疗养院	35	30		20	15	
学校	35	30		22	20	
其他民用建筑	40	35	25	22	20	15

3) 交通联系枢纽空间。交通联系枢纽空间——厅是专供人流集散和交通联系用的空间,也可以把各主要使用空间连接成一体。这种组合形式的特点是:厅成为大量人流的集散中心,通过它即可以把人流分散到各主要空间,也可以把各主要使用空间的人流汇集于这个中心,从而使厅成为整个建筑物的交通联系中枢。一幢建筑视其规模大小可以有一个或几个中枢。这种组合形式较适合于大量人流集散的公共建筑,如展览馆、火车站、图书馆、航空站等。

9.1.2 平面组合设计

平面组合设计的常见方法如下。

1. 走廊式

各使用空间用墙隔开,独立设置,并以走廊相连,组成一幢完整的建筑,这种组合方式称为走廊式。走廊式是一种被广泛采用的空间组合方式。它特别适合于学校、办公楼、医院、疗养院、集体宿舍等建筑。这些建筑房间数量多,每个房间面积不大,相互间需适当隔离,又要保持必要的联系。

2. 穿套式

在建筑中需先穿过一个使用空间才能进入另一个使用空间的现象称为穿套。穿套式空间组合是把各个使用空间按功能需要直接连通,串在一起而形成建筑整体。这种组合没有明显的走道,节约了交通面积,提高了面积的使用效率。但另一方面,容易产生各使用空间的相互干扰。它主要适应于各使用空间使用顺序较固定,隔离要求不高的建筑,如展览馆、商场等。

3. 单元式

将关系密切的若干使用空间先组合成独立的单元,然后再将这些单元组合成一幢建筑,这种方法称为单元式空间组合。这种组合,使各单元内部的各使用空间联系紧密,并减少了外界的干扰。这种组合常采用在城市住宅和幼儿园设计中。

4. 大厅式

以某一大空间为中心,其他使用空间围绕它进行布置,这种方式称为大厅式空间组合。采用这种组合,有明显的主体空间。这种空间组合常用于影剧院、会堂、交通建筑以

及某些文化娱乐建筑中。

5. 庭院式

以庭院为中心，围绕庭院布置使用空间，这种方式称为庭院式组合。庭院三面布置使用空间，称为三合院，第四面常为围墙或连廊。庭院四面布置使用空间，称四合院。大的建筑也可能设置两个或多个庭院。庭院可大可小，面积小的也可称天井。庭院可作绿化用地、活动用地，也可作交通场地。如果庭院上方加上透明顶盖，则成为变相的大厅。这种组合，空间变化多，富于情趣，有利于改善采光、通风、防寒、隔热条件，但往往占地面积较大。这种组合常见于低层住宅、风景园林建筑、纪念馆、文化馆以及中低层的旅馆。

6. 综合式

在很多建筑中，同时采用两种或两种以上的空间组合方式，则称为综合式空间组合。不同组合方式之间，常以连廊、门厅、过厅、楼梯等作为过渡。

9.2 建筑剖面设计

同平面图一样，剖面图也是空间的正投影图，是建筑设计的基本语言之一。剖面图的概念可以这样理解，即用一个假想的垂直于外墙轴线的切平面把建筑物切开，对切面以后部分的建筑形体作正投影图，如图 9.12 所示。

1. 建筑剖面设计的内容

建筑平面图表现了空间的长度与深度或宽度关系。而建筑剖面图反映了建筑内部空间在垂直维度上的变化以及建筑的外轮廓特征。

建筑剖面图不仅要反映室内外高差、建筑层高、室内净高、建筑高度等，同时应反映建筑的结构特点、建筑功能的要求、使用者的生理和心理方面的舒适性要求以及建筑的经济性要求等。

剖面高度因素在一般的公共建筑物或普通的建筑空间的设计中，似乎不需要特别地关注。但在某些公共建筑设计中则需特别地

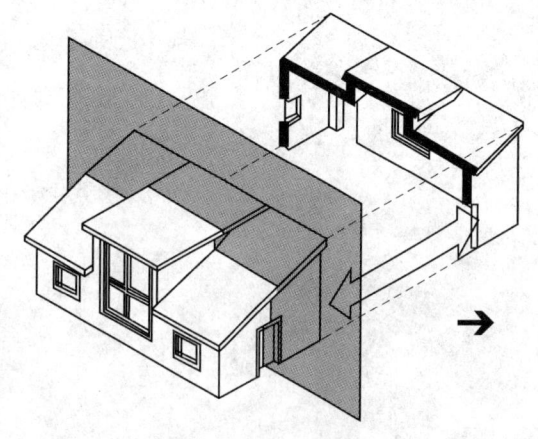

图 9.12 建筑剖面图的形成

强调剖面的高度控制。例如剧院和电影院的观众厅的设计、大型阶梯教室或会堂的剖面设计，乃至于在有明显高差的不规则地形上的一般建筑物的内部交通流线设计中，剖面设计的优劣无疑是建筑方案好坏的重要依据。此外，建筑剖面高度控制对经济性的影响随着建筑层数的增多，也越明显。例如在高层建筑设计中，建筑主体净高的选择对高层建筑的经济性具有特别的意义。它是确定建筑物等级、防火与消防标准、建筑设备配置要求的重要依据。也是城市规划控制满足有关日照、消防、旧城保护、航空净空限制等的重要内容，反映了建筑设计的政策含义。

2. 建筑剖面设计的效果

在平面设计中房间的功能是否符合要求，主要看面积大小、平面的长宽比例是否恰当。而剖面设计在观察空间效果时主要看空间容积和空间高深比例（高度与进深之比）。一般认为，平面面积越大，空间高度也越高，或者空间进深越大，其高度也越高。采用一种恰当的高深比，不但可以给使用者的心理带来舒适感，同时也可以提高自然采光的质量。

建筑设计不但要处理好空间的平面功能，同时也要处理好竖直空间上的立体空间。立体空间既要符合功能合理、动线流畅的原则，同时又要符合结构力学的一般常识。在通常情况下，大跨度的空间上部一般不宜设置过多的小空间。这对于在有抗震要求的建筑设计中尤其如此。

平面图与剖面图反映了建筑整体空间体量在三个维面上的轮廓线，反映了建筑造型的基本特征。当然，建筑的艺术造型设计有其自身独特的依据和规律。但是，它应该以不违背上述两个基本层面的要求为前提。事实上，造型问题不是一个孤立的现象，平面布局的情况会影响剖面轮廓的变化，反之，剖面中的空间分布调整也会改变平面图的轮廓线。平面图与剖面图相互制约相互影响，是我们看待建筑空间组合和造型效果的一个基本视角。

第 10 章 建筑设计中的美观问题

10.1 影响建筑美的因素

建筑是为了满足人们的需要而产生的，建筑的美与不美都是由人说了算，但在实际生活中，面对同一幢建筑，有的人肯定，也有人否定。在一定的历史时期肯定了，但在另一时期又可能被否定了。那么，人们在评价、鉴赏建筑时有没有规律可循？这就是所谓建筑美的欣赏问题。这个问题解决得如何，既影响到如何引导学生去欣赏建筑之美，也关系着一个建筑设计者如何根据社会的需要进行整体构思，使自己的设计思路跟上时代的步伐。要从根本上解决这方面的问题，这就需要有建筑文化学、建筑心理学、建筑鉴赏学方面的知识配合。

什么是建筑美？我们说建筑美一般是指建筑物的外在形式要漂亮，即包括建筑物造型的别致，线条的流畅，色彩的和谐，环境的适宜等等因素。什么是建筑美学？建筑美学则属于一门学科，它是从理论的高度来归纳、分析、评价建筑的美学属性，不但要对建筑的外在形体、环境等形式因素有所关注，而且更要对建筑美的原因、类别及其历史演变进行深入分析，寻找其中的本质属性。

当我们的眼前突然出现一幢建筑或一片建筑群时，我们的第一感觉是什么呢？不同的建筑群体和单个建筑物会给我们各种不同的感受，这些感受还会因每个人不同的文化素养、心理环境、主观期待而形成多样的感性知觉。当我们将这些感受沉淀为一种理性的思考，追溯一下引起我们这些感受来自建筑物自身的因素是什么的时候，我们不难发现，给予我们这些感受的因素有：

(1) 建筑物的体量是巨大的，还是秀巧的。
(2) 建筑物高低是挺拔的，还是低矮的。
(3) 建筑物的色彩是丰富的，还是单调的。
(4) 建筑物整体景观是绚丽的，还是斑驳的。

也就是说，我们在对建筑进行审美时，意识的触角首先伸向的不是建筑的物质内容、文化背景、历史渊源，而是建筑的整体造型、细部装饰、色彩涂抹等属于形式的因素，从而得到一种广义的美的享受。

美产生于形式，产生于整体和各部分之间的协调。部分之间的协调，部分和整体之间的协调。建筑因而像个完整的的身体，它的每一个器官都相适应，而且对于你所要求的来说，都是必须的。

黑格尔认为，艺术（包括建筑艺术）的美，并不能由独立的形式表现出来。艺术之所以美，是由于艺术的形式表现了思想才显出了美。他认为，以最完善的方式来表达最高尚的思想那是最美的。

第10章 建筑设计中的美观问题

那么,这些形式因素是什么呢?排列出来主要包括序列组合、空间安排、比例尺度、造型式样、色彩、质地、装饰花纹等。概括起来说,主要有三项即形体、质地和色彩。

建筑作为一种空间形态的特殊艺术,具有最直接的社会、文化、心理的影响力,它一旦耸立在大地上,它自身的美必然地要受到它所存在的空间中各种因素的影响。这些因素既有物质实体的因素,如山、水、树木、草地及其他人为设施、景观,也有非物质性的一些因素,如风俗习惯、文化倾向、审美趣味、宗教意识、生活方式等。

建筑的美既具有历史性的本质特征,又具有文化性的本质特征;既具有实用性的本质特征,又具有精神性的本质特征;既具有技术性的本质特征,又具有艺术性的本质特征。因此,作为一个观赏者,其自身就应具备与建筑美的本质特征相应的知识结构及审美能力。

1. 知识结构

所谓相应的知识结构,主要指欣赏者应具备三个方面的知识修养。它们是欣赏者对建筑美进行审美的基础,这三个方面的知识内容有:

(1) 历史知识。众所周知,建筑都是一定历史时代的产物,建筑的美都打上了一定历史时期的政治、哲学、伦理观念和审美倾向。因此,要理解和掌握建筑美丰富多彩的形态,以及建筑美所蕴涵的多种艺术韵味,就必须了解一定历史时期的物质文化与精神文化的内容和特点。只有掌握了这些知识,才能全面地欣赏建筑造型的美,也可对中外建筑风格的差异性,以及各种建筑风格相继出现的历史继承性、必然性作出合理的判断。

只要掌握了一定的历史知识,对一定时期的政治、经济、文化、哲学的状况和内容有了一定的了解,那么古今中外的建筑在我们面前就不是沉默的石块、砖瓦、木头,而是一本打开的,具有丰富内容与审美价值的艺术史书和历史教科书。

(2) 建筑的知识。要欣赏建筑的美,就要了解建筑的特点,掌握关于建筑的一般知识,懂得建筑美的形式规律和艺术规律。当然,掌握一定的建筑知识,并不是要求我们像建筑师那样,全面掌握建筑的技术原理、设计规范,而是要求懂得建筑的一般特征。如建筑的总体特征,如各类建筑的特征等。了解了这些关于建筑的一般知识后,对建筑的审美欣赏也就能较顺利地达到目的。从这方面来看,可以说了解一定的建筑常识是对建筑进行审美的基础。当然,仅有关于建筑的一般知识是不够的,因为对建筑的审美主要是依据建筑美的艺术规律进行的。所以,还必须掌握一些关于建筑美的基本法则,如建筑语言的法则,表现手法的特点,和谐、均衡、变化、统一、节奏、韵律、徽比、对比等规律,以及体型与功能的关系,色彩的协调与互补关系,序列组合的关系等。如此,我们才能懂得建筑的美在何处,美从何来,也就可以从容地享受建筑及其环境所构成的形体美、空间美、色彩美。

(3) 其他艺术知识。建筑基本上是空间造型艺术,但是它又常常是融合了多种艺术因素的综合性艺术。雕刻绘画、工艺美术,常常是建筑中不可缺少的组成部分,就是匾、联、碑、褐中的诗文意境,庙宇中的钟、磬、梵等,园林中的泉涂鸟语,宫殿坛庙中的丝竹鼓弦,也是创造建筑特定艺术形象的重要手段。

为了使人们欣赏建筑美时获得丰富多彩的感受,也为了能更为全面、有效地读懂建筑的语言,一定要使自己拥有其他艺术的知识。

2. 审美能力

一般说来，主要包括三种能力：

(1) 艺术感受能力。对建筑的审美来说，这种艺术感受能力主要是视觉的艺术感受能力，即能将建筑的构图、色彩构成一个完整的表象的能力。

(2) 想象能力。对审美者来说，不仅要能感知建筑的艺术形象构成表象，还要能通过自己的想象，读懂建筑的语言，而想象能力，正是读懂建筑语言的能力。它是艺术感受能力的深化，最重要的一种能力。因为建筑的构图总是十分抽象的，它没有题材供人们在审美时作依凭，它那些几何图形，那些点、线、面所包含的意义，只能靠自己的想象来把握它，解释它。如果不会想象，就无法读懂悉尼歌剧院那些奇怪的几何形体的意义，无法理解那些大大小小的部件的艺术韵味。

(3) 思辨能力。这一能力是审美者发掘建筑艺术各形式因素的内在联系，以及发掘建筑的语言与建筑所要表达的思想、情感之间联系的能力，当然还包括发现建筑的美与建筑的技术手段之间关系的能力。这一能力是更高一层的能力，也是深入建筑与建筑美的本质特征中去的能力。这一能力没有想象能力那么灵气四溢，但比想象能力更稳健、更深刻。人们对建筑的历史品格的发现，对建筑艺术所表现的各种意识的把握，对建筑美的规律的透视，都要依靠这种能力。所以这也是审美者必须具备的能力。这种能力既可升华感觉到的建筑的美，也可深化通过想象领悟到的建筑的艺术意味。如果要对建筑进行艺术批评，那么就非得有这种能力不可，否则就难以说清建筑为什么美，或为什么不美，为什么建筑一定要与周围环境协调，又为什么一定会表达一定的时代意识等。

10.2 建筑构图的基本法则

人们要创造出美的建筑，必须遵循建筑构图的基本法则。这些基本法则就是：统一与变化、均衡、稳定、对比、韵律、比例、尺度等。

10.2.1 统一与变化

可采用以下的基本手法。

1. 以简单的几何形体求统一

任何简单的几何形式本身具有必然的统一性，并容易被人们所感受。如长方体、正方体、圆柱体、圆锥体、球体等。这些形体常用于建筑上，给人以肯定、明确和统一的感觉，如图 10.1 所示。

2. 主次分明以求统一

复杂的建筑体型，根据功能的要求包括有主要部分和次要部分。如不分开，则建筑就显得平淡、松散，缺乏统一性。主次分明则可加强建筑的表现力，获得完整

图 10.1 某住宅楼

统一的效果,如图 10.2 所示。

图 10.2　北京天安门广场

3. 协调统一

建筑物各部分的形状、尺度、比例、色彩、质感和细部都采用协调的处理手法,也可求得统一感,如图 10.3 所示。

图 10.3　巴西国会大厦　　　　　　图 10.4　纽约古根汉姆博物馆

4. 变化

统一中必须有变化,无变化的形式给人单调的感觉,如图 10.4 所示。

10.2.2　均衡

人们的均衡感和力学原理有密切的联系,如图 10.5 所示说明支点位置与左右两侧体型、质量及距离的关系。均衡主要是研究建筑物各部分前后左右的轻重关系,在建筑构图中,支点表示均衡中心,根据均衡中心的位置不同,又可分为对称的均衡与不对称的均衡。

1. 对称均衡

对称的建筑是绝对均衡的,以中轴线为中心并加以重点强调。两侧对称易取得完整统一的效果,给人以端庄、雄伟、严肃的感觉,如图 10.6 所示。

2. 不对称均衡

不对称均衡是将均衡中心(视觉上最突出的主要出入口)偏于建筑的一侧,利用不同体量、材质、色彩、虚实变化等的平衡达到不对称均衡的目的。它与对称均衡相比显得轻

10.2 建筑构图的基本法则

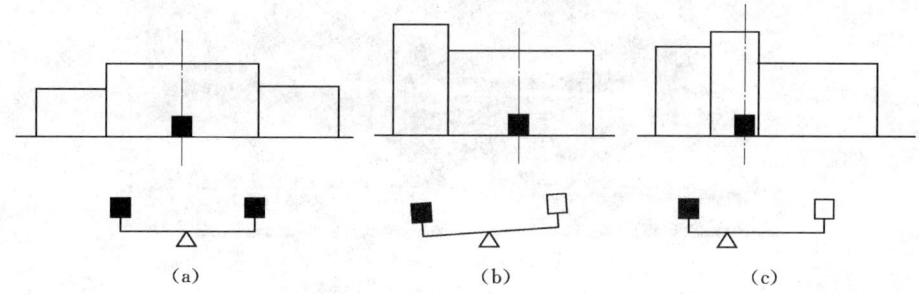

图 10.5　体型均衡示意

（a）绝对对称均衡；（b）基本对称均衡；（c）不对称均衡

巧、活泼，如图 10.7 所示。

图 10.6　某体育馆模型

图 10.7　某通信大楼效果图

10.2.3　稳定

建筑构图中的稳定是指建筑整体上下之间的轻重关系，上面小下面大，上面轻下面重或由底部向上逐层缩小的手法易获得稳定感，如图 10.8 所示。

图 10.8　北京故宫太和殿

随着科学技术的进步和人们审美观念的发展变化，现在利用新材料、新结构的特点，也可以建造出上大下小，上重下轻的新建筑，同样达到稳定的效果，如图 10.9 所示。

图 10.9　上海世博中国馆

10.2.4　对比

对比指的是要素之间显著的差异。具体表现在体量大小、长短、高低、形状、方向、线条曲直横竖、虚实、色彩、质地、光影明暗等方面，如图 10.10 所示。

图 10.10　美国驻秘鲁领事馆

开窗方式、面饰材料及其色彩、布局等的设计，综合造成了具有地方特色的立面肌理，如图 10.11 所示。

"网"状的立面肌理及其生成和对比，如图 10.12 所示。

图 10.11　某办公建筑　　　　　　　图 10.12　某码头建筑

表面构件的材料、色彩、形态的独特设计造成强烈的个性特征。

10.2.5 韵律和节奏

所谓节奏是一种简单的重复,一种整齐美和条理感。所谓韵律是变化和重复所形成的节奏感,从而可给人以美感。在建筑造型和立面设计中,韵律美按其形式特点可以分为以下几种类型:

1. 连续韵律

是运用一种或几种组成部分连续、重复地排列产生的韵律感。各组成部分之间保持着恒定的距离和关系,可以无止境地连绵延长,如图 10.13 所示。

2. 渐变韵律

是将某些组成部分,如体量的大小、高低,色彩的冷暖、浓淡,质感的粗细、轻重等作有规律的增减,如逐渐加长或缩短,变宽或变窄,变密或变稀等,如图 10.14 所示。

3. 起伏韵律

图 10.13 北京颐和园长廊

渐变韵律如果按照一定规律时而增加,时而减小,有如波浪之起伏,或具不规则的节奏感,即为起伏韵律。这种韵律较活泼而富有运动感,如图 10.15 所示。

图 10.14 北京颐和园十七孔桥

图 10.15 某体育场效果图

4. 交错韵律

各组成部分按一定规律交织、穿插而形成。各要素互相制约，一隐一显，表现出一种有组织的变化。这种手法在建筑构图中，更加强调相互穿插的处理，形成一种丰富的韵律感，如图10.16所示。

图10.16 以色列巴特雅姆市政厅

10.2.6 比例

在建筑造型与立面设计中，比例是指建筑整体与细部、细部与细部之间的相对尺寸关系。如大小、长短、宽窄、高低、粗细、厚薄、深浅、多少等都应有一种和谐的比例关系，比例失调就无法使人产生美感。

怎样才能获得美的比例呢？一般认定像圆形、正方形、正三角形等具有确定数量之间制约关系的几何图形，可以用来当作判别比例关系的标准和尺度。经过长期的研究、比较，发现著名的"黄金分割"，亦称"黄金比"，即长宽之比为1.618∶1的长方形比其他长方形好。大小不同的相似形，它们之间对角线互相垂直或平行，由于具有"比率"相等而使比例关系协调，如图10.17所示。

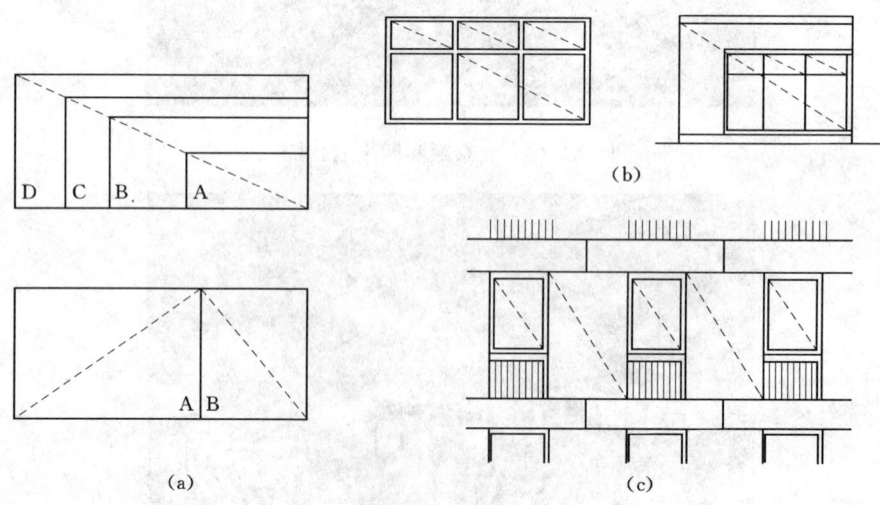

图10.17 以相似比例求得和谐统一

用对角线相互重合、垂直及平行的方法使窗与窗、窗与墙面之间保持相同的比例关系。

10.2.7 尺度

尺度所研究的是建筑物的整体或局部给人感觉上的大小印象和其真实大小之间的关系问题。几何形体本身并没有尺度。建筑物只有通过以人或人所习见的某些建筑物配件,如踏步、拉杆等,或其他参照物,如汽车、家具、设备等来作为尺度标准进行比较,才能体现出其整体或局部的尺度感。

如图10.18所示,其中(a)图抽象几何形体,无任何尺度感;(b)、(c)、(d)图通过与人的对比,感觉到建筑物的大小高低。

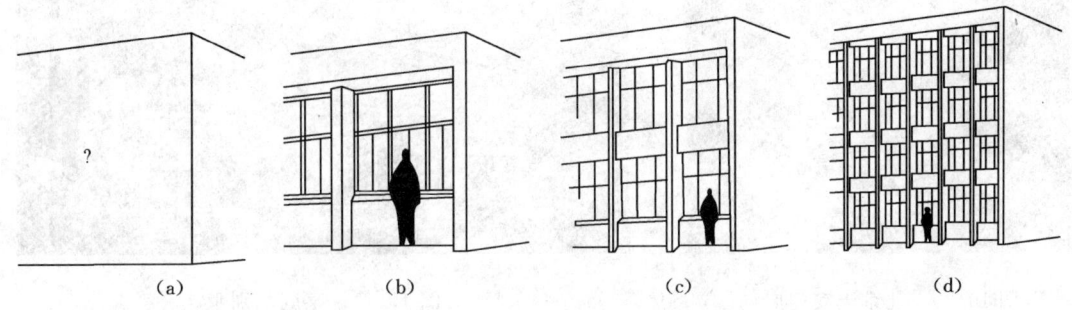

图 10.18 建筑物的尺度感

按照尺度的效果一般分为三种类型。

1. 自然尺度

以人体尺度的大小为标准,来确定建筑的尺寸大小。从而给人的印象与建筑物真实大小一致。一般用于住宅、中小学、幼儿园、商店等建筑物的尺寸确定,如图10.19所示。

图 10.19 某教学楼

2. 夸张尺度

用夸张的手法,有意将建筑物的尺寸设计得比实际需要的大些,使人感觉建筑物雄伟、壮观。一般用于纪念性建筑物和大型的公共建筑,如图10.20所示。

3. 亲切尺度

将建筑物的尺寸设计得比实际需要的小些,使人产生亲切、舒适的感觉,在庭园建筑中常采用，如图 10.21 所示。

图 10.20 北京天安门广场
人民英雄纪念碑

图 10.21 某庭院别墅

总之，建筑美构图的基本法则不仅受美学法则的指导，还要严格地受到使用要求、结构、材料和经济条件的制约、以及自然的和社会的环境因素的影响。在实际设计中把变化与统一、对比与协调、节奏与韵律、错落与均衡、局部与重点、联系与间隔、比例与尺度灵活的加以应用。

10.3 建筑美的设计方法

建筑美是指建筑物的外在体型要漂亮，即包括建筑物造型的别致，线条的流畅，色彩的和谐，环境的适宜等等因素。

建筑构图就是要在设计中把统一与变化、对比与协调、节奏与韵律、均衡与错落、局部与重点、联系与间隔、比例与尺度等的基本法则灵活的加以应用。

10.3.1 建筑体型设计

建筑体型设计主要是对建筑物的轮廓形状、体量大小、组合方式及比例尺度等的确定，一般有对称外形和不对称外形两种。

1. 不同体型的特点和处理方法

（1）单一性体型。这类建筑的特点是平面和体型都较完整单一，平面形式多采用对称式的正方形、三角形、圆形、多边形等单一几何形状，给人以统一、完整、简洁大方、轮廓鲜明和印象强烈的感觉。主要用于需要庄重、肃穆感觉的建筑，例如政府机关、法院、博物馆、纪念堂等，这种体型设计方法是建筑造型设计中常用的方法之一，如图 10.22

所示。

图 10.22　毛主席纪念堂

一般地说，细长的体型有挺拔的感觉，如高层建筑一般都有这种感觉。建筑底部处理应厚重一些，否则有不稳定之感。横长的体型较稳定，但比例处理不好易产生呆板的感觉，如图 10.23 所示。

图 10.23　某法院大楼

（2）单元组合体型。单元组合体型是将几个独立体量的单元按一定方式组合起来，广泛应用于住宅、学校、幼儿园、医院等建筑类型。这种组合体型组合灵活，没有明显的均衡中心及体型的主从关系，而且单元连续重复，形成了连续的韵律感，如图 10.24 所示。

（3）复杂体型。复杂体型由两个以上的体量组合而成。这些体量之间存在着一定的关系，如何正确处理这些关系是这类体型构图的重要问题。

复杂体型的组合应运用建筑构图的基本法则，将其主要部分、次要部分分别形成主体、附体，突出重点，主次分明，并将各部分有机地联系起来，形成完整的建筑形象。如前面提到的巴西国会大厦就是很好的例子，如图 10.25 所示。

图 10.24　某三单元住宅楼

第10章 建筑设计中的美观问题

图 10.25 巴西国会大厦

2. 体型的转折与转角处理

体型的组合可能会受到所处的地形和位置的影响。如在十字路口时,为了创造较好的建筑形象及环境景观,必须对建筑物进行转折或转角处理,以与地形环境相协调。转折与转角处理中,应顺其自然地形,充分发挥地形环境优势,合理进行总体布局。如在路口转角处采用主附体相结合的处理,以附体陪衬主体;也可以局部升高的塔楼为重点处理,使道路交叉口突出、醒目。

3. 体量间的联系和交接

由不同大小、高低、形状、方向的体量组合成的建筑,都存在着体量之间的联系和交接处理。这个问题处理得是否得当,直接影响到建筑体型的完整性,同时和建筑物的结构构造、地区的气候条件、地震烈度以及基地环境等有密切的关系。

建筑体型组合中,当不同方向体量交接时,一般以相互垂直为宜,尽可能避免锐角交接的出现。因为锐角交接,在内部空间组合和外部造型处理,以及建筑结构、构造、施工等方面都将带来不利影响。但有时由于地形的限制以及其他特殊因素的影响,不可避免地出现锐角交接,为了便于内部空间的组合和使用,应加以适当的修正。

各体量之间的联系和交接的形式是多种多样的,可归纳为两大类3种形式。

(1) 直接连接。将不同体量的面直接相连称为直接连接。有拼接和咬接两种,它具有体型分明、简洁、整体性强的优点,常用于功能要求各房间联系紧密的建筑,如图10.26(a) 所示。

(2) 咬接。各体量之间相互穿插,体型较复杂,但组合紧凑,整体性强,较前者易于获得有机整体的效果,是组合设计中较为常用的一种方式,如图10.26 (b) 所示。

(3) 以走廊或连接体相连。这种方式的特点是各体量之间相对独立而又互相联系。走廊的开敞或封闭、单层或多层,常随不同功能、地区特点、创作意图而定,建筑给人以轻快、舒展的感觉,如图10.26 (c)、(d) 所示。

10.3.2 建筑立面的设计

进行建筑立面设计时,我们要在符合建筑功能和结构要求的基础上,加强对建筑空间的造型作进一步的深化,并注意保持建筑空间的整体性,注重建筑空间的透视效果,使之

10.3 建筑美的设计方法

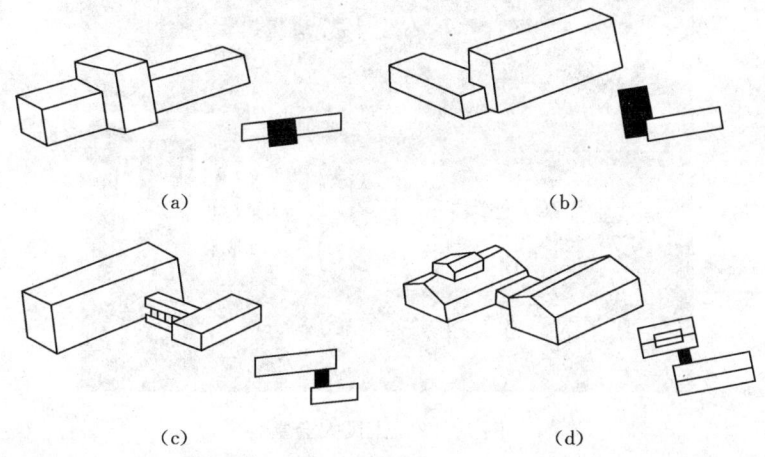

图 10.26　建筑体量之间的交接
(a) 拼接；(b) 咬接；(c) 廊连接；(d) 连接体连接

形成一个有机统一的整体。

建筑立面设计通常偏重于对建筑物的各个立面以及其外表面上所有的构件，例如门窗、雨篷、遮阳、暴露的梁、柱等等的形式、比例关系和表面的装饰效果等进行仔细的推敲。在设计时，通常是根据初步确定的建筑内部空间组合的平、剖面关系，例如房间的大小和层高、构部件的构成关系和断面尺寸、适合开门窗的位置等，先绘制出建筑物各个立面的基本轮廓，作为下一步调整的基础。然后再在进一步推敲各个立面的总体尺度比例的同时，综合考虑立面之间的相互协调，特别是相邻立面之间的连续关系。并且对立面上的各个细部，特别是门窗的大小、比例、位置，以及各种突出物的形状等进行必要的调整。最后还应该对特殊部位，例如出入口等作重点的处理，并且确定立面的色彩和装饰用料。

立面设计要注意以下几方面。

1. 注重建筑立面的比例和尺度的协调性

这是立面设计所要解决的首要问题。首先立面的高宽比例要合适。其次立面上的各组成部分及相互之间的尺寸比例也要合适，并且存在呼应和协调的关系。再有所取的尺寸还应符合建筑物的使用功能和结构的内在逻辑。

天安门广场红线宽度为 500m，广场的深度为 800 余 m（比例约为 5∶8，与"黄金比率"几近相合），人民大会堂北墙与对面中山公园南墙间红线为 180m，所以，广场规划几经变异，但红线始终没动，红线内的总面积为 40 余公顷，如图 10.27 所示。

2. 掌握节奏的变化和韵律感

建筑立面上的节奏变化和所形成的韵律感在门窗的排列组合、墙面构件的划分方面表现得较为突出。一般来说，如果门窗的排列较为均匀，大小也接近，立面就会显得比较平板；如果门窗的排列有松有紧，而且疏密有致并存在规律性，就可以形成一定的节奏感。另外，墙面上一些线条的划分或者一些装饰构件的排列，也会对立面节奏和韵律的形成起到重要的作用。

图 10.27 人民大会堂

如图 10.28 所示，建筑采用玻璃竖明横隐幕墙，展示了建筑物外型的韵律和节奏美，给人一种舒适而清新的视觉享受。

图 10.28 某公司多层建筑工程

3. 掌握虚实的对比和变化

建筑上面中"虚"的部分是指窗、空廊、凹廊、漏空花饰等，给人以轻巧、通透的感觉。"实"的部分主要是指墙、柱、屋面、柱板等，给人以厚重、封闭的感觉。

以虚为主、虚多实少的处理手法能获得轻巧、开朗的效果。常用于剧院门厅、餐厅、综合楼、商店等大量人流聚集的建筑，如图 10.29 所示。

图 10.29 某建筑效果图

10.3 建筑美的设计方法

以实为主,实多虚少能产生稳定、庄严、雄伟的效果,常用于纪念性建筑及重要的公共建筑。虚实相当的处理容易给人以单调、呆板的感觉。在功能允许的条件下,可以适当将虚的部分和实的部分集中,使建筑物产生一定的变化。在住宅建筑常常利用阳台、凹廊、雨篷等形成虚实、凹凸的变化来丰富立面效果。

4. 立面的线条组织

任何线条本身都具有一种特殊的表现力和多种造型的功能,不同的线条组织可产生不同的观感效果。①从方向变化看,水平线使人感到舒展、连续、宁静与亲切,垂直线具有挺拔、高耸、向上的气氛;斜线具有动态的感觉,网格线有丰富的图案效果,给人以生动、活泼而有秩序的感觉;②从粗细、曲折变化看,粗线条表示厚重、有力,细线条具有精致、柔和的效果,直线表现刚强、坚定,曲线则会使人感到优雅、轻盈,如图 10.30 所示。

利用墙面中不同部位的线脚和构件,如立柱、墙垛、窗台、遮阳板、檐口、通长栏板、窗间墙、分格线等进行划分,可以形成多种立面效果,表现出立面的节奏感和方向感。

(1) 水平划分,如图 10.31 所示,可以取得使人感到舒展、活泼、轻快的效果。

图 10.30 北京天安门广场人民英雄纪念碑

图 10.31 某建筑水平划分效果图

(2) 垂直划分,如图 10.32 所示,给人以高耸、雄伟、挺拔的气氛。

5. 注意材料的色彩和质感

不同的色彩会给人的感官带来不同的感受。例如白色或较浅的色调会使人觉得明快、清新;深色调容易使人觉得端庄、稳重;红、褐等暖色趋于热烈;而蓝、绿等冷色使人感到宁静。不过建筑物的色彩总体上应当相对较为沉稳,色调因建筑物的性质而异,或者根据建筑物所处的环境来决定取舍。特别鲜亮的色彩一般只用在屋顶部分或是只用作较小面积的点缀。另外,同一建筑物中不同色彩的搭配也要讲究协调、对比等效果。例如处在绿

第10章 建筑设计中的美观问题

图10.32 某建筑垂直划分效果图

树环抱中的住宅群,墙面颜色一般比较淡雅。在接近地面的部分可以贴石材或者色彩较深的面砖,使得建筑物显得底盘较稳重。而屋顶则可以选用与环境对比较为强烈的色彩,以与绿树相映衬,并突出建筑的轮廓。

建筑表面的材料质感主要涉及视觉和触觉方面的评价。表面粗糙的石质块材、混凝土等一般显得较为厚重粗犷,而平整光滑的金属装饰材料、玻璃等则显得较为轻巧华贵;天然竹、木手感较好,令人易于亲近,而用石粒、石屑等装修的表面则使人保持距离等。

建筑外形色彩设计主要包括两个内容:①大面积墙面的基调色的选用。②墙面上不同色彩的构图等两方面。色彩设计中应注意以下几个问题:

(1)色彩处理应和谐统一并富有变化。可采取大面积基调色为主,局部采用其他色彩形成对比而突出重点。

(2)色彩选择必须与建筑物的性质相一致。如医院建筑常采用白色或浅色基调,给人以清洁安定感;娱乐性公共建筑可采用暖色调,并适当运用对比色以增强建筑物华丽、活泼而热烈的气氛;一般民居常采用灰白色的基调以体现朴素、淡雅的效果。

(3)色彩运用必须注意与环境相协调。如位于天安门广场周围的人民大会堂、毛主席纪念堂、中国革命历史博物馆等建筑,在用色上均与天安门城楼和故宫内的建筑色彩相一致,从而使建筑群体取得和谐统一的效果。

(4)基调色的选择应结合各地区的气候特征。炎热地区多偏于采用冷色调,寒冷地区宜采用暖色调。

6. 突出重点与处理细部

(1)建筑物的主要出入口及楼梯间,是人流最多的部位,要求能吸引人们的视线,明显突出,易于寻找,如图10.33所示。

图10.33 武汉东湖新技术开发区分局新办公楼

10.3 建筑美的设计方法

（2）根据建筑造型的特点，应重点表现有特征的部分。在体量中转折、转角、立面的突出部分及上部结束部分。如机场瞭望塔、车站钟楼、商店橱窗、房屋檐口等，如图10.34 所示。

图 10.34　北京火车站

（3）反映质的重要部位。阳台的形式、比例、材料、色彩及细部处理，对丰富建筑立面有良好效果，如图 10.35 所示。

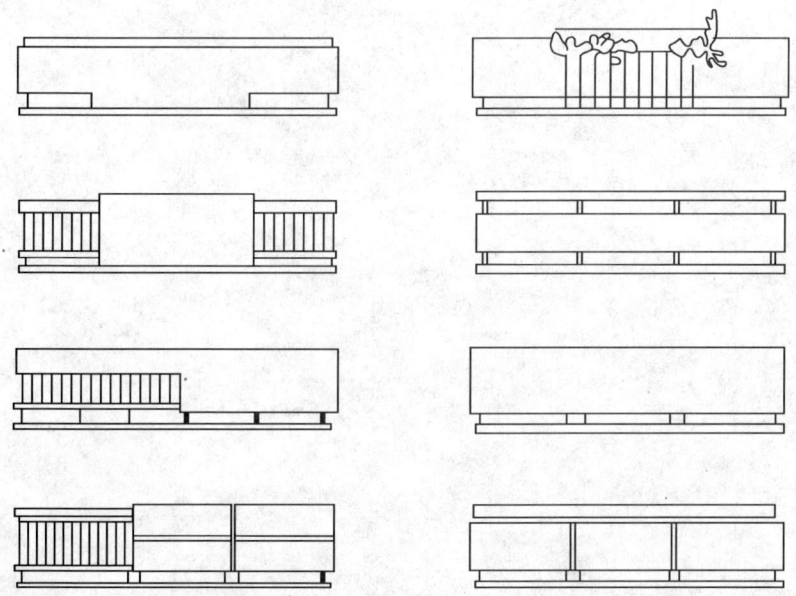

图 10.35　阳台栏板形式示例

细部处理也是建筑立面设计的一项重要内容。对于体量较小或人们接近时才能看得清楚的部分，如墙面线脚、花格、檐口细部、窗套、栏杆、遮阳、雨篷、花台及其他细部装饰等的处理称为细部处理。细部处理必须从整体出发，接近人体的细部应充分发挥材料色泽、纹理、质感和光泽度的美感作用。

复 习 思 考 题

1. 什么是建筑美？什么是建筑美学？
2. 影响建筑美的因素有哪些？
3. 欣赏建筑美需要有哪几方面的知识？
4. 建筑构图的基本法则有哪些？
5. 建筑各体量之间的联系有哪三种形式？
6. 建筑立面设计需要注意哪些方面？

第11章 工 业 建 筑

11.1 概 述

工业建筑是指从事各类工业生产及直接为生产服务的房屋，是工业建设必不可少的物质基础。从事工业生产的房屋主要包括生产厂房、辅助生产用房以及为生产提供动力的房屋，这些房屋往往称为"厂房"或"车间"。

11.1.1 工业建筑的特点

工业建筑在设计原则、建筑技术、建筑材料等方面与民用建筑相比，有许多相同之处，但尚具有以下特点：

(1) 满足生产工艺要求。厂房的设计以生产工艺设计为基础，必须满足不同工业生产的要求，并为工人创造良好的生产环境。

(2) 内部有较大的通敞空间。由于厂房内各生产工部联系紧密，需要大量的或大型的生产设备和起重运输设备。因此，厂房的内部大多具有较大的面积和通敞的空间。

(3) 采用大型的承重骨架结构。由于上述原因，厂房屋盖和楼板荷载较大，多数厂房采用由大型的承重构件组成的钢筋混凝土骨架结构或钢结构。

(4) 结构、构造复杂，技术要求高。由于厂房的面积、体积较大，有时采用多跨组合，工艺联系密切，不同的生产类型对厂房提出不同的功能要求。因此在空间、采光通风和防水排水等建筑处理上以及结构、构造上都比较复杂，技术要求高。

11.1.2 工业建筑分类

工业建筑通常按厂房的用途、内部生产状况及层数分类。

1. 按厂房用途分

(1) 主要生产厂房：用于完成产品从原料到成品的加工的主要工艺过程的各类厂房。例如，机械厂的铸造、锻造、热处理、铆焊、冲压、机加和装配车间，如图 11.1 所示。

(2) 辅助生产厂房：为主要生产车间服务的各类厂房。如机修和工具等车间，如图 11.2 所示。

(3) 动力用厂房：为工厂提供能源和动力的各类厂房。如发电站、锅炉房等，如图 11.3 所示。

图 11.1 某工厂主要车间

图11.2 某工厂辅助车间

图11.3 某工厂动力用房

图11.4 某车间材料库

(4) 储藏类建筑：储存各种原料、半成品或成品的仓库。如材料库、成品库等，如图11.4所示。

(5) 运输工具用房：停放、检修各种运输工具的库房。如汽车库和电瓶车库等。

(6) 其他：如解决厂房给水、排水问题的水泵房、污水处理站等。

2. 按厂房生产状况分

(1) 冷加工厂房：在正常温湿度状况下进行生产的车间。如机械加工、装配等车间，如图11.5所示。

(2) 热加工厂房：在高温或熔化状态下进行生产的车间。在生产中产生大量的热量及有害气体、烟尘。如冶炼、铸造、锻造和轧钢等车间，如图11.6所示。

图11.5 某厂机械加工车间

图11.6 某厂轧钢车间

(3) 恒温恒湿厂房：在稳定的温湿度状态下进行生产的车间。如纺织车间和精密仪器等车间，如图11.7所示。

（4）洁净厂房：为保证产品质量，在无尘无菌，无污染的洁净状况下进行生产的车间。如集成电路车间、医药工业、食品工业的一些车间等，如图11.8所示。

图11.7 某纺织车间　　　　　　　　图11.8 某洁净车间

3. 按厂房层数分

（1）单层厂房：广泛应用于机械、冶金等工业。适用于有大型设备及加工件，有较大动荷载和大型起重运输设备、需要水平方向组织工业流程和运输的生产项目，如图11.9所示。

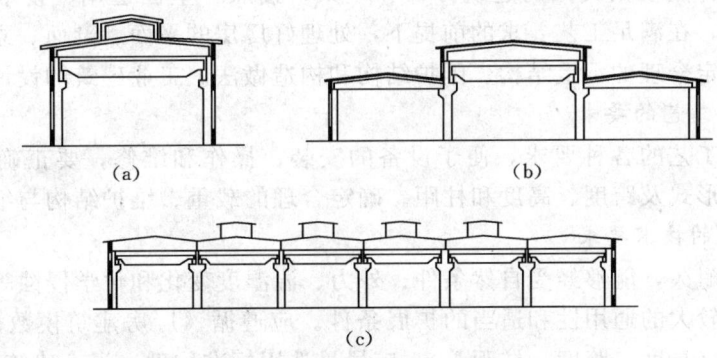

图11.9 单层厂房
(a) 单跨；(b) 高低跨；(c) 多跨

（2）多层厂房：用于电子、精密仪器、食品和轻工业。适用于设备、产品较轻、竖向布置工艺流程的生产项目，如图11.10所示。

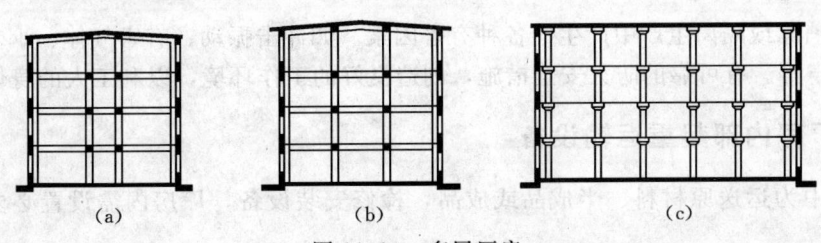

图11.10 多层厂房
(a) 内廊式；(b) 统间式；(c) 大宽度式

(3) 混合层数厂房：同一厂房内既有多层也有单层，单层或跨层内设置大型生产设备，多用于化工和电力工业，如图 11.11 所示。

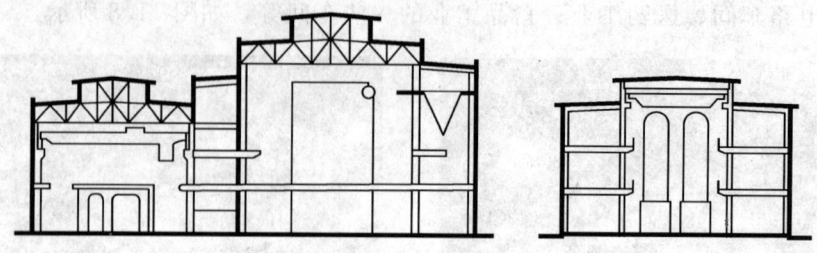

图 11.11　混合层数厂房

以上三种厂房都可以根据需要做成单跨、双跨、多跨或高低跨。

4. 科研、生产、储存综合建筑（体）

在同一建筑里既有行政办公、科研开发，又有工业生产、产品储存的综合性建筑，是现代高新产业界出现的新型建筑。如某企业一栋近 3 万 m^2 的综合体内，设有行政办公，产品研发设计、生产车间，并在车间隔离出自动化高架仓库，用以储存产品。

11.1.3　工业建筑设计要求

工业建筑设计是根据我国的建筑方针和政策，按照"坚固适用、技术先进、经济合理"的设计原则，在满足工艺要求的前提下，处理好厂房的平面、剖面、立面，选择合适的建筑材料，确定合理的承重结构、围护结构和构造做法。工业建筑的设计要求如下：

1. 符合生产工艺的要求

为满足生产工艺的各种要求，便于设备的安装、操作和维修，要正确选择厂房的平面、剖面、立面形式及跨度、高度和柱距。确定合理的载重、维护结构与细部构造。

2. 满足有关的技术要求

厂房应坚固耐久，能够经受自然条件、外力、温湿度变化和化学侵蚀等各种不利因素的影响。应具有较大的通用性和适当的扩展条件。应遵循《厂房建筑模数协调标准》，合理选择建筑参数（高度、跨度、柱距等）。应尽量选用标准构件，提高建筑工业化水平。

3. 具有良好的经济效益

厂房在满足生产使用、保证质量的前提下，应适当控制面积、体积，合理利用空间，尽量降低建筑造价，节约材料和日常维修费用。

4. 满足卫生等要求

厂房应消除或隔离生产中产生的各种有害因素。如冲击振动、有害气体、烟尘余热、易燃易爆、噪声等。有可靠的防火安全措施，创造良好的工作环境，以利工人的身体健康。

11.1.4　厂房内部起重运输设备

在生产中为运送原材料、半成品或成品，检修安装设备，厂房内需设置必要的起重运输设备。

1. 垂直起重设备

（1）单轨悬挂式吊车。在厂房的屋架下弦悬挂单轨，吊车装在单轨上，按单轨线路运行或起吊重物。轨道转弯半径不小于2.5m，起重量不大于5t。它操纵方便，布置灵活，但起重幅宽不大，如图11.12所示。

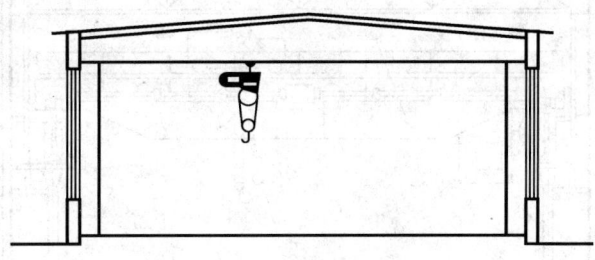

图11.12 单轨悬挂式吊车

(2) 梁式吊车。

1) 悬挂式：在屋架下弦悬挂双轨，在双轨下部安装吊车，如图11.13（a）所示。

2) 支承梁式：在两列柱的牛腿上设吊车梁和轨道，吊车装于轨道上，如图11.13（b）所示。

两种吊车的横梁均可沿轨道纵向运行，梁上电葫芦可横向运行和起吊重物，起重量不超过5t，起重幅面较大。

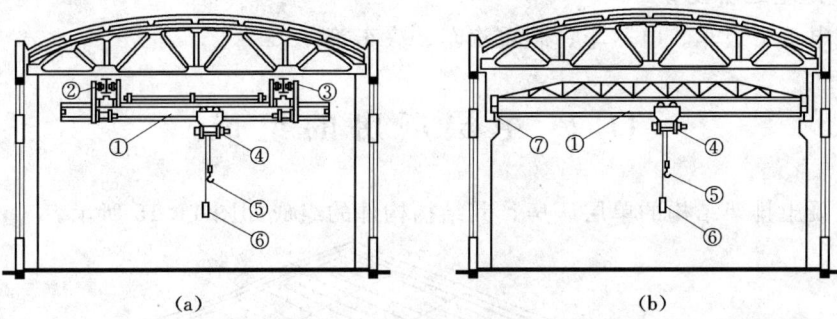

图11.13 梁式吊车
①—钢梁；②—运行装置；③—轨道；④—提升装置；⑤—吊钩；⑥—开关；⑦—吊车梁

(3) 桥式吊车。桥式吊车的起重量$Q=5\sim400t$，适用于$12\sim36m$跨度的厂房中。桥式吊车按工作的重要性及繁忙程度分为轻级、中级、重级三种工作制，以$JC\%$来表示（JC表示吊车的工作时间占台班生产时间的比率）（如图11.14所示）。

轻级工作制$JC=15\%\sim25\%$，满载机会少，工作速度慢。如检修部门、水电站等。

中级工作制$JC=25\%\sim40\%$，用于经常使用吊车的机械加工车间、铸工车间等。

重级工作制$JC=>40\%$，主要用于工作繁忙的冶金车间等。

桥式吊车跨度用L_k表示（即桥架车轮间距离），厂房跨度用L表示，$L_k=L-2e$，e表示吊车轨道中心线与纵向定位轴线之间的距离，常采用750mm。

吊车有单钩、双（或主、副）钩之分。$Q=5t$，表示单钩吊车；$Q=20t/5t$，表示主钩起重量为20t，副钩起重量为5t。还有软钩、硬钩之分。软钩为钢丝绳栓挂钩，硬钩为铁臂支承的钳、槽等。

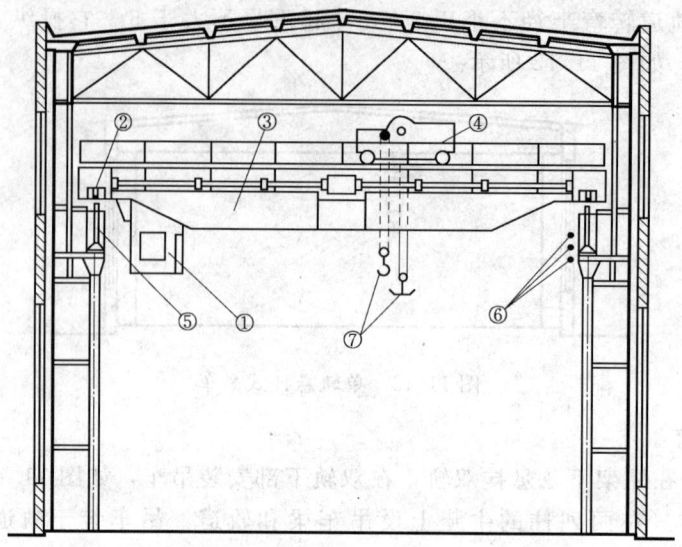

图 11.14 桥式吊车
①—司机室；②—吊车轮；③—桥架；④—起重小车；⑤—吊车梁；⑥—电线；⑦—吊钩

2. 水平起重运输设备

主要有电动平板车、电瓶车、载重汽车、火车等。

11.2 单层厂房的组成

钢筋混凝土排架结构的单层厂房，其结构构件的组成如图 11.15 所示。

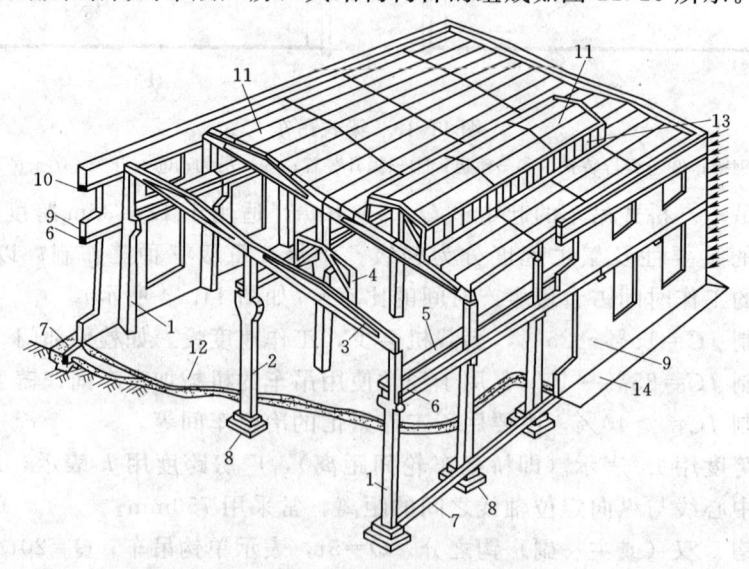

图 11.15 单层厂房构造组成

1—边柱；2—中柱；3—屋面梁；4—天窗架；5—吊车梁；6—连系梁；7—基础梁；
8—基础；9—外墙；10—圈梁；11—屋面板；12—地面；13—天窗架；14—散水

11.2.1 承重构件

1. 柱

它是厂房结构的主要承重构件,承受屋架、吊车梁、支撑、连系梁和外墙传来的荷载,并传递给基础。

柱的类型很多,按材料分有砖柱、钢筋混凝土柱、钢柱等;按截面形式分有单肢柱和双肢柱两大类。图 11.16 所示为钢筋混凝土柱,按其截面的构造形式分为:

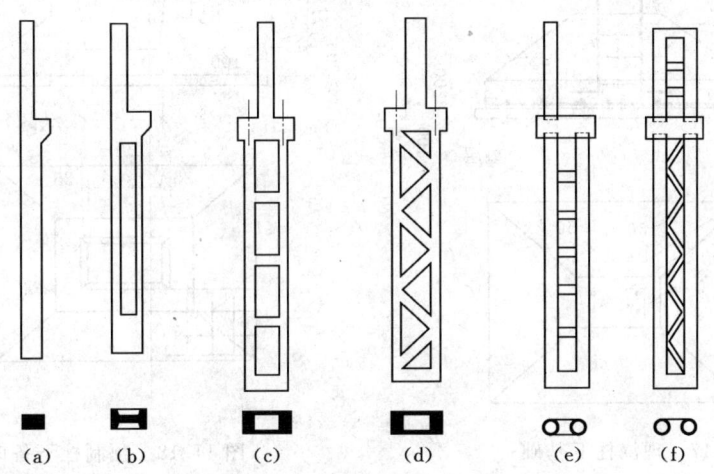

图 11.16 常用的钢筋混凝土柱
(a) 矩形柱;(b) 工字形柱;(c) 平腹杆双肢柱;(d) 斜腹杆双肢柱;
(e) 平腹杆双肢管柱;(f) 斜腹杆双肢管柱

(1) 矩形柱:矩形柱截面有方形和长方形,多采用长方形,截面尺寸 $b×h$,一般为 400mm×600mm。其特点是外形简单、受弯性能好、施工方便,容易保证质量要求,仅适用于中小型厂房。

(2) 工字形柱:工字形柱截面尺寸一般 $b×h$ 为 400mm×600mm、400mm×800mm、500mm×1500mm 等,在大、中型厂房内采用较为广泛。

(3) 双肢柱:当柱的高度和荷载较大,吊车起重量大于 30t,柱的截面尺寸 $b×h>$ 600mm×1500mm 时,宜采用双肢柱。

目前,钢柱得到大量使用,其截面形式多为 H 形式。

2. 基础和基础梁

(1) 基础承受柱和基础梁传来的全部荷载,并将荷载传给地基。基础形式有现浇柱下基础、杯形基础、桩基础等如图 11.17、图 11.18 所示。

(2) 基础梁承受上部砖墙重量,并传递给基础。

3. 屋架

屋架是屋盖结构的主要承重构件,承受屋盖上的全部荷载并传递给柱。

按制作材料分为钢筋混凝土屋架和钢屋架。形式有三角形、梯形、折线形、拱形等。尺寸有 9m、12m、15m、18m、24m、30m 和 36m 等。

4. 屋面板

屋面板铺设于屋架上，直接承受各类荷载并传递给屋架。屋面板有钢筋混凝土槽形板等。

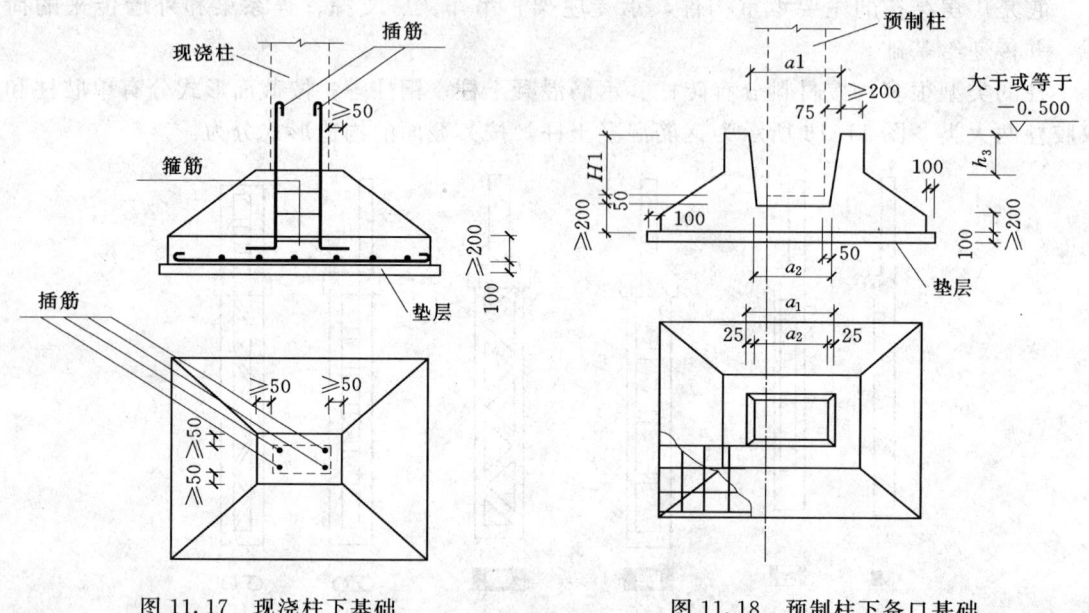

图 11.17 现浇柱下基础　　　　　图 11.18 预制柱下备口基础

5. 吊车梁

吊车梁设在柱子的牛腿上，承受吊车和起重的重量。运动中将所有荷载（包括吊车自重、吊物重量以及吊车启动或刹车所产生的横向刹车力、纵向刹车力以及冲击荷载）传递给排架柱。

6. 连系梁

它是厂房纵向柱的水平连系构件，用以增加厂房的纵向刚度，承受风荷载和上部墙体的荷载，并传递给柱子。

7. 支撑系统

它包括屋盖支撑和柱间支撑。其作用是加强厂房的空间整体刚度和稳定性，传递水平荷载和吊车产生的水平刹车力。

8. 抗风柱

如果单层厂房山墙面积较大，所受风荷载也大，需在山墙内侧设置抗风柱。

11.2.2 围护构件

1. 屋面

单层厂房的屋顶面积较大，防水、排水、保温、隔热等处理较复杂。

2. 外墙

厂房的大部分荷载由排架结构承担，因此，外墙是自承重构件，除承受墙体自重及风荷载外，主要起防风、防雨、保温、隔热、遮阳、防火等作用。

3. 门窗

供交通运输及采光通风用。

4. 地面

满足生产及运输要求，并为厂房提供良好的室内环境。

11.3 定位轴线的划分

单层厂房的定位轴线是确定厂房主要承重构件标志尺寸及相互位置的基准线，同时也是厂房设备安装及施工放线的依据。正确划分定位轴线应执行 GBJ 6—86《厂房建筑模数协调标准》的有关规定。

定位轴线的划分是在柱网布置的基础上进行的，一般有横向定位轴线与纵向定位轴线之分。通常把垂直于厂房长度方向（即平行于横向排架）的定位轴线称为横向定位轴线，其轴线间的距离称为柱距；把平行于厂房长度方向（即垂直于横向排架）的定位轴线称为纵向定位轴线，其轴线间的距离称为跨度（图 11.19）。在建筑平面图中，横向定位轴线从左至右按 1、2、…顺序进行编号。纵向定位轴线由下至上按 A、B、…、顺序进行编号。编号时不用 I、O、Z 三个字母，以免与阿拉伯数字 1、0、2 相混。这种标法，方便读图，有利于施工。

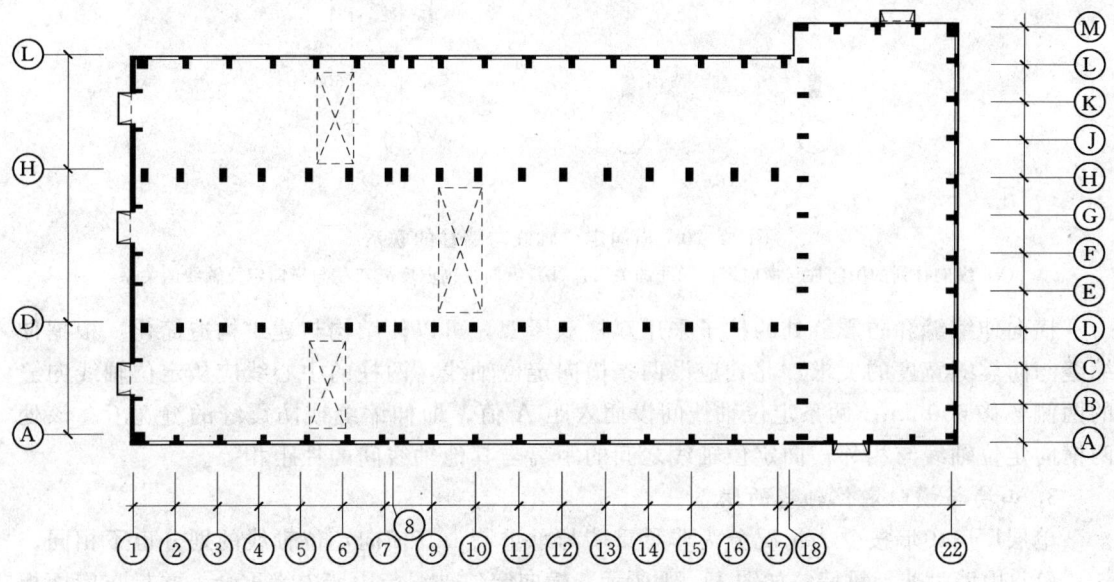

图 11.19 单层厂房平面柱网布置及定位轴线的划分

11.3.1 横向定位轴线的设置

单层厂房的横向定位轴线主要用来标注厂房纵向构件如屋面板、吊车梁的长度（标志尺寸）。

1. 中间柱与横向定位轴线的联系

中间柱与横向定位轴线的联系如图 11.20（a）所示。

除山墙端部排架柱以及横向伸缩缝处和防震缝处的柱以外，横向定位轴线一般与柱截面宽度的中心线重合。每根柱轴线都通过了由柱基础、屋架中心线及上部两块屋面板横向搭接缝隙中心。

2. 横向伸缩缝、防震缝与定位轴线的联系

横向伸缩缝、防震缝与定位轴线的联系如图 11.20（b）所示。

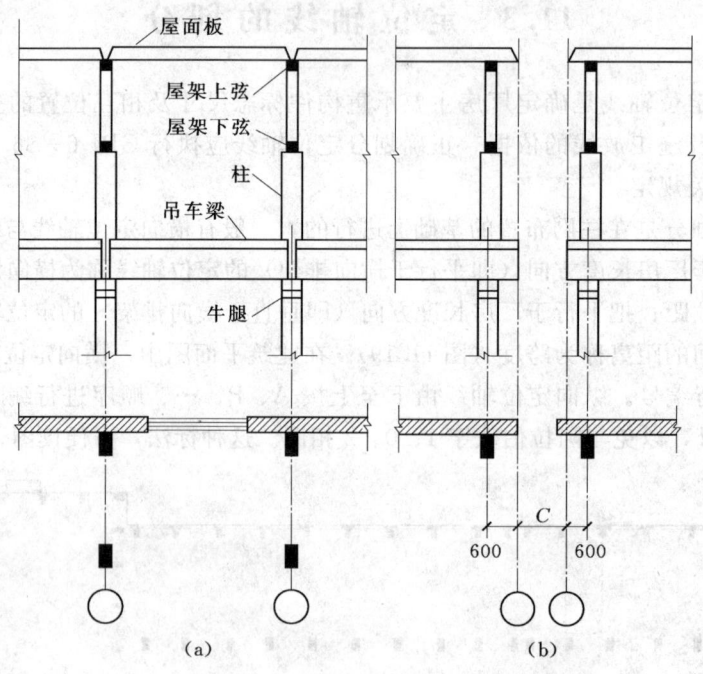

图 11.20 横向定位轴线与墙柱的联系

（a）纵向柱列的中间柱与横向定位轴线的关系；（b）纵向柱列温度缝双柱与横向定位轴线的关系

横向伸缩缝和防震缝处的柱子采用双柱双屋架，可以使结构与建筑构造简化。根据伸缩缝与防震缝宽度的要求，此处应设两条横向定位轴线，两柱的中心线应从定位轴线向缝的两侧各移 600mm。两条定位轴线间设插入距 A 值，即伸缩缝或防震缝的缝宽 C。该处两横向定位轴线与相邻横向定位轴线之间的距离与其他轴线间的柱距相等。

3. 山墙与横向定位轴线的联系

单层厂房山墙按受力情况分为非承重墙与承重墙，其横向定位轴线的划分也不相同。

（1）山墙为非承重墙，如图 11.21 所示。横向定位轴线与山墙内缘重合，并且与屋面板的端部形成"封闭"式联系，端部柱的中心线应从横向定位轴线内移 600mm，即端部柱距实际减少 600mm，便于山墙处设置抗风柱。抗风柱的柱距采用 15M 数列，如 4500mm、6000mm、7500mm 等。抗风柱需通至屋架上弦处，与屋架用弹簧板铰接，以便传递风荷载。为避免与端部屋架发生冲突，需在端部让出抗风柱上柱的位置（如图 11.22 所示）。

（2）山墙为承重墙，如图 11.23 所示。山墙与横向定位轴线的距离为 λ。λ 根据砌体的块材类别决定，为半块或半块的倍数，或墙体厚度的 1/2。屋面板直接伸入墙内，并与墙上的钢筋混凝土梁垫连接。

11.3 定位轴线的划分

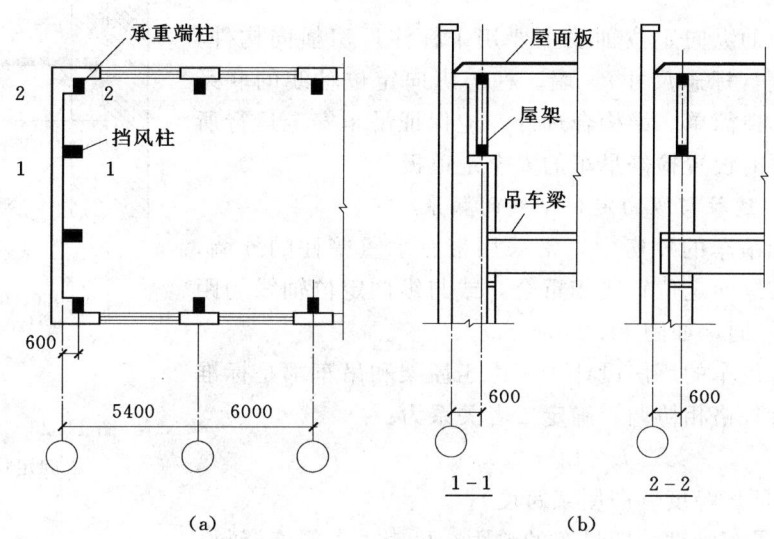

图 11.21 非承重山墙与横向定位轴线的联系
(a) 平面；(b) 剖面

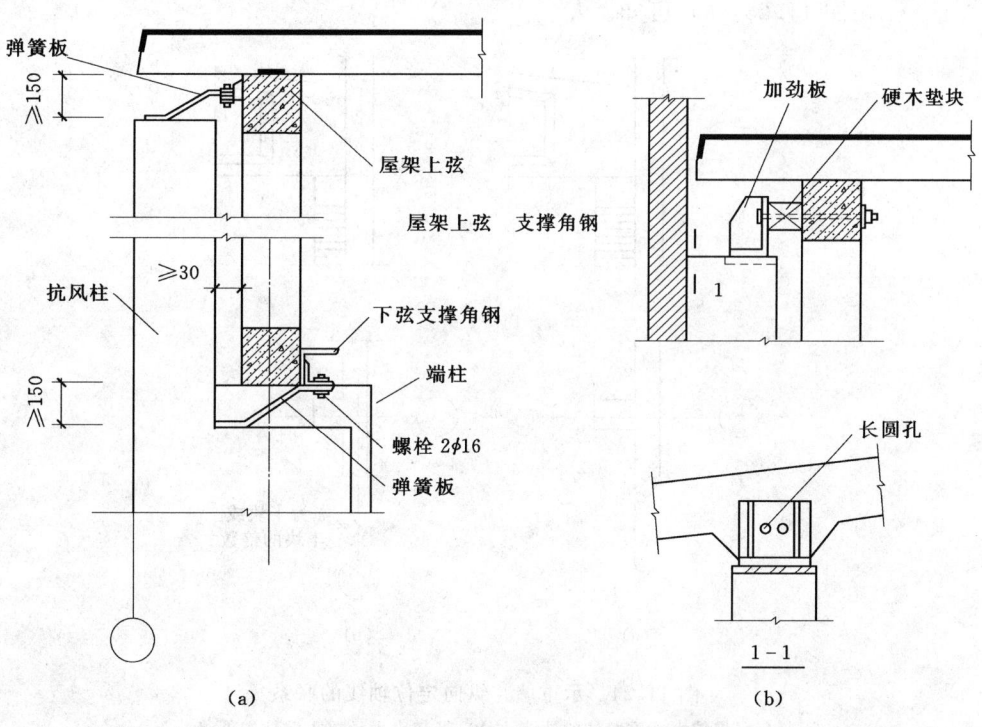

图 11.22 抗风柱与屋架的连接
(a) 一般情况下采用；(b) 厂房沉降较大时采用

11.3.2 纵向定位轴线

单层厂房的纵向定位轴线主要用来标注厂房横向构件，如屋架的长度（标志尺寸）。墙、柱与纵向定位轴线的联系方式除考虑构造简单、结构合理外，应保证吊车安全运行所需净空，必要时设置检修吊车的安全走道板。

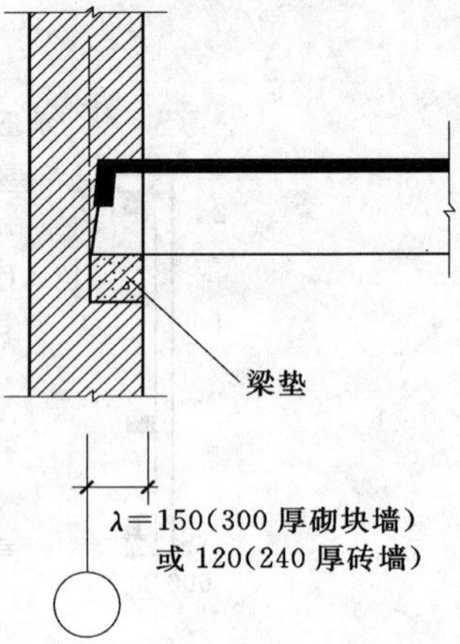

1. 外墙、边柱与纵向定位轴线的联系

（1）在无吊车的厂房中，常采用带有承重壁柱的外墙，这时墙内缘与纵向定位轴线相重合，或与纵向定位轴线的距离为 λ，λ 取值同，如图 11.24 所示。

（2）在有吊车的厂房设计中，由于屋架和吊车都是标准件，为使二者规格相协调，确定二者关系为：

$$L = L_k + 2e$$

式中　L——厂房跨度（即屋架跨度）；

　　　L_k——吊车跨度，即吊车的轮距，可查吊车规格资料；

　　　e——吊车轨道中心至纵向定位轴线间的距离，其值一般为 750mm。当吊车为重级工作制而需要设安全走道板，或者吊车起重量大于 50t 时，可采用 1000mm。

由图 11.25（a）可知。

图 11.23　承重山墙横向定位轴线

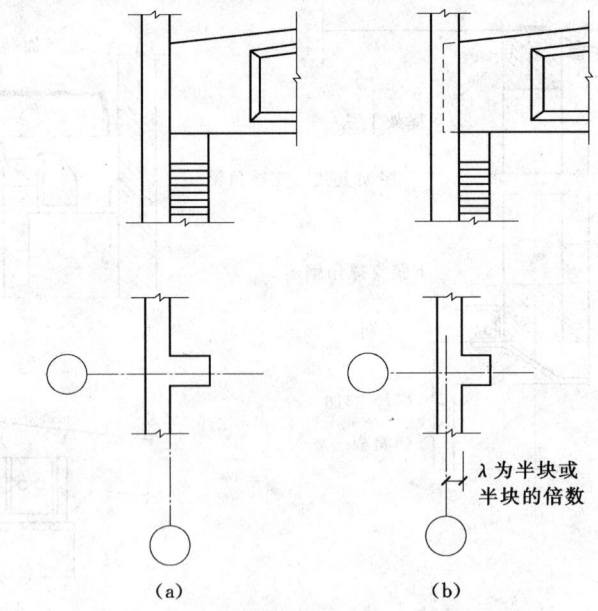

图 11.24　承重墙与纵向定位轴线的联系
（a）带较大承重壁柱的外墙；（b）带较小大承重重壁柱的外墙

由于 $e = h + K + B$，则

$$K = e - (h + B)$$

式中　K——吊车尽端外缘至上柱内缘的安全距离；
　　　h——上柱截面高度；
　　　B——轨道中心线至吊车端部外缘的距离。由吊车规格表查明。

由于吊车起重量、形式、柱距、跨度、有无安全走道板等因素，边柱外缘与纵向定位轴线的联系有两种情况。

(a) 封闭式结合的纵向定位轴线。当边柱外缘、墙内缘与定位轴线三者相重合时，称封闭式结合的纵向定位轴线，如图 11.25 (a) 所示。这时屋架上的屋面板与外墙内缘紧紧相靠，可全部采用标准板，不需设非标准的补充构件。

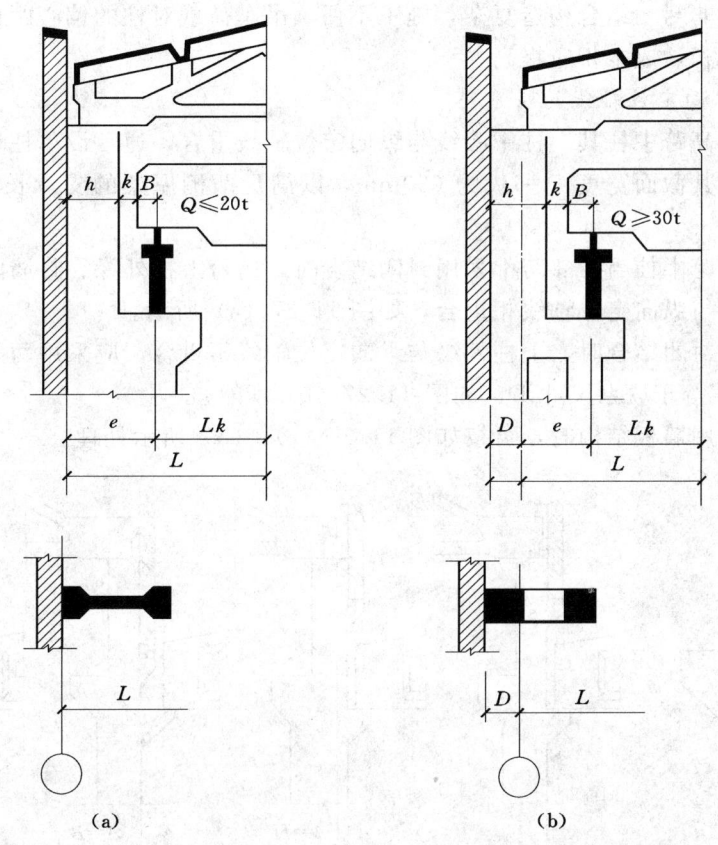

图 11.25　有吊车厂房外墙、边柱与纵向定位轴线的联系
(a) 封闭结合；(b) 非封闭结合

此时 $Q \leqslant 20t$，查吊车规格，知 $B \leqslant 260mm$，$K \not< 80mm$

柱距小、吊车轻时 $h \leqslant 400mm$

如不设安全走道板 $e=750mm$

则：$e-(h+B) \geqslant 90mm$，满足 $K \not< 80mm$ 的要求。

从上式得出，当 $Q \leqslant 20t$，$e=750mm$ 时，采用封闭结合，可满足吊车安全运行的净空要求，简化屋面构造，施工方便。

(b) 非封闭式结合的纵向定位轴线。当边柱外缘与纵向定位轴线之间有一定的距离，屋架上的屋面板与墙内缘之间有一段空隙时称为非封闭结合,如图11.25(b)所示。

吊车起重量 $Q \geqslant 30t$,$B \geqslant 300mm$,$K \geqslant 80mm$

柱距大、吊车重时 $h \geqslant 400mm$

如不设安全走道板 $e = 750mm$

则:$e-(h+B) \leqslant 50mm$,不能满足 $K \geqslant 80mm$ 的要求。

为保证吊车安全运行所需净空,同时又不增加构件的规格,设计时需将边柱外缘从定位轴线向外扩移一定距离,即加设联系尺寸 D,其值为 150mm、250mm、500mm 三种。

此时墙内缘与标准屋面板之间的空隙,需作构造处理,可以墙挑砖封平或增设屋面板补充构件。因此非封闭结合构造复杂,施工不便,吊车荷载对柱的偏心距也较大,同时增加了厂房占地面积,成本相应提高。

2. 中柱与纵向定位轴线的联系

(1) 平行等高跨中柱其上柱中心线与纵向定位轴线重合,通常设单柱单轴线处理,如图 11.26 所示。其截面宽度 h 一般为 600mm,以满足两侧屋架的支承长度为 300mm 的要求。

(2) 不等高跨中柱当两邻跨都采用封闭结合时,高跨上柱外缘、封墙内缘和低跨屋架标志尺寸端部应与纵向定位轴线相重合,如图 11.27(a)所示。

当高跨为非封闭结合时,上柱外缘与纵向定位轴线不重合,应采用两条定位轴线,其间的插入距 A 值等于联系尺寸 D,如图 11.27(b)所示。

如封墙处采用墙板结构时,可按如图 11.27(c)、(d)所示处理。

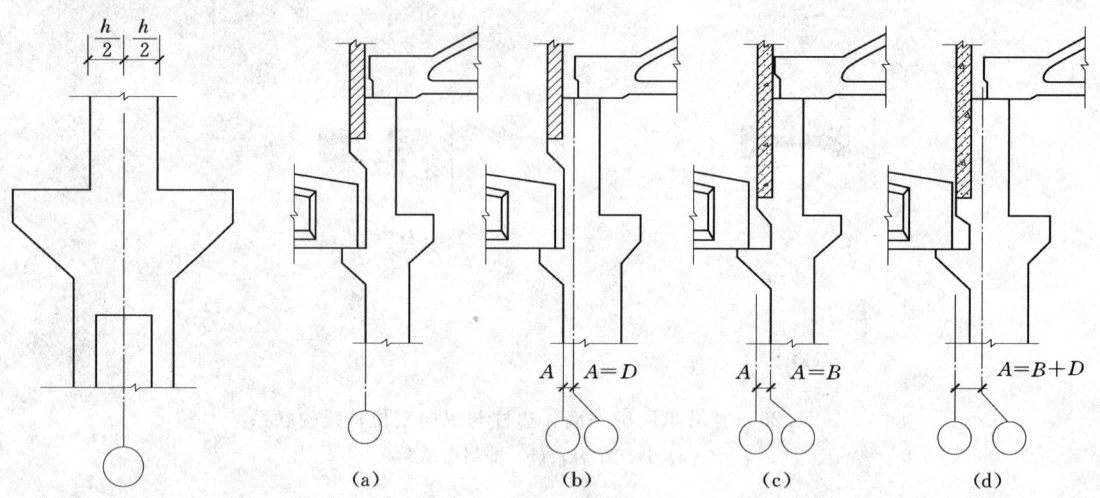

图 11.26 平行等高跨中柱与纵向定位轴线的联系

图 11.27 无变形缝高低跨处单柱与纵向定位轴线的联系
(a) 单轴线封闭结合;(b) 双轴线非封闭结合;
(c) 双轴线封闭结合;(d) 双轴线非封闭结合
A=插入距;B=墙体厚度;D=联系尺寸

3. 纵向伸缩缝处柱与纵向定位轴线的联系

当厂房宽度较大,沿厂房宽度方向需设纵向伸缩缝,以解决横向变形。

11.3 定位轴线的划分

(1) 等高跨中柱纵向伸缩缝处一般采用单柱单轴线处理。缝一侧的屋架放在柱头上，另一侧屋架搁置在活动支座上，上柱中心线仍与纵向定位轴线重合，如图 11.28（a）所示。

若伸缩缝兼作防震缝时，原伸缩缝按防震缝加宽。若仍按单柱处理，应设两条纵向定位轴线，其间的插入距为 $A(A=C)$，如图 11.28（b）所示。

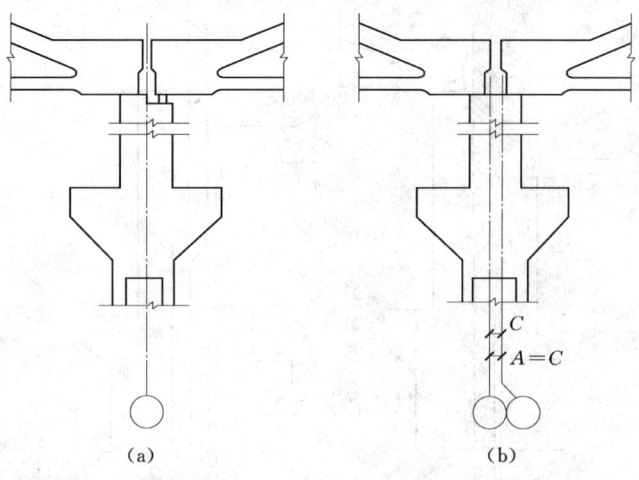

图 11.28 平行等高跨中柱与纵向定位轴线的联系
(a) 无变形缝；(b) 有变形缝
$A=$ 插入距；$C=$ 变形缝宽

(2) 不等高跨中柱纵向伸缩缝一般设在低跨处，若采用单柱，需设两条定位轴线，两轴线间设插入距 A。当两相邻跨都为封闭结合时，$A=C$ [图 11.29（a）]；当高跨为非封闭结合时，$A=C+D$ [见图 11.29（b）]。C 为伸缩缝宽，D 为联系尺寸。

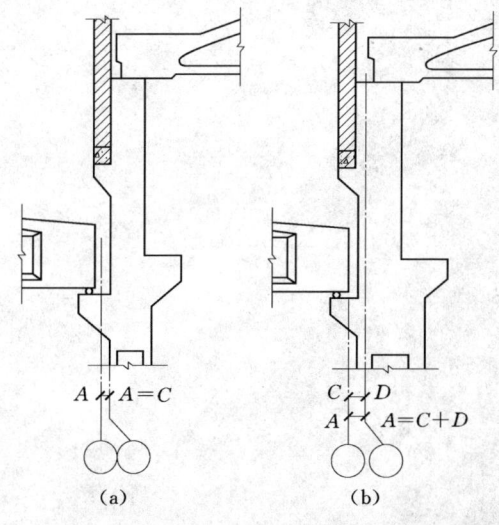

图 11.29 高低跨纵向伸缩缝处单柱与纵向定位轴线的联系
(a) 未设联系尺寸；(b) 设联系尺寸

当不等高跨高差悬殊或者吊车起重量差异较大时，常在高低跨处结合伸缩缝、防震缝采用双柱及双轴线。两柱与定位轴线的联系按属于各跨的边柱与其定位轴线相联系。两轴间设插入距 A。当两相邻跨都为封闭结合时，$A=B+C$ [图 11.30（a）]；当高跨采用非封闭结合时，$A=B+C+D$ [图 11.30（b）]。B 为封墙宽度。

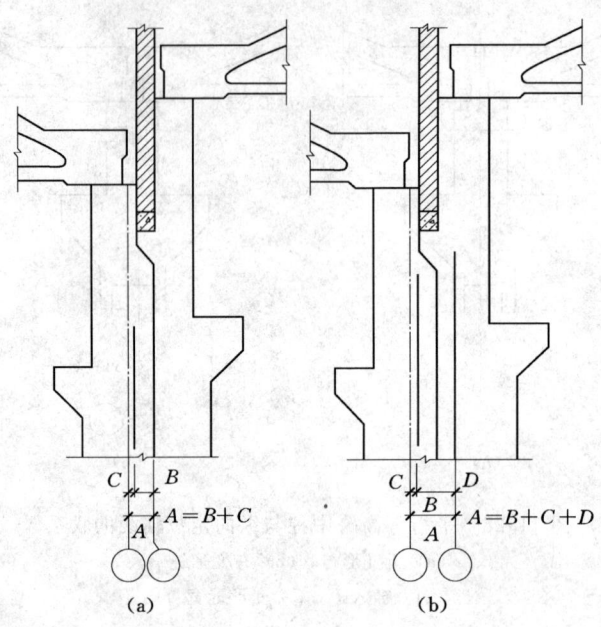

图 11.30　高低跨纵向伸缩缝处双柱与纵向定位轴线的联系
(a) 未设联系尺寸；(b) 设联系尺寸

附录1 墙身构造设计任务书

题目：墙身构造设计

依照下列要求，设计某建筑的墙身剖面节点大样。

1. 设计条件

两层楼建筑物，外墙采用砖墙（墙厚根据各地区的特点自定），墙上设窗。层高2.900m，室内外高差300mm。室内地坪层次分别为素土夯实，3∶7灰土厚100mm，C10级素混凝土层厚80mm，素水泥浆结合层一遍，1∶3水泥砂浆厚18mm，素水泥浆结合层一遍，1∶2水泥石子厚12mm。采用钢筋混凝土楼板，楼板层构造参考第6章和第10章内容由读者自定。

2. 设计内容

要求沿外墙窗纵剖，直至基础以上，绘制墙身剖面，如图附图1所示。重点绘制以下大样（比例为1∶10或1∶20）。

(1) 楼板与砖墙结合节点。
(2) 过梁。
(3) 窗台。
(4) 勒脚及其防潮处理。
(5) 明沟或散水。

3. 图纸要求

用一张3号图纸完成，图中线条、材料符号等，一律按建筑制图标准表示。

4. 说明

(1) 如果图纸尺寸不够，可在节点与节点之间用折断线断开，也可将5个节点分为两部分布图。
(2) 图中必须注明具体尺寸，注明所用材料。
(3) 要求字体工整，线条粗细分明。

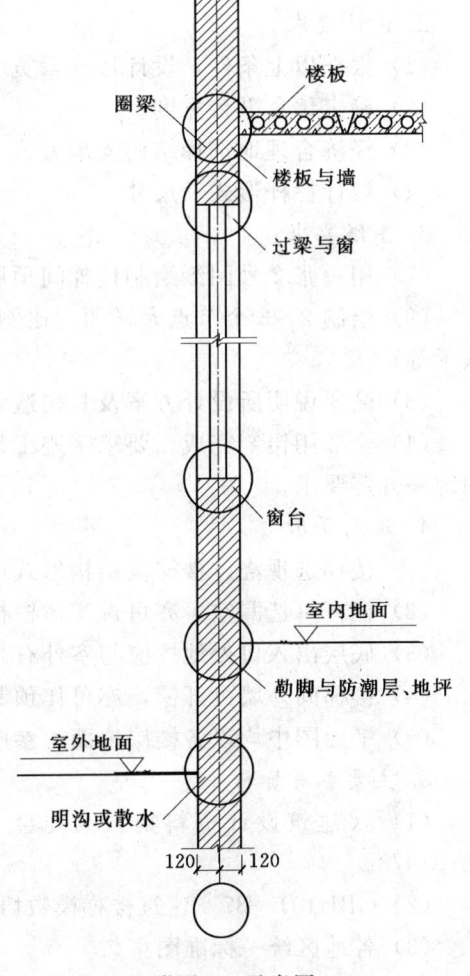

附图1 示意图

5. 主要参考资料

(1) 《建筑设计资料集》编委会．建筑设计资料集．北京：中国建筑工业出版社，1978。
(2) 国家及各地区统一标准图集。

附录 2　楼梯构造设计任务书

题目：楼梯构造设计

依下列条件和要求，设计某住宅的钢筋混凝土双跑楼梯。

1. 设计条件

该住宅为三层，层高为 3.0m。底层设有住宅出入口，楼梯间四壁均系承重结构并具防火能力。室内外高差 700mm。

2. 设计要求

(1) 根据以上条件，设计楼梯段宽度、长度、踏步数及其高、宽尺寸。

(2) 确定休息平台宽度。

(3) 经济合理地选择结构支承方式。

(4) 设计栏杆形式及尺寸。

3. 图纸要求

(1) 用一张 2 号图纸绘制楼梯间顶层、二层、底层平面图和剖面图，比例 1∶50。

(2) 绘制 2~3 个节点大样图。比例 1∶10，反映楼梯各细部构造（包括踏步、栏杆、扶手等）。

(3) 简要说明所设计方案及其构造做法特点。

(4) 全部用铅笔完成，要求字迹工整、布图匀称。所有线条、材料图例等均应符合制图统一规定要求。

4. 几点提示

(1) 楼梯选现浇。楼梯段结构形式可选板式，亦可选梁板式。

(2) 栏杆可选漏空，亦可选实体栏板。

(3) 底层出入口处地坪应与室外有高差，门上须设雨篷。

(4) 楼梯间外墙可开窗，亦可作预制花格。

(5) 平面图中均以各楼层地面为参照点表示楼梯"上、下"。

5. 主要参考资料

(1) 《建筑设计资料集》编委会．建筑设计资料集．北京：中国建筑工业出版社，1978。

(2) GBJ 101—87　建筑楼梯模数协调标准．北京：中国计划出版社，1987。

(3) 各地区统一标准图集。

(4) 刘建荣，龙世潜．房屋建筑学课程设计任务书及设计基础知识．北京：中国广播电视大学出版社，1985。

附录3 屋顶构造设计任务书

题目：屋顶构造设计

1. 目的要求

练习屋顶有排水组织设计和屋顶节点构造详图设计。

2. 设计内容

如附图2和附图3所示给定的条件（某住宅剖面图和平立图）完成以下设计内容（2号图一张，墨线条）。

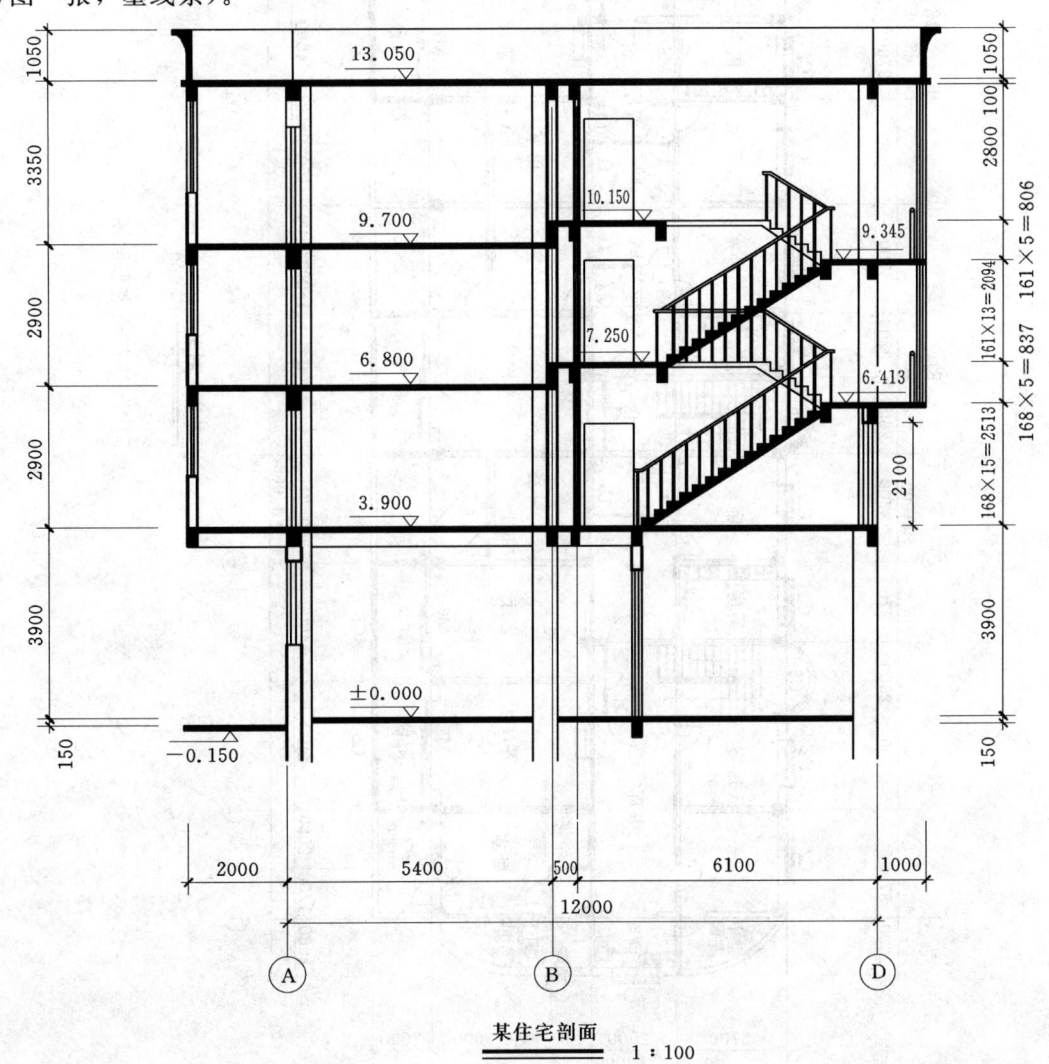

某住宅剖面
1:100

附图2 某住宅剖面示意图

附录3 屋顶构造设计任务书

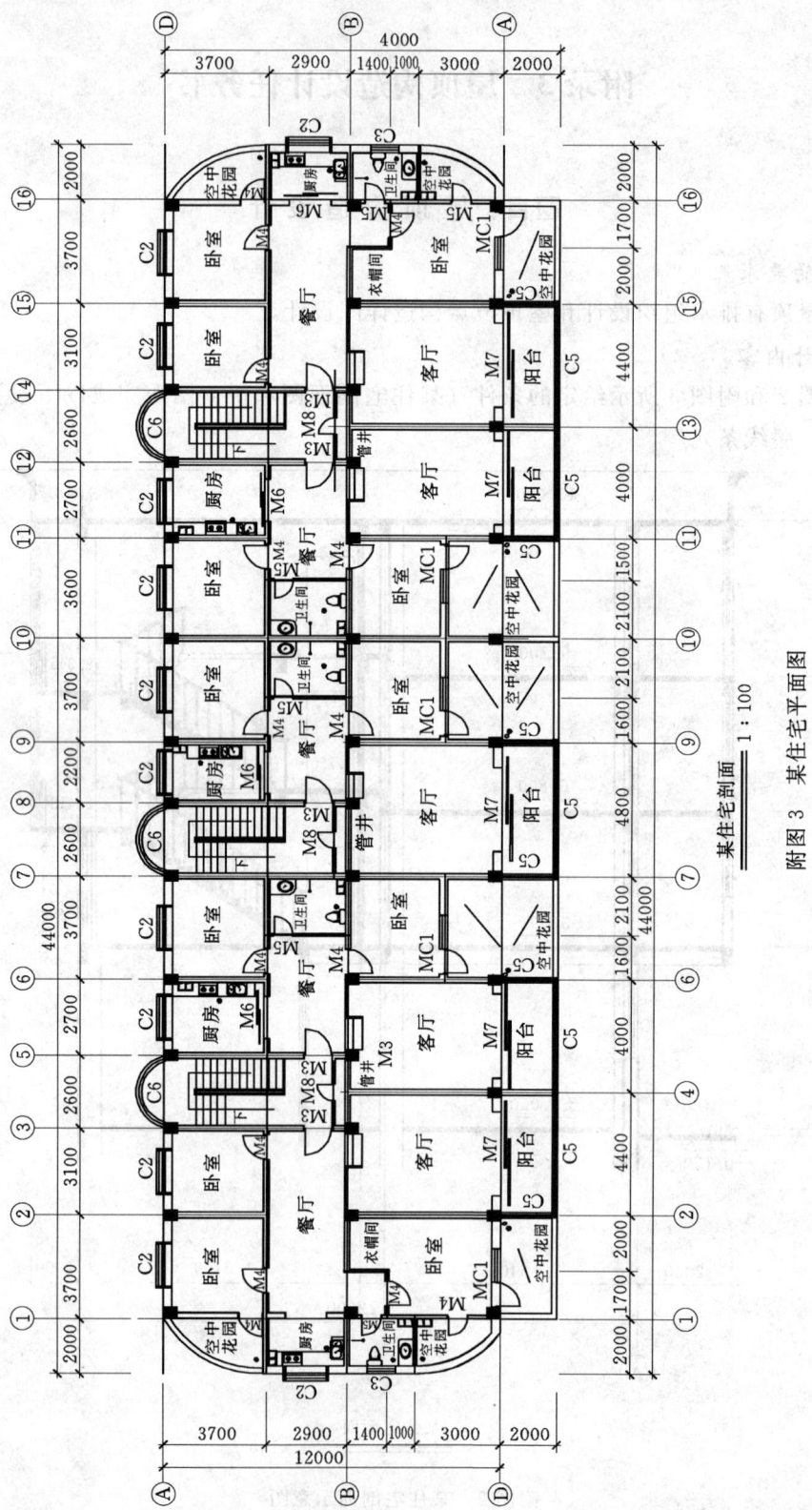

附图 3　某住宅平面图

(1) 屋顶平面图 (1:200)。
(2) 屋顶节点构造详图 (1:10)。
选择有代表性的详图 2~4 个。

3. 屋顶方案选择（采用有组织排水）
(1) 防水层方案：油毡屋面或刚性防水屋面。
(2) 排水方案：檐沟外排水，或女儿墙外排水，或女儿墙内排水。
(3) 隔热保温方案：根据学生所在地区气候条件考虑是只隔热或只保温，或既保温又隔热。保温方案：选择保温材料与构造做法。隔热方案：架空通风隔热屋面，或吊顶通风屋面，或蓄水隔热屋面。

4. 图纸深度要求
(1) 屋顶平面图。
1) 画出屋顶排水系统。包括屋脊线、坡面流水方向箭头、坡度值、雨水口位置、天沟纵坡及坡度值。突出屋顶上的结构物应加以表示。
2) 采用刚性防水屋面应画出纵横分格缝。
3) 采用蓄水屋面除画分格缝外，还应画分仓壁、过水孔、溢水孔、泄水孔。
4) 采用架空隔热屋面，应在屋顶平面图一角表示架空层。
5) 标出二道尺寸（轴线尺寸，雨水口到附近轴线的距离）。
(2) 节点构造详图。

根据所选择的排水方案画出具有代表性的节点构造详图。如雨水口及天沟详图、女儿墙泛水详图、高低屋面之间泛水详图、上人孔详图、楼梯间出屋面详图、分格缝详图（刚性防水屋面）、分仓壁及过水孔详图（蓄水屋面）等。

每一详图应反映构件之间的相互连接关系、屋面的构造层次及各层做法。被剖切部分应反映出材料符号，标注各部分的尺寸。

5. 主要参考资料
(1) 刘建荣，龙世潜. 房屋建筑学课程设计任务书及设计基础知识. 北京：中国广播电视大学出版社，1985：55－62，17。
(2) 刘建荣，黄冠文. 房屋建筑学辅导. 成都：成都科技大学出版社，1987：311－313。
(3) 《建筑设计资料集》编委会. 建筑设计资料集. 北京：中国建筑工业出版社，1978：54－61。
(4) 各地现行屋面标准设计图集。

附录4 多层住宅建筑设计任务书

题目：多层住宅建筑设计

1. 目的要求

(1) 重点解决建筑设计中功能组合与空间造型之间的关系。通过多层住宅设计，熟悉居住建筑设计课题的主要知识框架，培养主动吸收知识，独立研究问题的能力，加深对建筑设计的理解与认识。

(2) 研究探索建筑空间之间的关系，熟悉和掌握建筑适宜的空间尺度。

(3) 掌握总图中建筑与周边环境设计。

(4) 学习并掌握住宅建筑设计规范及各项设计相关要求。

2. 设计内容

(1) 拟在武汉市某小区组团内建一多层住宅。提供基地地形图两张，任选其一，基地地形见附图。要求设计方案功能布局合理，与周边环境相结合，建筑形象新颖活泼。

(2) 单元形式及户型面积要求如下（参考）：

1) 层数采用6模式。

2) 布置两个单元，一梯两户。

3) 户型平面各不相同（要有四种或四种以上），每户面积要求 $80m^2$、$100m^2$、$120m^2$、$140m^2$，可上下浮动5%，以上4种面积必须设计到。

4) 户型单元拼接合理，满足采光、通风及防火要求。

3. 图纸要求

(1) 总平面图：1:500。

(2) 各层平面图：1:200。

(3) 各套型平面图：1:100（室内布置，标明尺寸）。

(4) 立面图：1:100（不少于2个）。

(5) 剖面图：1:100（剖楼梯间）。

(6) 设计说明及主要技术经济指标。

4. 主要参考资料

(1) [日] 白滨谦一. 住宅Ⅰ，Ⅱ. 建筑规划·设计译丛. 北京：中国建筑工业出版社，2001。

(2) [日] 石氏克彦，张丽丽译. 多层集合住宅. 北京：中国建筑工业出版社，2001。

(3) [日] 原口秀昭. 世界20世纪经典住宅设计——空间构成地比较分析. 北京：中国建筑工业出版社，1997。

(4) 《住宅设计资料集》编委会. 住宅设计资料集（5）. 北京：中国建筑出版社，1999。

(5) 朱家谨. 居住区规划设计. 北京：中国建筑工业出版社，2000。

附录 4　多层住宅建筑设计任务书

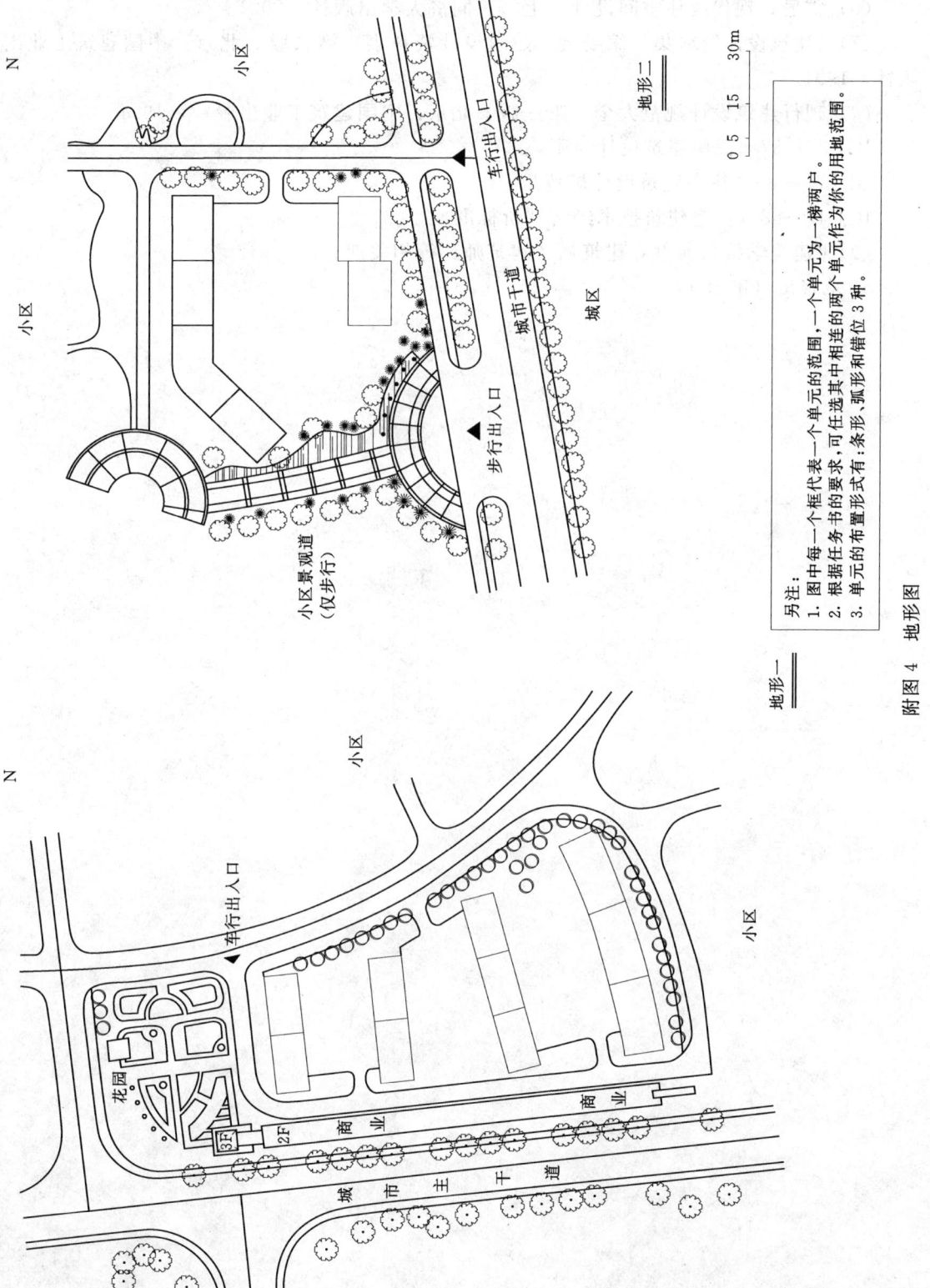

附图 4　地形图

（6）雷尼．现代居住空间设计．上海：同济大学出版社，2001。

（7）《建筑设计资料集》编委会．建筑设计资料集．第二版．北京：中国建筑工业出版社，1994。

（8）现行建筑设计规范大全．第三版．北京：中国建筑工业出版社，1994。

JGJ 37—87《民用建筑设计通则》。

GBJ 96—86《住宅建筑设计规范》。

JGJ 47—88《住宅建筑技术经济评价标准》。

（9）《建筑学报》、《世界建筑》、《建筑师》等相关期刊。

5．地形图（附图4）

参 考 文 献

[1] 同济大学，等. 房屋建筑学 [M]. 第4版. 北京：中国建筑工业出版社，2006.
[2] 李必瑜，王雪松. 房屋建筑学 [M]. 第3版. 武汉：武汉理工大学出版社，2008.
[3] 崔艳秋，吕树俭. 房屋建筑学 [M]. 第3版. 北京：中国电力出版社，2008.
[4] 舒秋华. 房屋建筑学 [M]. 第2版. 武汉：武汉理工大学出版社，2010.
[5] 孙鲁，甘佩兰. 房屋建筑学 [M]. 北京：高等教育出版社，2000.
[6] 董晓峰. 房屋建筑学 [M]. 武汉：武汉理工大学出版社，2009.
[7] 陈兴义. 房屋建筑学 [M]. 郑州：郑州大学出版社，2008.
[8] 舒秋华. 房屋建筑学 [M]. 第3版·修订版. 武汉：武汉理工大学出版社，2008.
[9] 袁雪峰，张海梅. 房屋建筑学 [M]. 第3版. 北京：科学出版社，2008.
[10] 钱坤，王若竹. 房屋建筑学（上：民用建筑）[M]. 北京：北京大学出版社，2009.
[11] 邢双军. 房屋建筑学 [M]. 北京：机械工业出版社，2006.
[12] 徐占发. 房屋建筑学 [M]. 北京：中国建材工业出版社，2004.
[13] 西安建筑科技大学，等. 房屋建筑学 [M]. 北京：中国建筑工业出版社，2006.
[14] 施林祥，等. 新编房屋建筑学 [M]. 浙江：浙江大学出版社，2007.
[15] 王福彤. 房屋建筑学 [M]. 北京：中国计量出版社，2007.
[16] 苏炜. 房屋建筑学 [M]. 第2版. 北京：化学工业出版社，2009.
[17] 王万江，等. 房屋建筑学 [M]. 重庆：重庆大学出版社，2003.
[18] 李必瑜，魏杨. 建筑构造（上册）[M]. 第3版. 北京：中国建筑工业出版社，2005.
[19] 裴刚，沈粤，等. 房屋建筑学 [M]. 第2版. 广州：华南理工大学出版社，2010.
[20] 赵研. 建筑识图与构造 [M]. 北京：中国建筑工业出版社，2004.
[21] 裴刚，沈粤，扈媛. 房屋建筑学 [M]. 广州：华南理工大学出版，2003.
[22] 杨金铎，房志勇. 房屋建筑构造 [M]. 第三版. 北京：中国建材工业出版社，2001.
[23] 江忆南，李世芬. 房屋建筑教程 [M]. 北京：化学工业出版社，2004.
[24] 陈卫华. 建筑装饰构造 [M]. 北京：中国建筑工业出版社，2000.
[25] 刘昭如. 建筑构造设计基础 [M]. 北京：科学出版社，2000.
[26] 孙瑞丰，吕静. 建筑学基础 [M]. 北京：清华大学出版社，2006.